第 11 届长三角科技论坛环境保护分论坛暨上海市环境科学学会第 18 届学术年会论文集

上海市环境科学学会
江苏省环境科学学会　编
浙江省环境科学学会

同济大学出版社
TONGJI UNIVERSITY PRESS

图书在版编目(CIP)数据

第11届长三角科技论坛环境保护分论坛暨上海市环境科学学会第18届学术年会论文集/上海市环境科学学会，江苏省环境科学学会，浙江省环境科学学会编. --上海：同济大学出版社，2014.10

ISBN 978-7-5608-5647-6

Ⅰ. ①第… Ⅱ. ①上…②江…③浙… Ⅲ. ①环境科学—上海市—学术会议—文集 Ⅳ. ①X-125.1

中国版本图书馆CIP数据核字(2014)第226164号

第11届长三角科技论坛环境保护分论坛暨上海市环境科学学会第18届学术年会论文集

上海市环境科学学会　江苏省环境科学学会　浙江省环境科学学会　编

责任编辑　高晓辉　马继兰　　责任校对　徐春莲　　封面设计　陈益平

出版发行　同济大学出版社　　www.tongjipress.com.cn

(地址：上海市四平路1239号　邮编：200092　电话：021－65985622)

经　　销　全国各地新华书店

印　　刷　同济大学印刷厂

开　　本　787mm×1092mm　1/16

印　　张　21.75

字　　数　542 000

印　　数　1—1 500

版　　次　2014年10月第1版　2014年10月第1次印刷

书　　号　ISBN 978-7-5608-5647-6

定　　价　68.00元

本书若有印装质量问题，请向本社发行部调换　　版权所有　侵权必究

编 委 会

主　任　张　全

副主任　陆书玉　刘一帆　陈　茜　杨春林　方降龙

委　员　（按姓氏笔画排序）

于建国　万凤至　山祖慈　王　珏　王景伟
田　华　白中琪　过浩敏　朱德生　仵彦卿
庄惠生　刘勇弟　刘家欣　阮仁良　李玉成
李和兴　李　强　杨　凯　杨春林　吴　旦
吴承坚　吴海锁　余锡宾　沈建中　宋伟民
宋鹏程　张　全　张志强　张　辰　张明旭
张　益　张道方　张锦冈　张　璐　陆书玉
陈立民　陈建民　陈　亮　林卫青　金　均
周美华　周　琪　赵宏林　赵建夫　赵爱华
胡统理　柳建设　俞立中　姚　政　夏德祥
钱光人　徐竟成　谈建国　黄吉铭　崔志兴
葛慈克　谭　静　戴　坚　戴荣海

上海市环境科学学会网址：www. sses. sh. cn

上海市环境科学学会邮箱：shanghaissese@126. com

序

2014 年是全面落实十八届三中全会精神、推动新一轮改革的开局之年，更是实施我国十二五发展规划的关键之年。美丽中国的宏伟目标已经确立，生态文明建设纳入了中国特色社会主义的总体布局，更为环境保护工作带来了前所未有的机遇和挑战。

长三角地区作为中国最大的经济区和率先跻身世界级城市群的地区，环境保护工作任重道远。长三角地区虽然分属沪苏浙皖三省一市，但是在生态环境上是一个不可分割的整体。三省一市政府清楚地意识到，加强区域环保合作，努力实现优势互补，是全面落实科学发展观，实现生态文明的必然要求。三省一市高层座谈会、长三角城市市长联席会议等都将环境保护作为重点合作内容，2014 年又建立了三省一市和国家八部委共同参与的长三角区域大气污染防治协作机制。2010 年的上海世博会、2014 年的南京青奥会，持续的蓝天白云，优良的环境质量，已经证明了长三角地区环保合作的共同努力和明显成效。

为进一步推动长三角地区环境保护事业的发展，沪苏浙两省一市环境科学学会已连续多年联合举办长三角科技论坛环境保护分论坛，近来又邀请安徽省共同参加。论坛的举办充分发挥了长三角地区科技领先、经济相融、文化相通、地理相连的优势，为广大环保工作者提供了重要的交流平台。

2014 年 10 月，第 11 届长三角科技论坛环境保护分论坛在上海召开，恰逢上海市环境科学学会第 18 届学术年会。为举办好这次论坛，今年 4 月三省一市以及台湾环境科学学会组织开展了以“同创生态文明城，共享美丽长三角”为主题的论文征集活动，经过专家评审，选取了全国各地 41 篇有代表性的论文，形成《第 11 届长三角科技论坛环境保护分论坛暨上海市环境科学学会第 18 届学术年会论文集》并出版。这充分体现了广大环保工作者的热情与责任，反映了近年来环境保护工作各个领域的最新研究成果和进展。

一直以来，长三角科技论坛环境保护分论坛为长三角地区环境保护工作起到了积极的推动作用，希望广大环保工作者积极支持这个论坛，并通过论文集这个平台，分享更多高水平的论文和学术见解，为加强长三角地区环境保护联防联治、共建美丽长三角献计献策。最后，预祝第 11 届长三角科技论坛环境保护分论坛暨上海市环境科学学会第 18 届学术年会圆满召开。

2014 年 9 月

序

目　录

环境管理

水环境保护

大气环境保护

土壤及地下水环境保护

生态环境保护

节能减排

环境管理

加强区域协作，共创生态长三角

张　全

（上海市环境保护局，上海　200003）

当前，正值长三角加快建成高质量小康社会和落实丝绸之路经济带、长江经济带和21世纪海上丝绸之路建设的关键期，习近平总书记在上海考察调研期间，要求长三角地区要继续完善合作协调机制，加强专题合作，加强区域规划衔接和前瞻性研究，努力促进长三角地区率先发展、一体化发展。

1　区域协作是可持续发展的关键举措

1.1　区域特征

长三角区域是我国经济综合实力最强的区域，经济增长能力和社会发展活力也是举世瞩目，以全国土地的3.6%，聚集了全国人口的16.1%，实现了全国1/4的经济增长值。长三角地区水系发达，三省一市水域面积都达到了10%以上，江苏更是达到16%，长江、淮河、钱塘江三大水系横贯东西，特别是长江口和太湖流域，呈现典型的低地水网格局。同时，长三角地区又是中央提出“两带一路”战略的联动主要汇合区域，是重要战略区域。

1.2　区域环境状况

1. 环境空气区域性污染凸显

2013年，长三角区域25个城市，空气质量平均达标天数比例为64.2%。首要污染物为$PM_{2.5}$，其次是O_3和PM_{10}。$PM_{2.5}$年均浓度为$67\mu g/m^3$，24个城市超标；PM_{10}年均浓度为$103\mu g/m^3$，23个城市超标。

2. 流域水环境问题突出

一是水环境状况堪忧。长江下游段、太湖、钱塘江等都受到污染。特别是氮、磷等污染大幅增加，河湖水体呈富营养化趋势；重金属和微量有机物，包括持久性有机物和环境内分泌干扰物的检出频次和品种也有上升趋势。

二是水质型缺水问题突出。太湖是江苏、上海主要供水水源之一，2012年太湖流域85.7%的河道水质劣于Ⅲ类。长江下游流域（不含太湖流域），75个水源地达标率仅72%。由于河湖水源污染和水量不足等问题，长江干流供水比例总体上相比2007年增加了 11 个百分点，已接近 50%。

1.3 长三角区域环境主要问题分析

一是区域污染排放影响。长三角区域内工农业和生活污染排放总量大、强度高。2010 年，长三角地区 VOC 排放强度为全国平均水平的 7.5 倍、NO_x 为 4.8 倍、SO_2 为 4 倍(图 1)。2012 年，江苏、浙江、安徽、上海污水排放量分列全国第 2、4、11、14 位，废水排放总量近 140 亿立方米，占全国的 20%，较 2003 年增加了 37%。化学需氧量排放总量约 305 万吨，占全国的 13%，氨氮排放总量 43 万吨，占全国的 17%。

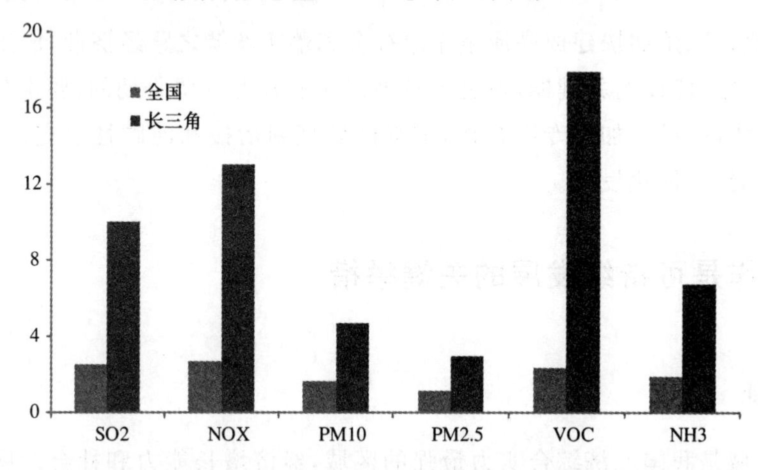

图 1　2010 年长三角地区单位面积排放强度

二是产业发展和布局影响。在长江全流域范围内重化工业围江格局基本形成。建成五大钢铁基地、七大炼油厂和一批石化基地，正在建设或规划的化工园区还有 20 多个，长江沿岸已集聚着约有 40 余万家化工企业。在长三角区域范围内大量工业沿江、沿河、沿湖布置，仅从南京到上海的长江沿岸就摆放了 8 个大型临港化工区，水环境事故风险较高。同时，人口城镇化加速，长江全流域范围内生活污水排放量 2003 年以来增长了 59%，远超过废水排放总量的增幅。随着长江经济带发展，中上游人口、产业可能加快向长江沿岸汇聚，流域水污染防治工作将更具重要性和迫切性。

三是航运影响。长三角是我国沿海和内河航运最发达的地区。长三角拥有 8 个沿海主要港口、26 个内河规模以上港口，内河通航里程约 4.3 万公里，占全国的 28%，航行船舶 11 万艘。据海事部门统计，长江口及杭州湾地区自 1999—2009 年共发生各类船舶油类与化学品污染事故 173 起，油类与化学品累计泄漏量达 2620t，平均每年发生污染事故 16 起，每年泄漏量 238t。长三角区域多数地区直接取水于河湖，个别水源地位于开放水域，抗风险能力较差，航运和事故排放隐患严重。

四是水资源配置影响。国家和沿江各级政府都在实施或规划一系列的流域水资源开发项目。这些水利工程对长江口枯水期水资源通量影响显著，但与长江流域内新的水资源需求相比相距甚远，并可能引发水污染加剧、长江口的咸潮倒灌和水生态变化。随着沿江各省对长江干流水资源的依赖度进一步加大，长江水资源保护和利用压力将进一步加大。

五是协调机制尚未完善。“分割管理，各自为政”现象较为明显，地方政府以本地区发展为重，对其他地区的环境利益重视不够。由于行政分隔和利益冲突，当发生跨行政区的污染事故和纠纷时，难以形成及时有效的协同防控，致使矛盾激化。在立法上，存在部门立法、操作性欠缺、定位不清等问题，如《水法》、《水污染防治法》等法律之间存在矛盾和冲突。监督机制和配套惩治措施缺失，当地区经济利益与流域整体利益发生冲突时，当地政府往往会违反流域规划，或者对企业违法行为执法不力，这些仅靠协调难以解决实质问题，需要建立强有力的约束机制和惩罚手段。

2 长三角环保协作的主要进展

2.1 长三角区域合作机制

2008 年 9 月，国务院印发了《关于进一步推进长江三角洲地区改革开放和经济社会发展的指导意见》，明确了长三角协作的战略地位。长江三角洲地区包括上海市、江苏省和浙江省。2010 年开始，安徽省也加入了长三角地区协作，合作范围进一步扩大。

目前，长三角区域合作机制共设交通、能源、信息、科技、环保、信用、人社、金融、涉外服务、产业转移、城市经济 11 个专题。环保专题主要包括大气污染联防联控、重点流域水环境治理、区域危险废物环境管理、跨界环境应急联动等几个方面。

2.2 大气污染防治协作

经国务院批准，由三省一市和国家八部委成立了长三角区域大气污染防治协作小组，由中共中央政治局委员、上海市委书记韩正任组长，环保部周生贤部长和三省一市省市长为副组长。2014 年 1 月 7 日，召开了协作小组第一次工作会议。协作小组办公室设在上海，作为协作小组的常设办事机构，负责决策落实、联络沟通、保障服务等日常工作，印发了《长三角区域落实大气污染防治行动计划实施细则》和《长三角区域大气污染防治协作 2014 年工作重点》，明确了年度 12 项重点任务。

协作小组成立以来，长三角区域大气污染防治工作取得了显著进展。2014 年上半年，为保障南京青奥会环境质量，协作小组共同协商确定了《青奥会环境质量保障方案》并部署落实，南京市赛期 $PM_{2.5}$、SO_2、PM_{10}、O_3 浓度分别比赛前降低 26%、9%、32%、20%，成效明显。制定并印发了《长三角区域重污染天气应急方案》，基本统一预警的启动条件和主要应急措施，明确信息互通和会商机制，统一重污染情况分析口径。组织联合科研团队开展环保部公益性项目“长三角大气质量改善与综合管理关键技术研究”和科技部“区域大气污染联防联控支撑技术研发及应用项目”。启动了预测预报中心一期建设。

2.3 重点流域水环境治理

除借助长三角区域合作与发展联席会议平台外，由国家发改委、水利部、环保部等 13 个部委和两省一市政府管领导组成了太湖水环境综合治理省部际联席会议制度。在太湖流域管理局牵头协调下，江苏、上海的发改、环保、水利（水务）部门以及苏州市、昆山市、吴江市、青浦区等共同建立了淀山湖水资源保护、水污染防治省市合作机制。同时，在落实《长江中下游流域水污染防治规划》过程中，也形成了一套以国家部门牵头统筹协调、各省市分头推进落实的工作机制。

三省一市都制定了相关地方性法规、规章和规划，划定了水功能区和水环境功能区，落实了治污责任和措施，明确了考核机制和保障体系。上海通过五轮环保三年行动计划持续加强饮用水源保护和水环境治理，总投资超过千亿元。浙江推进“五水共治”，治污先行与防洪水、排涝水、保供水、抓节水相结合，全面落实“河长制”，并在跨市域水源保护生态补偿和断面考核上作了积极探索。江苏修订完善了《江苏省太湖水污染防治条例》和《江苏省长江水污染防治条例》，以太湖流域和南水北调东线工程为重点，加强沿线治污。安徽将重点放在淮河和巢湖，实现政策聚焦和措施合力。

2.4 其他重点领域

建立了长三角危险废物监管联动工作平台，统筹利用区域危废处置资源，开设应急处置“绿色通道”，规范跨省转移。制定了《江、浙、沪、皖三省一市环保部门跨界环境污染纠纷处置和应急联动工作方案》，强化信息互通和协调联动。2014 年 4 月嘉定区、金山区、青浦区、嘉兴市、湖州市和苏州市共同签署了《沪苏浙边界区域市级环境污染纠纷处置和应急联动工作方案》

3 下一步协作展望

1. 强化规划衔接，统筹管理目标和功能布局

长三角环保问题，区域性、流域性特征突出，要在源头上，特别是区域布局、产业规划上统筹联动。在长三角城市群规划、“十三五”总体规划和相关专项规划的编制过程中，长三角区域要建立对接机制，在发展定位、产业布局、生态布局和污染管控等方面形成统一的区域规划方案。

2. 坚持立法先行，加快区域立法协调

在各省市大气污染立法精神、防治要求、防治措施和法律责任上争取区域协调统筹，特别是在能源清洁利用、产业准入、布局优化和结构调整、机动车船污染控制等方面要加大力度。空间规划衔接、区域标准统一、跨辖区执法等对于大气联防联控很有必要，但又涉及属地事权，建议在各地立法中予以必要的法律授权。在流域管理方面，建议长江流域

水环境管理立法，以长江流域为突破口，启动流域立法工作，理顺中央与地方之间、流域各省市之间的关系，建立权威统一、落实有力的综合协调监管体系，统筹实施长江全流域的水资源保护和水污染防治管理。

3. 推进标准统一，加快产业转型和污染治理

制定包括产业准入、淘汰、节能环保等各类与生态环境保护密切相关的标准，防止“结构调整”变成“污染搬家”。围绕大气污染源排放标准和机动车监测标准，加快长三角区域对接。研究工业水耗标准制度，对超标准的用水企业实施差别化水价，从源头推进节水和循环用水。推进污水排放环保标准统一，全流域统一按照环境功能分区实施差别化的排放标准，从严控制涉持久性有机物和重金属等累积性污染物排放。

4. 强化政策创新，利用市场机制加快推进提质增效

推进三省一市环境污染第三方治理试点，打破行政辖区之间的市场壁垒，加快培育开放统一、竞争有序的区域第三方治理市场。争取在提高油品和排放标准、加强船舶航运环保管理、码头“岸电”等方面长三角先行先试，开展设立“排放控制区”的前期研究工作。加强黄标车异地统管，研究建立区域机动车“黑名单”信息共享、统一监管、禁止转移等制度。完善水资源价格政策、居民阶梯水价和单位差别化水价机制、排污收费机制。建立生态补偿和污染赔偿机制，坚持“谁污染、谁负责，谁受益、谁补偿”的原则，在落实断面考核和完善环境保护责任制的基础上，推动长江流域开发地区、受益地区与保护地区建立健全横向生态补偿和污染赔偿机制。

5. 加强科研协作，探索研究区域环境污染治理难点

形成在全国有影响力的联合科研团队，加强区域大气、水环境等重大问题研究。按照“一个区域中心加四个分中心”框架加快预测预报中心建设，年内基本建成数值预报平台、数据共享平台、可视化会商平台、预警信息共享平台，启动区域预报。

6. 推进区域环保措施联动，协同完成区域治理任务

大气方面，近期重点是加快黄标车和老旧车辆淘汰、锅炉清洁能源替代、秋冬秸秆禁烧和重污染应对，建立完善区域预测预报体系，研究落实黄标车异地协同监管机制，探索区域船舶污染防治，全面落实大气联防联控。“十三五”期间，还要进一步深化完善大气污染防治协作机制，加强治理实效的评估和措施的规划统筹。水方面，深入推进太湖流域水环境综合治理，根据《太湖流域水环境综合治理总体方案(修编)》的总体要求，江浙沪三省制定落实本辖区实施方案；加快杭州湾区域环境治理，在环保部协调下，上海、浙江对接方案目标和重点任务，并加快实施；研究探索上下游水环境功能区对接。

上海市企业环保信用制度研究

李连甲[1]　陆书玉[2]　宋鹏程[2]

(1.东华大学环境科学与工程学院,上海　201620;2.上海市环境科学学会,上海　200003)

摘　要　企业环保信用制度是社会信用体系的重要组成部分,市场经济与环境保护的协调发展离不开企业的环保诚信。结合上海市环境保护管理工作的实际情况,开展了上海市企业环保信用制度研究,探索制定了企业环保信用信息记录办法和评价标准,为上海市企业环保信用制度的制定、应用和推广提供参考。

关键词　企业环保,信用体系,环境管理

1　引言

信用是社会进步和市场经济运行的前提和基础,是社会和市场经济健康发展的基本保障。随着我国改革发展进程的不断深入,经济社会的良好发展亟需一套行之有效的社会信用体系发挥作用,以保障产业升级和经济社会转型发展。环保信用体系是社会信用体系的有机组成部分,建立一套企业环境行为信息的记录和评价体系,对企业环境行为作出综合、客观、方便大众理解的评价,并将评价结果综合运用于环境管理和企业市场经济活动中,是协调企业环境保护和经济发展,规范、约束企业环境行为的重要手段。建立符合上海实际的企业环保信用制度,规范企业环境保护行为,在全社会形成维护环境行为诚信的有效激励和约束机制[1],对实现经济建设与环境保护协调发展具有积极的促进作用。

2　企业环保信用内涵和作用

企业环保信用信息是指企业生产经营活动中在遵守环保法律法规、规章、规范性文件、环境标准和履行环保社会责任等方面产生的环保行为信息(包括良好信息和失信信息),企业通过合同等方式委托其他机构或者组织实施的具有环境影响的行为也视为该企业的环保信用信息。企业环保信用制度体系是指由国家或地方有关部门建立用于解释、证明与查验企业在环保方面的信用状况,并起到监督、管理和保障企业在环保方面规范发展作用的具有法律效力的一系列规章制度与行为规范。

企业环保信用制度体系的运行依托于成熟的市场经济体制,与此同时,市场经济与环

境保护的协调发展也离不开企业的环保诚信[2]。充分发挥市场配置资源(包括环境资源)的作用是市场经济良好运行的前提[3],企业环保信用在市场经济条件下同样是一种资源,这种资源利用的充分与否将直接影响着与其相关的其他资源的配置,从而影响到市场经济的运行效率,进而影响到市场经济与环境保护的协调发展。企业环境信用优劣又关乎到社会民生和公众利益,是企业自身生存和长远发展的关键,良好的环境信用水平是提升企业形象的必要且有效手段。

3 上海市企业环保信用制度研究

准确有效地记录企业环保信用信息并根据相关信息对企业环保信用进行评价是企业环保信用制度良好运行的基础。广东、浙江、重庆等省市已经研究制定了各自的企业环保信用评价标准并开始实施,在实施过程中,随着评价标准的推行,对排污企业起到了很好的警示作用,有效遏制了环保不诚信行为,环保不诚信行为发生率降低。根据上海企业环境信用制度建设框架,结合相关法律法规的相关规定,在开展企业环境信用评价标准研究同时,我们又进行了企业环境信用信息记录办法的研究,以促进企业环境信用信息与全市重大信息库进行对接,为实现不同管理部门之间信息共享、建立联惩联治机制奠定基础。

3.1 企业环保信用记录办法研究

研究制定企业环保信用记录办法是为了以环境行为信用记录共享为突破口,建立联惩联治机制。在环境违法"黑名单"的基础上,结合环境执法监管实际,针对迫切需要加强管理的问题,梳理有明确采集途径、可制定认定标准、可信可靠且不具争议性的不良信息记录,建立信息采集、记录、认定、共享、联惩联治的制度机制,并主动提供给有关部门或向社会公开。

3.1.1 记录内容

企业环保信用信息记录办法中信用目录可分为失信目录和守信目录。通过调研,可将失信目录分为行政处罚、行政审批、禁入限制、污染事故、刑事追责和其他等6个方面,其中前5个方面是根据《上海市企业失信信息查询与使用办法》要求列出,并梳理出7条记录信息条目;最后一个方面是结合上海环保管理实际制定得出,共涵盖13条记录信息条目。守信目录中列入企业所获环保荣誉。以上所述每一条记录信息都由相应的信息认定载体支撑,以保证信息来源的有效性和准确性。上海市企业环境信用信息记录目录见表1。

3.1.2 信息填报和处理

对于已纳入行政处罚类的信息,在行政审批、禁入限制、污染事故、刑事追究类别中应予保留,而其他类别不重复填报。对纳入公共信用信息平台的信息,企业已改正的,可申请有监管权的环保部门复核，复核信息按原渠道报认定主管部门审查后纳入信息平台，但原则上原信息不予去除。其他类信息中，属于被环保主管部门挂牌督办、批评通报的信息，被媒体曝光且社会影响大的信息，以及环保部门已作出责令改正通知书、环保监管建议书及相关决定的信息应当首先纳入。

3.2 企业环境信用评价标准研究

基于上海先前的工作基础和经验，以环保部和上海市法律法规要求为指导，我们研究制定上海市企业环境信用评价标准，并与环保管理部门合作，在实际工作中逐渐优化和深化，进一步提高评价标准的科学性、合理性。

3.2.1 评价内容

考虑到评价工作的可操作性和实用性，上海市企业环境信用评价标准中建议包括污染防治、环境管理和社会监督等三类评价指标，建议舍弃环保部评价标准中"生态保护"类指标。环保部评价标准中规定的"生态保护"类指标包含"选址布局中的生态保护"、"资源利用中的生态保护"和"开发建设中的生态保护"三项，其规定的评价指标和打分标准在上海实际工作中较难得到合理的实施，鉴于公平合理性和可操作性，"生态保护"类指标建议暂不纳入上海地区的评价办法中。在三大类评价指标基础上，可细化分列13项评价指标，分别是达标排放、总量控制、行政处罚、突发环境事件、建设项目环境管理、排污费缴纳、排污申报、环境统计、治污设施、排污口规范化整治、企业环境管理、固废处置和利用(含危废)、群众投诉以及清洁生产和环境认证。具体评价标准的细节将在结合环境管理部门实际工作，在广泛征询环保部门意见、听取企业反馈基础上，经过一定规模的试点评价后提出。

3.2.2 评价对象和评价方法

结合国家"十二五"污染减排重点行业和重金属污染风险防治等环境管理要求，上海市、市属区县的有关环境管理要求所列出的国家重点、市重点、区(县)重点监控企业，应列为上海市企业环保信用评价对象；对于一年内发生群众有效环境投诉或纠纷2次及以上的企业、上一年度发生较大及以上突发环境事件的企业均属于存在较大环境风险的企业，建议应纳入评价对象；此外，环保部门有正当理由认为应该纳入评价的企业，也应该列入评价对象中。评价方法拟采用单一指标判别法，评价等级确定以各项评价指标对应最差的一项指标为准。评价结果分很好、好、一般、差、很差五个等级，依次以绿色、蓝色、黄色、红色和黑色进行标示。

表1　上海市企业环境信用信息记录目录

类别	记录信息名称	信息认定载体
行政处罚	企业行政处罚记录	①行政处罚决定书；②限期治理决定书
行政审批	违反行政审批告知承诺决定信息	①行政审批意见；②通报、文件； ③现场调查笔录、询问笔录
	以隐瞒、弄虚作假形式申请行政审批的信息	

续表

类别	记录信息名称	信息认定载体
禁入限制	环评单位禁入限制信息	①行政处罚决定书；②责令改正通知书；③环保部公文
	危废经营许可证单位禁入限制信息	①行政处罚决定书；②通报、文件
	环保设施运营单位禁入限制信息	①行政处罚决定书；②行政审批意见；③现场检查笔录、询问笔录
污染事故	污染事故信息(较大、重大、特大)	事故调查报告
刑事追责	企业责任人员追究环境刑事责任信息	刑事判决书
其他	危险产生单位未执行转移联单管理制定的信息	①责令改正通知书； ②环保监管建议书； ③现场检查笔录、询问笔录； ④危废转移管理信息系统
	在收集、贮存、运输、利用、处置过程中，没有有效采取防扬散、防流失、防渗漏措施的信息	
	擅自倾倒、堆放、丢弃、遗撒危险废物方面信息	
	建筑工地夜间施工单位存在不如实申报，或不按时限、超权限、超范围施工的行为	①责令改正通知书；②通报、文件；③现场检查笔录、询问笔录；④夜间施工审批管理系统
	排污费欠缴信息	①责令改正通知书；②现场检查笔录、询问笔录；③排污费缴纳系统
	排污口设置不规范、未经环保部门许可擅自设置、移动和扩大排污口信息	①责令改正通知书；②环保监管建议书；③现场检查笔录
	污染防治设施拆除或长期闲置或污染防治能力严重不足	①责令改正通知书；②环保监管建议书；③现场检查笔录、询问笔录
	未报批环境影响评价文件就开始开工建设信息(未批先建)	①责令改正通知书；②环保监管建议书；③现场检查笔录
	环保设施未通过验收即投产运营的信息(久拖不验)	①责令改正通知书；②环保监管建议书；③现场检查笔录、询问笔录；④建设项目审批信息系统
	企业环境污染造成厂群矛盾或信访问题突出的、经环保部门核实，由企业自身环境污染问题造成投诉或被媒体曝光的	①调查处理报告；②现场检查笔录、询问笔录、监测报告
	企业污染源主要污染物排放超标信息	①监测发布系统；②在线监测发布系统；③监测报告
	环评单位违反资质管理规定的行为	环保部门文件、通报
环保荣誉	国家、市、区(县)授予企业的环保先进称号，给予的环保表彰及荣誉信息	荣誉、获奖证书或证明文件

4 总结和建议

上海市企业环保信用制度体系包括企业环保信用信息记录办法和评价标准。本研究创造性的制定出企业环保信用信息记录办法，为管理部门之间的协同管理提供认定依据，提高管理效率。同时建议上海市环境管理部门开展以下试点：

(1) 完善行政许可信息共享。按需提供环保行政许可信息，进一步梳理明确可上法人库的行政许可事项，完善信息记录和动态更新的制度和机制；同时用好其他部门信用信息，梳理明确需从其他部门法人库中获取的具体信息需求。

(2) 实现企业重点环境行为信用记录的共享。筛选可逐步提供的不良信息记录和良好信息记录，扩大应用试点，进一步深化多部门联惩联治机制。

(3) 开展环保资质单位信用评价试点。重点针对为市场提供服务的环评资质单位、危险废物经营许可单位、环境污染设施运营资质单位开展信用评价试点，以满足市场选择的需求，并发挥市场约束监管的作用。

(4) 开展企业环境信用评价和应用试点。探索环境信用评价和应用，逐步完善污染源管理和社会服务体系。完善污染源管理制度，整合提升污染源管理信息化平台，逐步推进企业环境信用评价第三方服务体系建设。

参考文献

[1] 严晖.叶建林.环境信用机制的建立与完善[J].环境与可持续发展，2007(3).

[2] 秦虎，王菲.环保信用：一种环境管理整合手段[J].环境经济杂志，2006(33).

[3] Zhang B，Yang Y，Bi J. Tracking the implementation of green credit policy in China：Top-down[J]. Journal of Environmental Management，2011(92)：1321-1327.

基于多指标综合评价法的环保信用管理系统研究

郁洪江　陈　高　徐益强

（江苏省生态环境监控中心，南京　210036）

摘　要　本文基于多指标综合评价法，建立企业环保信用评价模型，在江苏省生态环境监控系统（1831 项目）的统一架构下，依托全省环保业务专网，归集参评企业环保信用信息，实现了省、市、县三级企业环保信用的评价、审核、上报、核查、修复、公示，充分运用信用手段为环保部门应对复杂形势、提升管理效能提供了新的解决方案。

关键词　多指标综合评价法，环保信用，1831 项目

1　引言

建设江苏省企业环保信用管理系统，是贯彻落实省委、省政府《关于加快推进诚信江苏建设的意见》精神，是“十二五”诚信江苏和社会信用体系建设“围绕一个目标、突出一个主体、抓住两个关键、做好三个服务、加强五个建设”重点工作之一，是江苏社会信用体系发展战略的一项重要举措。企业环保信用信息是对企业环境行为的综合评价，是企业承担环境保护的社会责任的综合反映。准确、全面地评价企业的环境行为，并通过科学的评价体系客观、公正地反映企业环保信用信息成为了当务之急[1,2]。

按照国家对污染源企业环境行为的相关要求，以江苏省生态环境监控系统为基础，建设江苏省企业环保信用管理系统，准确、客观、公正地反映和管理企业环境行为。江苏省企业环保信用信息系统将成为江苏省生态环境监控系统的有机组成，同时将成为江苏省社会信用管理的重要组成部分。

2　多指标综合评价法

现实中综合评价问题的依据是指标，但由于影响各评价事物的因素往往是众多而复杂的，如果仅从单一指标上对被评价事物进行综合评价不尽合理，因此往往需要将反映被评价事物的多项指标的信息加以汇集，得到一个综合指标，以此才能从整体上反映被评价事物的整体情况[3,4]。因此多指标综合评价方法被广泛使用。围绕着多指标综合评价，随着多领域的相关知识不断渗入，使得多指标综合评价方法不断丰富，有关这方面的研究也不断深入。目前国内外提出的综合评价方法已有几十种之多，但总体上可归为两大类：即

主观赋权评价法和客观赋权评价法。前者多是采取定性的方法，由专家根据经验进行主观判断而得到权数，如层次分析法、模糊综合评判法等；后者根据指标之间的相关关系或各项指标的变异系数来确定权数，如灰色关联度法、主成分分析法等。

本文根据环保信用评价的工作实际，提取出与企业环保信用密切相关的包括污染防治类指标、环境管理类指标、社会影响类指标在内的 3 大类 37 项指标进行综合评价，同时提出使用违反指标倒扣分的评价方式，100 分为原始分，扣到 0 分时结束，使得评价更加科学合理，容易引起企业重视，同时方便电子化实现。

3 系统总体架构

江苏省企业环保信用管理系统在信用管理标准体系和“1831”标准规范与安全体系支撑下，包括八大建设内容：企业环保信用评价体系，安全保障体系，系统软硬件基础设施，环保信用系统数据平台，企业环保信用系统基础应用平台，企业环保信用信息系统，环保诚信门户，移动信用系统（图 1）。

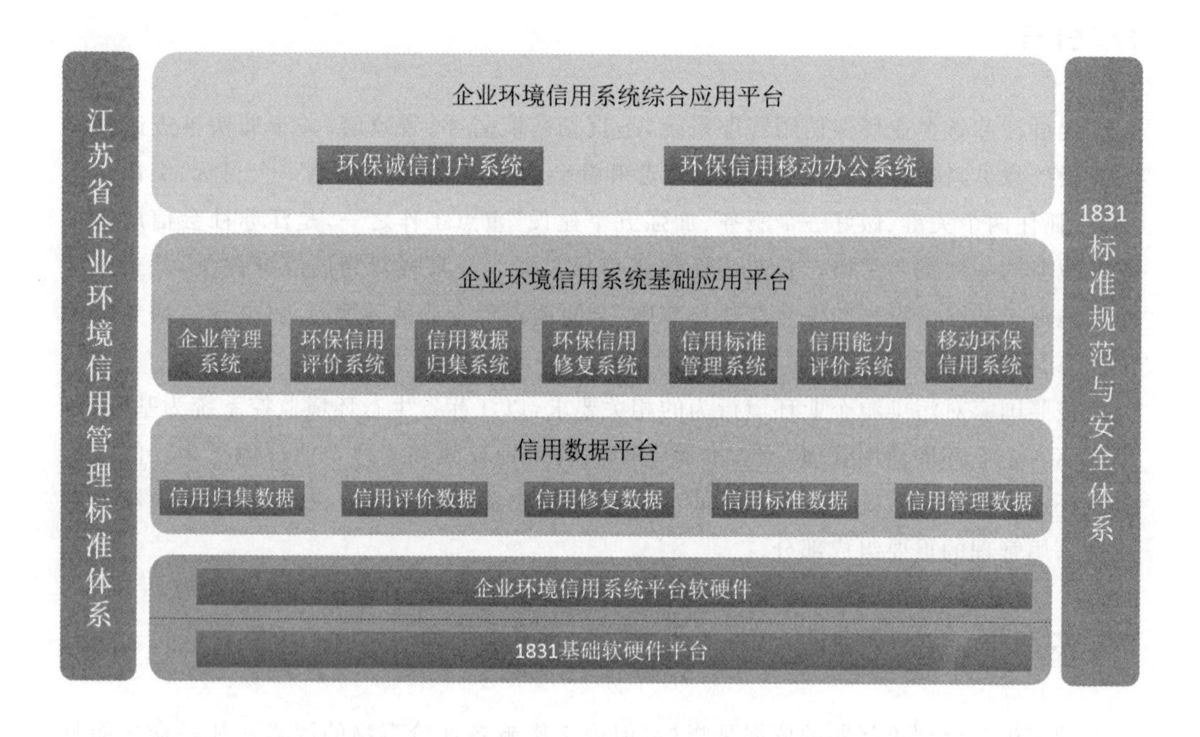

图 1 系统总体架构图

环保信息信用数据核心库部署在省级节点，各地市环保局在交换前置库上建立环保信用交换前置库。地市环保局的环保信用数据通过 biztalk 中间件实现地市和省之间的数据传输和交换，地市已经建立的信用系统通过服务接口与省级系统进行系统对接。省级企业环保信用信息通过内外网交换服务实现与省信用办数据交换。使用备份服务器，对数据和应用平台进行实时系统备份。外网应用服务器部署企业环保信用综合应用平台，同时配置隔离网闸，与内网环保信用系统与数据进行信息传输，图 2 为系统总体部署结构图。

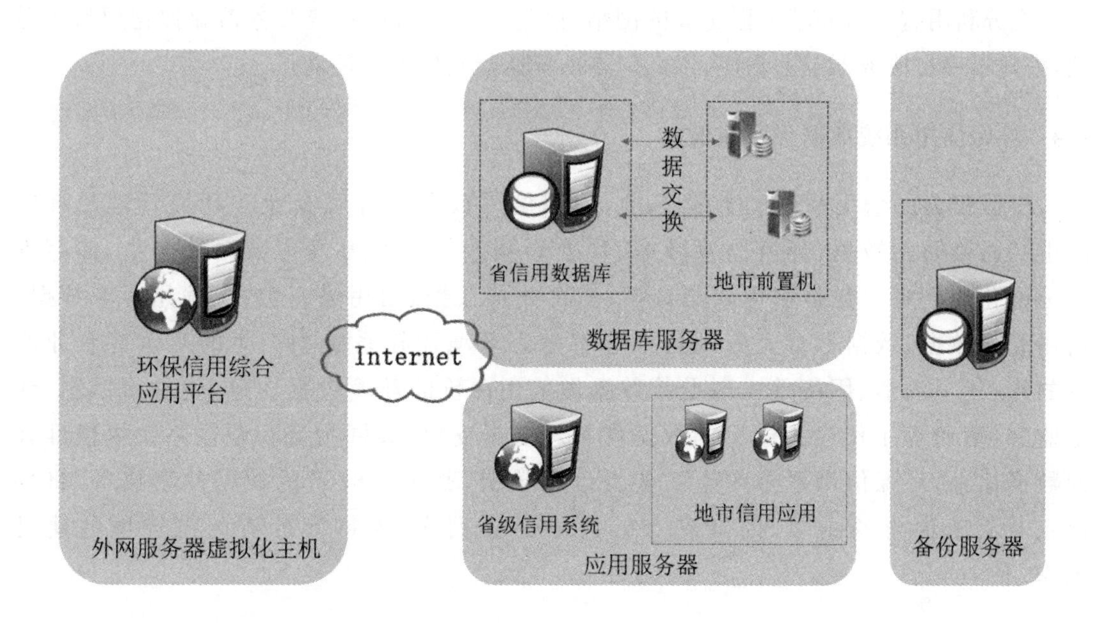

图 2　系统总体部署结构图

4　功能模块设计

4.1　企业环保信用评价体系建设

通过对企业环境行为的相关法律法规的研究，结合江苏省对污染源企业管理的实际情况，制定适合我省省情的企业环保信用评价体系，包括企信用评价管理标准、信用评价建设标准、信用评价运维标准规范体系；根据信用评价体系建立相关的信用评价信息的数据标准、信用等级评定管理标准、信用信息的传输标准、信用系统建设的能力评估标准、信用系统安全标准、信用系统的运维管理标准等；通过相关信用体系标准，建立相关的企业信用评价流程模型、环保信用信用评价模型、信用系统建设能力评价模型、信用评价运维评价模型等标准评估模型，支持信用系统建设。

4.2　安全保障体系建设

根据国家对电子政务系统的相关安全保障的要求，本项目不仅需借助于环保专网和“1831”项目现有的安全体系，对于系统的访问需要经过 CA 认证，在 Internet 网访问需要配置隔离网闸以保证应用数据的安全性；另外需要从管理角度制定适合本项目的数据交换等安全管理规定，以保证数据交换过程中的安全和保密。

4.3 系统软硬件基础设施建设

充分利用省厅“1831”工程建成的网络，以生态环境监控系统服务器虚拟化项目为基础，搭建本项目服务器及数据库，以满足本系统运行基础支撑环境；

4.4 环保信用系统数据平台建设

根据相关的信用系统的数据标准，利用信用数据平台对企业在环境管理过程中产生的污染防治数据、环境监管数据、社会影响数据三大方面中数据的产生，储存进行标准化的管理。包括信用归集数据、信用评价数据、信用修复数据、信用标准数据、信用管理数据；数据平台充分利用江苏省生态环境监控系统中产生的对监控企业产生的水、气、声、渣、固废等实时监控数据做信用评价的环境数据支撑，将总量控制、环境监察、信访等工作过程产生的数据作管理数据支撑，共同为环保信用系统提供准确的数据信息；环保信用平台产生的各类信用数据，通过“1831”的数据共享接口，将环保企业信用评价的结果，回馈到“1831”中心数据库，支持江苏省生态环境的建设工作。

4.5 企业环保信用系统基础应用平台建设

根据相关的信用标准体系，开发建设企业环保信用基础应用平台，平台包括信用企业管理、环保信用评价系统、信用数据归集系统、环保信用修复系统、信用标准管理系统、信用能力评价系统、移动环保信用系统等子系统构成；通过环保信用评价工作流程的建设，建立企业环保信用管理的三级管理体系，省市县各级环保职能部门根据流程对相关的信用情况对企业的环保信用进行评价，最终到省级部门进行汇总、终审；基础应用平台需要利用江苏省生态环境监控系统(“1831”)已经建成的GIS服务组件、资源服务组件、应用服务组件、单点登录组件等相关基础资源服务来支撑信用平台的建设。

4.6 企业环保信用信息系统建设

企业环保信用信息系统是对污染企业的相关环境信息数据进行归集，根据信用评价体系进行分析和管理，并将评价结果报送省公共信息平台，实行联动监督监管，放大环保监督效应，提高环保服务效率。

4.7 环保诚信门户建设

建立外网门户系统，实现污染源企业与环保部门的及时信息沟通，提供门户方式进行企业评价的相关数据收集及信息发布等。

4.8 移动信用系统建设

建立移动信用系统，实现领导在外的移动办公功能，实现移动评价、企业信用查询、权力阳光对接、办公自动化对接、企业信用修复的移动审批。

5 结语

本文基于多指标综合评价法，建立了企业环保信用评价模型，在江苏省生态环境监控系统（“1831”项目）的统一架构下，实现了省、市、县三级企业环保信用的评价、审核、上报、核查、修复、公示，将信用建设紧紧融入“生态文明建设工程”，使信用杠杆插上信息化的翅膀逐步在环境管理中发挥出“四两拨千斤”的作用，为环保部门应对复杂形势、提升管理效能提供了新的解决方案。

参考文献

[1] 黄金枝. 建设工程咨询行业信用评价指标体系研究[J]. 建设监理，2008，(11).
[2] 范志清，王雪青，李宝龙. 基于物元分析的建筑市场执业资格人员信用评价研究[J]. 管理科学，2009(7).
[3] 刘晓峰，齐二石. 建筑企业信用评价系统研究[J]. 西安电子科技大学学报，2006(3).
[4] 周航，胡昊. 建设工程咨询行业信用评价指标体系应用研究[J]. 建筑经济，2008(9).

湖州市环保产业污染处置类单位发展现状及对策建议

胡　畅　张　斌

(湖州市环境保护局,湖州　313000)

摘　要　环境服务业是环境保护产业的一个重要组成部分,已成为最具发展潜力的环境保护产业领域。本文以湖州市环保产业污染处置类单位为例,通过对运营模式、发展现状进行深入调研,分析存在的问题,总结出有效做法,并从六个方面提出促进此类环保产业发展的对策建议。

关键词　环保产业,环境服务业,污染处置类单位

环境服务业是环境保护产业的一个重要组成部分,已成为最具发展潜力的环境保护产业领域。污染设施运营管理是环境服务业的重要组成部分,"十一五"期间,国家进一步加大了环境保护基础设施的建设投入,加强了推动环境污染治理设施运营服务发展的力度,制定了有关政策并加快了实施进度,对水价、污水和垃圾处理的收费、市场管理与市场准入等问题加大了改革力度。国家所有特许经营的市场化改革模式(BOT、TOT 等)和环境污染治理设施运营管理制度在城市环境基础设施建设与运营中的应用,加快了我国环境污染治理设施运营向社会化、市场化、专业化发展的步伐。在此以湖州市环保产业污染处置类单位的发展现状为例,分析存在的问题,提出促进此类环保产业发展的对策建议。

1　发展现状

1.1　概述

湖州市的环保产业污染处置类工程单位主要由城镇污水处理、生活垃圾处置、医疗和工业危险固废处置三方面组成。湖州市作为太湖流域环境保护的重点区域,历来十分重视环境保护工作,注重环保基础设施的建设和运营管理,尤其在"十一五"期间,环保基础设施建设呈现出领导重视、投入加大、进度加快、设施齐全、覆盖全面的特点,经过几年的努力,已先后建成城镇污水处理厂 40 座,设计处理能力 75.4 万吨/天,基本实现了镇镇都有城镇污水处理设施的目标;垃圾焚烧发电厂 3 座,设计日处理生活垃圾能力 1700 吨,生活垃圾卫生填埋场 4 座,日处理生活垃圾能力达到 890 吨;医疗和工业危险固废处置中心 1 座,设计能力日处理医疗废物 10 吨,工业危险固废 20 吨,对全市的医疗废物和工业危险

固废进行统一处理。

1.2 运营模式

1.2.1 污水处理

目前湖州市16家已投入运营的污水处理厂其运营模式大致可分为三类:国营、民营、BOT或TOT特许经营模式。从实际运行来看,国有企业人员配备和各项规章制度都比较完善,生产运营相对正常;从调查情况看,BOT或TOT特许经营项目污水处理主体设施和管网往往由两个不同主体负责,造成处理负荷不高或进水中雨、污、河水混流现象比较突出,既造成了不必要的浪费又改变了污水进水的营养比例,增大了污水处理的难度。

1.2.2 垃圾处理

生活垃圾的处理目前主要通过"户集、村收、乡镇运、市(县)处理"模式运行,各村(居)设立垃圾箱和垃圾收集房,乡镇设立垃圾中转站,自行配备运输车,中心城区收集运输由环卫机构组织实施。市本级、长兴县、德清县已建成垃圾焚烧发电工程并投入使用(或试运行),垃圾收集后统一送垃圾焚烧发电厂处理,由市、县(区)、乡镇各级财政向处理企业支付垃圾处理费,湖州、长兴、德清分别为每吨80元、80元、85元;安吉县生活垃圾目前收集后送垃圾填埋场填埋。

1.2.3 医疗和工业危废处理

医疗废物、工业危废采用"有偿处理"模式,各医疗单位和工业危废产生单位与处置单位湖州市工业和医疗废物处置中心有限公司签订处理协议,由处置单位统一组建车队上门收取,向医疗单位和工业危废产生单位收取处理费,送中心处理。具体收费办法为:综合医院按住院床位收取,2.8元/(床·天);乡镇卫生院按业务收入的5‰收取;医疗点按执业医生人数收取,50元/(人·月);工业危废按物价部门确定的收费标准收取。

1.3 运营现状

1.3.1 污水处理厂

目前所有污水处理厂的处理工艺大致可分为两大类,即连续式和间歇式。连续式主要有氧化沟工艺、A/O工艺、A2/O工艺等表现形式,间歇式主要有CAST工艺、CASS工艺、MSBR工艺等表现形式。

从调查情况来看,对日处理水量不大且浓度冲击较小的项目采用间歇式处理工艺较为经济合理;而对日处理水量较大且浓度冲击也较大者则宜采用连续式处理工艺,其中的A2/O工艺则首推,日常运行也较平稳。同时调查发现,大多数采用连续式处理工艺的污水处理厂设计建设时没有设置调节池,一则由于过度的浓度冲击短期内无法适应而造成出水超标,二则不能如实反映日均进水浓度,对其自身运行调控和环保监管来说都是一大弊端。

根据环境统计,2008年湖州市现有的16个污水厂设计处理能力51.3万吨/日,实际日处理量为27.9万吨；其他污水处理厂均为新建，部分投入试运行，负荷普遍不足。这些污水处理厂逐步投入运行以来，收到了一定的社会效益和环境效益。2008年湖州市环境监测中心站和各县环境监测站共对全市15家(除小梅污水处理厂外)污水处理厂进行了147厂次监测，省环境监测中心对湖州市污水厂进行了8厂次监测，监测项目包括pH、悬浮物、色度、化学需氧量、氨氮、总磷、总氮、石油类和阴离子表面活性剂共10项，全市15家污水处理厂全年平均达标率为64.5%，CODcr达标率为78.1%。

1.3.2 垃圾处理厂

(1) 湖州南太湖环保能源有限公司。选用2×400t/d机械炉排垃圾焚烧炉，设计选用2台7.5MW凝汽式汽轮发电机组，没有对外供热负荷。2008年7月30日完成全部项目的调试任务，全面进入试生产，2009年1—6月，共接收处理湖州市本级(吴兴区和南浔区)城乡生活垃圾12.46万吨，日均688吨，上网供电2175万度。自行配建炉渣制砖工程，对炉渣进行综合利用。2009年3月以环验(2009)71号文通过环保部验收。

(2) 长兴新城环保有限公司。采用异重循环流化床焚烧专利技术，一期新建的2台日处理垃圾250吨循环流化床焚烧炉和1台6MW抽凝汽轮发电机组及1台3MW背压汽轮发电机组，已分别于2008年5月、8月投入运行。2009年1—6月，共处理垃圾7.12万吨，日均393吨，发电1565万度，对外供汽7.85万吨。2009年6月以环验(2009)170号文通过环保部验收。

(3) 德清佳能垃圾焚烧发电厂。采用1台400吨循环流化床焚烧炉和1台6MW抽凝汽轮发电机组，没有对外供热负荷。2009年3月31日点火试运行，目前日平均焚烧处理垃圾280吨。

1.3.3 医疗和工业危废处理

湖州市工业和医疗废物处置中心有限公司。新建项目于2007年5月投入运行，采用A·B炉1台和浙江大学新型回转流化工艺技术焚烧炉1台，2009年1—6月，工业危险废物收集量160.4528吨；医疗废物收集量1016.975吨，日均收集处理分别为工业危险废物0.89吨、医疗废物5.62吨。2008年12月以浙环建验(2008)71号文通过省环保厅阶段性验收。

1.4 有效做法

湖州市的环保产业污染处置工程单位在多年的实际发展过程中，各地各单位根据当地和企业实际，摸索总结出了一些有效做法，对促进此类产业的健康发展起到了积极作用，主要有：

(1) 出台鼓励政策推进工程建设。湖州市委、市政府高度重视污水处理项目的建设，出台了《湖州市区污水集中处理项目以奖代补考核实施办法》，明确了补助对象、奖励标准，对污水处理项目建设进行补助，以确保湖州市污水处理项目建设顺利推进和正常运转。

(2) 建立合理的污水处理费收费机制。以湖州东郊水质处理有限公司为例,该企业主要服务于吴兴区织里镇东部区域的城镇和工业污水集中处理,其污水处理费由生活污水处理费和工业污水处理费组成,生活污水处理费按物价部门规定在自来水费中加征,工业污水处理费按物价部门规定,使用自来水的在水费中加征,使用自备水的按纳管协议和取水量由自来水公司代收,收取所有污水处理费全额上缴镇政府财政专户,由镇财政向污水处理厂分期拨付,并预留10%费用作为考核,与污水处理厂达标排放率挂钩。这样做使得污水处理费收取率较高,污水处理厂税负降低,政府对污水处理厂的调控能力增强,对促进该企业的健康发展起到了良好的保障作用。

(3) 实行有效的垃圾清运考核办法。长兴县政府在垃圾焚烧发电厂建成投运后,为进一步提高垃圾收集水平,保障垃圾焚烧发电厂合理生产负荷,加强调研,研究出台了《长兴县农村生活垃圾集中收集清运处理考核奖励办法》,调整和提高了县财政补助资金,同时明确了各乡镇、街道工作职责和日均垃圾清运基础任务数。这些政策的出台,有力地提高了乡镇和村工作积极性,推进了垃圾集中收集清运工作。

(4) 积极争取行业主管部门支持。湖州市的医疗废物收集处置工作起步早,覆盖率高,长效运行机制好,主要得益于卫生行政主管部门的高度重视,把对医疗废物的处置工作纳入了对医疗机构的综合管理中,使医疗废物的收集处理工作走上了良性循环的轨道。

(5) 努力发挥环境管理推动作用。牢牢抓住建设项目竣工环保验收环节,支持该类产业的发展。如在湖州经济开发区,所有建设项目竣工环保验收要求业主提供雨污管网测绘图,这一举措大大提高了项目废水的纳管率和接管正确率,也为污水处理厂的运行提供了基础保障;对产生工业危废的建设项目,在审批阶段,要求业主与处置中心签订协议,作为落实污染防治措施支撑的依据,在验收时要求业主提供处置台账,有效促进了工业危废的安全处置工作,也保障了危废处置单位的正常运行。加强环境执法监管,在维护群众环境权益,改善环境质量的同时,推动该类产业规范健康发展。完善了《湖州市城镇污水集中处理监督管理办法》,并制定了《湖州市城镇污水集中处理监督管理实施细则》;强化监督管理设施建设,制定下发《湖州市污染源在线监控系统运行管理实施方案》、《湖州市污染源在线监控系统专业化运维实施方案》等4个相关文件,全面规范在线监测系统验收和运维工作,确保在线监测监控系统正常运行;开展系列专项环境执法行动,加强对污水、危废等污染物产生单位的监管。

2 存在问题

湖州市环保产业污染处置类单位近几年来虽有一定程度的发展,但还存在不少问题,制约着产业的健康发展,也将会对环境保护工作造成影响。

(1) 项目选址难。污染处置类项目的选址要求,一般要远离环境敏感目标,因此造成拟选址往往不在原有规划范围内,不符合土地利用规划、城镇总体利用规划等规划,按现有投资管理体制，造成项目前期报批困难；项目不在规划范围内，使得所需配套基础设施，如道路、水电等无法实现共享，投资大，企业负担重。

(2) 政策支持少。这类项目均具有一定公益性性质，赢利能力与一般工业项目不同，而目前的政策基本按工业项目实行，如土地按工业用地价格实行招拍挂；林业、水利、建设、环保、交通、公安等各项管理和规费以及税收也缺乏相关优惠扶持政策。

(3) 运行负荷低。除少数项目外，大部分项目运行负荷较低，未到项目设计经济运行负荷水平，长此以往，不利于项目的长期健康运行。主要原因是：污水配套管网建设相对滞后，部分污水处理厂处理效果不理想；生活垃圾收集处置制度不够健全，收集清运积极性不高；工业危废监管力度有待于进一步加强，危废处理能力(处理种类)有待于进一步提高。

(4) 收入保障弱。与其他地区一样，湖州市还未开征生活垃圾处理费，由各级财政向处理单位按处理量支付费用，由于财力等原因，补贴标准较低；采用 BOT、BOO 等模式经营的污水处理厂，协议中都明确了保底水量，不足部分将由政府财政补足，由于污水处理厂运行负荷普遍不足，政府财政负担过重；自备水污水处理费由污水处理厂自行装表收取，存在纳管企业不愿装表、污水处理费收费困难的问题。这些情况势必会影响到处理单位经营收入的及时足额取得，不利于企业正常经营活动的开展。

(5) 监督考核难。这类单位既是企业性质，又承担公益性工作，政府对其监督考核较难，尤其是经济上制约少，缺少将其收入和绩效挂钩的考核机制，不利于企业的健康发展。如目前大部分污水厂采用自行收费，自行使用，没有第三方监管单位，造成其收支情况，特别是支出情况不清楚，污水处理费使用缺少监管。

3 对策建议

(1) 这类项目在各地配建数量都不多，可通过全省或各市编制专项规划对数量、规模进行限制，并据此确定用地规模，采用定量不定点的方式列入土地利用规划和城镇总体规划，方便及时解决选址符合性问题，同时考虑到其用地性质的特殊性，用招拍挂形式取得土地使用权有其不合理性，研究用新的方式解决用地取得途径问题。

(2) 由于项目为公益性质，其运行不正常将会引起一系列社会问题，政府有关部门应研究出台扶持政策，尽量降低其建设运营成本。如林业部门的植被恢复费、水利部门的相关费用、城建部门的建设工程相关费用、环保部门的排污权有偿使用费、交通和交警部门有关运输车辆的规费等各项费用，应参考适用其他公益性项目的现行政策酌情免征和减征。

(3) 参照污水处理收费办法，尽快开征生活垃圾处理费，由物价部门出台相应的垃圾处理费收费标准或原则性标准，由政府相关单位组织对单位用户和居民分类收取垃圾处理费，同时科学测算，适当提高支付给处置单位的处理单价。这样做，可体现污染处理“谁污染谁付费”的法律原则，保障处置单位实现保本微利，又可在一定程度上减轻财政负担。这一政策出台后，各级政府将会积极谋划组织落实，对产业的健康发展起到关键作用。

(4) 由于此类项目选址的特殊性，对需配套建设的基础设施投资占总投资的比例较大的项目，政府应对建设单位予以支持，如直接出资配套建设，或由企业建设，在处理费中按成本加价，对企业投入进行补贴。

(5) 加强调研，科学测算，确定生活垃圾基础产生量，同时建立健全考核奖惩制度，完善垃圾收集清运管理办法，提高收集率；加大政府投入，加强考核监督，加快配套的污水管网建设，提高污水集污率；加强工业企业危险固废环境管理，重视固废管理队伍建设，完善工作制度，加大执法力度，充分利用建设项目环评审批、竣工环保验收、排污许可证年审等环节，督促企业落实危废处理工作，提高危废收集处置率。

(6) 完善激励机制，鼓励技术研究和推广，推进公益性污染处置单位实施资源综合利用工程，“变废为宝”，提高收益水平，实现产业的良性发展。

江苏省生态环境监控系统建设探讨

何春银

（江苏省生态环境监控中心，南京　210036）

摘　要　江苏省生态环境监控系统围绕生态省建设总体目标，在一个统一的监控平台上集成水环境、大气环境、重点污染源、饮用水源地、辐射环境、机动车尾气、危险废物、固定风险源等八大环境要素，共享唯一数据，通过组建省、市、县三级生态环境监控中心，统一归口管理，出台一套环境监控管理办法，实现对全省生态环境的现代化监管是信息化和生态文明的有机结合。详细阐述了“1831”系统建设的意义、内容、实施成效等，并对“1831”的未来进行了展望。

关键词　信息化，生态文明，“1831”

1　引言

中国经济取得巨大发展的同时，环境、资源瓶颈制约也越来越大。如何让经济、社会、政治、文化的发展伴随良好的生态？党的十八大报告在这一关键历史时期提出了“五位一体”的发展布局，把生态文明建设提到前所未有的高度。环境保护是最接地气、与人民群众联系最紧密的工作之一，保护环境的目的就是要适应人民群众宜居安康的需要，改善生态环境质量、保障群众的环境权益，实现水清、天蓝、地净。

环境保护现代化，就是信息一体化，江苏省生态环境监控系统（简称“1831”）是环境信息化的方向，通过环境信息化实现“智慧环保一平台，环境要素都上来；全省上下共同用，时刻把脉看生态”。“1831”是生态文明的一个硕果，信息唯一、数据集中、透明共享，时刻感知生态环境的安全与健康程度，让生态文明尽可能的量化和可视化，实现“平台大统一、系统大集成、网络大整合、数据大集中、硬件大集群、软件大管理、安全大提升、服务大保障”。

2　“1831”是可持续发展的时代要求

生态文明是人类文明发展的一个新的阶段，即工业文明之后的文明形态，是人类遵循人、自然、社会和谐发展这一客观规律而取得的物质与精神成果的总和，是以人与自然、人与人、人与社会和谐共生、良性循环、全面发展、持续繁荣为基本宗旨的社会形态。生态文明是人类为保护和建设美好生态环境而取得的物质成果、精神成果和制度成果的总和，是贯穿于经济建设、政治建设、文化建设、社会建设全过程和各方面的系统工程，反映了一个社会的文明进步状态。相对于经济发展、社会民生等领域，信息化在节能降耗、减排治污、安全生产、资源再生等领域中的应用相对滞后，短板突出。

当前，随着环境管理工作从大类粗放型，不断向特征因子细化型转变，各种环境特征因子越来越多，特征因子自动监控和采集设备产生的数据量也越来越大，各业务部门为使用和管理这些数据分别建立了多个“孤岛型”的业务系统，由于各系统之间的数据缺乏联系，而单个系统的数据太过单薄，不能有效支撑领导决策。为避免上述情况为环境管理带来的弊端，环境信息一体化是必然，而数据深度挖掘和分析是信息化系统的主要任务。

环境信息化又是推进生态文明建设的主力军。只有环境信息化，才能有效体现科学发展、可持续发展这个生态文明建设水平的高低。生态省建设、生态文明工程建设是全省发展的方向，为了能让社会公众感知到这一未来发展趋势，立足十八大对信息化与生态文明的要求，结合当前全省环保工作实际，除了各级环保部门自身的信息化建设外，必须建立全省性的信息化公共支撑平台，包括数据资源中心、传输交换平台、公共管理平台、环境信息发布平台、企业和公共环境监管平台、公众服务平台等综合性服务平台。江苏省委、省政府《关于加快推进生态省建设全面提升生态文明水平的意见》(苏发〔2010〕24 号)中明确要求“在全省范围内按照统一规划、统一管理、统一标准的要求，加快建设环境要素更加齐全、技术设备更加先进、信息集成度更高的全省环境监控平台，整合现有力量，加强生态环境监控机构建设，提高对生态环境的自动监控能力”。

“1831”生态环境监控系统应运而生，契合了十八大信息化与生态文明的重要精神，是群众路线的产物，更是服务民生的保障。以“生态江苏、数字环保、信息共享、科学管理”为原则，紧密围绕生态省建设与全省环境保护中心工作，落实“信息强环保”战略，以建设现代环保监管体系为重点，以先进的物联网和云计算技术为基础，建设全省共享的环境监控平台。

3 “1831”系统建设内容

江苏省生态环境监控系统简称“1831”：“1”就是建设一个全省共享的生态环境监控系统；“8”就是集成饮用水水源地、流域水环境、大气环境、重点污染源(包括污水处理厂)、机动车尾气、辐射环境、危险废物、应急风险源等 8 个子监控系统；“3”就是组建省、市、县三级生态环境监控中心，统一归口管理自动监测监控系统，对监控数据质量实施“全生命周期”控制；“1”就是建立完善的环境监控运行机制，出台一套环境监控管理办法，实现对全省生态环境的现代化监管。图 1 为“1831”子系统示意图

3.1 建设全省统一的环境监控平台

为了实现生态省的建设目标，满足江苏省水、空气、重点污染源、辐射环境、危险固废、

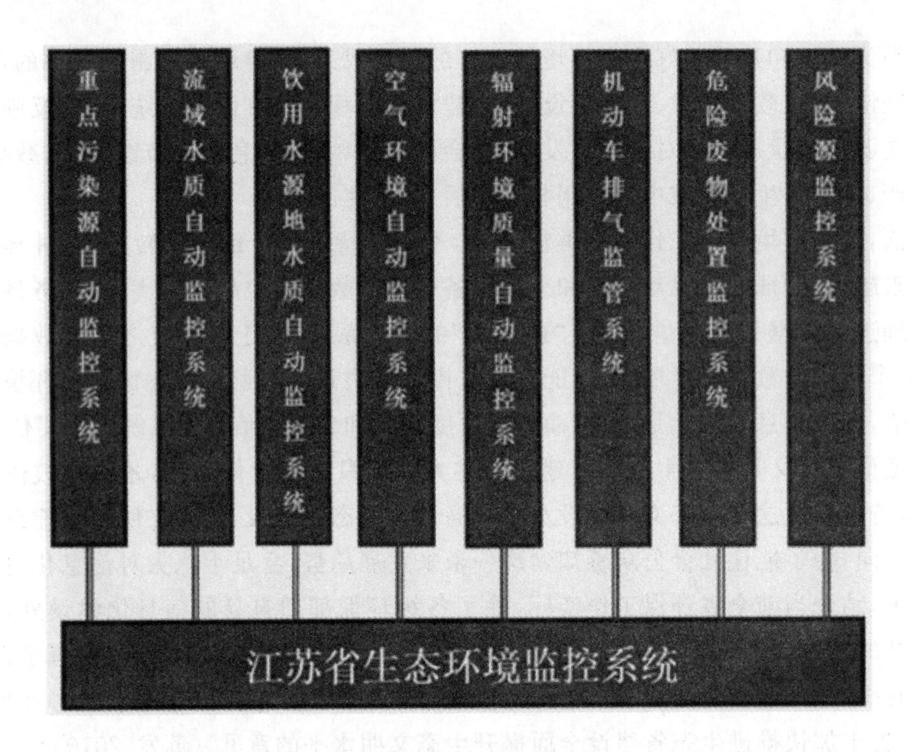

图 1 "1831"子系统示意图

应急风险源环境质量评价以及饮用水源地水质安全评估，满足省辖市环境质量达标评估、统计排名、区域补偿核算以及国家对省生态考核指标评估的要求，切实做好环境质量预测、执法监督、排污收费、减排核算等工作，必须建设全省统一的环境监控平台，对各类环境管理要素进行统一管理。

充分利用成熟的信息技术，构建统一的环境监控平台，包括统一的标准规范、网络支撑平台、数据交换平台、数据库平台、GIS 服务平台等基础技术平台，将全省各环境要素的监测数据、管理信息集中，对全省环境信息进行统一管理；通过数据分析、信息展示，满足环境质量预测、预报、评价、考核等管理工作的应用需求，在此基础上对生态环境的变化进行监控，对各行政区域的环境治理进行考核，对环境总量进行控制，为环境管理者、决策者提供信息服务。

3.2 集成八大环境要素监测系统

通过集成水环境、空气环境、饮用水源地、重点污染源、机动车尾气、危险固废、辐射环境、应急风险源等八大环境要素，构建"1831"中心数据库，对各环境要素的监控数据质量实施"全生命周期"控制，建立完善的环境监控运行机制，实现对全省生态环境的现代化监管，服务于生态省建设、管理和决策。

(1) 水环境。在完善太湖流域水质自动监测站网的基础上，重点加强淮河流域交界断面水质自动监测系统建设，全面实现全省主要河流省市交界断面与重点河流水质省级联网自动监测、监控、预警功能。

(2) 空气环境。在全省县级以上空气环境自动监测实现全覆盖的基础上,加强已建站点联网集成,开展霾自动监测站和超级站建设,满足江苏省空气环境质量评价、国家对江苏省环境指标考核、省辖市空气环境质量变化情况评估、省辖市空气环境质量考核统计排名、空气环境质量预测、预报、预警等工作需要。

(3) 饮用水水源地。通过实现由地方政府投资已建万吨以上集中式饮用水水源地水质自动监测站省级联网,组织地方政府投资新建一批万吨饮用水地表水源地水质自动站,并与省环保厅联网。改变饮用水水源地水质监测信息化水平相对滞后,监测信息不能及时共享的现状。

(4) 重点污染源。全面实现全省国省控重点污染源、集中式污水处理厂、总装机 30 万 kW 以上燃煤电厂省级联网自动监控。全省重点城镇污水处理厂与省环保厅完成中控系统安装,并与省环保厅联网。

(5) 机动车尾气。建设省、市、县、环检机构四级机动车排气监管信息平台,完成对环检机构日常检测、标志发放、油气回收以及 I/M 制度实施等行为的监督,实现全省机动车环检机构全监控。

(6) 危险固废。实现对全省危险废物集中焚烧处置设施省级联网集成,实时监控主要污染因子、工艺指标及现场视频,对全省危险废物申报、转移、处置利用的信息进行有效管理。

(7) 辐射环境。按照辐射环境管理工作的需求,并保证本监控系统顺利的数据集成,对辐射环境质量监控系统进行集成整合,保证辐射环境管理工作能够在同一平台、同一数据库下完成。在此基础上,新建一批辐射环境质量自动监测哨及核电站外围自动监测哨。

(8) 应急风险源。建立风险源动态管理台账数据库,实现对全省应急风险源的统一监控,对环境风险源进行有效管理,实时监控重大环境风险源;对危化品运输车等移动环境风险源进行实时跟踪监控;实现对风险源的三维模型库、预案库、应急专家库、应急人员库、应急车辆库、应急组织库、应急器材库等相关信息的集成管理。

3.3 建立省市县三级环境监控中心

建立省、市、县三级环境监控中心,各级监控中心根据权限对本辖区内的环境质量进行监控,负责本辖区环境质量和污染源在线监控数据及视频监控图像的收集、传输、存储、分析、发布、应用和上报,对环境监控系统出现的数据异常按照时间规定予以解决,保证全省监控系统的数据运行正常。

省级监控中心是全省环境自动监测监控工作开展的核心,承担通信中心、数据处理中心、存储中心、分析中心、发布中心以及后期综合管理中心的职能;市、县级监控中心是全省生态环境自动监控网络的骨干节点,是现场监管的主力,是全省环境监控系统稳定运行的基础保障,负责本区域环境质量和污染源在线监控数据及视频监控图像的收集、传输、存储、分析、发布、应用和上报。

省辖市监控中心是全省监控中心的关键节点，起着承上启下的作用。因此，省辖市监控中心在本市环保局的授权下，对本市的环境质量进行监管，保证本市环境监控设施的运行率和数据的准确率，对县(市、区)环境监控中心进行监督、考核，保证本市监控中心的正常运行。

县(市、区)监控中心是全省监控中心的基层，在县(市、区)级环保局的授权下，对本县(市、区)辖区内的环境质量进行监管，保证本县(市、区)环境监控设施的运行率和数据的准确率，保证本县(市、区)的监控中心正常运行。

3.4 出台一套环境监控管理办法

在省环保系统内部建立一套完整的环境监控管理制度，明确环境监控的机构职责、站点规划、质量控制、数据审核、数据使用、奖励与处罚等相关规定，建立环境监控体系建设、运维和监控中心工作经费保障机制，指导环境监控管理工作规范有序开展。

环境监控管理办法是省环境监控系统正常运行的制度保证，在环保系统内部建设一套完整的环境监控管理办法，完善环境监控运行机制，对外在环境监管上以地方法规的形式明确环保部门进行环境监控的权力和义务，保证监控系统发挥最大的作用，为实现生态省的建设目标服务。

4 "1831"是信息化与生态环境的八个统一

"1831"是一项跨行业、跨地区、跨学科全省共建共享的大型环境保护物联网示范工程。在这样一项庞大的系统工程建设中，江苏省环保厅按照"统一规划、统一管理、统一标准"的要求，开展全省生态环境监控系统建设，实现"一个桌面、一张图、一张网、一个数据中心、一个展示大厅、一个移动平台、一个数据交换平台、一套信息服务应用体系"。

(1)"一个桌面"。2012 年初云桌面上线，稳定试运行一年，具备全域安全性、管理多层级、精彩多桌面、服务个性化等特点，并提供了全新的应用集市和创意个人体验，整合了 24 家集成商，集成 54 个应用。目前，已登录使用 1905.3 万人次，发放 CA2200 多个，提高了系统安全程度。

(2)"一张图"。实现了全省"环保一张图"，2012 年 12 月 29 日，江苏省环保厅与江苏省测绘局签订了地理信息共建共享战略合作协议。目前，空间数据中心存储了全省 10.26 万 km^2 土地上 13 个地市 100 个县市区、1 355 个乡镇街道、21 779 个行政村、7 028 条道路、8 080 个湖泊水库、197 104 条河流等数据。

(3)"一张网"。为完善环境信息化的基础设施，推进"1831"项目建设进度，江苏省建设完成了满足项目功能要求的省—市—县三级传输网络。全省环保业务专网以省环保厅为中心，连接 13 个省辖市环保局和 100 个区县环保局以及苏南督查中心、苏中督查中心、苏北督查中心、省环境应急中心共计 127 条线路，全部使用数字专线连接，省—市带宽为

100M和20M,市—县带宽为20M和10M,整套网络与互联网隔离。

(4)“一个数据中心”。在利用已有的服务器和存储的基础上,构建统一、安全的生态环境数据中心。业务数据中心存储了全省919个重点污染源,125个水质自动站,124个空气自动站,11个辐射自动监控点,81家尾气监测站、29家危险废物监控点,1308家排污权交易企业以及49家辐射风险源企业。

(5)“一个展示大厅”。利用江苏省环保厅监察局污染源监控大厅进行改造,以少量投入完成临时监控大厅改造。

(6)“一个移动平台”。建立了一套移动应用系统,提供了秸秆焚烧监察执法、太湖蓝藻应急预警、空气环境质量查询、污染源监控信息查询、应急指南手册、厅长办公系统等功能模块,为环境管理提供技术支撑,提高了工作效率。

(7)“一个数据交换平台”。充分利用成熟的信息技术,采用成熟的消息中间件,建成全省共享的生态环境监控数据交换平台,提供饮用水水源地、流域水环境、大气环境、重点污染源(包括污水处理厂)、机动车尾气、辐射环境、危险废物、应急风险源等八大监控要素信息交换功能,实现太湖流域水环境监测、空气环境自动监测、辐射环境自动监控实时数据以及建设项目审批、机动车尾气监管等信息实时交换功能,每天数据输入量300多万条,输出100多万条,截至2013年底,完成交换数据量1.39亿条。

(8)“一套信息服务应用体系”。基于统一的内、外网共享平台,整合24家集成商,集成54个应用,感知25.5万要素节点。提供数据分析、信息展示功能,满足环境质量预测、预报、评价、考核等管理工作的应用需求,为环境管理者、决策者提供信息服务。

5 “1831”实施成效

通过建设“1831”,对已建自动监测监控站点进行联网,将分布在全省的监测数据汇集到省监控中心,通过信息技术对数据进行处理、分析、展示,为环境管理和决策服务。同时建立了三级监控中心管理体制,并根据环境管理的实际,出台全省环境监控的管理办法,为全省环境管理和生态省建设提供制度保障。

“1831”努力建设拟人化的人型系统。以统一的平台为整个系统的大脑,产生思想,通过统一架构体系将生态文明的思想在覆盖全省的神经系统传递,通过25.5万节点组成的神经细胞将反映10.26km^2 环境安全与健康的信息感知到大脑的中枢,为生态文明决策服务。

“1831”是一个“顶层设计、顶层推进、顶层监督”有思想的系统。1831通过物联网感知、分析江苏生态环境安全的程度。看不到、听不到、嗅不到、摸不到、走不到的地方,生态环境就不可靠,通过“1831”感知环境,成为生态环境的晴雨表,可为生态安全提供预警。

“1831”是环境信息一体化的共建共享,是现代化的必然要求。通过建设“1831”系统,监控所有环保设备的运行,对企业排污以及水环境质量进行信息公开,促进环保公共关系的良好改善。

“1831”推动环保行政权力在阳光下运行，提高政府工作效率和监督能力；对全省生态环境监控状况及管理水平进行科学量化评估，通过四色监控预警模型反映江苏环境安全与健康程度。

“1831”对环境监控数据资源进行集成共享重复利用，对生态环境八大要素进行可视化管理，形象展示了江苏生态文明的建设成果，提升了数据质量和决策科学水平，极大减少了数据采集运维管理成本，具有显著经济效益。

“1831”集成了全国统一的环保举报热线电话 12369，是最人性化的环保物联网传感器。通过“1831”推进企业环保信用管理，加快“诚信江苏”和社会信用体系建设，有利于推动社会诚信发展。

“1831”是江苏智慧环保的核心，它采用国际最先进的物联网传感器、最高速安全的专用网络、最先进的信息分析处理技术，实现实时感知 4 万亿经济总量下江苏省生态环境系统安全与健康的程度，并将人类社会与环境业务系统进行整合，以更加精细和动态的方式实现环境管理和决策的“智慧”化，是江苏贯彻科学发展观，实施生态文明工程的重要成果。“1831”最大的贡献，就是解决了反映环境数据的“归一输入”与“统一输出”的问题。改变了过去“多数多源，多源并用，信息不共享，部门难协同”的现状，实现了“一数一源，一源多用，信息共享，部门协同”，实现决策之下的灵魂，管理之上的思想，业务之中的保障，人人之需的服务，归纳起来，可以用图 2 的“金字塔”来表示。

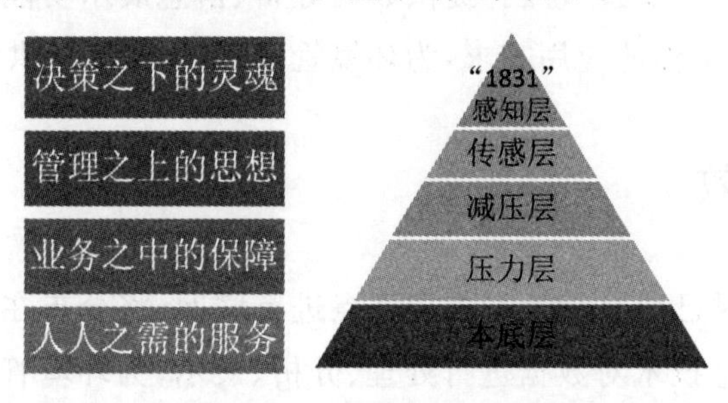

图 2 “1831”的“金字塔”式结构

6 “1831”未来展望

智慧“1831”最大程度体现了政府信息公开，搭建政府和群众沟通的桥梁，把问题化解在一线，形成共识。“1831”和环境安全实则是一脉相承的，环境安全是最广泛的民生问题，群众“喝上干净的水、呼吸上清洁的空气、吃上放心的食品”是最基本的民生需要。环保工作唯有信息集成共享、公开透明，让群众通过平台这一载体看得见、听得懂、说得清，才能最大限度赢得群众的理解与支持。只有保障“1831”平台的安全，才能保障广大人民群众的权益，更好地服务民生，保障环境安全。

环境信息化建设是环保工作中一项重要任务，更是一项庞杂的系统工程。“1831”平台紧紧抓住信息化发展新的战略机遇期，是环保信息化的一面崭新旗帜，开创了环保工作信息化、集成化、公开化的先河。如何搞好环境信息公开，有效保障群众的知情权、表达权和监督权；如何加强环境舆论引导，切实把群众积极参与生态文明建设的热情转化为解决突出环境问题的正能量；如何能把“1831”发展成“1NM1”，服务好生态民生都是急需做好的工作。“1831”平台必将开创信息化发展新局面，带来巨大的社会效益，促进生态文明建设，为推动绿色发展、共建美丽江苏注入强大动力。

服务器虚拟化技术在江苏省生态环境监控系统中的应用

寇晓芳[1]　殷　祥[2]

(1.江苏省生态环境监控中心,南京　210036;2.江苏润和软件股份有限公司,南京　210000)

摘　要　近年来,随着江苏省环保信息化建设的不断深入和信息业务的不断发展,应用系统服务器的数量也越来越多,服务器管理复杂、资源利用率低和数据备份困难等问题也随之而来。简单介绍了服务器虚拟化技术及虚拟化软件,并将其应用在江苏省生态环境监控系统中。应用结果表明,服务器虚拟化技术可以简化服务器管理模式、提高服务器资源利用率和实现数据的快速恢复,增加了部署的灵活性,降低机房管理的各项成本。

关键词　服务器虚拟化,虚拟化软件,虚拟机,江苏省生态环境监控系统

1　引言

近年来,随着江苏省环保信息化建设的不断深入和信息业务的不断发展,应用系统服务器的数量越来越多,对空间、电力等机房环境的资源消耗不断提升(包括空间、机柜、耗电量、冷气空调等),同时大量的服务器资源利用率较低,造成了资源的闲置。随着服务器数量的增长,随之而来的管理难度也在增加,服务器安装配置越来越多,系统灾难恢复和数据备份方案变得越来越复杂。

2　服务器管理面临的问题

江苏省生态环境监控中心负责省环保厅机房大量服务器的运维和管理,这些服务器硬件型号和系统配置各异,部署的业务系统大不相同,分布的物理位置也比较分散。目前,在服务器的管理上面临以下主要问题:

(1) 机房空间紧张。随着服务器数量的增加,供电需求也大大增加,机房的供电线路升级改造已无法满足快速增加的能量消耗。同时,由于受供电、散热和线路走向等因素的制约而导致机架布局不合理,布线密度加大,使得机房空间严重不足。

(2) 管理维护水平低。采用独立服务器的方式进行部署,需要投入大量的人力、物力为每一台物理服务器进行维护,一旦出现问题就会导致应用瘫痪。

(3) 资源利用率不高。多数服务器利用率只有25%左右,而这些服务器却占用了大量的机房空间和运行支撑资源。

(4) 数据备份困难。在江苏省生态环境监控系统中,应用环境复杂,不同的硬件平台与操作系统给系统备份和快速恢复带来了困难,管理员难以对不同的系统进行统一的备份管理和快速恢复。

如何合理利用现有的服务器资源,充分提高服务器的利用率,加快应用部署的速度,提供高可靠性、高可用性的应用服务,是江苏省生态环境监控系统建设中亟待解决的问题。

3 服务器虚拟化技术

服务器虚拟化(Server Virtualization)是指将服务器物理资源抽象成逻辑资源,让一台服务器变成几台甚至上百台相互隔离的虚拟服务器,让CPU、内存、磁盘、I/O等硬件变成可以动态管理的"资源池",从而提高资源的利用率,简化系统管理,实现服务器整合。将物理机器、操作系统及其应用程序"打包"成为一个文件,称之为虚拟机(Virtual Machine),虚拟机又称为虚拟机监控器。[1]虚拟机监控器的核心功能就是截获软件对硬件接口调用,并重新解释为对虚拟硬件的访问。虚拟机可以看作是一个独立运行的计算机系统,包括操作系统、应用程序和系统当前的运行状态等。通过服务器虚拟化技术,一台机器可以支持Windows、Linux、Unix等不同操作系统的同时运行,而不需要重启机器来切换操作系统,即允许不同操作系统的多个虚拟机在一台物理服务器上独立并行。[2]

4 Windows Server 2012 内置的 Hyper-V 技术

Windows Server 2012 提供了基于硬件的虚拟机架构,这种硬件架构的效率比基于软件的VMware要更高,Hyper-V是一个Hypervisor(系统管理程序),它的主要作用就是管理、调度虚拟机的创建和运行,并提供硬件资源的虚拟化。

Hyper-V引入一个全新的虚拟交换机,它可以在不同的宿主服务器上跨虚拟机支持Windows网络负载均衡。此外,对运行着的虚拟机Hyper-V能够生成多个快照,并且具备返回到已保存的任意快照的能力。

Hyper-V的3个主要的组成部分是虚拟机管理器、虚拟化堆栈和新的虚拟I/O模型。Windows虚拟机管理器主要用来创建不同的分区,每一个虚拟化实例代码都会在各自的分区内运行。虚拟化堆栈和I/O模型用于提供与Windows自身以及所创建的各种分区之间的交互。这三个组成部分之间相互协调工作。Hyper-V中的服务器带有配备Intel VT或AMD-V辅助技术的处理机,Hyper-V使用这个服务器与虚拟机管理器进行交互。

虚拟机管理器使得主机操作系统可以在单一物理处理机上运行来有效地管理多个虚拟机及多个虚拟操作系统。[3]

由于不需要安装第三方软件，其兼容性非常好，伴随着有效的进程管理，可以向提供虚拟化服务的机器中热添加资源，从处理机到内存，从网卡到附加存储媒介，可以将所有这些设备添加到 Hyper-V 中，而不需要停止任何其他服务，也不需要中断用户的会话。[4]

基于上述分析，本文采用 Hyper-V 技术来进行江苏省生态环境监控系统的虚拟化部署。

5 服务器的虚拟化部署

江苏省生态环境监控系统的建设中，大量应用需要服务器进行部署。购置新服务器，机房在供电能力和空间上都不满足要求，而现有 6 台刀片服务器，每台服务器上资源占用不到 25%，造成大量的服务器资源浪费，为此我们在实施的过程中采用了虚拟化技术对服务器进行虚拟化部署，实施步骤包括：

（1）系统资源规划。首先需要对即将部署的 6 台刀片服务器的硬件使用情况进行规划，包括 CPU、内存、磁盘大小及利用率等。确定每台虚拟机的资源需求，再汇总出总的硬件资源需求，从而确定需要多少台物理服务器才能满足这些需求。

（2）原系统备份。通过服务器系统备份软件 XenConvert，将原有的物理服务器的各磁盘备份为 *.vhd。（3）虚拟环境搭建。在物理服务器上 Windows Server 2012 并启用 Hyper-V3.0。

（4）原系统迁移。按规划的配置需求在 Hyper-V 上创建虚拟机，并配置 CPU、内存、网络，再挂接原先系统备份的 *.vhd 文件。

（5）新系统搭建。创建虚拟机，然后安装相应的应用软件。

（6）测试与性能调整。部署完成后，要对虚拟环境的性能进行监控，不断调整资源的使用，进行性能优化，保证每台虚拟机的可靠、高效运行。

6 虚拟机的数据备份

虚拟机备份是运维过程中必备的环节，因为软件系统和设备损坏后可以重新购置安装，但业务数据无法再生。虚拟机的数据备份主要有以下几种方式：

（1）虚拟机实例的联机备份。为保证在业务系统不中断的情况下完成备份工作，Hyper-V可与 Windows Server 2012 中的 VSS 进行交互，以允许对正在运行的虚拟机进行备份。

（2）备份文件远程复制。Hyper-V 通过 DPM 实现虚拟机的远程灾备，DPM 使用 Integration Services Hyper-V VSS 使得 DPM 备份数据而无需暂停或中断用户连接。

DPM也可备份群集，并且支持VMM的快速迁移。

(3) 虚拟机快照。Hyper-V可与Microsoft Volume Shadow Copy服务相集成，使管理员能够创建正在运行的虚拟机的时间点（point-in-time）快照，这在备份与灾难恢复的情况下非常有用。此外，当管理员需要实施复杂或高风险的配置更改时也极为有用，因为一旦出现问题，他们可以选择回滚更改。在管理员创建虚拟机的快照时，Hyper-V可在拍摄快照之前确保虚拟机处于一致的状态。

在江苏省生态环境监控系统中，虚拟化平台上运行的都是比较关键和重要的业务应用，因此采用分钟到数小时或立即实时的恢复目标，提供了两种灾备方案：

(1) 分钟到数小时。使用DPM服务器在远程灾备站点不间断地创建实施VM备份，当生产环境发生意外时，通过DPM进行虚机还原，使远程灾备站点发挥作用。

(2) 立即实时。使用跨地理位置的Windows Server 2012故障转移群集实现近乎实时的灾难恢复。

7 服务器虚拟化的优势

将虚拟化技术应用到服务器管理中，可以整合服务器资源，提高服务器的利用率，消除服务器管理的混乱局面，极大缩短系统安装配置的时间，提高环保信息化建设的水平。

结果表明，虚拟化的应用使得服务器的利用率提高了30%～50%，服务器的性能得到了充分发挥，并减少了物理服务器的数量，节省了设备经费。

服务器虚拟化极大地提高了系统的可扩展性。原始服务器的性能受到物理设备的限制，其性能都是固定的，需要更换硬件来扩充其性能。虚拟机可以根据宿主机的设备性能来设置虚拟系统的各项性能指标，因此只要宿主机性能允许，虚拟服务器可以充分的扩展自身的性能。

虚拟系统的性能扩展根据实际的需要来设定，通过添加CPU、内存、硬盘对原来的物理器进行扩容，虚拟服务器的整体运行性能比原有的服务器更加高效。

实践证明虚拟服务器比原有的系统在使用部署和设备性能方面拥有更高的扩展性。

8 结语

本文讨论了服务器虚拟化技术在江苏省生态环境监控系统中的应用，虚拟化服务器与机架式服务器相比，在资源利用、灾备、可扩展性方面有着显著的优势。服务器虚拟化技术的应用能节约机房大量资源，提高维护管理水平并降低建设成本，在政府信息化建设中值得大力推广使用。

参考文献

[1] 龚德志，闻剑锋. 虚拟化技术在电信服务器资源整合中的应用研究[J]. 电信科学，2009(9)：21-23.

[2] 艳鹏. 服务器虚拟化技术研究与应用[J]. 城市建设理论研究，2013(8)：12-14.

[3] 丁福志. 虚拟化技术浅析[J]. 中国电子商务，2013(13)：39-39.

[4] 张春雷. 服务器应用现状与服务器虚拟化分析[J]. 信息安全与技术，2013(5)：56-58.

基于 0-1 整数规划的城市可持续水管理指标体系构建方法

廖元琨[1]　陆志波[1,2,3]　房　潮[1]　杨海真[1,2,3]

(1. 同济大学 环境科学与工程学院,上海　200092;
2. 同济大学 污染控制与资源化研究国家重点实验室,上海　200092;
3. 同济大学 长江水环境教育部重点实验室,上海　200092)

摘　要　目前筛选可持续水管理核心指标集的方法存在通用性不强,当数据量变大导致计算量增大以及选出的指标体系不能代表最大数据量的问题。为了能够解决这些问题,在 0-1 整数规划的基础上,确定了可持续水管理指标集的步骤,即准备基础资料及数据,确定指标筛选准则,建立并通过 LINGO 软件求解决策矩阵,最后修正并确定指标体系。以江苏省无锡市为例,利用上述方法构建了无锡市的可持续水管理核心指标体系。该方法可作为城市尺度的可持续水资源管理评价体系的构建方法进行推广。

关键词　0-1 整数规划,可持续水管理,指标体系,决策矩阵

1　引言

水资源是一种特殊的、不可替换的资源,又是一种可重复使用的自然资源。近年来,随着人口的增长,水资源过度利用,引发了生态系统的破坏、水生物种的消失、水环境的持续污染等问题。水资源及其开发利用是一个庞大复杂的系统,要保证水资源的可持续利用,需要实行可持续水管理的指标体系来对水资源进行管理。可持续水管理是对水资源的管理以及对用水者的管理,目标包括了合理的用地结构、优良的水体水质、全方位的节约用水体系、高效的水污染防治体系、完善的防灾体系、广泛的社会平等与福利以及科学的管理决策体系。许多国家和地区都开展了可持续水管理方面的研究工作。

一方面,大量针对地区尺度的水资源评价与管理指标体系被提出:房潮等[1]提出了微微藻作为水体富营养化的指示型指标,可用于水资源中的水质评价;潘护林等[2]从环境可持续性、用水和水管理的公平、用水效率与效益、管理组织的效能四个方面构建了针对干旱区的可持续水资源管理绩效综合评价;杨丹等[3]从用水总量、用水效率和水功能限制纳污三个领域构建了区域最严格水资源管理“三条红线”评价指标体系。

另一方面,指标的筛选方法也是当下研究的热点。其中,应用比较广泛是的 OECD 提出的“压力-状态-响应”(Pressure-State-Response,P-S-R)框架体系[4]、德尔菲法、P 值法和

贝叶斯法。近几年，熵的方法也被引入水资源评价指标筛选的研究中，Chen等[5]提出了最小熵的方法，构建了泥石流评价的指标体系并在台湾地区加以验证。Munier认为熵和系统的信息量呈正相关关系，并引入线性规划模型，求解出所带信息量最大的指标体系。以上方法在一定程度上克服了指标选取的主观性，但是随着备选指标数量的增加，计算量也呈现出较大的规模[6]；于圣等使用数据挖掘技术，通过分析不同指标之间的数据关系，从而选取最适合的水资源管理指标体系[7]。

目前我国城市与城市之间自然地理条件和社会经济环境存在较大差异性，决定了需要一种具有通用性的指标筛选方法。“压力-状态-响应”框架体系和德尔菲法含有较大的主观成分，产生的指标体系并不肯定能包含了最多的数据。而其他构建方法会随着数据量的增加，计算量会大幅增加。基于此，本文提出了基于0-1整数规划的可持续水资源管理评价指标体系的构建方法。

2 方法

线性规划是最优化问题中的重要领域之一，能够解决决策最优化问题。而要求所有的未知量都为0或者1的线性规划问题叫作0-1整数规划。而0-1整数规划的问题可以通过LINGO软件[8]进行求解。本文在此基础上，构建了能够在备选指标中选择出能够代表最大规模数据量的核心指标体系的方法，具有客观性，并且即使指标规模较大，也能够较快地完成筛选过程，对不同的城市，0-1规划的思想以及求解算法完全一致。确定可持续水管理指标集的步骤如图1所示。

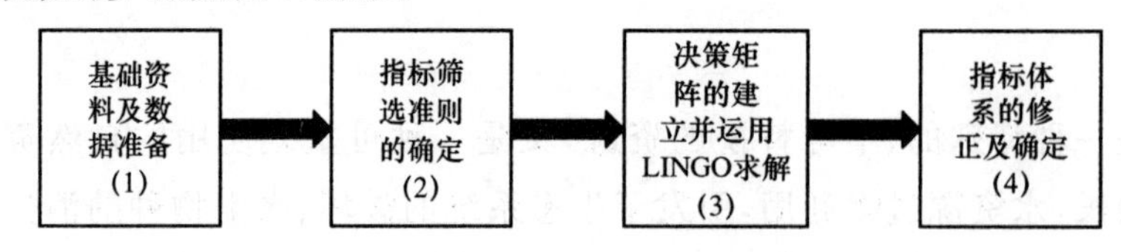

图1 可持续水管理指标集的确定流程

2.1 基础资料及数据的准备

(1) 基础资料收集。确定评价可持续水管理的城市，收集国家及当地相关政策、文件，确定评价频率及当地水资源发展的综合目标要求。

(2) 收集指标并确定数据可得性。收集和水资源评价相关的指标，建立备选指标集，并判断各指标的数据可得性。

2.2 指标筛选准则的确定

选取准则旨在从不同的角度评价指标选取的合理性，从而筛选出较优的核心指标集。准则的选取主要考虑以下方面：

(1) 反映社会经济、水量、水质的要求。水资源受到社会经济的约束,经济的发展导致了用水方式的转变;城市水源水量的周期性变化会对需要平稳供水的城市造成影响,城市的集中用水具有很高复杂性。因此指标应反映社会经济、水量和水质的要求。

(2) 反映可持续发展的综合要求。目前城市水环境的恶化,一方面降低了水资源的质量,另一方面,由于水源被污染,使原本可被利用的而量不充足的水资源失去了利用的价值,造成“水质性缺水”,这要求了水资源管理需要提高可持续性,因此指标体系应最大限度地满足水系统的可持续性。

(3) 反映“压力—状态—响应”概念框架(OECD)。OECD建立的“压力—状态—相应”(PSR)的框架模型是针对区域水资源评价工作、管理和决策的要求的评价体系的概念框架之一。该框架模型目前得到了广泛的承认和使用。

(4) 反映用水的需求和供水的潜力。水资源是否充沛包含着供水潜力和用水需求两方面:一方面,随着社会经济的进步,人类对水资源利用的要求越来越高;另一方面,社会经济的进步也必定实现引水技术和节水意识的进步。指标的选择应充分考虑该两方面的要求,合理地反映供需要求。

2.3 决策矩阵的建立及求解

1) 构造决策矩阵[9]

构造一个二维矩阵,其包含了数据可等性、指标和准则的相关性等信息。若某指标数据可得时,记录1于表中,反之则记录0;而某指标与准则相关联时,记录1于表中,反之则记录0。如表1所示,总人口数据可得,故在“数据可得性”列下填写1,降水量数据不可得,则在“数据可得性”列下填写0;总人口和准则中的“社会经济”,“持久的经济发展”,“压力”,“用水需求”相关联,故在对应单元格中填写1。

2) 确定和标准相关联的指标数量下限要求

反映了和某准则相关联的指标数量要求(数量下限),可以由决策者或者专家团队给出。如表1所示,以准则“社会经济”为例,其上方的3表示最终指标集中和该准则相关的指标至少要有3个。

表1　水资源综合评价决策矩阵

准则			领域				可持续发展目标				OECD			水系统	
和准则相关的指标数量要求			3	3	3	3	2	2	2	2	2	2	2	4	4
序号	指标名称	数据可得性	社会经济	水量	水质	水管理	代内公平	代际公平	尽可能减小环境代价	持久的经济发展	压力	状态	响应	用水需求	供水潜力
1	总人口	1	1	0	0	0	0	0	0	1	1	0	0	1	0
2	人口密度	1	1	0	0	0	0	0	1	0	1	0	0	0	0
3	人口增长率	1	1	0	0	0	0	1	0	1	1	0	0	1	0
4	降水量	0	0	1	0	0	0	0	0	0	0	0	0	0	1
…	……														

3) 求解核心指标集的指标数量

设共有 M 个备选指标，N 条准则。

(1) 符号说明(下同)

a_{ij}：表示指标 i 与准则 j 相关联。

b_j：表示和准则 j 相关联的指标数量的下限要求。

x_i：0-1 变量，判断指标 i 是否入选，1 表示该指标入选，0 表示该指标未入选。

c_i：0-1 变量，用以标记指标 i 的数据可得性，1 表示该数据可得，0 表示缺少该数据信息。

考虑到核心指标集的含义，目标函数 1(模型 1)为

$$\min Z_1 = \sum_{i=1}^{M} x_i \tag{1}$$

(2) 约束条件

0-1 变量约束：

$$x_i = 1 \text{ 或 } 1 \quad (i=1,2,\cdots,M) \tag{2}$$

数据可得性约束：

$$x_i \leqslant c_i \quad (i=1,2,\cdots M) \tag{3}$$

和准则相关联的指标数量的下限约束：

$$\sum_{i=1}^{M} (a_{ij} x_i) \geqslant b_j \quad (j=1,2,\cdots N) \tag{4}$$

将该模型输入 LINGO 软件，即可得到模型 1 的最优解 $Z_{1-\text{object}}$。

4) 确定核心指标集

指标集的选取也应该包含尽可能多的信息，这表现为入选指标和准则的关联程度最大，即入选指标和准则关联的 1 的数量最多，所以，目标函数 2(模型 2)为

$$\max Z_2 = \sum_{i=1}^{M} (\sum_{j=1}^{N} a_{ij}) \times x_i) \tag{5}$$

此时，只需要加上指标数量的约束 $\sum_{i=1}^{M} x_i = Z_{1-\text{object}}$ 即可。

综上所述，模型 2 为

$$\max Z_2 = \sum_{i=1}^{M} ((\sum_{j=1}^{N} a_{ij}) \times x_i)$$

$$
\text{s.t.}\begin{cases} x_i = 1 \text{ 或 } 1 & (i = 1,2,\cdots,M) \\ x_i \leqslant c_i & (i = 1,2,\cdots,M) \\ \sum_{i=1}^{M}(a_{ij}x_i) \geqslant b_j & (j = 1,2,\cdots,N) \\ \sum_{i=1}^{M} x_i = Z_{1-\text{object}} \end{cases} \tag{6}
$$

将模型 2 输入 LINGO 软件,即可获得最优的指标集。

2.4 指标体系的修正及确定

1) 评估核心指标集是否符合当地实际情况

由于中国幅员辽阔,不同城市之间的水资源特点各不相同,因此以上由模型 2 计算出的核心指标集可能缺乏当地的代表性。此外,中国的城市决策者是水资源管理的主导力量。因此核心指标集需要决策者或者决策者聘请的专家团队评估核心指标集是否具备代表性,必要时对上述步骤进行优化,重新求解,直至确定满意的指标集为止。

2) 修改模型

上述步骤求解出的核心指标集可能具有多组解,或者当求解出的核心指标集不符合当地实际情况时,可以通过以下途径优化模型:

(1) 优化准则,增加或删减准则。

(2) 修改和准则相关联的指标数量下限要求。

(3) 增加约束条件,用于增加某入选指标或者剔除某指标。

(4) 得出最终指标集。

当步骤 3.3 所确定的所有指标均满足评价需要时,即可确定为最终指标集。

3 实例分析

3.1 背景及主要问题

本研究选择江苏省无锡市为实例研究区。无锡市地处长江三角洲江湖间的走廊部分,江苏省的东南部,沪宁铁路中段。无锡市主要以太湖贡湖、梅梁湖为水源,其中梅梁湖和太湖均不同程度爆发蓝藻和水华事件,严重影响了无锡的自来水供应。因此在无锡市进行可持续水管理的研究具有实际意义。

无锡市区的饮用水全部取自太湖的梅梁湖和贡湖。目前这两个湖区的水质均劣于Ⅴ类标准,以蓝藻水华为表征的富营养化现象愈演愈烈。2007 年 5 月 28 日在贡湖发生蓝藻水华引起的水污染,导致无锡 72 小时自来水危机。饮用水水源地大量蓝藻水华的存在,不仅严重影响水厂水质,而且会给当地人带来巨大的健康危害。

无锡市中心城现有地表水厂6座，总设计规模达133.8万 m^3/d。目前无锡水厂普遍采用传统的混凝、沉淀、过滤和消毒工艺，对水中的有机物、氨氮、藻毒素和微生物等均没有明显的去除效果。在面对“5·28”特大水源水质污染事件中，暴露出一些问题，迫切需要应对藻爆发的集成技术及安全预警系统。

3.2 基础资料集数据的准备

(1) 收集基础资料。收集无锡市的经济、社会、环境发展概况，确定该地区水资源综合评价的频率为每5年一次。

(2) 收集指标并确定数据可得性。参考本文引言部分所引述的文献中的指标体系，确定备选指标集，包含总人口、GDP、供水总量，人均水资源量等107个指标，其中，总人口等72个指标数据可以获得(可获得的尺度为2005—2009年数据可得)，其余指标缺乏数据。

3.3 指标筛选准则的确定

评价指标的准则包括领域(社会经济、水量、水质、水管理)、可持续发展目标(代内公平、代际公平、尽可能减小环境代价，持久的经济发展)、OECD框架(压力—状态—响应)和水系统(用水潜力和供水需求)。

3.4 决策矩阵的建立及求解

(1) 构造决策矩阵。按照前文中提及的方法，构建决策矩阵，表2是决策矩阵的一部分。

表2　核心指标集决策矩阵

准则			领域				可持续发展目标				OECD			水系统	
和准则相关的指标数量要求			3	3	3	3	2	2	2	2	2	2	2	4	4
序号	指标名称	数据可得性	社会经济	水量	水质	水管理	代内公平	代际公平	尽可能减小环境代价	持久的经济发展	压力	状态	响应	用水需求	供水潜力
1	总人口	1	1	0	0	0	0	0	0	1	1	0	0	1	0
2	人口密度	1	1	0	0	0	0	0	1	0	1	0	0	0	0
3	人口增长率	1	1	0	0	0	0	1	0	1	1	0	0	1	0
4	城镇人口	1	1	0	0	0	0	0	0	0	0	0	0	1	0
5	农村人口	1	1	0	0	0	0	0	0	0	0	0	0	1	0
6	城市化率	1	1	0	0	0	1	0	0	0	0	0	0	1	0
……	……	0	0	0	0	0	0	0	0	0	0	0	0	0	0
97	酸雨频率	1	0	0	1	0	0	0	0	0	0	0	0	0	0
106	降水量	1	0	1	0	0	0	0	0	0	0	0	0	0	1
107	排污费	1	0	0	0	1	0	0	0	0	0	0	1	0	0

(2) 确定和标准相关联的指标数量下限要求。和各准则相关联的指标数量下限要求见表2第二行,以“社会经济”为例,3表示和该准则相关联的指标至少需要3个。

(3) 建立并运行模型1,求解出核心指标集的指标数量。利用LINGO软件求解数学模型1,求解结果表明,在约束条件下至少需要13个指标来完成评价工作,即核心指标集的指标数量为13。

(4) 建立并运行模型2,确定核心指标集的指标。利用LINGO软件求解数学模型2,得到核心指标集中的指标(表3)为总人口、GDP、三产比重、环保投资占GDP比重、功能区水质达标率、饮用水水源达标率、供水总量、人均用水量、工业用水重复利用率、工业废水处理率、生活用水水价、人均可供水量、排污费。

表3　　无锡市初步可持续水管理评价核心指标集

准则			领域				可持续发展目标				OECD			水系统	
和准则相关的指标数量要求			3	3	3	3	2	2	2	2	2	2	2	4	4
序号	指标名称	数据可得性	社会经济	水量	水质	水管理	代内公平	代际公平	尽可能减小环境代价	持久的经济发展	压力	状态	响应	用水需求	供水潜力
1	总人口	1	1	0	0	0	0	0	0	1	1	0	0	1	0
10	GDP	1	1	0	0	0	0	0	0	1	1	0	0	1	0
16	三产比例	1	1	0	0	0	0	0	0	1	1	0	0	1	0
25	环保投资占GDP比重	1	0	0	0	1	0	1	1	0	0	0	1	0	0
26	功能区水质达标率	1	0	0	1	0	0	1	0	0	0	1	0	1	0
27	饮用水水源达标率	1	0	0	1	0	0	1	0	0	0	1	0	1	0
33	供水总量	1	0	1	0	0	0	1	0	0	1	0	0	0	1
36	人均用水量	1	0	1	0	0	1	0	0	0	0	0	0	1	0
38	工业用水重复利用率	1	0	1	0	0	0	0	1	0	0	0	1	0	1
41	工业废水达标排放率	1	0	0	1	0	0	1	1	0	1	0	0	0	0

3.5　指标体系的修正及确定

(1) 评估核心指标集是否符合当地实际情况。初次求解结果中含有“人均用水量”和“人均可供水量”指标,而该指标均和“供水总量”有一定程度重叠,需要剔除。

(2) 修改模型。考虑到需要剔除“人均用水量”和“人均可供水量”,在步骤(7)中增加约束条件:

$$x_{36}=0 \tag{7}$$

$$x_{57}=0 \tag{8}$$

重新求解模型 2，得到如下结果：该指标集即为优化后的指标集，相比初次求解结果，已经有了较大改善，并且各指标具备代表性，可作为最终指标集(表 4)。

(3) 得出最终指标集。经修改模型后得出无锡市可持续水管理评价指标体系，见表 5。

表 4　　无锡市最终可持续水管理评价核心指标集

准则			领域				可持续发展目标				OECD			水系统	
和准则相关的指标数量要求			3	3	3	3	2	2	2	2	2	2	2	4	4
序号	指标名称	数据可得性	社会经济	水量	水质	水管理	代内公平	代际公平	尽可能减小环境代价	持久的经济发展	压力	状态	响应	用水需求	供水潜力
1	总人口	1	1	0	0	0	0	0	0	1	1	0	0	1	0
10	GDP	1	1	0	0	0	0	0	0	1	1	0	0	1	0
16	三产比重	1	1	0	0	0	0	0	0	1	1	0	0	1	0
25	环保投资占 GDP 比重	1	0	0	0	1	0	1	1	0	0	0	1	0	0
26	功能区水质达标率	1	0	0	1	0	0	1	0	0	0	1	0	0	1
27	饮用水水源达标率	1	0	0	1	0	0	1	0	0	0	1	0	0	1
33	供水总量	1	0	1	0	0	0	1	0	0	1	0	0	0	1
38	工业用水重复利用率	1	0	1	0	0	0	0	1	0	0	0	1	0	1
41	工业废水达标排放率	1	0	0	1	0	0	1	1	0	1	0	0	0	0
42	城市生活污水处理率	1	0	0	1	0	0	1	1	0	1	0	0	0	0

表 5　　无锡市可持续水管理评价核心指标

指标序号	指标名称	单位	指标来源	备注
1	总人口	人	统计年鉴	
2	GDP	万元	统计年鉴	
3	三产比重	%	统计年鉴	
4	环保投资占 GDP 比重	%	环保部门	
5	功能区水质达标率	%	环保部门	
6	饮用水水源达标率	%	环保部门	
7	供水总量	万吨/年	统计年鉴	
8	工业用水重复利用率	%	统计年鉴、环保部门	
9	工业废水达标排放率	%	统计年鉴、环保部门	
10	城市生活污水处理率	%	统计年鉴、环保部门	
11	人均水资源量	m^3/人	水利部门	水资源总量/总人口
12	生活用水水价	元	自来水公司	
13	排污费	元	污水公司	

4 结论

本文以 0-1 整数规划为基础,建立了构建可持续水管理指标集的方法,可以在备选的指标中选择出能够代表最大规模数据量的核心指标体系。与其他方法不同的是,该方法能够较为客观地选取核心指标集,并且即使指标规模较大,也能够较快地完成筛选过程。

通过对江苏省无锡市的实例分析,针对无锡市建立了一套可持续水资源管理指标体系,指标体系包括了总人口、GDP、三产比重、环保投资占 GDP 比重、功能区水质达标率、饮用水水源达标率、供水总量、工业用水重复利用率、工业废水达标排放率、城市生活污水处理率、人均水资源量、生活用水水价、排污费,反映了当地的实际特点,可作为城市尺度的可持续水资源管理评价体系的构建方法进行推广。

参考文献

[1] 房潮,陆志波,张莲,王娟. 微微型浮游生物丰度与平原水库(湖泊)水体富营养化因子的响应关系研究[A]. International Science and Engineering Center, Hong Kong、Wuhan Institute of Technology, China. Proceedings of 2010 First International Conference on Cellular, Molecular Biology, Biophysics and Bioengineering(Volume 4)[C]. International Science and Engineering Center, Hong Kong、Wuhan Institute of Technology, China:, 2010:5.

[2] 潘护林,徐中民,陈惠雄,等. 干旱区可持续水资源管理绩效综合评价——以张掖市甘州区为例[J]. 干旱区资源与环境,2012,26(7):1.

[3] 杨丹,张昊,管西柯,等. 区域最严格水资源管理"三条红线"评价指标体系的构建[J]. 水电能源科学,2013,31(012):182-185.

[4] Winpenny J T. The economic appraisal of environmental projects and policies: A practical guide[M]. OECD Publishing, 1995.

[5] Chen C, Tseng C Y, Dong J J. New entropy-based method for variables selection and its application to the debris-flow hazard assessment[J]. Engineering Geology, 2007, 94(1): 19-26.

[6] Munier N. Methodology to select a set of urban sustainability indicators to measure the state of the city, and performance assessment[J]. Ecological Indicators, 2011, 11(5): 1020-1026.

[7] 于圣,艾萍. 基于数据挖掘技术的水资源管理指标分析[J]. 人民黄河,2013,35(8):36-39.

[8] 谢金星,薛毅. 优化建模与 LINDO/LINGO 软件[M]. 北京:清华大学出版社,2005.

[9] 陈侠,樊治平. 基于区间数决策矩阵的评判专家水平的研究[J]. 系统工程与电子技术,2007,28(11):1688-1691.

基于污染源自动监控数据的企业污染物排放负荷分析方法研究

梁美玲[1] 周 进[2] 杨 杨[1]

（1. 南京唐卡软件科技有限公司，南京 210000；2. 江苏省生态环境监控中心，南京 210036）

摘 要 基于GIS技术平台，结合SOA的面向服务架构，构建了污染物排放负荷分析方法计算体系，建立了污染源行业分布与污染物排放分析模型，解决了污染源企业记录重复、信息数据不全、空间信息的缺失、数据无效对应等问题。应用所建方法对研究区进行了污染源行业分布与污染物排放分析。结果表明，这为提高污染源自动监控分析手段的实现提供了技术支撑。

关键词 污染物排放负荷分析，计算体系，污染源行业分布，污染物排放分析，污染源自动监控

1 引言

污染源监测是环境监测与环境监察工作的重要组成部分，通过对各类污染源的监测可以全面监控辖区内污染物排放量，在污染物总量控制、打击环境违法行为等方面有不可替代的作用[1]。经过多年实践，我国的环境保护工作已逐渐从定性管理向定量管理，由单项管理向综合整治，由浓度控制向总量控制转变，其中污染源自动监控的重要性日益凸显[2]。污染源自动监控系统是结合环境检测、远程监控以及污染报警处理等的一个综合管理系统。它采用GSM全球移动通讯技术、GPRS无线上网、GIS地理信息系统和计算机网络通信与数据处理技术，在现有GSM网的基础上开发出一套环境监控指挥系统和远程监控通讯管理系统。污染源自动监控是实施环境监管的先进手段，具有自动、实时、在线等特性，可提供海量的排污口监测数据，使环保部门能在第一时间掌握最新的污染源排放及治理设施运行情况，有着传统环境监察、监测手段无可比拟的优势。

在污染源自动监测数据建设和运营过程中，成熟完备的技术、全面统一的规范制度、科学有效的管理模式、充足的经费保障以及第三方专业化运营是数据有效性根本保证[2]。这就要求我们需要提高污染源自动监控的分析手段，要通过对海量监控数据的分析，判断出哪些数据有效、哪些数据无效，从有效数据中推导出企业实际的生产状况、企业污染排放的规律；从无效数据中推导出企业的生产规律及重点观察企业等，完成从传统污染监控系统数据被动接收到主动发现的转变、从传统污染源企业的“数字监控”到“逻辑监控”的

转变。基于污染源自动监控数据的企业污染物排放负荷分析方法研究,为实现这些转变提供了理论依据。

2 污染物排放负荷分析方法解析

污染物排放负荷分析是对区域范围内污染物排放与控制进行分析。根据污染控制与污染减排的需求,对某一地区的污染源进行负荷分析,计算各行业污染源企业对地区污染的贡献度、各污染物在区域内的分布范围,为污染控制与减排提供科学的分析手段。基于污染源自动监控数据的企业污染排放负荷分析服务,是从宏观角度分析企业污染对地区环境的影响,统计各行业污染源企业在区域上的分布状况,使用户能够直观了解污染源与区域环境的关系,了解各行业污染源对区域环境的影响等。污染物排放负荷分析从污染源行业分布和污染物类型分布两个方面考虑,构建了两种分析类型,以期为后续的污染源自动监控的风险预警及控制研究提供技术支撑。

3 污染物排放负荷分析方法的构建

3.1 污染物排放负荷分析方法的实现流程

本研究以 GIS 为基础,结合 SOA 的面向服务架构,实现最大的资源利用与整合。充分利用客户端的计算资源,异步处理大数据量的动态渲染,丰富污染源数据的展示分析方式。同时通过集成统一授权手段,开放 SOA 服务应用,达到资源共享、重复利用的效果。系统的设计采用三层结构,B/S 模式,设立数据库服务器、应用服务器和服务发布服务器。系统并不直接作关联,数据库中各表、视图、函数通过存储过程进行整合。而是通过专用的服务程序进行调用,服务程序将数据调用完成,再进行 JSON 序列化后以接口形式开放。系统再通过接口调用数据。除此以外数据结构与系统无直连关系。系统的数据源,主要来自"1831"(江苏省生态环境监控系统)监控平台数据库,包括环境统计中的工业企业、排污申报企业、污染源普查数据、建设项目管理数据、重点污染源企业数据、水质自动监控数据、环境质量数据等。共有空间数据与业务数据两种:空间数据来源(底图数据、环保业务空间数据)、业务数据来源(包括环境统计中的工业企业、排污申报企业、污染源普查数据、建设项目管理数据、重点污染源企业数据、水质自动监控数据、环境质量数据等)。系统相关的服务是以 Soap 方式注册到"1831"服务注册平台,最终统一集成到"1831"监控平台中。污染物排放负荷分析方法的分析计算步骤如图 1 所示。

3.2 企业污染物剩余排放量状态的构建模型

通过对企业污染物剩余排放量,即 A 的多少来操控企业剩余排放量状态对应的警示

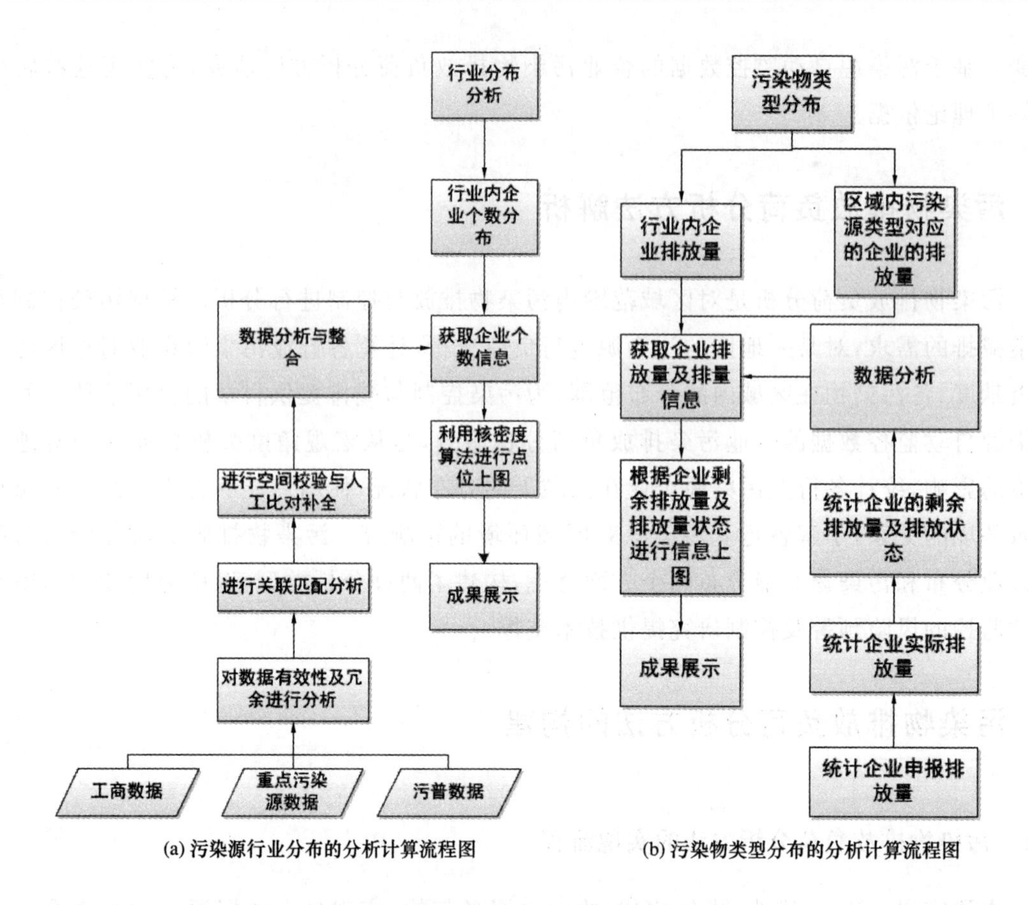

(a) 污染源行业分布的分析计算流程图　　(b) 污染物类型分布的分析计算流程图

图 1　污染物排放负荷分析方法的分析计算流程图

信息；当 $A<50\text{t}$，对应“预定提示”；当 $A<0$，对应“警告”。

$$A=B-\sum_{k=1}^{n}C_k \tag{1}$$

式中，A 为企业污染物剩余排放量；B 为企业的申报排放量；n 为统计企业每天的排放量所在年度的总天数；C_k 为统计所在年度对应的企业每天的排放量的分级值。

注：污染源行业分布采用所在行业企业进行统计。

3.3　核密度分析的工作原理

核密度分析工具用于计算要素在其周围邻域中的密度。此工具既可计算点要素的密度，也可计算线要素的密度。核密度分析可用于测量建筑密度、获取犯罪情况报告，以及发现对城镇或野生动物栖息地造成影响的道路或公共设施管线。本研究采用三角核函数原理实现，半径为 1000m，将获取的企业个数及排放量信息作为权重，利用核密度算法进行点位上图，实现最终的分析成果。三角核函数公式如下：

$$k(x)=1-|x| \tag{2}$$

式中，k 为概率密度；x 为权重，$-1\leqslant x\leqslant 1$。

加入带宽 h 后的公式如下：

$$kh(x)=\frac{(h-|x|)}{h^2} \tag{3}$$

式中，k 为概率密度；x 为权重；h 为半径；$-h\leqslant x\leqslant h$。

4 污染物排放负荷分析方法案例应用

4.1 数据处理与整合过程设计

4.1.1 各类数据自身的分析

利用环境统计中的工业企业、污染源普查数据、重点污染源企业数据等的企业代码、企业法人代码、组织机构代码、企业名称进行分析，分析的原则为，验证其是否存在重复数据。

4.1.2 多表关联分析

利用环境统计中的工业企业、污染源普查数据、重点污染源企业数据等的企业法人代码、企业法人名称、组织机构代码、企业名称、企业地址，进行多表之间的匹配。

通过对比多表，生成的既不符合组织机构代码，也不符合企业名称及企业地址的数据。但通过对其中部分数据的抽查，结果表明：大部数据通过工商网站进行企业法人代码查询时，都可以进行有效的对应。

4.1.3 空间点位分析

企业空间点位坐标数据来源于环境统计的工业企业表中经纬度坐标，比对标准为企业位置是否在其所处的行政区内。

4.1.4 数据整合

将各类数据的分析、两表关联分析与空间点位分析结果做汇总统计，用叠加分析方法，得出一套唯一、完整的国控重点污染源企业数据。污染物排放负荷分析方法的案例应用流程如图 2 所示。

4.2 校验过程及结果

4.2.1 数据分析对象

(1) 工商企业数据。

(2) 2010 年江苏省污染源普查数据。

(3) 2012 年国控重点污染源企业数据。

4.2.2 两表关联分析

(1) 利用环统数据的企业法人代码，生成与工商组织机构代码相同的 9 位数据格并进行两表之间的匹配。

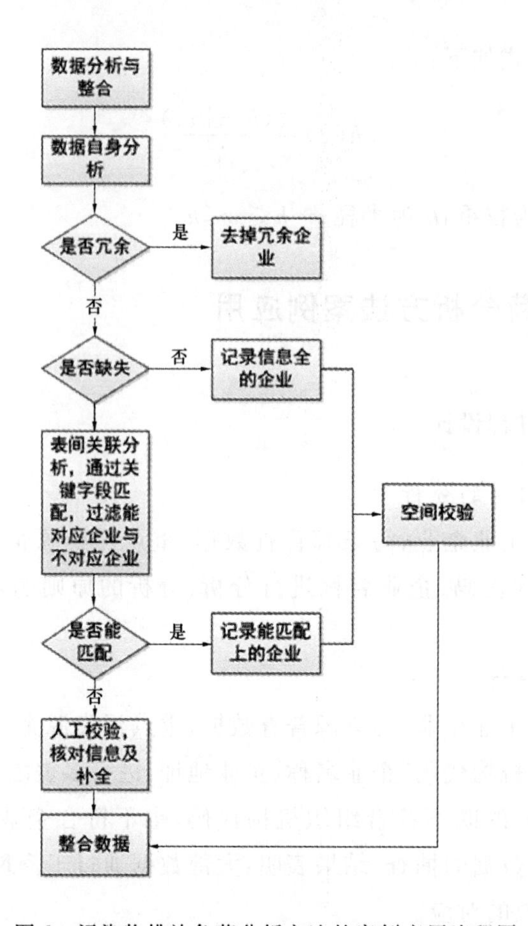

图 2　污染物排放负荷分析方法的案例应用流程图

(2) 利用国控重点污染源数据的企业法人代码，生成与工商组织机构代码相同的 9 位数据格并进行两表之间的匹配。

4.2.3　空间点位分析

企业空间点位坐标数据来源于环境统计的工业企业表中经纬度坐标，比对标准为企业位置是否在其所处的行政区内。

4.3　统计结论

根据 2012 年的国控指点污染源企业名单，通过对企业代码、法人代码、企业名称、企业地址等信息的校验，初步形成了 840 家污染源企业名录。

4.4　成果展示

4.4.1　污染源行业分布功能模块

污染源行业分布功能模块主要实现了全省不同行业污染源的监测信息。通过对污染源企业行业类别、行政区等条件，从空间上计算污染源企业的分布特征，由原来单一的点源管理变成区域型的面状管理，根据各行政区污染减排系数，整体控制。通过颜色对比分级，由浅到深标识各行政区内污染负荷情况，为区域污染物排放与减排提供分析手段。污染源行业分布成果如图 3 所示。

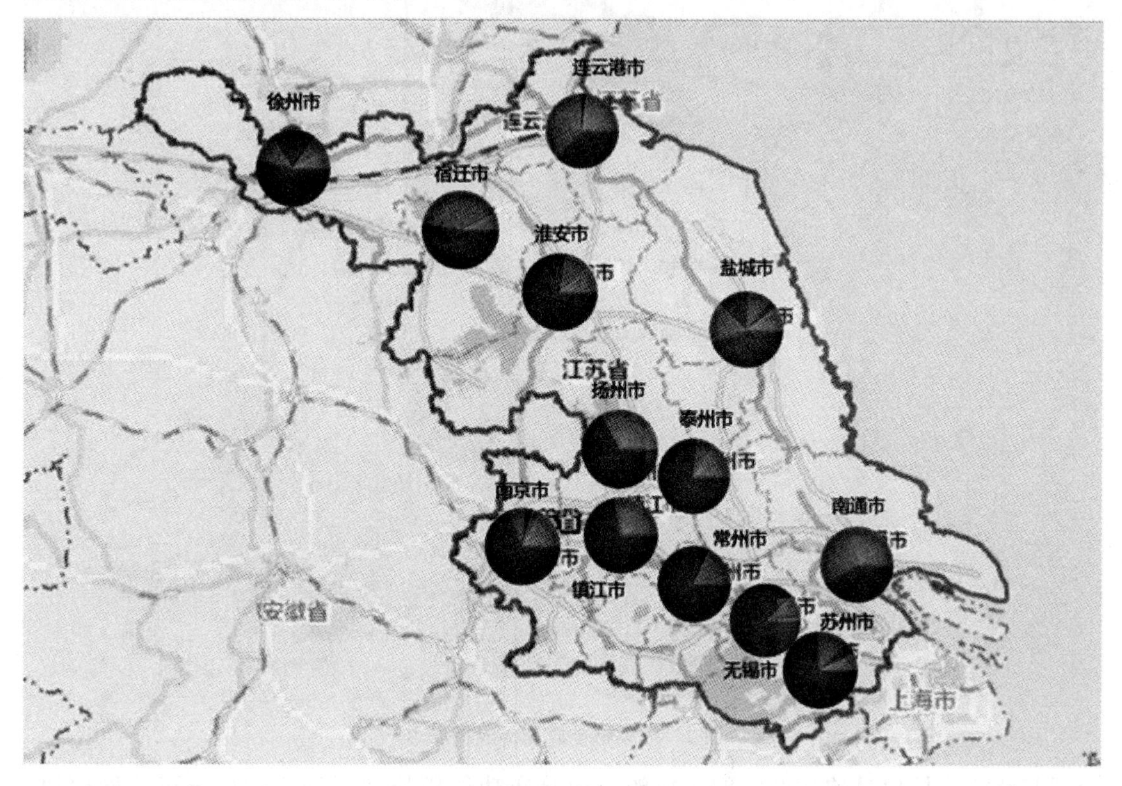

图 3　污染源行业分布成果展示

4.4.2　污染物排放分析功能模块

污染物排放分析功能模块主要实现了全省重点污染源污染物产生状态。通过对污染源企业的废水排放量、COD 排放量、总氮排放量、总磷排放量的区域分析，计算污染物的分布特征，通过颜色等级区别重点污染源监控地区，达到区域污染物管控。污染物排放分析成果如图 4 所示。

5　结语

治理、保护和改善环境，是实施城市生态可持续发展战略的重要内容。传统的环境监测、环保应急处理方式已经不能够满足日益增长的社会与经济的发展的要求，所以说如何高效、快捷、高水平的进行环保监测管理和环保应急已经成为环境局监测站迫在眉睫的问题。并且，计算机技术应用领域技术应用于管理领域 40 年来，已发生了翻天覆地的变化，从电算化到办公自动化、信息管理系统，再到支持决策系统。使用计算机技术来管理环保信息，处理环保应急，提高效率，提高决策科学程度是管理上台阶的必然过程。

基于污染源自动监控数据的企业污染物排放负荷分析方法研究，实现了污染源数据

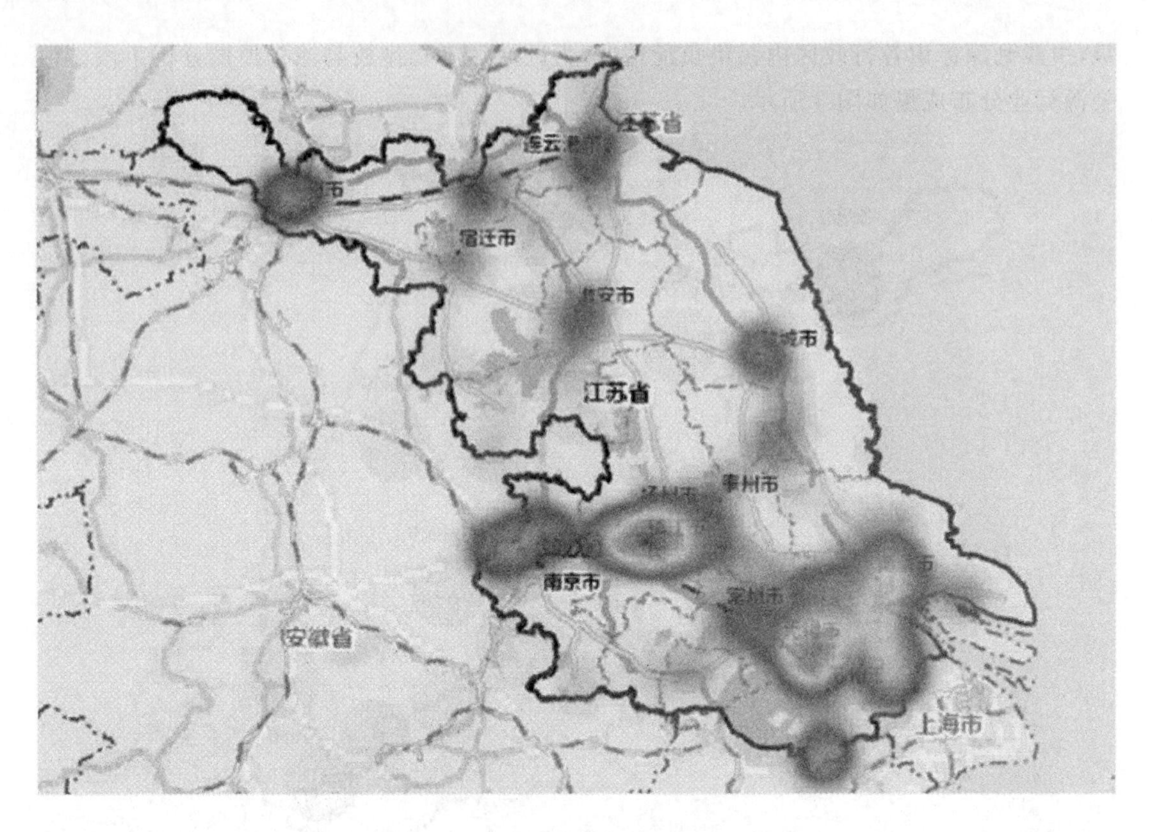

图4 污染物排放分析成果展示

处理与整合分析项目的建设中的污染源行业分布功能模块和污染物排放分析功能模块，为提高污染源自动监控分析手段的实现提供了条件。通过将环保监测数据与管理监督手段相结合，不仅可以加强环保部门对污染源企业的长效动态管理，同时有助于从宏观了解分析污染源状态及相关信息。

参考文献

[1] 喻旗，谭自强，罗洁．污染源自动监控系统常见的作弊方式及监管对策[J]．环境污染与防治，2009(5)：94-96．

[2] 李基明．污染源自动监测数据有效性影响因素分析[J]．中国环境监测，2011(1)：48-52．

基于云计算的大规模污染源高清视频监控系统

徐 洁[1] 张海天[2] 曹 骝[2] 杨雪松[2]

(1. 江苏省生态环境监控中心,南京 210036;2. 南京云创存储科技有限公司,南京 210014)

摘 要 江苏省生态环境监控系统(1831平台)不仅能对全省的环境数据进行监测,同时通过其中的高清视频监控系统,能直观地看到工厂排污口、储罐区的实际景象,给环境监督、执法提供影像依据。该系统是一种基于云计算的大规模高清视频监控系统,能同时接入、存储上百个高清视频流,支持上百个客户端同时访问。

关键词 江苏省生态环境监控系统,云计算,视频监控

1 引言

改革开放以来,环境保护部门针对环境保护开展了一系列措施,然而在城市经济持续快速增长和城市化进程不断加快的情况下,部分企业投机取巧、打擦边球,更有甚者只是在环保部门进行企业检查时才搞一些表面工作,给环境监管带来困难。目前绝大部分环保监测系统仅仅实现了数据监测功能,而没有实现图像监控功能,无法直观地看到排污点的实际景像。江苏省生态环境监控系统,不仅能看到各类监测数据,同时能看到实时的图像。它的视频监控系统,是以环保部门为中心,相关排污企业为支点的基于云计算的大规模污染源视频监控系统。

视频监控技术正在不断地向前发展,用户对于视频监控产品的要求也在不断提高,要有着更高清的画面,更完善的功能,更稳定的性能,更丰富的终端等[1]。要实现大规模的高清视频监控,就必须从多个环节进行全面考虑,如摄像机采集视频信号的码率、视频图像的编解码、视频传输的网络、录像文件的存储等[2]。但这样一来,又给整个系统带来了一系列新的问题,如存储空间需求量大、传输带宽不足、服务器性能指标压力、系统可靠性要求骤增等。

传统视频监控的架构如图1所示,通常采用大量"固件"的形式组合成平台。从摄像机、到硬盘录像机、网络硬盘录像机、视频切换矩阵、编码器、解码器、转码器、数字化综合平台、操作切换平台、数字业务平台、流媒体服务器等,最后输出到PC机、大屏等终端设备[3]。

随着数据量的不断增长,业务场景的不断变化,传统架构已经愈发不能满足现有的需求[4],因此,如何将新的技术融入到监控系统中,从而形成一种全新的模式,逐步成为了监

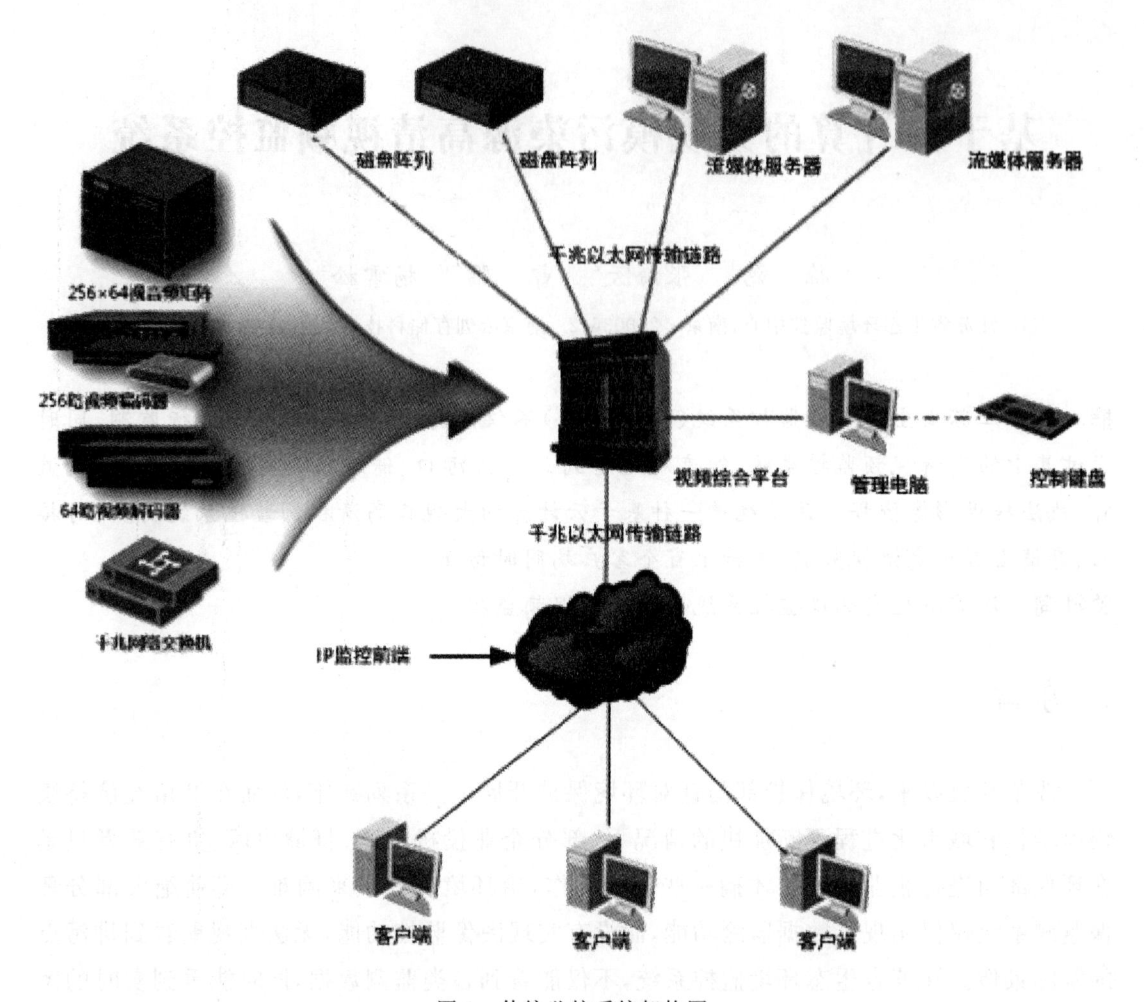

图 1　传统监控系统架构图

控行业的热门话题。

云计算的概念最早是由 Google 公司提出的[5]，到目前为止，仍然没有明确的标准化定义，其概念描述如下：云计算是分布式计算技术的一种，主要通过网络将大量服务器连接在一起，并且将计算量很大的处理任务自动分为许多个较小的子任务，再交由这些服务器所组成的庞大系统进行处理，并将结果返回给用户[6]。

由此，可以将云计算应用于视频监控，通过采用标准服务器硬件加软件的形式，组建成统一的服务器集群，共同对外提供视频监控服务[7]。将云计算的概念和方法引入视频监控，充分利用“云”的计算能力和存储能力，无论是从系统的架构方面，还是可靠性、通用性、兼容性和可扩展性等方面都有着巨大的提升[8]。

2　系统设计

云视频(Cloud Video，cVideo)监控平台，是在服务器集群上部署的基于云架构的视频监控软件，其核心内容是将海量的前端视频信号统一接入，并进行实时的处理和分析。系统基于云计算的模式，采取海量分布式云调度架构，以集群的形式共同对外服务，通过合理的云调度，实现诸如视频云端转码、内容识别、智能分析等需求。最终将处理好的视频图像以标准流媒体的格式进行输出，推送给用户，并提供标准的接口，以供上层应用的调用。

cVideo 监控平台主要由六个系统模块组成，分别是接入模块、处理模块、存储模块、流媒体模块、中心调度模块和客户端模块，如图 2 所示。

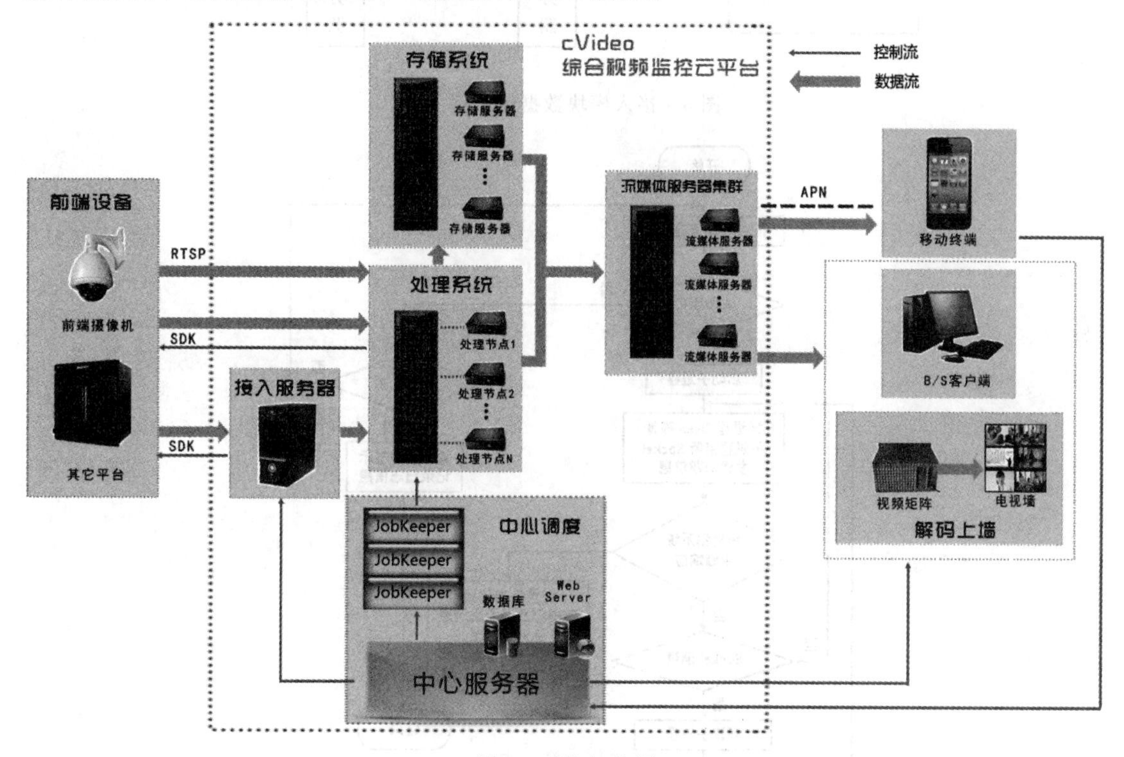

图 2　系统架构图

2.1　接入模块

接入模块负责实现各种异构前端设备的接入，同时，对上层应用提供统一的调用接口。前端设备主要包括：模拟、网络摄像机、硬盘录像机、已有第三方平台等。可以将接入服务器模块中交互的内容分为数据流和信令流，数据流向如图 3 所示。

接入模块所处的位置是介于中心调度模块和前端设备之间，起到了一个“中间件”的作用，主要用途类似于“语言翻译”[9]，主要负责将 cVideo 平台内部的控制信息，转化为对应前端设备可以识别的控制信息，获取响应后再转变为平台内部信息。接入模块主要涉及的内容有前端设备状态监测、摄像机云台控制、前端平台通信等，从而实现 cVideo 平台对前端设备的透明接入。

接入模块运行的环境是 Windows 操作系统，用 C 语言编写，程序的流程图如图 4 所示。

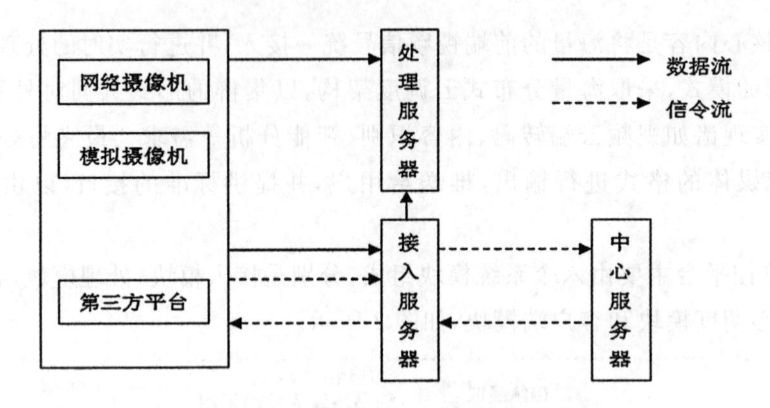

图 3　接入模块数据流示意图

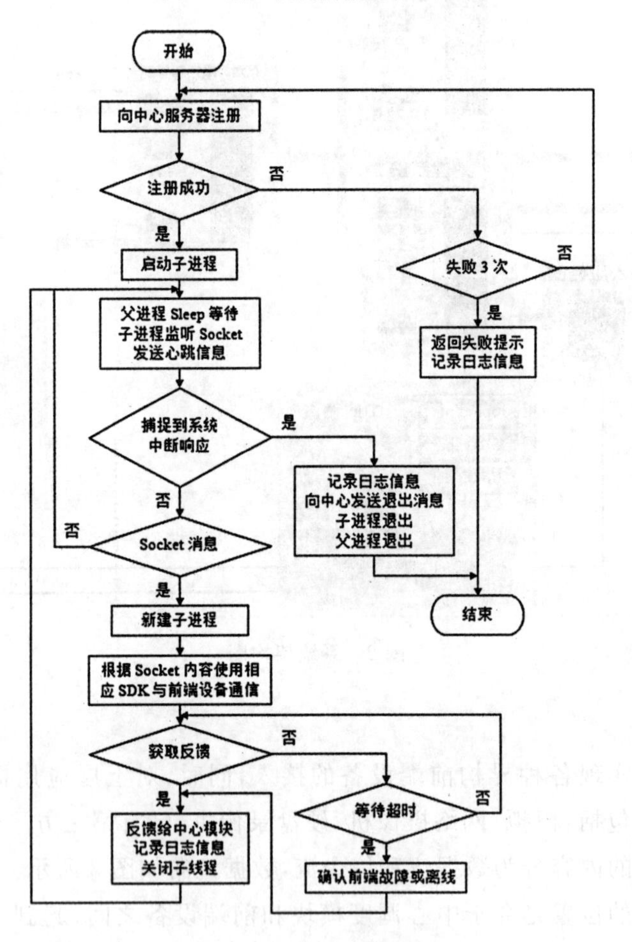

图 4　接入服务器流程图

当接入模块启动后，首先向中心模块进行注册，如果连续 3 次访问不成功则认为注册失败，程序退出；如果注册成功，则程序正式进入工作模式。为了保证系统运行的稳定，并且可以捕获系统中断响应不会造成直接终止而导致不必要的问题，接入模块将消息(Socket)监听[10]和处理任务放入子进程，而父进程则负责等待和监听系统中断信息。子系统每捕获到一个中心模块发来的消息，则新建一个子线程与之对应处理，实现并发的操作与控制，根据 Socket 类型中定义的前端设备信息，调用相应的 SDK 访问该前端设备，并将返回的信息封装成平台内部定义的信息反馈给中心端。

2.2 存储模块

存储模块包括存储客户端软件和存储服务器集群两部分。存储客户端软件部署在处理服务器集群上，由中心服务器统一调度，按需求将视频流按固定的时长保持为文件，并通过存储客户端写入存储集群；存储服务器集群为整个系统提供海量的存储空间，处理服务器和流媒体服务器通过挂载存储客户端，即可访问该存储空间，从而完成视频存储、处理、回放等任务，图 5 为存储模块的示意图。

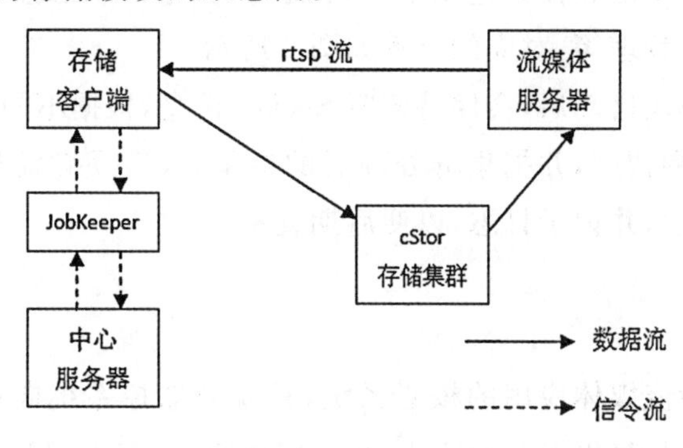

图 5　存储模块示意图

2.3 处理模块

处理模块由中心云调度进行统一综合管理，主要负责的工作是从接入分析，到数据处理，再到结果分发这三个部分，从而完成对接入视频的各项处理任务，包括从接入到处理再到存储及回看等一系列处理任务的分发工作。

(1) 标准 RTSP 协议的视频流接入：根据标准 RTSP 协议，获取前端设备视频流，同时，实时转发到平台内的流媒体服务器上，以供后续转码、识别、存储等部分的使用。

(2) 非标准的视频流接入：使用厂商提供的协议接口获取视频流，并重新封装成标准 RTSP 视频流，然后通过流媒体服务器实时转发。

(3) 内容识别：智能的内容识别需要消耗大量的 CPU 和内存资源，而通过云计算的分布式的特点和强大的计算性能，可以使传统架构下难以实现的大规模识别成为可能。

(4) 云端转码：将视频转码放到云端进行处理，从而实现整个系统内的实时视频转码，以满足不同用户对不同终端、不同分辨率、不同码流的需求。

(5) 视频数据存储录像：将处理转换后的标准视频流进行实时存储，按时间段保存为视频文件并保存到存储服务器上，以提供日后回调查看。

2.4 中心云调度模块

中心调度模块主要负责整合、调用系统内的其他各个模块，用户通过在终端发起请求，请求被提交到中心服务器，中心服务器调度管理系统根据具体的请求调度系统内相应模块的资源对其进行处理，最后将处理好的结果返回给用户显示查看。同时，中心模块还对上层应用提供了统一接口，大大提高了扩展性和伸缩性，更方便其他第三方平台的对接。例如：用户使用实时监控功能，前台操作后，后台通过调用调度命令去执行视频转码任务，任务结束后中心服务器把得到的视频流的地址返回给客户端浏览器控件，播放器控件则显示对应的视频。

中心调度模块主要功能和任务包括了实时监控、服务器状态监控、设备状态监控、录像回调、设备管理、用户管理等，对应的流程如图 6 所示。

整个中心云调度模块启动后，会保持监听 Socket 消息，根据不同用户终端发来的不同请求，进行相应的控制和调度，并把集群处理后的结果，或者视频流地址反馈给对应的用户终端，给出相应的提示，并记录日志，以便后期查备。

2.5 流媒体模块

流媒体服务器作为流媒体应用的核心系统，是视频监控系统向用户提供视频服务的关键模块。其主要功能是提供 RTSP/HTTP 流媒体服务，其中 RTSP 提供实时视频流及录像回调视频流，HTTP 则只提供录像回调视频流。

流媒体模块支持多台流媒体服务器集群化部署，对外提供负载均衡的标准 RTSP 流媒体并发推流服务，用户根据相应的流媒体 RTSP 地址，即可实时地获取系统处理完后的实时视频数据和存储的历史视频数据，以供监控和远程访问。模块输出为标准 RTSP 视频流，通过构建流媒体服务器集群和负载均衡机制，使得多台流媒体服务器可以共同对外提供服务，支持高并发访问。

同时，流媒体服务器也可以提供对历史视频数据的流化推送。存储系统将历史视频数据保存在 cStor 存储集群上，将 cStor 挂载到流媒体服务器上，流媒体服务器就可以像访问本地文件一样访问到 cStor 上的历史视频数据。当用户需要查看历史录像时，流媒体服务器可以将这些视频文件流化，通过 RTSP 或者 HTTP 协议推送给用户，实现用户查看远程历史录像的需求。

2.6 客户端模块

客户端模块包括 PC 终端（支持 Linux、Windows、MacOS 等主流操作系统）、平板电脑终端（支持 iOS、Android、Windows 等操作系统）、智能手持终端（支持 iOS、Android 等操作系统）和监控大屏终端。客户端的功能主要是与用户交互，对不同的操作进行响应，如：显示视频设备列表、播放视频流、与用户交互云台控制、多路视频播放等。

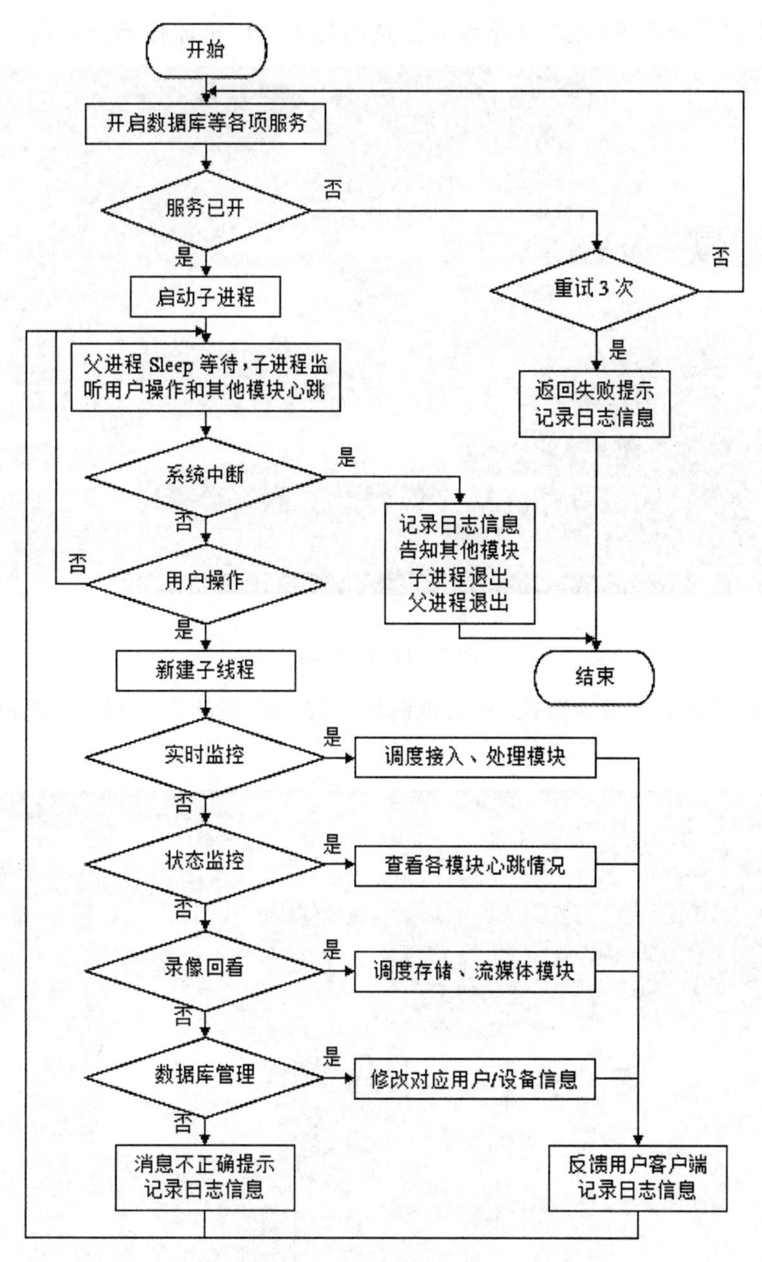

图6　中心调度任务流程图

3　运行环境

江苏省生态环境监控系统的固定风险源视频监控系统，总共使用15台服务器构建，其中，用于中心调度模块2台，接入模块2台，处理模块3台，流媒体模块3台，同时使用了云存储设备，以共享挂载盘符的方式，在每台服务器相应位置挂载了云存储空间。接入模块服务器使用Windows 2008 Server系统，其他服务器使用Ubuntu 12.04 Server版。接入的前端设备为江苏省昆山市千灯镇工业园区内一些工厂的50个高清摄像头。

cVideo 监控平台实现对这 50 路设备的透明接入，PC 机监控界面如图 7 所示。

图 7　PC 监控界面

同时，为了支持多终端的监控，我们也制作了移动终端的客户端，以 IPad 为例，如图 8 所示。

图 8　IPad 监控界面

在半年的试运行期间，监控系统的各项服务运行正常，安全可靠，同时，中心任务调度分配均匀，其服务器的负载非常低，也就意味着计算资源的余额十分充足，远未达到上限。

4 结语

视频监控的发展速度极快，人们的需求逐步从"看得见"向"看得清"再到"看明白"过渡[11]，传统的监控模式已然不适应需求的发展。而随着云计算技术的不断发展，将云的理念和技术引入视频监控行业，作为一种全新的解决方案，也愈发成为可能。较之传统监控模式，云模式下的视频监控有着无法比拟的优势：统一的架构、异构资源的整合、优异的可扩展性、云转码和智能分析的灵活性等。"1831"平台的基于云计算的大规模污染源高清视频监测系统，正在为江苏的环保事业贡献自己的一分力量。

参考文献

[1] 原振升，袁华，罗晓奔. 视频监控系统中的视频显示布局设计和实现[J]. 计算机研究与发展，2005(2)：68-77.

[2] LEE Yachun，LIAO Ju，CHENG Huapu，et al. A cloud computing framework of free view point real-time monitor system working on mobile devices[J]. International Symposium on Intelligent Signal Processing and Communication Systems，2010. 4(2)：148-162.

[3] 赵涵萍. 虚拟存储在数字化视频监控系统中的应用研究[D]. 杭州：浙江大学软件工程学院，2007：1-6.

[4] 许志闻. 流媒体网络视频监控系统的设计和实现[J]. 仪器仪表学报，2004(3)：304-307.

[5] 刘鹏. 云计算[M]. 2 版. 北京：电子工业出版社，2011.

[6] FOSTER I. ，KESSELMAN C，TUECKE S. The Anatomy of the Grid：Enabling Scalable Virtual Organizations[J]. International Journal of High Performance Computing Applications，2001，15(3)：200-222.

[7] 杜百川. 下一代网络服务核心—云计算[R]. 北京：IBTC2010 论坛. 2010：174-192.

[8] MICHAEL A，ARMANDO F，REAN G. Above the clouds：a berkeley view of cloud computing[M]. UC：Berkeley，2009.

[9] MACHE C. Cloud Computing：An Overview[J]. ACM Queue，2009，7(5)：3-14.

[10] JEREMIAH. windows 平台下 vlc 编译之十：vlc-1. 0. 0 的编译[DB/OL]. 2009-07-05. http://jeremiah.blog. 51cto. com/539865/178696. 2009-07-15.

[11] 张晓凯. 浅谈视频编解码技术[DB/OL]. 2009-04-03/2011-04-16. http://wenku. baidu. com/view/bf3d32a3b0717fd5360cdcc3. html.

数字证书技术在江苏省生态环境监控系统(1831项目)中的实践与应用

陈　高　郇洪江　童波邮

(江苏省生态环境监控中心,南京　20036)

摘　要　本文简要介绍了几种身份认证技术,描述了数字认证技术的原理、特点、安全性能,描述了数字认证技术的优势,并以实际案例详解了数字证书技术在江苏省生态环境监控系统中的实践与应用。

关键词　数字证书,CA,身份认证,加密技术,数据加密传输

1　引言

随着社会经济的不断发展,信息技术成为我们生活中不可缺少的部分,伴随信息化不断渗透入政府服务的各个部门,电子政务越来越得到认可和重视,并呈现出蓬勃发展的态势,在各业务部门中发挥着举足轻重的作用。随着政务信息管理软件系统的功能越来越复杂,可访问的资源越来越多,系统用户的类别越来越多,权限关系也越来越复杂。同时,电子政务网络内部涉及大量的敏感、机密信息也对网络信息安全提出了新的要求,一些原始的身份认证方式,已经不能满足现有电子政务系统的需求,我们必须利用一些加密解密算法,建立不同的加密通道来传输或识别这些信息,以不断满足信息系统日益提升的数据安全要求。

江苏省生态环境监控系统(1831项目)用一个平台集成了多个子系统,对涉及水环境质量、大气环境质量、饮用水源地、辐射环境质量等多类数据进行了整合,内容涉及大量环境业务信息,平台系统延伸至省市县三级,对信息系统的访问安全有着很高的要求,因此我们必须选择一种十分安全的身份认证技术,确保系统内部信息在被访问和传输过程中的安全性和完整性,防止恶意用户修改数据等行为的发生。

2　身份认证技术的选择

身份认证是实现信息安全的基本技术,身份认证的本质就是在计算机网络中确认操作者身份的一个过程:如何保证以数字代号进行操作的操作者就是这个数字身份合法拥有者,也就是说如何保证操作者的物理身份与数字身份相对应,身份认证技术就是为了解

决这个问题。作为网络和系统安全的第一道关口,身份认证起着举足轻重的作用。

目前,我们常用的身份认证技术包括四大类:基于密码的身份认证,基于智能卡的身份认证,基于生物识别的身份认证以及基于数字签名的身份认证。

2.1 密码认证

基于密码的身份认证技术比较原始,但从目前来看,大多数电子政务系统的身份认证方式都仍是采用这种基于用户名/密码的方式,这种方式的优势在于密码是用户自己设定,系统实现比较简便,用户名和口令都以明文或密文的方式直接存于数据库,只要服务端程序接收到用户名对应的密码,系统就认为访问者身份合法[1]。但弊端在于,用户设定的密码容易采用生日等个人信息,通过社会工程学方式就可以轻易破解密码。同时,由于密码信息驻留内存,密码传输不是加密传输,用户密码在存储和传输过程中极易被木马程序和网络黑客截取破解,这样很容易造成密码泄漏。所以基于密码的身份认证技术是一种不安全的身份认证技术。

2.2 智能卡认证

基于智能卡的身份认证是一种内置集成电路的芯片,芯片中存有与用户身份相关的数据,智能卡由专门的厂商通过专门的设备生产,是不可复制的硬件。智能卡由合法用户随身携带,登录时必须将智能卡插入专用的读卡器读取其中的信息,以验证用户的身份[2]。我们常见的智能卡包括公交卡、校园卡、门禁卡等都属于智能卡认证的一种方式。然而由于每次从智能卡中读取的数据是静态的,通过内存扫描或网络监听等技术还是很容易截取到用户的身份验证信息,因此还是存在安全隐患[3]。

2.3 生物识别认证

基于生物识别的身份认证主要包括指纹、掌型、视网膜、虹膜、脸型、签名、语音、行走步态等。目前部分学者将视网膜识别、虹膜识别和指纹识别等归为高级生物识别技术;将掌型识别、脸型识别、语音识别和签名识别等归为次级生物识别技术;基于生物识别的身份认证优势在于识别项的唯一性,指纹、视网膜、虹膜等都是唯一存在,可以直接标示一个人的合法身份的,这些信息不能轻易被仿冒,所以安全性较高。但生物识别技术目前还处于研究阶段,尚未形成一套成熟的技术解决方案,系统对生物信息的识别效率和误差率等都亟待改善,所以并不是目前电子政务最好的身份认证解决方案。

2.4 数字签名认证

数字证书就是网络通讯中标志通讯各方身份信息的一系列数据,用于网络身份验证,其作用类似于日常生活中的身份证,所以数字证书又有“数字身份证”之称。人们可以在网络通讯中用它来识别证书拥有者的身份[4]。数字证书可提供四种重要的安全保证:

(1) 机密性:文件可以用密钥加解密,以达到机密性;

(2) 完整性:文件接收者通过数字签名核对可确保此文件的完整性。

(3) 不可否认性:因只有文件发送者知道自己的私有密钥,而且文件具有发送者的数字签名,使其无法否认发送的事实。

(4) 身份识别:文件接收者可确认此文件的发送者身分。

尽管现在还涌现出很多新兴的身份认证技术,如动态口令技术、密保卡技术以及短信密码验证等,但这些技术从经济、安全性、便捷性等都存在一定的弊端,且数字证书技术已经在我国电子政务领域得到广泛引用,技术成熟度较高,系统实施和整合较为便捷,所以我们经过综合考虑选择了数字签名认证作为1831系统的身份认证技术。

3 使用数字签名认证技术的优势

3.1 电子签名可确认系统用户真实身份

在用户端,通过颁发具有国家认可资质的电子认证服务提供者的数字证书(电子身份证)来确认用户身份,保证用户身份真实可信,不会被冒名窃取。用户验证信息被密钥加密,且传输内容也被加密,即使第三方获取了相关内容也无法解密,确保了访问1831系统用户的真实物理身份。

3.2 电子签名可确保签名数据的法律性

江苏省生态环境监控系统使用数字证书和安全中间件对电子数据信息进行了电子签名,当事后用户可能对他当时提交的信息存在置疑,不承认信息内容时,通过保存的电子签名信息,数字证书可以通过国家认可的技术手段证明其电子签名确实存在,并且电子签名后的原文信息没有被任何改动。可以防止其抵赖,让其无法否认电子签名内容。并且对用户所要提交的电子数据信息可以加盖时间戳,在电子签名的基础上加上标准时间信息,可以对时间敏感的电子数据信息提供更加安全可靠的法律效力保证,在1831系统的申报和审批业务中得到了广泛的应用。

3.3 电子签名将进一步推进环保信息化、无纸化

含有电子签名技术的办公自动化系统可以大大减少重复劳动,它可以使各个部门、各个环节的单独处理工作串联起来,同时也能处理流程上多环节的任务。可以方便进行各个环节的审核、批复、签字,同时也可以进行不同环节批复的查询。这不仅解决了传统办公的效率低下和纸张浪费状况,而且也解决了因领导无法使用繁琐的现代办公自动化系统而闲置的信息化投资[5]。

4 数字证书技术在江苏省生态环境监控系统中的实践与应用

4.1 整体架构设计

为了解决生态环境监控系统应用数据机密性、身份认证强度两方面安全风险,同时结合生态环境监控系统场景的特点,相应的安全解决方案使用 CA 客户端和身份认证网关建立加密通道,网关代理应用数据,CA 客户端显示 BS 页面,建设方案整体架构图如图 1 所示。

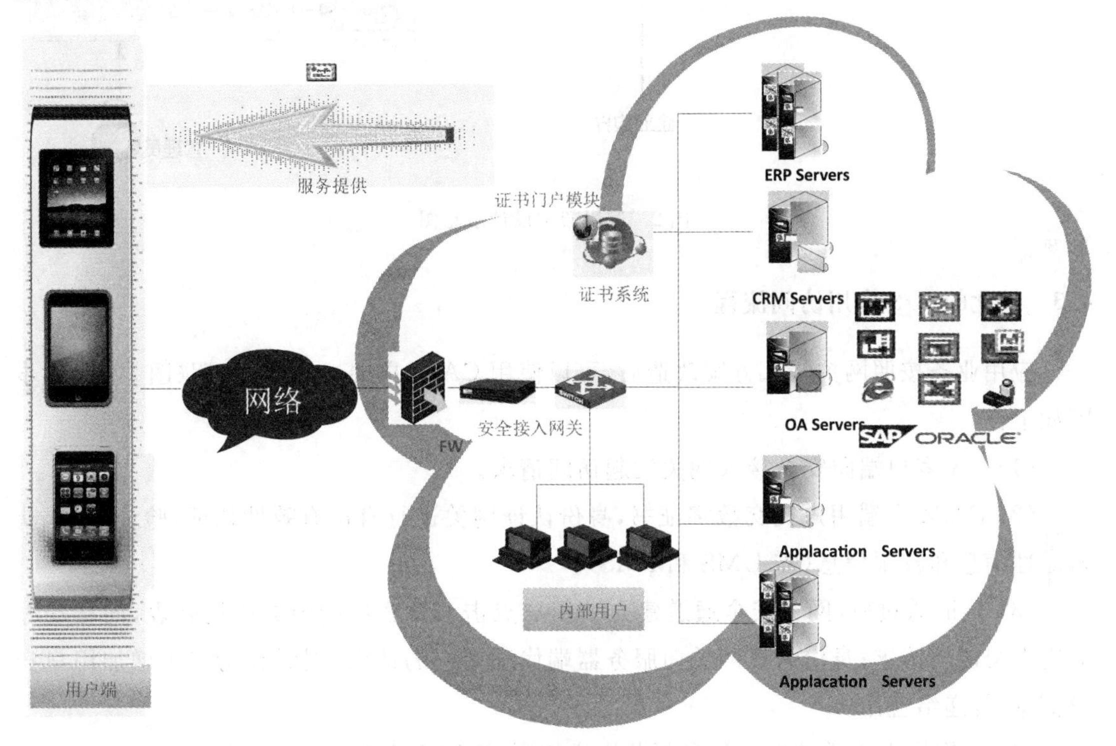

图 1 建设方案整体架构示意图

首先,江苏环保证书服务器生成客户端证书和服务器端证书,然后用江苏 CA 根证书给客户端证书和服务器端证书签名。使用时,将自签发的客户端证书导入客户端浏览器,通过架设在省厅的数字签名认证网关与江苏 CA 根证书服务器进行证书认证。当客户端首次登陆系统,双方都要提交证书供对方验证,验证通过之后,双方使用协商好的对称密钥进行数据加密传输。

4.2 逻辑架构设计

生态环境监控系统应用安全解决方案逻辑架构设计如图 2 所示。

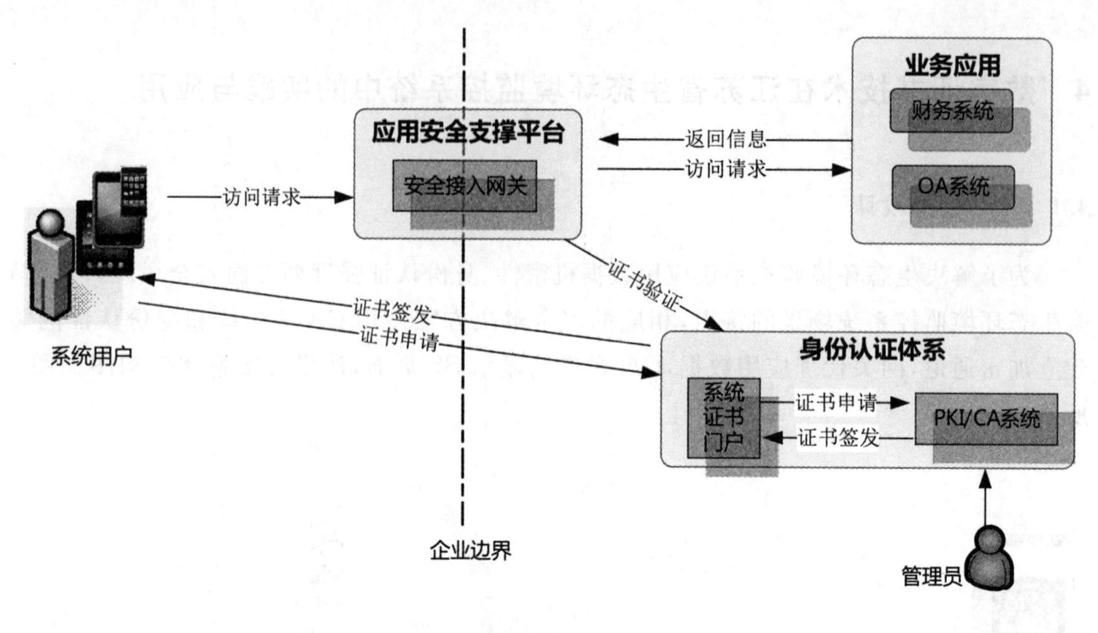

图2 逻辑架构设计示意图

4.3 简化的B/S应用访问流程

应用业务按照网关接入方案改造后，可以使用CA客户端访问BS应用(图3)，具体步骤如下：

(1) CA客户端向安全接入网关发起访问请求。

(2) CA客户端用户提交数字证书，身份认证网关进行身份有效性认证，验证证书，获取属性信息和权限信息(需UMS和PMS)。

(3) 认证通过后，网关安全通道建立。用户点击CA客户端中的应用列表，向移动办应用提交访问请求；身份认证网关向服务器端代理用户的请求，同时在请求中增加用户身份信息，传递给应用。

(4) 应用根据传递的身份信息判断用户权限，返回客户端页面需要的数据。

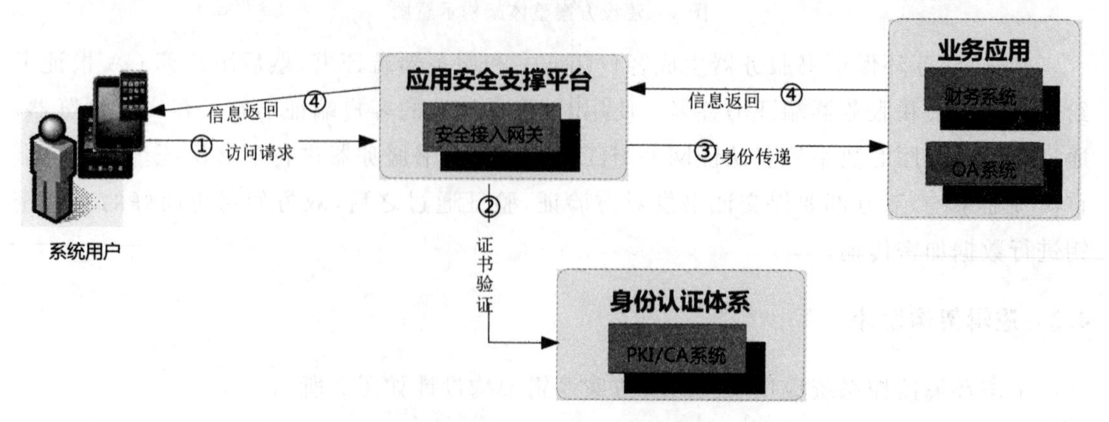

图3 B/S应用访问流程示意图

4.4 移动应用中间件访问模式流程介绍

除上述B/S应用模式之外,未来,江苏省生态环境监控系统还会存在移动客户端APP的访问模式。经过调研分析,我们初步进行了流程设计,流程图如图4所示。

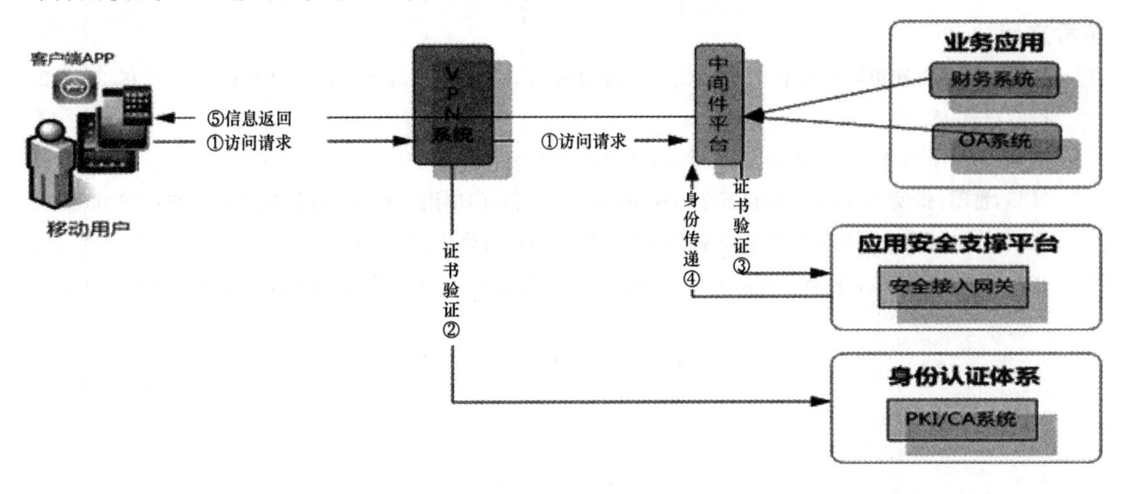

图4 访问模式流程示意图

在生态环境监控系统应用建设厂商将客户端APP进行改造后,集成了VPN连接客户端接口,同时针对移动中间件平台进行必要改造,将认证方式从用户名/口令方式改变为数字证书认证方式。改造完成后,生态环境监控系统用户的应用访问流程如下:

(1) 生态环境监控系统用户通过点击客户端APP,APP集成的VPN客户端接口向VPN网关发起访问请求。

(2) VPN系统要求生态环境监控系统用户提交数字证书,进行身份有效性认证。认证通过后,VPN通道建立。客户端通过点击终端APP中的应用图标,向生态环境监控系统中间件平台提交访问请求。

(3) 生态环境监控系统中间件平台将访问请求重定向给安全接入网关,进行数字证书验证。

(4) 安全接入网关验证用户移动证书,将证书解析后获得的用户信息传递给中间件平台。

(5) 中间件平台获得生态环境监控系统用户身份,根据用户权限,将用户访问的信息反馈给生态环境监控系统用户,实现身份认证。

5 结语

通过对数字证书技术的介绍,以及数字证书技术与1831系统相结合的典型案例剖析,可以看出数字证书在环保电子政务系统中的应用前景,尽管以上案例只是数字证书认证技术实际应用很小的一个部分,目前也仅用于用户身份的认证,但其数据安全性和强不可抵赖性在未来完全可以满足于数据申报、数据审核、电子签章乃至环保电子政务的其他领域的数据安全需求。随着网络安全技术的不断成熟和完善，数字证书技术在1831系统中的应用将更加广泛，也必将得到越来越多人的肯定。

参考文献

[1] 黄锐，李涛，王姝妲，等. 基于B/S和C/S混合模式的CA证书发放实现[J]. 计算机应用研究，2006，23(3)：113-115.

[2] 劳帼龄. 电子商务安全与管理[M]. 北京：高等教育出版社，2003：185-193.

[3] 叶新，雷明，张焕国. PKI及其在基于SSL的Web安全中的应用实现[J]. 计算机工程与应用，2003(14).

[4] 张一清. 电子商务中的安全基础设施PKI技术[J]. 商场现代化，2006(10)：89-90.

[5] 张巍，李涛，刘晓洁，等. 认证中心CA的功能及其实现技术[J]. 计算机工程与设计，2007，(9)：38-39.

水环境保护

关于 RIM-FLO 型二沉池的配水模型及改进设计

方跃飞

(上海市政工程设计研究总院(集团)有限公司，上海　200092)

摘　要　目前周进周出二沉池关于配水渠均匀布水的设计计算方法与实践仍有很大距离。通过对从国外引进的 Rim-Flo 型周进周出二沉池和其配备的 Tow-Bro 单管吸泥机运用流体力学的理论结合现场工作的实践对周进周出二沉池的水力特性进行分析，模拟周进周出二沉池的配水渠均匀布水的计算方法。

关键词　单管吸泥机，能量微分方程，配水槽水面曲线

1　引言

通过几年前引进国外的先进设备，人们对周进周出二沉池具有的优越水力性能有了一些认识，新建的项目不再一味沿用传统的中心进水的二沉池。但是，目前周进周出二沉池关于配水渠均匀布水的设计计算方法与实践仍有很大距离。本文通过对从国外引进的 Rim-Flo 型周进周出二沉池和其配备的单管吸泥机的安装调试和性能测试，同时运用流体力学的理论结合笔者现场工作的实践对周进周出二沉池的水力特性进行分析，模拟周进周出二沉池的配水渠均匀布水的计算方法。

2　配水槽变孔距法的理论设计模型

2.1　配水槽宽度 *B* 计算

为了防止混合液在配水槽内发生淤积，环槽流速不应低于 0.3m/s，因此令变宽段 $V_{m0}=0.3$m/s，按最小流量 Q_m 确定配水槽宽度得：

$$B_0 H_{m0}=\frac{Q_m}{v_{m0}}=\frac{Q_m}{0.3}$$

令 $B_0=H_{m0}$，得：

$$B_0=H_{m0}=\sqrt{\frac{Q_m}{0.3}}$$

$$B=\begin{cases}B_0\left(1-\dfrac{L}{L_0}\right) & (0\leqslant L<L_c)\\ 0.25 & (L_c<L<L_0)\end{cases} \tag{1}$$

变宽段长度 $L_c=\left(1-\dfrac{0.3}{B_0}\right)L_0$，等宽段长度 $L_E=\dfrac{0.3}{B_0}L_0$。

2.2 配水槽水面曲线

由能量微分方程得：

$$\frac{\mathrm{d}H}{\mathrm{d}L}\begin{cases}-\left(\dfrac{n\bar{Q}_h}{B_0H}\right)^2\left[\dfrac{2L_0}{B_0(L_0-L)}+\dfrac{1}{H}\right]^{\frac{4}{3}} & (0<L<L_c)\\ \left[\dfrac{\bar{Q}_h(L_0-L)}{0.25HL_0}\right]^2\left[\dfrac{1}{g(L_0-L)}-n^2\left(\dfrac{2}{0.25}+\dfrac{1}{H}\right)^{\frac{4}{3}}\right] & (L_c\leqslant L<L_0)\end{cases} \tag{2}$$

式中，n 为配水槽的糙粗度，一般取 0.012～0.014。

对应于 $\bar{Q}_h$ 的起点水深 H_{h0} 为

$$H_{h0}\approx H_{m0}+\left[1-\left(\frac{H_{h0}Q_m}{H_{m0}Q_h}\right)^2\right]Z_{h0} \tag{3}$$

式中，Q_m 为最低流量；B_0 为配水槽宽度；V_{m0} 为变宽段流速；H_{m0} 为变宽段水流高度；L_0 为配水槽长度；n 为配水槽的糙粗度；L_c 为变宽段长度；L_E 为等宽段长度；Z_h 为配水头；q 为单孔泄流量；d 为孔口的孔径；u 为流量系数；A 为布水孔口断面面积。

选择合适的配水头 Z_h，解方程式(3)确定相应的 H_{h0}，代入式(2)求出 H 并作水面曲线 H，则距起点 L_i 处的配水水头 $Z=Z_{h0}+H_i-H_{h0}$。该点设布水孔时，对应的单孔泄流量 q 由孔口的孔径 d 和孔上配水水头所决定，即 $q_i=\mu A\sqrt{2gZ_i}$，孔距 $C=L_0/(Q_h/q_i)$。其中 μ 为流量系数；A 为布水孔口断面面积。

3 配水槽变孔距法的举例计算

该池的直径为 $D_0=20$m，水池的平均流量取值 $Q_p=416.6667\mathrm{m^3/h}$(每个池子每天 5000$\mathrm{m^3}$，考虑100%污泥回流。每个水池子平均流量每天为10000$\mathrm{m^3}$)，

水池的计算直径 $D=D_0-0.3=19.7$，配水槽长度 $L_0=\pi\times D=61.8894$m；最低流量 $Q_m=0.8Q_p$，即 $Q_m=333.3333\mathrm{m^3/h}$(二沉池的流量变化不大，最小流量为平均流量的0.6～0.9，取0.8)。

(1) 布水孔孔径 d 的确定。为了能使布水更加均匀，采用了 $d=54$mm，即可得配水孔的面积：$A=\dfrac{\pi d^2}{4}=0.0023\mathrm{m^2}$。

(2) 配水槽为矩形过水断面，设槽内允许流速 $v=0.3\text{m/s}$：

$$B_0=H_{m0}=\sqrt{\frac{Q_m}{0.3}}=\sqrt{\frac{0.0926}{0.3}}\approx 0.55\text{m}$$

(3) 等宽段槽宽 $B=0.25\text{m}$，长度 L_c，变宽段长度 L_E，则：

$$L_E=\left(1-\frac{0.25}{B_0}\right)\times L_0=\left(1-\frac{0.25}{0.55}\right)\times 61.8894=33.7578\text{m}$$

$$L_c=L_0-L_E=28.1316\text{m}$$

当 $L<L_E$ 时，$B=B_0\times\left(1-\frac{L}{L_0}\right)=0.55\times\left(1-\frac{L}{L_0}\right)$；当 $L_E<L\leqslant L_0$ 时，$B=0.25\text{m}$。

(4) 设定配水槽起始断面水位为 0.6m。

(5) 配水槽水面曲线。将整个计算长度(沉淀池周长)分为若干段，对每一小段而言，可以把式(2)简化为

$$\Delta H=\begin{cases}-\left(\dfrac{n\bar{Q}_h}{B_0H}\right)^2\left[\dfrac{2L_0}{B_0(L_0-L)}+\dfrac{1}{H}\right]^{\frac{4}{3}}\Delta L & (0<L<L_c)\\ \left[\dfrac{\bar{Q}_h(L_0-L)}{0.25HL_0}\right]^2\left[\dfrac{1}{g(L_0-L)}-n^2\left(\dfrac{2}{0.25}+\dfrac{1}{H}\right)^{\frac{4}{3}}\right]\Delta L & (L_c\leqslant L<L_0)\end{cases}\quad(4)$$

$$H_{i+1}=H_i+\Delta H\quad(i=1,\Lambda,nn),$$

式中，nn 为配水槽等分段数；ΔH 为相邻两端水位差；ΔL 为相邻两端长度。

取长度步长 $\Delta L=0.01\text{mm}$，$H_0=H_{h0}$，就计算出配水槽水面高度 H，计算结果如图 1 所示。

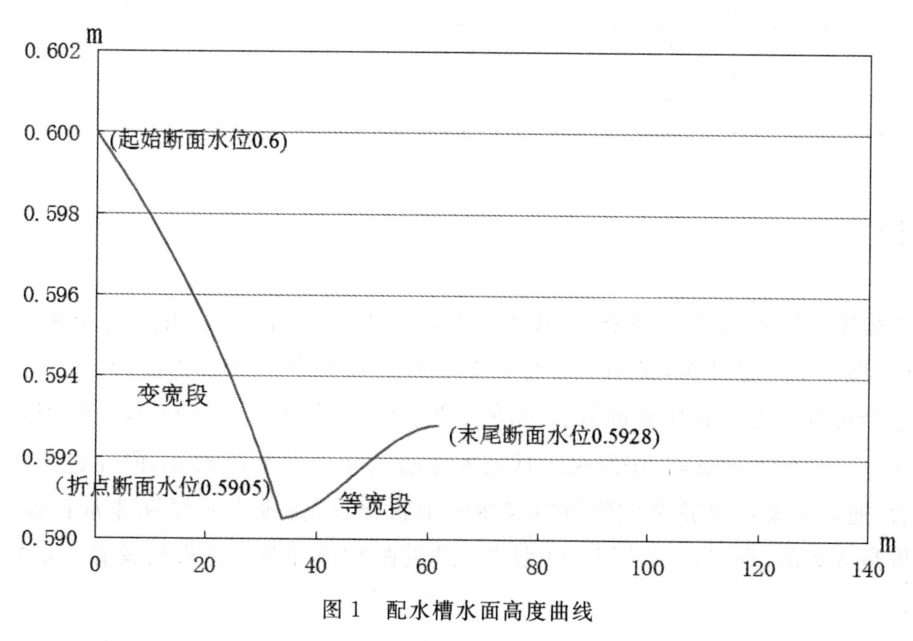

图 1　配水槽水面高度曲线

可对电子表格计算书，取 $L=17.1$ 和 $L=26.8$ 两点对水位变化 ΔH 进行验算：

① 当 $L=17.1$ 时，

$$\Delta H=(-1)\times\left(\frac{0.013\times0.1157}{0.55\times0.5962}\right)^{2}\times\left[\frac{2\times61.889}{0.55\times(61.889-17.1)}+\frac{1}{0.5962}\right]^{\frac{4}{3}}\times0.1$$
$$=-2.659\times10^{-5}$$

② 当 $L=26.8$ 时，

$$\Delta H=(-1)\times\left(\frac{0.013\times0.1157}{0.55\times0.5932}\right)^{2}\times\left[\frac{2\times61.889}{0.55\times(61.889-26.8)}+\frac{1}{0.5932}\right]^{\frac{4}{3}}\times0.1$$
$$=-2.781\times10^{-5}$$

（6）计算孔距和孔数。确定各段的长度 L_i 和配水头 Z_i，q_iC_i，和 m_i 的计算如下：

$$q_i=\mu A\ \sqrt{2gZ_i}\ ,C_i=L_0/(Q_h/q_i),m_i=l_i/C_i$$

式中，取流量系数 $\mu=0.062$。

计算结果及分析见表 1。

表 1 **配水槽计算结果**

	位置计算水位	计算参数	计算长度	平均配水水头	计算孔距	计算孔数	孔泄流量	配水流量	平均配水流量	均匀误差	系数
起始计算流量 416.6667 m^3/h	0.6000	11.40	11.40	0.1488	1.2667	9	0.0024	0.0218	0,.0019	0.00	1
	0.5976	20.60	9.20	0.1464	1.3143	7	0.0024	0.0168	0.0018	−4.41%	1
	0.5952	28.10	7.50	0.1429	1.2500	6	0.0024	0.0143	0.0019	−0.68%	1
	0.5907	38.13	10.03	0.1413	1.2538	8	0.0024	0.0189	0.0019	−1.53%	1
	0.5909	39.98	1.85	0.1414	1.8500	1	0.0024	0.0024	0.0019	1.00%	1
	0.5928	61.89	21.35	0.1428	1.2560	17	0.0024	0.0404	0.0013	1.00	1

4 结论

随着国家对环保行业的重视度越来越大，大、中、小型污水处理厂将越来越多使用 RIM-FLO 型二沉池型结构，使用中心传动单管吸泥机该种设备。为此，对其进行比较系统的理论分析具有更大的社会价值和经济价值。就直径为 $D_0=20$m，水池的平均流量取值 $Q_p=416.6667m^3/h$ 而言，按经验来选定配水槽可能发生水流紊乱，但经过上述的理论分析之后，通过从某市水务有限公司的实际使用状况看，排水水质情况非常良好，说明该理论分析是正确的，所以该 RIM-FLO 型二沉池的配水模型及改进设计具有一定的实践指导意义。

参考文献

[1] 上海市政工程设计研究院. 给水排水设计手册(第九册)专用机械[M]. 北京：中国建筑工业出版社，2000.

[2] 董纪珍，宋莹，李建坡，等. 测定总氮时影响空白吸光值的因素[J]. 光谱实验室，2006(7)：791-796.

[3] 杨淑霞，李春鞠. Rim-Flo 二沉池在活性污泥系统中的应用[J]. 中国资源综合利用，2012(1)：28-31.

间歇曝气氧化沟工艺处理城市污水的试验研究

梅荣武　周　刚　黄一南

（浙江省环境保护科学设计研究院，杭州　310007）

摘　要　为了提高氧化沟工艺对城市污水的脱氮能力，对设置缺氧池和厌氧池的氧化沟工艺采用了鼓风曝气和水下搅拌的曝气方式和连续流间歇曝气的运行方式。研究结果表明：间歇鼓风曝气的运行方式能够提高氧化沟系统的脱氮率，达到43.29%～62.35%；以及提高系统的脱磷效率，达到40.23%～76.67%。而曝气能耗比同等条件转刷曝气的能耗降低42.86%～57.14%，达到了降低氧化沟运行能耗的目的。

关键词　间歇曝气，氧化沟，脱氮除磷，城市污水

1　引言

氧化沟工艺具有运行稳定、操作维护方便、出水水质优良且具有一定的脱氮除磷能力，因而成为国内外城市污水处理首选工艺之一。但其曝气方式多为转刷、转盘及表曝机供氧，存在充氧效率较低、运行电耗高、占地大等缺点。而目前汪永红等[1]开发出的微孔曝气器氧化沟技术能够降低氧化沟的曝气能耗，并且能够加大氧化沟的池体深度，从而节省氧化沟的占地面积。

侯红勋[2]、乔海兵[3]等利用微孔曝气氧化沟工艺，针对城市生活污水进行了间歇曝气的实验研究。通过实验研究发现，通过采用间歇曝气的曝气方式，出水水质均能够达到国家一级标准；并且由于采用间歇曝气，能够进一步降低微孔曝气氧化沟的曝气能耗，达到降低氧化沟运行费用的目的。而微孔曝气氧化沟的微孔曝气器安装在池底，存在着维修困难的问题。基于此，在本研究中开发了新型的可提升曝气装置，并通过间歇曝气的曝气方式研究 A^2/C 氧化沟工艺对城市污水的处理效果。

2　实验材料与方法

2.1　实验污水

实验采用的是某城市污水处理厂的污水，具体水质指标如表1所示。

表 1　　中试实验进水水质

项目	浓度范围/(mg·L^{-1})	均值/(mg·L^{-1})
pH	6.63～7.58	7.38
CODcr	132～358	189
NH_4^+-N	15.5～39.29	28.64
TN	21.36～41.82	32.12
TP	1.89～10.83	3.94

2.2　实验装置

本实验装置由缺氧、厌氧、氧化沟组成。改良型三沟氧化沟尺寸为 1500mm×1500mm×2000mm,其中有效水深为 1700mm。三沟氧化沟前端设两个独立的缺氧池和一个厌氧池,其尺寸为 500mm×500mm×2000mm,其中有效水深为 1800mm。氧化沟池内间隔排列着可提升曝气管,同时池底还设置了水下推进器进行搅拌推流。三沟氧化沟的运行周期为 4h,即边沟曝气推流 1h、沉淀 1h、出水 2h。整个三沟氧化沟由程序控制器控制自动运行。

2.3　分析指标及方法

分析指标及方法如表 2 所示。

表 2　　分析指标及方法

测试指标	分析方法
CODcr	重铬酸钾法
NH_4^+-N	纳氏试剂分光光度法
TN	过硫酸钾氧化一紫外分光光度法
TP	钼锑抗分光光度法
pH	膜电极法

2.4　实验运行

三沟氧化沟进水水量为 200～300L/h,污泥回流比为 150%～200%,氧化沟水力停留时间约为 15.3h,前置缺氧池为 5.4h。其中 CODcr 负荷为 0.12kgCODcr/(kgMLSS·d),氨氮负荷为 0.018kgNH_3-N/(kgMLSS·d)。氧化沟采用可提升曝气管曝气和搅拌浆搅拌并推流,中沟单独曝气时曝气量为 2m^3/h,双沟曝气时曝气量为 4～4.5m^3/h。三沟氧化沟的运行周期为 4h,其中,中沟为连续曝气,而边沟运行方式为曝气 1 小 h,沉淀 1h、出水 2h。两个边沟交替运行。所采用的曝气时间/停气时间分别为 4h/4h,4h/3h 以及 4h/2h,分别为阶段Ⅰ,Ⅱ,Ⅲ。

3 结果与分析

3.1 特征污染物去除总体效果

在整个研究阶段中，连续曝气以及不同间歇曝气周期系统出水的CODcr、NH_4^+-N、TN以及TP浓度如图1所示。从图中可以看出，系统出水CODcr总体上维持较低水平(＜60mg/L)，说明整个系统对有机污染物具有较好的祛除效果。另外，整个实验周期中系统的出水NH_4^+-N浓度均能够达到国家标准(＜7mg/L)，这说明系统的硝化效果较好，这主要是采用鼓风曝气的方式，改曝气方式的曝气效率高，能够为氨氮的硝化反应提供足够的溶解氧，有利于硝化反应的进行。而在间歇曝气的模式下，停止曝气的时候，整个氧化沟系统内是缺氧状态，此时有利于反硝化反应的进行，会消耗废水中的部分碳源，从而降低曝气阶段有机污染物对溶解氧的消耗，从而有利于硝化反应的进行[2]；同时在间歇曝气模式，污水中存在一定浓度的NO_2^--N，这些NO_2^--N也会与进水中的氨氮发生厌氧氨氧化反应而得到去除[4]，从而使间歇曝气模式下，氧化沟对于氨氮具有较好的祛除效果。

从图1中可以看出，连续曝气以及阶段Ⅰ(4h/4h)的出水氨氮浓度低于阶段Ⅱ(4h/3h)以及阶段Ⅲ(4h/2h)。这主要是因为连续鼓风曝气过程中，由于系统中溶解氧浓度高，有利于硝化反应的进行，硝化反应进行的程度最高；而阶段Ⅰ中由于停气时间比较长，系统进入厌氧状态，由于采用间歇曝气，曝气过程中氨氮大部分被氧化为NO_2^--N，这些NO_2^--N会与积累的NH_4^+-N发生厌氧氨氧化反应，这样既达到去除氨氮又达到脱除总氮的目的。

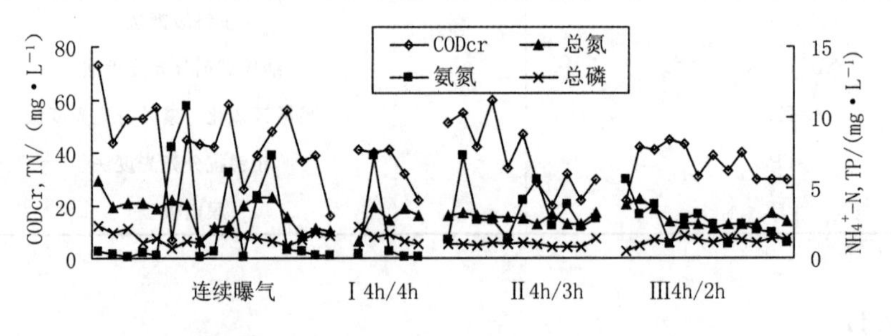

图1 不同间歇曝气周期出水CODcr、氨氮、总氮及总磷浓度变化

在整个实验过程中，阶段Ⅰ(4h/3h)、阶段Ⅱ(4h/3h)以及阶段Ⅲ(4h/2h)等间歇曝气的出水总氮浓度低于连续曝气出水的总氮浓度。其主要原因是在间歇曝气过程中，停气阶段中由于存在缺氧过程，氧化沟池内的反硝化反应得到加强。同时在间歇曝气模式下，氧化沟系统也会发生短程硝化-厌氧氨氧化反应，因此在一定程度上有利于提高系统的脱氮效果，降低出水的总氮浓度。

而整个实验过程中，系统中TP浓度平均值分别为1.6mg/L，1.53mg/L，0.98mg/L，1.20mg/L，说明间歇曝气由于停气过程中存在厌氧状态，有利于提高系统的脱磷效果，但当停气时间过长，会导致二次释磷，从而降低了对磷的去除效果。

3.2 总循环周期 *T* 以及曝气率 *F* 对系统脱氮除磷的影响

间隙曝气三种模式的总循环周期 *T*，分别为 8h，7h，6h。通过前面的分析数据其曝气率 *F*（即曝气时间与总循环周期的比值）分别为 0.5，0.57，0.67。三种模式下氮磷的去除情况如表 3 所示。

表 3 三种运行模式下氮磷的去除情况

运行模式	*T*	F	氨氮平均浓度	氨氮平均去除率	总氮平均浓度	总氮平均去除率	总磷平均浓度	总磷平均去除率
Ⅰ	8	0.5	1.67	93.16%	15.01	43.29%	1.53	40.23%
Ⅱ	7	0.57	3.3	89.55%	15.18	62.35%	0.98	76.67%
Ⅲ	6	0.67	2.52	91.47%	15.10	52.05%	1.20	68.67%

通过表 3 可以发现，在三种模式下，随着运行周期的缩短、曝气率的提高，出水的氨氮浓度会有所升高，这主要是因为随着停气时间的缩短，曝气阶段的有机物污染物负荷有所升高，会消耗更多的溶解氧，从而影响硝化反应的效果；另外停气时间缩短，池内的厌氧时间也随着缩短，这样厌氧氨氧化对于氨氮去除的效果也会有所降低，也会造成出水氨氮浓度有所升高。而模式Ⅲ由于曝气率提高，曝气时间延长，硝化反应效果好于模式Ⅱ的硝化反应效果，所以出水氨氮浓度比模式 II 的出水氨氮浓度低。

在三种模式下，随着运行周期的缩短、曝气率的提高，出水总氮的平均浓度变化不大，均可以满足国家一级标准。但是模式Ⅱ下的平均去除率最高，这说明改运行模式的总氮去除效果相对其余两者比较稳定，并且对污水中总氮浓度的变化有一定的抗冲击作用。模式Ⅰ中，停气时间较长，污水中缺氧环境比较好，但是由于长时间停气，中沟在进行反硝化过程中会快速消耗易降解有机物，而造成停气的后期阶段中沟内以及边沟内的碳源不足，从而限制了脱氮效果。而模式Ⅱ、Ⅲ中，曝气频次增多，这样在曝气过程中能够快速降解难降解有机物，为反硝化反应提供较多的碳源，因此脱氮效果增强。但是周期较短，曝气率过高又会导致系统内缺氧时间缩短，从而缩短了反硝化反应进行的时间，因而使去除率有所降低。

而三种模式对于总磷的去除呈现出基本相同的情况，总运行周期 $T=7$h，曝气率 $F=0.57$ 的模式Ⅱ处理效果最好。这是因为曝气率增大，有利于微生物好氧吸磷。模式Ⅰ中停气时间过长有可能造成中沟以及边沟的污泥二次放磷，以及出水 SS 的上升，从而影响对总磷的去除效果。而模式Ⅲ停气时间相对较短，厌氧时段较短，并且沟内发生反硝化反应会影响微生物的放磷效果，因而也会影响系统对总磷的处理效果。

因此通过以上分析可以发现：针对特定的水质，保持合适的循环周期 *T* 和曝气率 *F* 是提高生物脱氮除磷效率的重要影响因素。

3.3 不同曝气方式的能耗分析

根据实际运行测算，某污水处理厂采用三沟氧化沟，采用转刷曝气方式，转刷曝气能耗经计算约为 0.28kW·h/m^3。

而中试实验中连续鼓风曝气的能耗为 0.24kW·h/m^3。与转刷曝气的能耗相比降低15%左右，并且充氧效率可以大大提高，溶解氧浓度也能得到提高，而污水处理效果也得到很大程度的改善。这主要是因为在鼓风曝气模式下，气泡在水中路径要长于机械曝气的气泡路径，因而有利于提高溶解氧的利用率，从而能够降低曝气的能耗。

表4　各种运行方式的曝气能耗比较

曝气方式	曝气能耗指标/[(kW·h)·m^{-3}]	降低百分数/%
转刷曝气	0.28	—
连续鼓风曝气	0.24	14.29
间歇曝气模式Ⅰ	0.12	57.14
间歇曝气模式Ⅱ	0.137	51.07
间歇曝气模式Ⅲ	0.160	42.86

从表4可以发现，间隙曝气不同模式Ⅰ，Ⅱ，Ⅲ的曝气能耗分别为 0.12kW·h/m^3，0.137kW·h/m^3，0.160kW·h/m^3，分别是连续曝气能耗的50%，57.17%，66.67%。而与转刷曝气相比能耗分别降低57.14%，51.07%，42.86%。

通过以上能耗分析可以发现：连续鼓风曝气以及间隙鼓风曝气氧化沟技术的曝气能耗与转刷曝气等机械曝气方式的能耗相比能够大大降低，有利于污水处理厂降低能耗，减少运行费用。

4 结论

(1) 连续流间歇曝气氧化沟工艺试验研究表明，该工艺对于生活污水具有较好的祛除效果：模式Ⅰ(曝气4h，停曝4h)中，其出水CODcr浓度均值为35.2mg/L，NH_4^+-N浓度均值为1.67mg/L，TN浓度均值为15.01mg/L，TP浓度均值为1.53mg/L；模式Ⅱ(曝气4h，停曝3h)中，其出水CODcr浓度均值为38mg/L，NH_4^+-N浓度均值为3.30mg/L，TN浓度均值为15.18mg/L，TP浓度均值为0.98mg/L；模式Ⅲ(曝气4h，停曝2h)中，其出水CODcr浓度均值为35.5mg/L，NH_4^+-N浓度均值为2.52mg/L，TN浓度均值为15.10mg/L，TP浓度均值为1.20mg/L。间歇曝气出水除总磷浓度以外，其他各项指标均基本能满足国家一级标准。

(2) 在本试验中，污水中的NH_4^+-N主要通过硝化反应以及Sharon-Anammox反应原理得到去除。模式Ⅰ中由于停气时间较长，Anammox反应进行的程度比较高，因此出水NH_4^+-N浓度比较低；而模式Ⅲ中由于曝气率F值较高，系统地硝化反应进行的程度高于另外两种模式，因此也具有较好的祛除效果。

（3）间歇曝气氧化沟由于氧化沟内存在停气缺氧/厌氧的过程，因此对比连续鼓风曝气氧化沟而言，能够提高系统的脱氮除磷效率。

（4）间歇曝气氧化沟工艺能够降低运行成本，在模式Ⅰ、Ⅱ、Ⅲ状态下，1个周期内曝气能耗为连续鼓风曝气能耗的50％，57.17％，66.67％。而与同等条件下转刷曝气相比能耗分别降低57.14％，51.07％，42.86％。

（5）间歇鼓风氧化沟工艺由于采用鼓风曝气，以可提升曝气管为曝气装置，可方便曝气管检修，避免了微孔曝气装置检修困难的问题，有利于鼓风曝气氧化沟工艺的进一步推广。

参考文献

[1] 汪永红，何睦盈，区岳州. 采用微孔曝气的氧化沟实例分析[J]. 中国给水排水，2003，19(2)：75-76.

[2] 侯红勋，彭永臻，叶柳，等. 间歇曝气 A2/C 氧化沟工艺处理城市污水中试研究[J]. 环境科学学报，2006，26(5)：740-744.

[3] 乔海兵，王淑莹，李桂荣，等. 连续流间歇曝气氧化沟处理生活污水脱氮除磷研究[J]. 环境污染治理技术与设备，2006，7(7)：11-14.

[4] 朱静平，胡勇有. 厌氧氨氧化工艺研究进展[J]. 水处理技术，2006，32(8)：1-4.

城镇污水处理厂刚玉微孔曝气器酸洗方法介绍

冯祥军

（深圳首创水务有限责任公司，深圳　518103）

摘　要　刚玉微孔曝气器作为一种优良的高效充氧装置在我国污水处理厂应用越来越广泛，使用到一定年限后会因为结垢导致阻力增大影响充氧效率。因刚玉曝气器是由刚玉砂烧制而成，用盐酸清洗刚玉曝气器可以不损坏曝气器结构并能使充氧效果基本恢复。酸洗分为离线酸洗和在线酸洗两种，在国内污水处理厂都已经得到应用，收到良好效果，延长了曝气器的使用寿命。

关键词　刚玉曝气器，盐酸，离线酸洗，在线酸洗

1　刚玉微孔曝气器结构与性能

刚玉微孔曝气器是一种优良的污水处理用高效充氧装置，是采用经研制筛选过的一定粒径刚玉砂高温一次烧结凝固而成，具有阻力小、强度大、充氧效率高、化学性能稳定、耐酸碱、耐腐蚀、耐油性等优点，在国内外已经得到广泛应用[1]。我国建设部也于2008年1月1日发布并实施了《水处理用刚玉微孔曝气器》（CJ/T 263—2007）行业标准，根据该标准，刚玉微孔曝气器的结构形式分为球形、钟罩形、圆盘形和管形，实际应用中以球形和钟罩形居多。随着刚玉曝气器制造技术的进步，现在生产的刚玉微孔曝气器气泡直径可以达到小于或等于1.6mm，曝气器的性能参数如表1所示。

表1　　刚玉曝气器性能参数表

测试项目	单位	结果	参照标准及测试条件
孔隙率	%	≥47	GB/T 2997—2000
抗压强度	MPa	≥90	GB/T 5072—2008
耐酸度	MPa	≥99	HG/T 3210—2002.9
产生气泡平均直径	mm	0.8～1.6	
每只曝气头通气量范围	m^3/(h·只)	0.5～8	+20℃，101.3kPa
空气阻力损失	Pa	≤200	水深6m，3m^3/(h·只)

续表

测试项目	单位	结果	参照标准及测试条件
理论动力效率	$KgO_2/(kw \cdot h)$	≥6.3	水深 6m,$3m^3/(h \cdot 只)$
氧的利用率	%	≥37	水深 6m,$3m^3/(h \cdot 只)$
单个曝气头服务面积	m^2/只	0.3～0.85	
曝气盘使用寿命	年	≥10	

2 刚玉微孔曝气器的酸洗方法

刚玉微孔曝气器在长期运行后，会出现刚玉空隙堵塞阻力变大的情况，阻力变大的原因主要有以下三种情况：①污水中钙、铁等杂质在刚玉表面结垢；②曝气器长时间停运后污泥粘附在曝气器表面并渗入到刚玉孔隙中造成堵塞；③长时间投加含有铁盐的除磷药剂造成铁盐在刚玉表面结垢。为降低出气阻力恢复曝气效果，可以采取用酸清洗曝气器的方法[2,3]。根据《城市污水处理厂运行控制与维护管理》介绍，清洗刚玉曝气器有三类方法：第一类是在清洗车间进行清洗，包括回炉火化、磷硅酸盐冲洗、酸洗、洗涤剂冲洗、高压水冲洗等；第二类是停止运行，但不拆卸曝气器，在池内清洗，包括酸洗、碱洗、水冲、气冲、氯冲、汽油冲、超声波清洗等方法；第三类是不拆曝气器也不停止运行，在工作状态下清洗，包括向供气管道中注入酸气或酸液、增压冲吹等方法。本文主要介绍第一类和第三类酸洗方法，第一类方法称为离线酸洗方法，第三类方法称为在线酸洗方法。

3 刚玉微孔曝气器的离线酸洗方法

3.1 单个刚玉微孔曝气器酸洗方法试验

深圳某市政污水处理厂曝气器选用的球形刚玉曝气器，运行 2 年后空气管道压力上升，曝气器曝气效果变差，生物池溶解氧下降，我们拆除少量曝气器进行了酸洗实验。酸洗流程如图 1 所示。

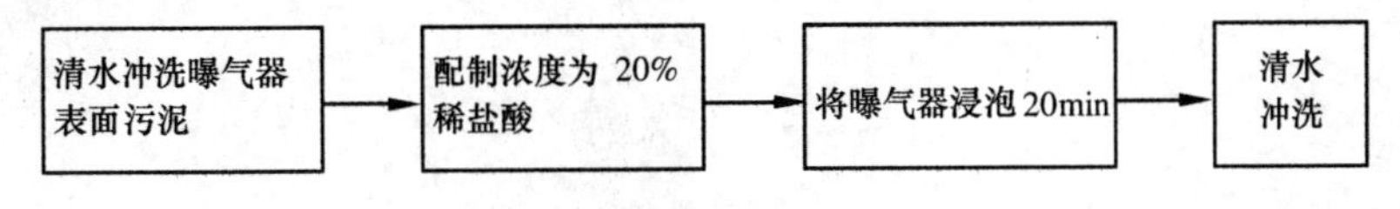

图 1 酸洗流程示意图

刚玉曝气器酸洗前后照片如图 2 所示。

酸洗前刚玉曝气器堵塞严重，出气部位较少，特别是安装时朝向池面的上表面基本无曝气，酸洗后整个刚玉全表面曝气情况良好，上下表面出气均匀。酸洗前后曝气效果比较照片如图 3 所示。

(a) 酸洗前　(b) 用盐酸浸泡

(c) 酸洗并清水冲洗后　(d) 酸洗后曝气器与新曝气器的比较

图 2　刚玉酸洗前后对比图

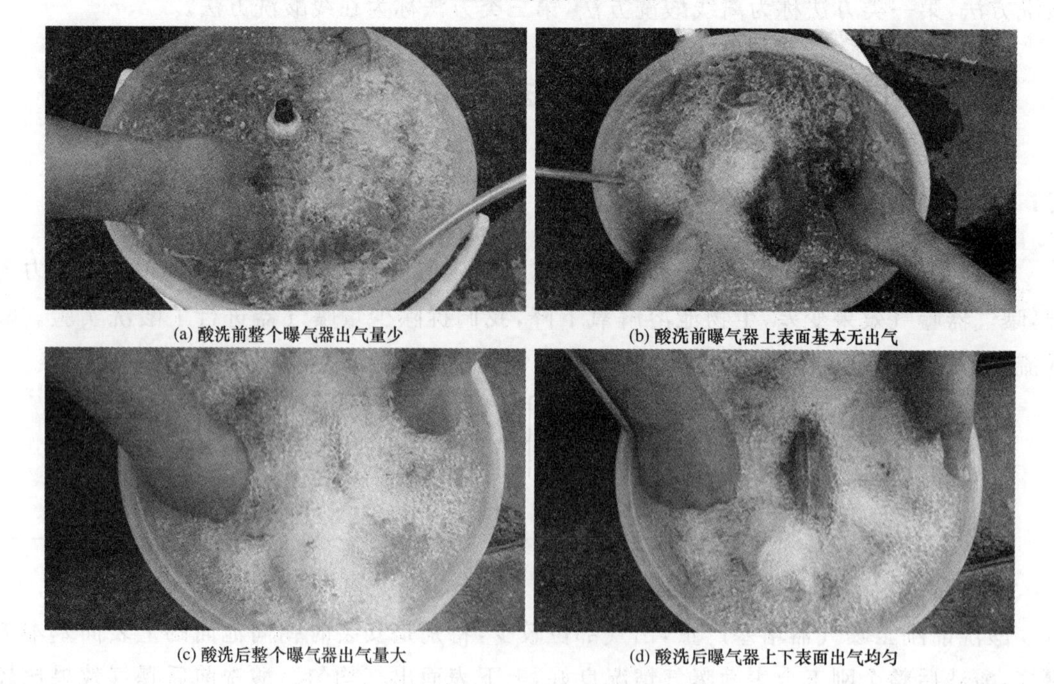

(a) 酸洗前整个曝气器出气量少　(b) 酸洗前曝气器上表面基本无出气

(c) 酸洗后整个曝气器出气量大　(d) 酸洗后曝气器上下表面出气均匀

图 3　刚玉酸洗前后效果示意

3.2 离线酸洗刚玉微孔曝气器的生产应用

经过对单个刚玉曝气器的酸洗实验，我们认为盐酸酸洗能够解决刚玉曝气器的堵塞问题。参考其他污水处理厂的酸洗经验，我们用盐酸酸洗并更换了 6000 套刚玉微孔曝气器。更换曝气器后生物池曝气效果良好，空气管道风压由 78Kp 下降为 68Kp，效果明显。酸洗流程如图 4 所示。

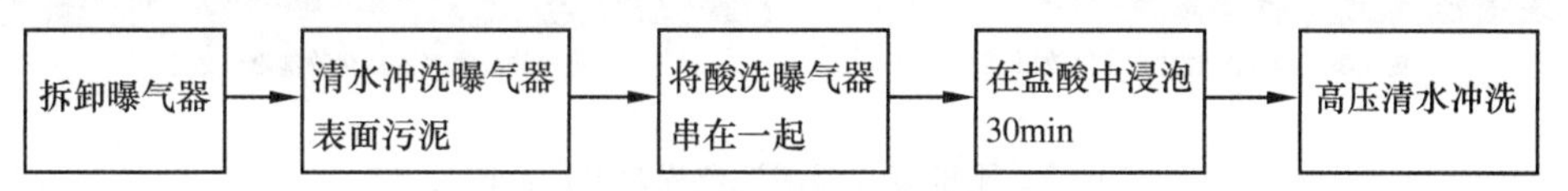

图 4 刚玉曝气器酸洗流程示意图

刚玉微孔曝气器酸洗流程效果如图 5 所示。

酸洗前先用清水冲洗掉污泥

将曝气器用耐酸的绳子串起来

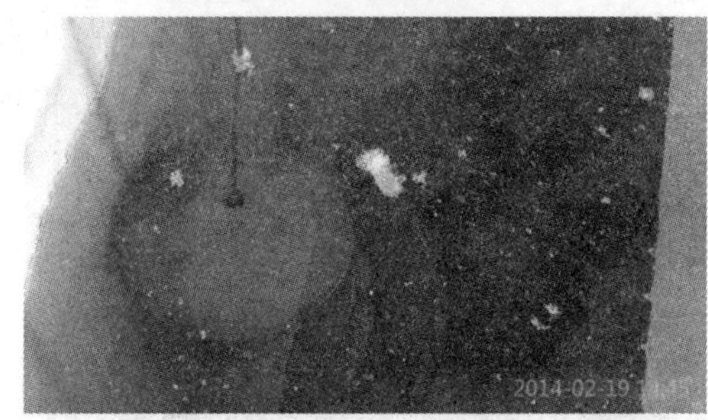

曝气器放入盐酸中浸泡 20 分钟

排出浸泡后积存在曝气器中盐酸

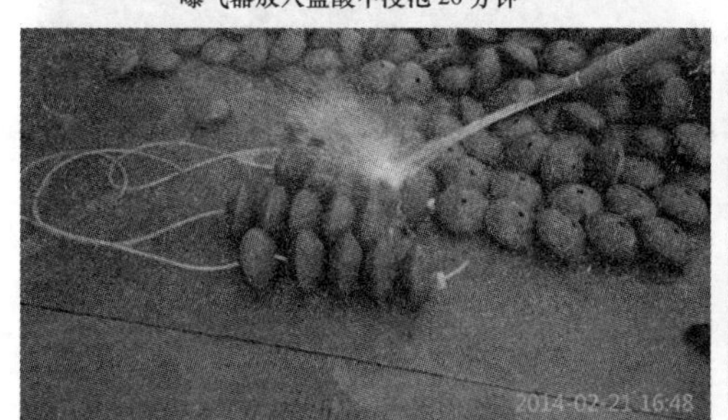

用高压清水冲洗酸洗后的曝气器表面

酸洗完成后备用的曝气器

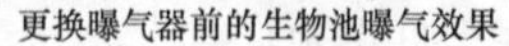
更换曝气器前的生物池曝气效果

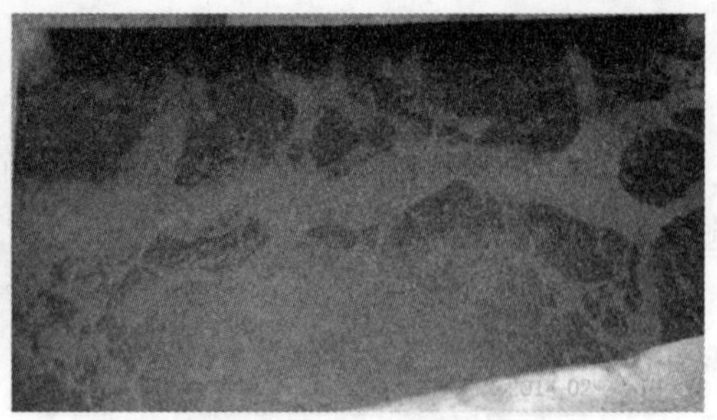
更换酸洗曝气器后生物池曝气效果

图 5　刚玉曝气器酸洗流程效果示意图

离线酸洗刚玉微孔曝气器解决堵塞在生产中已经有较多应用，天津市纪庄子污水处理厂、秦皇岛市第四污水处理厂都用这种方法解决了刚玉曝气器的堵塞问题，效果很好，使刚玉曝气器的预计使用寿命达 10 年以上。

4　刚玉微孔曝气器的在线酸洗方法

4.1　刚玉微孔曝气器在线酸洗实验

用酸洗小车在线酸洗橡胶膜片曝气器在生产中已经有较多应用，酸洗效果良好，能一定程度上解决膜片曝气器堵塞问题，延长曝气器的更换时间。但刚玉曝气器在线酸洗方法在生产中应用较少，我们在离线酸洗刚玉曝气器之前先进行在线酸洗实验。在线酸洗的主要设备是酸洗小车和空气支管的连接头。依靠酸洗小车产生酸雾通过连接头将酸雾注入空气支管，酸雾随空气通过曝气器时清洗刚玉孔隙中的污垢(图 6)。

酸洗小车组成：储酸桶、进酸管、计量泵、压力表、出酸管

酸洗小车电气控制箱

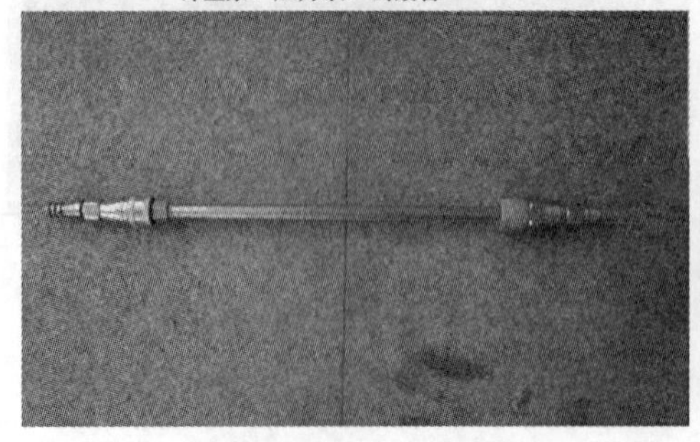
酸洗小车快速接头及酸雾喷嘴

空气支管预留酸洗接口及闷盖，材质一般为不锈钢

进行酸洗试验的空气支管材质为ABS，
安装时无预留，酸洗前临时焊接了接口

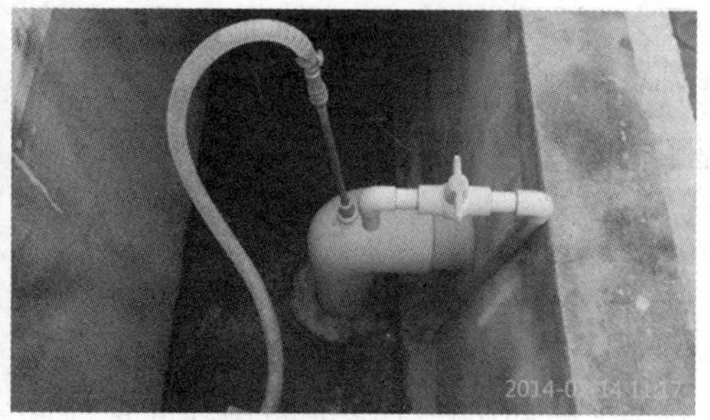
用酸洗小车进行酸洗时的状态

图6　刚玉曝气器在线酸洗试验

本次在线酸洗实验只酸洗了一组共102个曝气器。将一桶25kg浓度为33%的盐酸稀释成三桶浓度为11%的稀盐酸，用酸洗小车分三次注入到空气支管中，每次注入时间约20min，用盐酸清洗完成后又注入了一桶清水清洗空气支管。整个酸洗过程约2h。酸洗的同时用手持溶解氧仪监测溶解氧的变化。经连续监测，溶解氧由0.22mg/L上升到0.35mg/L左右。第二天观察发现在线酸洗区域的生物池表面只有局部搅拌效果明显增强，还有大量曝气器搅拌效果未明显改观。由于在线酸洗效果不太明显，未达到预期目的，于是放空生物池进行离线酸洗。放空生物池后发现在线酸洗区域曝气器表面覆盖有大量污泥，在线酸洗时酸雾无法通过曝气器，因为酸洗无效果。只有靠近空气支管两排曝气器处污泥量较少，在线酸洗有一定效果(图7)。

图7　在线酸洗区域池底曝气器情况

根据资料介绍，在线酸洗刚玉曝气器曾经在成都市第三污水处理厂和成都市龙泉西河污水处理厂实施过，酸洗效果良好。两家污水处理厂用一定量 30%～40%的甲酸在线清洗钟罩形刚玉曝气器，清洗后生物池溶解氧升高，空气管道压力降低，在不影响生产的前提下高效率地解决了刚玉曝气器堵塞的问题。

5 结论

(1) 试验和生产实践证明用盐酸离线酸洗能够有效解决刚玉微孔曝气器的堵塞问题，能够延长刚玉曝气器的使用寿命至 10 年以上。

(2) 在线酸洗能够在不影响生产的前提下缓解曝气器的堵塞，是一种比较理想的酸洗方法。但影响在线酸洗效果的因素较多，如曝气器堵塞的严重程度、空气支管内是否有冷凝水、酸洗小车能否形成有效的酸雾、酸洗用酸浓度和酸洗时间长短等，因此大规模在线酸洗前应先进行试验。

(3) 刚玉微孔曝气器的堵塞有个逐渐累积的过程，在线酸洗应该作为维护曝气器的重要手段，而不是曝气器堵塞严重时的彻底解决方法，因此应每年定期在线酸洗一次。

(4) 试验发现球形刚玉微孔曝气器上表面比下表面堵塞严重，应该是停止曝气时生物池污泥混合液倒流入曝气器造成的，因此刚玉曝气器安装时应该具备有效的止回装置，防止停止曝气器混合液倒流。

(5) 因刚玉微孔曝气器微孔为不可扩张的固定孔隙，正常运行时曝气器表面会沉积污泥和生长生物膜，试验发现在生物池底用钢丝刷清刷曝气器表面也能明显改善曝气效果。

(6) 酸洗用盐酸和甲酸都有很强的腐蚀性，酸洗时一定要加强个人防护，酸洗时要穿皮裤、戴橡胶手套、口罩和防护眼镜。离线酸洗时，要注意避免盐酸对环境的污染。酸洗后的废酸要妥善处理，必须用碱中和至溶液为中性后才能排放。

参考文献

[1] 王洪臣. 城市污水处理厂运行控制和维护管理[M]. 北京：科学出版社，1999.

[2] 薛媛媚，王斌，朱景刚，等. 微孔曝气器的清洗方案改进及实施效果[J]. 中国给水排水，2011，10.

[3] 姜科. 关于龙泉西河污水处理厂曝气系统酸洗的尝试[J]. 西南给排水，2012，6.

正置和倒置 AAO 工艺处理城镇污水的中试研究

张　硕　邹伟国

(上海市政工程设计研究总院(集团)有限公司,上海　200092)

摘　要　以正置 AAO 和倒置 AAO 工艺处理城市污水,对比各工况下处理效果,并分析影响因素,优化工艺参数。结果表明:适当提高回流能提高脱氮效率,外回流比不宜大于 200%;温度对水体中 COD_{cr}、TP 和 SS 的去除影响较小,但对低温期氨氮去除影响较大;倒置 AAO 工艺处理效果均传统 AAO 稳定可靠,特别是脱氮和除磷均有所增强;最优工况下,出水 NH_3-N,TN,TP,SS 和 COD_{cr} 均满足《城镇污水处理厂污染物排放标准》(GB 18918—2002)一级(B)排放标准,且稳定可靠。

关键词　AAO,倒置,脱氮除磷,城镇污水

1　引言

A2/O 工艺是传统活性污泥工艺、生物硝化及反硝化工艺及生物除磷工艺的结合,具有同时去除有机物、脱氮、除磷且处理成本较低因而得到应用。A2/O 工艺的内在固有缺欠就是硝化菌、反硝化菌和聚磷菌在有机负荷、泥龄以及碳源需求上存在着矛盾和竞争,有时很难在同一系统中同时获得氮、磷的高效去除。由此,有学者提出了缺氧区/厌氧区/好氧区形式布置倒置 A2/O 工艺[1-3],进而发展出停止内回流[4]、分点进水[5-6]等方法。

针对城镇合流污水,进行正置 AAO 和倒置 AAO 的中试试验,推荐较优工况和运行参数,为工程设计提供支撑。

2　试验材料与方法

2.1　试验装置

试验装置见图 1。

以管道切换,实现正置 AAO 和倒置 AAO 两种模式下运行,进水流量 0.5 m^3/h。装置由厌氧区、缺氧区、好氧区、二沉池组成,厌氧区分 2 格,总有效容积 0.8 m^3。缺氧区 2.5 m^3,好氧区 4.5 m^3。二沉池平面尺寸为 1.2m×1.2m。污泥回流 100%～200%,混合液回流 100%～200%。空压机和微孔曝气盘组成供气系统。

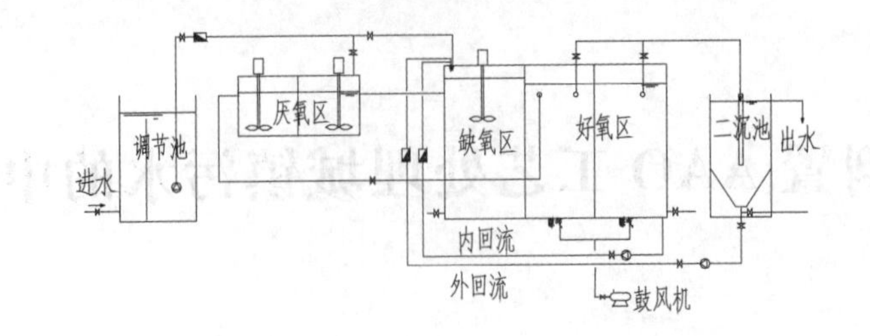

图1　试验装置

2.2　试验工况

完成污泥接种和驯化后，考虑了有无内回流、高低外回流、缺氧区前置或倒置、进水分布等因素，主要研究正置AAO和倒置AAO两种运行模式下，共7个工况，见表1。

表1　　各工况运行参数

工况	模式	水温/℃	缺氧区进水量/($m^3 \cdot h^{-1}$)	厌氧区进水量/($m^3 \cdot h^{-1}$)	好氧区DO/($mg \cdot L^{-1}$)	好氧区泥龄/d	外回流比	内回流比	MLSS/($g \cdot L^{-1}$)	SVI($ml \cdot g^{-1}$)
1	倒置AAO	15～20	0.25	0.25	3.0～4.4	15	100%	0	2.8	115
2	倒置AAO	23～28	0.25	0.25	2.5～3.8	15	100%	100%	2.8	109
3	倒置AAO	28～29	0.25	0.25	3.1～4.2	15	200%	100%	2	84
4	倒置AAO	31～32	0.25	0.25	3.2～3.9	15	100%	0	2.8	85
5	传统AAO	32～25	0	0.5	3.5～4.0	15	200%	100%	2.7	84
6	传统AAO	22～17	0	0.5	3.5～3.8	15	200%	0	2.9	96
7	传统AAO	15～10	0.25	0.25	3.2～3.7	15	200%	0	2.9	110

2.3　水质分析方法

每个工况稳定后，每隔2～3d取样分析。测试的水质指标主要包括：SS，COD_{cr}，NH_3-N，NO_3-N，TN，TP，SV_{30}和MLSS，测定方法采用《水和废水监测分析方法》(第4版)中的方法。

3　试验结果与分析

整个试验期间的各工况下，进出水水质指标如图2～图5所示。

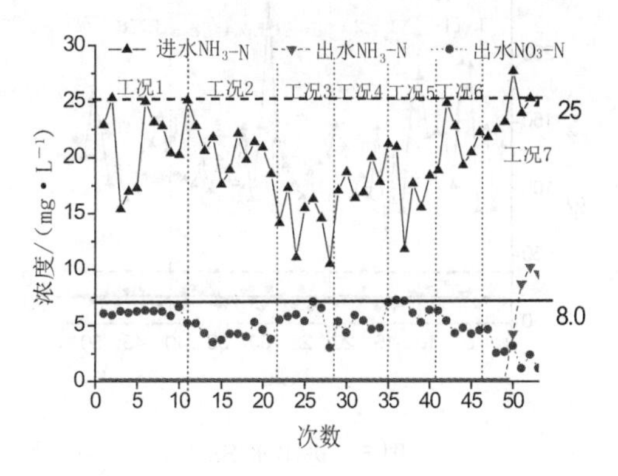

图 2　进出水 NH_3-N 和出水 NO_3-N

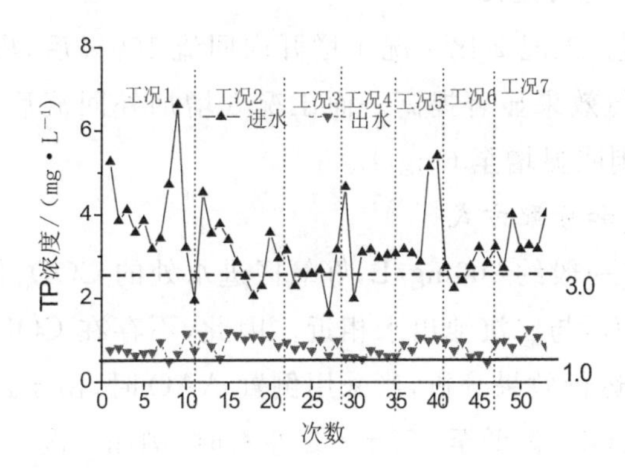

图 3　进出水 TP

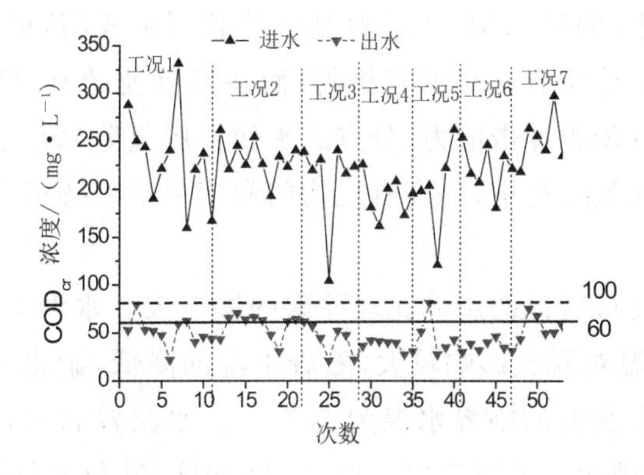

图 4　进出水 COD_{cr}

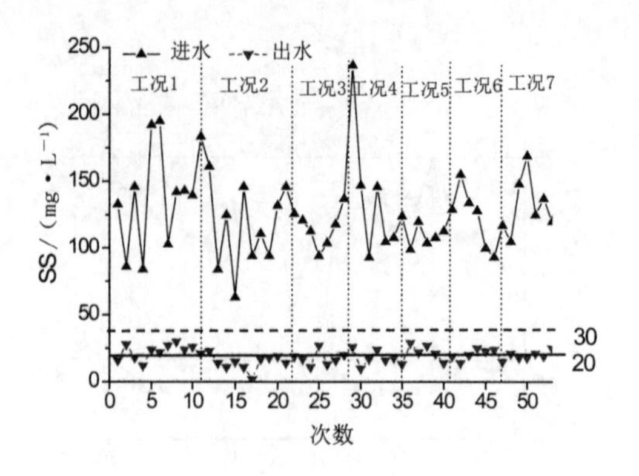

图 5　进出水 SS

3.1　主要影响因素

3.1.1　外回流比和内回流比

对于倒置 AAO 工艺，工况 2 比工况 1 增开内回流 100%后，出水硝态氮明显从 6mg/L 减至 4mg/L 左右，脱氮效果显著提高。而工况 3 增加外回流后，出水 TP 有所下降，在 0.8mg/L左右，NO_3-N 则明显增至 6mg/L。

3.1.2　进水 COD_{cr}和分配方式

试验中，进水 COD_{cr}一般约 200mg/L，好氧区进水处的 COD_{cr}仅 80mg/L，好氧区中后段则下降至 50mg/L 左右，与二沉池出水相近。因此，不存在 COD_{cr}过多影响好氧区的硝化作用。从各个工况的运行效果分析，当采用倒置 AAO 时，由于进水分点方式，比较合理分配了碳源，即便进水 COD_{cr}偏低至 150mg/L 左右时，例如工况 3 的 3 点，工况 4 的 3 点，出水 TP 仍低于 1.0mg/L，出水 NO_3-N 也基本不变。

而传统 AAO 工艺在低 COD_{cr}时，比如工况 5 的 3 点，出水 TP 增加约 0.3mg/L，出水 NO_3-N 也基本不变。

因此，通过多点进水，倒置 AAO 工艺对基质的利用率较高，更易实现“厌氧池要有较高的有机物浓度；在缺氧池应有充足的有机物；而在好氧池的有机物浓度应较小”的碳源分配目标，具有较强的抗碳源冲击能力，分点进水使得脱氮除磷更稳定可靠。这也说明低碳源情况下，在厌氧和缺氧过程中，提高有机物的利用率是维持正常运行的关键。

3.1.3　温度

根据试验数据，温度对脱氮的影响比对除磷的影响大。水温对除磷影响较小，全年出水 TP 波动较小。但水温对脱氮影响较大，随着水温的降低，硝化所需停留时间延长。有研究表明，生物硝化效果变差的临界水温为 13℃[7]。水温较高时，硝化菌活性较强，好氧中格即可实现氨氮全部硝化。低温工况 7 时，中格 NH_3-N 仅比好氧区进水低 1.1mg/L，经过好氧区后部硝化后，出水 NH_3-N 才仅降至 9.35mg/L。低温下，AAO 工艺系统运行中反硝化脱氮较好，缺氧区硝酸盐氮未检出。试验期间，出水 COD_{cr}基本在 50mg/L 左右，低温时仅略增。

因此,综合脱氮除磷和去除 COD_{cr}的效果,临界温度为 13℃且仅适用于硝化反应。低于该温度时,出水 NH_3-N 急剧升高,出水 TP 和 COD_{cr}则受影响较小。

3.2 工况比较和参数优化

分析全年 7 个工况的运行效果可知,倒置 AAO 与常规 AAO 工艺相比,两者去除 COD 和 SS 的效果相近且大多稳定低于 60mg/L,污泥沉降性能均较好,约 100 左右,但前者具有更好的脱氮除磷效果。进水氨氮浓度差不多,但是倒置 AAO 出水 NO_3-N 浓度却低于传统 AAO,尤其是工况 2 的沉淀出水 NO_3-N 仅 4.3mg/L,TN 仅 8.7mg/L。除磷方面,倒置 AAO 出水 TP 基本低于 1.0mg/L。可见,对于低碳源的城市污水,把常规生物脱氮除磷系统的厌氧、缺氧环境倒置过来的倒置 AAO 更能保障稳定的脱氮除磷效果。

试验期间的 7 个工况中,考虑稳定性和出水水质,最优工况为采用倒置 AAO 的工况 2,出水 NH_3-N 未检出,脱氮效率 76%,出水 NO_3-N 仅 4.5 左右,SS 和 COD 基本达到 1 级 B 标准,出水 TP 平均低于 1.0mg/L。对处理城镇生活污水的白龙港污水厂,推荐采用的倒置 AAO 控制运行参数为:原污水同时进入到厌氧段和缺氧段,分配比为 1∶1;污泥回流比控制在 100%左右(若进水中总氮较高,可将污泥回流比适当提高),内回流比约 100%;总水力停留时间 11 h,缺氧、厌氧和好氧区的 HRT 比约为 2∶1∶8;生化反应池 MLSS 保持在 2.50～3.50g/L;SRT 控制为 12～20d;曝气池好氧段 DO 保持在 2.0～3.0mg/L,SV 为 30～40%,SVI 为 80～140mL/g。除 TP 和硝酸盐氮外,中格曝气池水质和二沉池出水水质相近,若能采用化学除磷,则好氧区容积可减少 50%。

4 结论

(1) 系统的脱氮能力是依靠污泥回流比和内回流比来保证,适当提高回流能提高脱氮效率,外回流比大于 200%则出现反硝化碳源不足。

(2) 试验期间,温度对水体中 COD_{cr}、TP 和 SS 的去除影响较小,高温和低温期的出水浓度基本一致。水温较高,出水氨氮稳定未检出,低于 13℃时氨氮去除效果明显变差,二沉池出水 NH_3-N 近 10mg/L,但仍满足一级 B 排放要求。

(3) 必须有充足的有机碳源,才能保证反硝化和释磷的顺利进行。通过进水分流,可有效提高碳源的有效利用率,有利于提高系统的脱氮和除磷效率,减轻同时脱氮除磷的矛盾。

(4) 所有工况中,倒置 AAO 工艺处理效果均传统 AAO 稳定可靠,特别是脱氮和除磷均有所增强。对于低碳源的城市污水处理,倒置 AAO 更加适合。

(5) 通过综合分析后,该工艺的较优工况为倒置 AAO 运行模式下的工况 2:缺氧区、厌氧区和好氧区水力停留时间分别为 2h、1h 和 8h,进水进入缺氧区和厌氧区比 1∶1,好氧区前端溶解氧浓度为 3 mg/L,中后端溶解氧浓度为 2.5mg/L,污泥回流比为 100%,内回流比为100%。在此条件下,系统能够达到较佳的硝化、反硝化和除磷效果,并能保证较好的有机物去除效果和污泥性能,出水水质能够达到一级B要求。

参考文献

[1] 屈计宁,张建良.倒置A/A/O工艺在城市污水处理中的应用研究[J].江苏环境科技,2004,17(2):9-12.

[2] 毕学军,张波.倒置A2/O工艺生物脱氮除磷原理及其生产应用[J].环境工程,2006,26(3):29-31.

[3] 张志,康壮武,陈松明.倒置A2/O脱氮除磷工艺对活性污泥法污水厂的改造[J].水处理技术,2006,32(11):83-85.

[4] 苗纪伟,何群彪,周增炎,等.倒置A2/O工艺在城市污水处理中的生产性应用[J].河南师范大学学报(自然科学版),2004,32(1):56-59.

[5] 张国卿,李波,徐商田,等.倒置A2/O工艺的特点及其应用实例[J].污染防治技术,2003,16(4):205-208.

[6] 晏振辉,李剑波,周琪,等.上海市泗塘污水处理厂脱氮除磷达标改造工程实践[J].中国给水排水,2007,23(2):29-32.

[7] 刘长青,毕学军,张峰,等.低温对生物脱氮除磷系统影响的试验研究[J].水处理技术,2006,32(8):18-21.

某印染废水处理工艺改进和工程实施

石为民

（上海市政工程设计研究总院（集团）有限公司，上海　200092）

摘　要　针对印染废水的水质特点，在充分利用现有处理设施的前提下，提出了预处理—厌氧—好氧接触氧化—生化、物化沉淀处理工艺。运行结果表明，改造后出水水质达到《纺织染整工业水污染物排放标准》（GB 4287—1992）Ⅰ级排放标准要求。工程运行费用约为 1.3 元/m^3。

关键词　印染废水，厌氧，好氧接触氧化，改造

1　工程概况

某印染厂位于安徽省滁州市城东工业园，该公司为漂染布生产企业，日生产能力为 5 万米，近期将生产规模扩大为 8 万米。由于生产规模的扩大和生产工艺的更新，现有污水处理设施已不能满足日益增加的废水处理量的需要，出水难以达到《纺织染整工业水污染物排放标准》（GB 4287—1992）[1,2] Ⅰ级排放标准要求。为促进经济与环境的协调发展，需要对污水处理设施进行升级改造。

2　进出水水质

本项目接纳的废水主要为煮练废水、染整废水，主要特征污染物为烧碱、双氧水、渗透剂、淀粉酶、染料、食盐、保险粉等。工程处理规模为 2400m^3/d，出水执行《纺织染整工业水污染物排放标准》（GB 4287—1992）Ⅰ级标准。其进出水水质如表 1 所示。

表 1　　进出水水质

项目	COD_{Cr} /(mg·L^{-1})	BOD_5 /(mg·L^{-1})	SS /(mg·L^{-1})	NH_3-N /(mg·L^{-1})	色度 倍	pH
进水	3000	800	1000	<20	300	12～13
出水	100	25	70	15	40	6～9

3　工艺方案

该印染厂原有一套“水解酸化＋曝气池”工艺，在本次改造中，保留水解酸化池和曝气

池。将水解酸化池改造为厌氧池的一部分，曝气池改造为好氧接触氧化池的一部分。改造后工艺路线如图 1 所示。

生产车间废水首先经格栅去除其中较大的漂浮物后进入调节池。经调节池均质均量后，泵送至预处理反应池，调节废水 pH 值至 8～9，并投加 $FeSO_4$ 等化学药剂，经过预处理反应后，进入预处理沉淀池，沉淀去除废水中的硫化染料、部分浆料和 SS。沉淀出水进入厌氧池，经水解、酸化，打开染料的发色基团，降低废水的色度，提高废水的可生化性。厌氧反应池出水进入好氧生物接触氧化系统，好氧生物处理系统采用完全混合式和推流式相结合的形式，可提高系统的处理效率。好氧系统出水进入生化沉淀池、物化沉淀池，实现固、液分离。

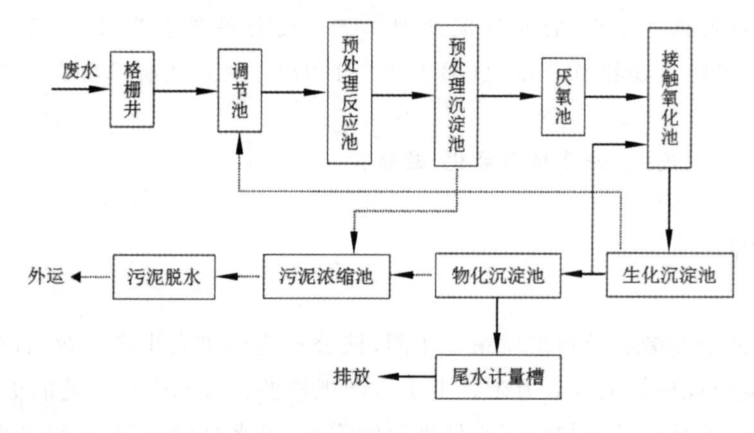

图 1　工程工艺流程图

4　主要构筑物

4.1　格栅井

格栅井为钢筋混凝土结构，配套 FH300 型自动格栅 2 台，栅宽为 380mm，耙齿间隙 2mm，格栅安装角度 70°，电机功率 0.37kW，每台格栅由隔墙和启闭器形成独立体系。

4.2　调节池

调节池为钢筋混凝土结构，设计尺寸为 12m×18m×5.3m，水力停留时间为 8h。配备 H_2SO_4 加药系统一套，调节废水的 pH 值到 8～9。调节池内设置污水泵 2 台，一用一备，每台污水泵流量 $Q=120m^3/h$，功率 $N=5.5kW$，扬程 $H=10m$。

4.3　预处理反应池

预处理反应池为钢筋混凝土结构，设计尺寸为 2m×4.5m×3m，预处理反应时间为 15min。预处理反应池配套 $FeSO_4$、PAM 加药系统各一套，每套功率 0.75kW。

4.4 预处理沉淀池

预处理沉淀池为幅流式沉淀池，钢筋混凝土结构，内径为16m，表面负荷为0.51m^3/(m^2・h)。

4.5 厌氧反应池

厌氧反应池为钢筋混凝土结构，共有2座，每座设计尺寸为63m×20m×9m。厌氧反应池采用厌氧折板反应器的形式，在池中设置折板，分为6个单元，前4个单元不设置填料，采用悬浮污泥法，后2个单元为水解酸化段，设置填料以提高污泥浓度，强化处理效果，提高出水的B/C*，有利于后续处理。厌氧生物反应段泥水分离产生的污泥自流入调节池。厌氧反应池设置潜水污水泵4台，每台潜水污水泵流量Q=200m^3/h，功率N=15kW，扬程H=10m。

4.6 好氧生物接触氧化系统

好氧生物接触氧化池为钢筋混凝土结构，设计尺寸为32m×13m×5.3m，分为4个单元，有效容积为1800m^3，HRT为18h，设置弹性填料1250m^3。风机选用SSR系列三叶低噪声罗茨风机SSR-200A，共3台，两用一备，每台风压58.8kPa，Q_S=49.83m^3/min，电机功率75kW。曝气系统选用HA-65微孔曝气管832m，该曝气管具有良好的自动清洗和防止逆流功能，停止曝气时，有薄膜立即收缩闭合。

4.7 生化沉淀池、混凝反应池、物化沉淀池

生化沉淀池、混凝反应池、物化沉淀池各1座，钢筋混凝土结构。

生化沉淀池为幅流式沉淀池，D=16m，表面负荷为0.51m^3/(m^2・h)。生化沉淀池污泥进入污泥回流泵房污泥池，大多数回流至调节池和水解酸化池，少部分进入污泥浓缩池。

混凝反应池设计尺寸为2m×4.5m×3.6m，有效容积25m^3，混凝反应时间15min。混凝反应池配套PAC、PAM加药系统各一套，投加PAC(60ppm)、PAM(2ppm)。

物化沉淀池为幅流式沉淀池，D=16m，表面负荷为0.51 m^3/(m^2・h)。物化沉淀池污泥由污泥泵送入污泥浓缩池。

5 运行效果

本工程于2011年5月开始调试运行，经3个月的调试后，系统运行效果稳定，各工艺

* B/C表示污水生化性能的指标，即可生化性。

单元对污染物的去除达到预期的效果。系统调试运行稳定后检测数据见表2。

表2　系统运行检测数据

日期	COD_{Cr}/(mg·L^{-1})		SS/(mg·L^{-1})	色度/度	pH	
	进水	出水	出水	出水	进水	出水
8月1日	3056	86	54	30	12.6	7.8
8月3日	3124	89		30	12.1	7.5
8月5日	2892	87		30	12.1	7.9
8月8日	2962	84	59	35	12.5	7.9
8月10日	2845	91		35	12.8	7.5
8月12日	2830	90		30	13.1	7.2
8月15日	2989	87	62	35	12.5	7.6
8月17日	2768	87		30	12.2	7.9
8月19日	3108	90		30	12.2	8.2
8月22日	3012	86	58	30	12.0	7.4
8月24日	3026	88		30	12.6	7.8
8月26日	2916	92		35	12.4	7.7
8月29日	2924	92	61	30	12.2	8.0
8月31日	2876	85		30	12.5	7.6
平均	2952	88.1	58.8	30	12.4	7.7

6　效益分析

6.1　运行成本

本工程总装机容量为215kW,电费单价为0.6元/度,则电费为0.86元/m^3;污水站共有员工6人,每人每年工资福利为18000元,则人工费为0.12元/m^3;本工程主要投加药剂有$FeSO_4$,H_2SO_4(98%),$NaClO_3$,NaClO,PAC,PAM等,折合处理费用0.325元/m^3。合计约为1.3元/m^3,从经济上来说是可行的。

6.2　环境效益

本工程实施后,预计每年向环境减少排放COD_{Cr} 2540t,BOD_5 678t,SS814t,环境和社会效益十分明显。

7 结语

(1) 针对纺织印染企业废水水质的特点，充分利用原处理设施的部分构筑物，采用"厌氧＋好氧接触氧化"工艺，出水满足《纺织染整工业水污染物排放标准》(GB 4287—1992) Ⅰ级标准。

(2) 本工程运行费用约为 1.3 元/m^3，从经济上来说是可行的。

参考文献

[1] 张中和，许国栋，曹志农，等. 给水排水设计手册(工业排水)[M]. 北京：中国建筑工业出版社，2002.

[2] 中华人民共和国国家标准. GB 4287—2012 纺织染整工业水污染物排放标准[S]. 北京：中国环境科学出版社，2013.

印染废水的光催化处理的研究

郑 刚[1] 陆书玉[2]

(1.东华大学,上海 200051;2.上海市环境科学学会,上海 200233)

摘 要 介绍了印染废水的概况(来源、成分、污染等),以及常规的处理工艺。重点描述光催化处理机理和光催化处理印染废水存在的问题和解决方案。

关键词 印染废水,光催化,机理

1 引言

纺织印染废水具有色度高、有机污染物含量高且组分复杂、化学需氧量(COD) 和生物需氧量(BOD) 高以及水量大、碱性大、水质变化大等特点,属难处理的工业废水之一。而且纺织印染行业同时又是工业废水排放的大户,每年约有 70 亿吨废水排放,约占整个工业废水排放量的 30%。且排入 GB 3838 中Ⅳ、Ⅴ类水域,GB 3097 中三类海域的废水所执行的二级标准中 BOD5 为 80mg/ L,CODcr240mg/ L,色度 160。

2 印染废水的概况

印染废水是加工棉、麻、化学纤维及其混纺产品为主的印染厂排出的废水。印染废水水量较大,每印染加工 1 吨纺织品耗水 100～200 吨,其中 80%～90%成为废水。一般印染废水 pH 值为 10～13 ,COD 为 800～2000 mg/ L ,色度为 200～800 倍,BOD_5/COD 为 0.25-0.4[1],而且印染废水成分复杂,主要是以芳烃和杂环化合物为母体,并带有显色基团(如—N═N—、—N═ O)及极性基团(如$-SO_3Na$、—OH、$-NH_2$),会对水体造成严重破坏[2],不能直接排放。

3 印染废水的处理工艺

3.1 物理法

3.1.1 吸附法

在印染废水处理中使用最频繁的物理方法就是吸附法。这种方法是通过由活性炭、硅藻土、粉煤灰等吸附剂组成的滤床，废水中的污染物质被吸附在多孔物质表面上或被过滤除去，从而达到净化水质的目的[3]。活性炭是目前脱色效果最佳的吸附剂，其对活性染料、碱性染料、偶氮染料等水溶性染料有较好的吸附效果，但对悬浮固体和非水溶性染料效果较差[4]；并且，吸附饱和后的吸附剂需要进行再生处理，费用昂贵，所以吸附法通常用于深度处理或者是浓度低、水量小的废水。

3.2 化学法

3.2.1 化学混凝法

化学混凝法主要依靠分子间的作用效果，将水体中的小分子悬浮物及胶体通过药剂作用变为大分子的物质加以沉淀或气浮去除。混凝法具有投资少，操作方便，管理简单等优点；但是它同样具有药剂费用高、需要对泥渣进行二次处理、对水溶性染料脱色效果差等缺点。

3.2.2 化学氧化法

化学氧化技术是目前在印染废水处理中研究较多的方法，是染料废水脱色的主要方法，利用臭氧、氯及其含氧化合物等氧化剂将染料的发色基团氧化破坏而达到脱色目的[5]。高级化学氧化法主要有 Fenton 法、UV/O_3法、US/O_3法、电化学氧化法、超临界水体氧化法等。这些方法可将难降解的毒性有机污染物降解无害化，并且处理时间短，效率高。

3.2.3 Fenton 试剂法

Fenton 试剂是通过紫外光和 Fe^{2+} 的作用，促使 H_2O_2 分解为·OH，用这种氧化性极强的自由基来降解有机物[6]。其缺点是 H_2O_2氧化效率有限，而且需要在酸性条件下进行反应，会对设备造成腐蚀，并且产生二次污染。

3.3 生物法

生物法是指由生物催化的复杂化合物的分解过程。通过微生物去除水中的污染物质，主要分为厌氧生物法及好氧生物法两种。

生物法主要有工艺简单、操作方便、运行成本低等优点；但是生物法对进水浓度有一定要求，对色度去除效果差，有污泥二次污染和出水难以达标的缺点。

3.4 高级氧化技术

高级氧化技术有电化学法、臭氧氧化、光助 Fenton 试剂等，此类技术在处理高浓度、难降解、有毒有害废水方面具有很高的效率[7]。尤其是近年对光催化处理技术的研究取得的进展，使得高级氧化技术的应用越来越广泛。

4 光催化处理印染废水

4.1 机理

光催化是以n型半导体(如TiO_2,ZnS,WO_3,SnO_2等)作敏化剂的氧化过程。当催化剂受到紫外光(波长200～400nm)照射时,表面的价带电子(e-)被激发到导带,同时在价带产生空穴(h^+),形成电子空穴对(h^+-e^-)[8]。这些电子和空穴迁移到粒子表面后,由于空穴有很强的氧化能力,使水在半导体表面形成氧化能力极强的羟基自由基(·OH),羟基自由基再与水中有机污染物发生氧化反应,最终生成CO_2、H_2O及无机盐等物质。

羟基自由基是光催化反应的一种主要活性物质,氧化能力仅次于氟,对光催化氧化起决定作用。氧化作用大致有两种方式:①粒子表面捕获的空穴氧化;②粒子内部或颗粒表面经价带空穴直接氧化或同时发挥作用。与大多数有机污染物都可以发生快速的链式反应,无选择性地把有害物质氧化成CO_2、H_2O或矿物盐,无二次污染。

以TiO_2作催化剂为例,光催化反应过程[9]为

(1) 光致电子—空穴对的产生:

$$TiO_2 + h\nu \rightarrow e^- + h^+$$

(2) 载流子迁移到颗粒表面并被捕获:

$$h^+ + Ti^{IV}OH \rightarrow \{Ti^{IV}OH\cdot\}^+$$

$$e^- + Ti^{IV}OH \ ? \ \{Ti^{III}OH\}$$

$$e^- + Ti^{IV} \rightarrow Ti^{III}$$

(3) 自由载流子与被捕获的载流子的重新结合:

$$e^- + \{Ti^{IV}OH\cdot\}^+ \rightarrow Ti^{IV}OH$$

$$h^+ + [Ti^{III}OH] \rightarrow Ti^{IV}OH$$

(4) 界面间电荷转移,发生氧化、还原反应:

$$\{Ti^{IV}OH\cdot\}^+ + Red(\text{电子给体}) \rightarrow [Ti^{IV}OH] + Red^+$$

$$e^- + Ox(\text{电子受体}) \rightarrow [Ti^{IV}OH] + Ox\cdot$$

其中,$[Ti^{IV}OH]$表示颗粒表面捕获的导带电子:$\{Ti^{IV}OH\cdot\}^+$是在颗粒表面捕获的价带空穴。

4.2 TiO_2作催化剂的光催化处理印染废水研究

4.2.1 TiO_2的晶体结构

用作光催化的TiO_2主要有两种型——锐钛矿型和金红石型,其中锐钛矿型的催化活性较高。两种晶型结构均可由相互联接的TiO_6八面体表示,催化活性的高低取决于八面体相互联接的方式不同。

由图 1 可知，金红石型中的每个八面体与周围 10 个八面体相联，锐钛矿型的每个八面体与周围 8 个八面体相联，导致质量密度及电子能带结构不同。锐钛矿型的质量密度略小于金红石型，带隙略大于金红石型，同时锐钛矿型的 Ti-O 键距小，对氧气的吸附能力更强，比表面积大，有助于催化氧化[10]。

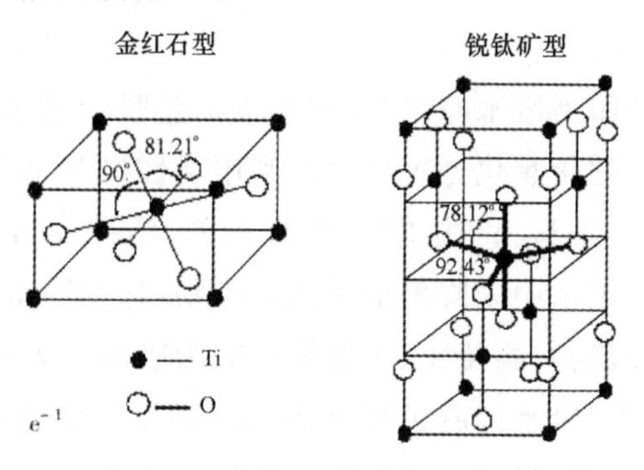

图 1　TiO_2 晶型结构示意图

4.3　光催化处理印染废水的优化

4.3.1　高性能催化剂的制备

从理论上讲，只要半导体吸收的光能大于等于其带隙能，就能被激发产生光生电子和光生空穴，该半导体就可以作为光催化剂，但从实际应用考虑，催化剂还应具有工艺简单、价格低廉等优点。

一般说来常见的单一化合物催化剂没有一个能全面满足上述要求。加上光生电子和光生空穴极易复合，会降低高活性氧化基团的产率，导致催化剂催化能力的下降。所以，为提高光催化剂催化氧化的活性，催化剂一般要进行改性。光催化条件下添加过氧化氢[11]可以加大废水色度的去除，此法大大提高了处理效率，且成本低，经济效益好。纳米化后的 CdS 材料既具有体相材料的优点又兼具单个分子的特殊性质[12]。纳米材料表面电子结构的一系列变化使其具有很好的光催化效应。TiO_2/(聚丙烯酰胺—丙烯酸)复合材料在光照条件下对纺织染料废水具有高效的降解性能，且具有较好的热稳定性[13]。TiO_2颗粒分散性良好，粒径均匀，自然光照射就能使其具有较高的催化性能。半导体 ZnO 制备的光催化剂具有较高的激子束缚能、优良的电子运输性质以及较强的抗辐照特性等一系列优点。多孔活性炭负载 ZnO 光催化剂[14]极大地增加了光催化反应接触面积，进一步加快染料废水的降解速率。

4.3.2　反应器的优化

近几年，实用性反应器的开发和催化剂的固载化研究又成为被关注的热点。在实验室水平上，已有多种反应器被研究和设计出来，如悬浮体反应器、固定床反应器等。典型的固定床反应器是把光催化剂涂敷在反应器壁，或负载在固体基质上(如硅胶等)，或者负载在环绕光源的套管上。如涂代惠等[15]采用平板式固定床型装置处理印染废水，使其

CODCr的去除率可达68.4%,脱色率为89.1%。而李庆霖等设计的提升式光催化反应器在降低光能的溶液吸收损失和加速产物脱附方面,避免了以上反应器因自身低表面/体积比、较高介质的缺陷,降低对光的吸收和散射而导致的光能利用效率低的不足,向实用化装置靠近了一步。

4.3.3 降解方法的联合使用

利用光催化氧化处理印染废水时,将其与其他工艺联合起来,其处理效果得到了许多研究者的关注。吸附—光催化氧化处理法,即:利用活性炭等多孔物质的粉末或颗粒与废水混合,去除水中的阳离子染料、直接染料、酸性染料、活性染料等水溶性染料,再利用光催化氧化进一步分解降解废水中未降解的有机污染物,达到降解彻底,效果明显的降解目的。此外,采用活性炭、硅聚物、高岭土、工业炉渣等为吸附剂处理活性黄染料废水的研究也有报道,在合适的条件下,废水的脱色率可达98%以上。活性炭吸附效果好,操作简单、但费用较高。开发高效便宜的吸附剂是吸附法的研究方向。

混凝—光催化氧化处理法对处理高浓度、难生化降解、要求高氨氮去除率的废水处理更具优势,絮凝剂主要有TB-582、混凝—弹性立体填料等。通过物理沉淀絮凝除去部分有机物后,再利用光催化氧化分解掉废水中的污染物。

电化学—光催化降解处理法,结合电化学和化学氧化法,对处理含酸性染料的印染废水有较好的处理效果。如利用此法处理染料工业废水COD,结果表明,此方法对废水的COD具有良好的去除效果,并确定了相应的处理条件:电解电压4V,电解时间1.5h,H_2O_2为0.6%,Mo(含75%以上的TiO_2)为2.5g/ L。平均COD去除率达到77.5%。

5 结语

采用光催化法可以针对工业印染废水进行有效的处理净化,尤其是在采用与其他方法的联合使用针对废水进行深度处理方面,效果尤其突出。下一步可以优化光催化剂进一步提高光催化效率,以此达到最优净化的目的。

参考文献

[1] 曹旭坤,白晓宇.印染废水的危害及处理方法[J].资源节约与环保,2013(07):136-137.
[2] 余静.印染废水治理中存在的问题及解决措施[J].江西化工,2013(03):38-40.
[3] 任松洁,丛纬,张国亮,等.印染工业废水处理与回用技术的研究[J].水处理技术,2009(08):14-18.
[4] 戴日成,张统,郭茜等.印染废水水质特征及处理技术综述[J].给水排水,2000(10):33-37+1.
[5] 张林生,蒋岚岚.染料废水的脱色方法[J].化工环保,2000(01):14-18.
[6] 赵录庆,姜聚慧,郭强.UV/Fenton试剂法处理含偶氮蓝染料模拟废水的研究[J].河南师范大学学报(自然科学版) 2002(02):57-59.
[7] 高武龙,王佳.印染废水特点及其深度处理回用技术[J].广东化工,2013(14):144-145.
[8] 王星敏,陈胜福.印染废水的光催化氧化处理新进展[J].重庆工商大学学报(自然科学版),2004(03):

229-232.

[9] 付贤智,李旦振.提高多相光催化氧化过程效率的新途径[J].福州大学学报(自然科学版),2004(06):104-114.

[10] 沈伟韧,赵文宽,贺飞. TiO_2 光催化反应及其在废水处理中的应用[J].化学进展,1998(04):349-361.

[11] Ghaly M Y, Farah J Y, Fathy A M. Enhancement of decolorization rate and COD removal from dyes containing wastewater by the addition of hydrogen peroxide under solar photocatalytic oxidation[J]. Desalination 2007,217 (1-3):74-84.

[12] 平贵臣,曹立新,王丽颖,等.CdS半导体纳米微粒的复合与组装[J].化学通报,2000(02):36-40.

[13] Kangwansupamonkon W, Jitbunpot W, Kiatkamjornwong S. Photocatalytic efficiency of TiO2/poly[acrylamide-co-(acrylic acid)] composite for textile dye degradation[J]. Polymer Degradation and Stability 2010,95 (9):1894-1902.

[14] Muthirulan P, Meenakshisundararam M, Kannan N. Beneficial role of ZnO photocatalyst supported with porous activated carbon for the mineralization of alizarin cyanin green dye in aqueous solution[J]. Journal of Advanced Research 2013,4 (6):479-484.

[15] 涂代惠,史长林,杨云龙. TiO_2 膜光催化氧化法深度处理印染废水[J].中国给水排水,2003(02):53-55.

新建城镇污水处理厂岗位设置与运营管理简述

冯祥军

(深圳首创水务有限责任公司,深圳市　518103)

摘　要　随着我国新建与运行的城镇污水处理厂越来越多,管理问题日益重要,为充分发挥建成污水处理厂的经济效益、环境效益和社会效益,本文以深圳市宝安区某城镇污水处理厂为例,简述新建城镇污水处理厂岗位设置与运营管理,供已经运行和即将运行的新建城镇污水处理厂参考。

关键词　城镇污水处理厂,岗位设置,运营管理

1　概述

据统计,截止到 2014 年 3 月我国共建成城镇污水处理厂 3622 座,日处理规模为 1.53 亿 m^3。为加大污水治理力度,自 1999 年开始城镇污水厂建设提速,污水处理厂数量从 400 座迅速发展到 2012 年的 3340 座,污水处理能力从 1700 万 m^3/日发展到 2012 年的 1.42亿 m^3/日。随着污水处理厂的大规模建设,管理问题日益重要,为充分发挥建成污水处理厂的经济效益、环境效益和社会效益,本文以深圳市宝安区某城镇污水处理厂为例,简述新建城镇污水处理厂岗位设置与运营管理,供已经运行和即将运行的新建城镇污水处理厂参考。

深圳市某城镇污水处理厂近期设计规模为 12.5 万 m^3/d,远期规模为 25 万 m^3/d,出水水质执行《城镇污水处理厂污染物排放标准》(GB 18918—2002)的一级 A 标准,污水处理采用多模式 A/A/O 生化+自动反冲洗滤池工艺;污泥处理采用污泥调节池+污泥机械离心脱水工艺;为减少臭味对环境的影响,对产生臭味的位置全部封闭并收集后通过除臭生物滤池进行处理。

该污水处理厂于 2011 年 10 月份正式投产运行,在 2012 年底深圳市水务局组织的城市污水处理厂运营管理年终检查考核中获得“优秀运营企业”称号,2013 年在广东省住房和城乡建设工会委员会、广东省市政行业协会联合组织的广东省城镇污水处理厂节能减排绩效考核评比中被评为“十佳城镇污水处理厂”,在中国城镇供水排水协会和中国海员建设工会全国委员会联合组织的全国城镇污水处理厂绩效达标竞赛中被评为“十佳达标单位”。

2　污水处理厂的岗位设置

岗位设置是污水厂的框架。为控制成本，提高工作效率，该污水处理厂对每个部门及岗位进行了定编定员，生产岗位定员为18人。根据建设部和国家计委发布批准的《城市污水处理工程项目建设标准(2001修订本)》，本污水处理厂建设规模为Ⅲ类(10万～20万m^3/d)，根据该标准第六十六条城市污水处理工程项目的劳动定员表，本污水厂定员至少应为44人，生产岗位定员至少应为28人(生产人员应占总定员的65%以上)。广东省市政行业协会发布的广东省城镇污水处理厂节能减排绩效考核标准要求规模为10万t/d的污水厂关键岗位人员配置为27人。

针对本污水厂定员少的实际情况，合理设置岗位，明确岗位职责，做到人尽其才，提高工作效率非常重要。根据污水厂具体工作内容和员工所需的工作技能，污水厂精简班组设置，分工与职责简洁明确，采用职能型组织结构。每个岗位人员设置与主要职责如图1所示。

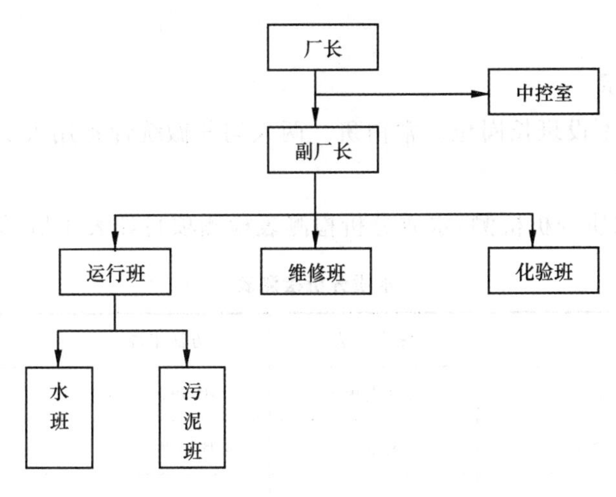

图1　职能型组织结构示意

2.1　运行班

2.1.1　人员设置

运行班分为水班和污泥班，定员10人，其中水班8人，四班三运转，每班2人，其中1人为运行班班长；污泥班一个班，2人，不参与倒班，只负责污泥脱水系统的正常运行。运行班共设置4个班长，水班和污泥班统一接受运行班班长领导。每个班工作时间为8h，每人每周工作时间为40h。

2.1.2 岗位职责

(1) 巡查：按照工艺流程和巡查路线，每两小时全厂巡查一遍，查看工艺及设备运行是否正常，出现异常及时处理。

(2) 工艺调整:根据工艺调整指令单,及时对工艺进行调整。
(3) 保证污泥脱水机房的正常运行。
(4) 协助化验室每天取样。
(5) 协助维修班进行设备维修。
(6) 全厂生产区域环境卫生及设备保洁。

2.2 维修班

2.2.1 人员设置

维修班共 3 人,设班长 1 位,班长兼任全厂安全员。常白班。

2.2.2 岗位职责

(1) 工艺设备润滑等日常维护保养,电气设备清洁及日常维护保养。
(2) 设备故障后及时维修。
(3) 简单维修工具及生产工具的加工制作。

2.3 化验室

2.3.1 人员设置

化验班共 2 人,不设班长岗位。常白班。两人均兼做统计备用人员。

2.3.2 岗位职责

(1) 每日进行水质分析检测,水质分析检测表检测项目如表 1 所示。

表 1　水质分析检测表

序号	项目	测定方法	方法来源	所需主要仪器
1	pH 值	玻璃电极法	GB 6920—86	pH 计
2	悬浮物 SS	重量法	GB 11901—89	天平、烘箱
3	生化需氧量 BOD_5	稀释接种法	GB 7488—87	BOD 培养箱
4	化学需氧量 COD_{cr}	快速消解分光光度法	HJ/T 399—2007	COD 消解仪 紫外分光光度计
5	总氮 TN	过硫酸钾氧化紫外分光光度法	GB 11894—89	紫外分光光度计
6	氨氮 NH_3-N	纳氏试剂光度法	GB 7479—87	紫外分光光度计
7	总磷 TP	钼锑抗分光光度法	GB 11893—89	紫外分光光度计

续表

序号	项目	测定方法	方法来源	所需主要仪器
8	粪大肠菌群	多管发酵法	GB/T 5750—2006	恒温培养箱，无菌操作台
9	污泥含水率	重量法	CJ/T 221—2005	天平、烘箱
10	污泥浓度(MLSS,MLVSS)	重量法	CJ/T 221—2005	天平、烘箱
11	微生物	—	—	生物显微镜

(2) 每日进行化验数据统计并及时上报。

2.4 中控室

中控室1人，在中控室负责全厂工艺及设备运行的监控，出现异常及时与运行人员沟通，并负责中控室报表的填写。中控室人员的另外主要职责是全厂数据的统计上报、档案管理和仓库管理。常白班。

职能式组织结构的优点是根据专业和技能划分班组，各班组能够负责和胜任自己的工作；缺点是各班组工作有交叉时需要厂领导及时协调。

全部生产人员定员为18人应为Ⅲ类污水厂规模的底限，已无机动人员，若倒班人员请假时，需要与其他人员合理进行调休。

3 污水处理厂的运营管理

3.1 完善管理制度

制度是保证污水厂正常规范运转的规则。根据污水厂特点，管理制度分为四大类，即安全管理制度、工艺管理制度、设备管理制度和日常管理类制度。根据以上类别，污水厂编制实行以下管理制度。

(1) 安全管理制度主要包括安全生产目标及组织架构、安全生产规章、安全生产检查制度、安全生产教育制度和安全生产应急预案等。根据污水厂特点，特别强调严格执行井下池内作业制度和应急预案的演练。

(2) 工艺管理制度主要包括工艺运行管理作业指导书、工艺运行操作规程和工艺操作指令单制度。工艺管理制度中数据较多，应多培训与考核。

(3) 设备管理制度主要包括设备台帐、设备管理流程、设备维护保养制度和设备操作规程等。设备管理流程包括设备故障报告程序、设备维修验收程序、设备巡视检查程序等。

(4) 日常管理类制度包括生产计划制度、生产例会及调度会制度、安全生产月度检查制度、培训及考核制度、物资采购制度和日报表等生产统计管理制度等。

3.2 加强入职培训

本污水处理厂为新建污水厂,运行初期公司编制了《新员工入职培训资料汇编》,该培训资料包括污水厂的概况、工艺介绍、安全知识、岗位职责和操作规程等内容,按照该资料进行培训,能尽快让员工了解污水厂,培养基本技能,适应运行岗位。针对运行员工流动性较大的实际情况,该培训资料也用于正常运行后新招聘员工的培训。

3.3 实行三级巡检

3.3.1 巡检方式

为保证污水厂工艺和设备的正常运行,本污水处理厂实行三级巡检制度,即运行人员、维修人员和厂级按时进行巡查。根据工艺流程制定了巡检路线,在巡检路线上设置了6个巡更点,在每个巡更点上设置巡检箱,巡检箱上有打更点,箱子内放置了巡检表格。运行人员每两小时巡检一次,维修人员每天至少巡检一次,厂领导或生产部每周至少巡检一次,巡检到巡更点时进行电子打更并及时记录和解决发现的问题。

3.3.2 巡检内容

本污水厂为AAO工艺,根据工艺流程和建构筑物布置分为5个巡检点,分别为:

第一个巡更点:粗格栅与提升泵房、细格栅和沉砂池。

第二个巡更点:鼓风机房和加药间。

第三个巡更点:生物池及内回流泵房。

第四个巡更点:二沉池及配水井。

第五个巡更点:滤池、紫外线消毒渠及加氯间。

第六个巡更点:污泥脱水机房。

每个巡检点的巡检箱内放置巡检表一和表二,表一为运行人员填写的表格,包括天气情况,设备编号和名称,主要巡检内容,问题填写区和签名区,运行人员巡检的是工艺运行情况、设备运转是否正常、环境和设备卫生;表二为维修人员和厂领导填写的表格,主要是设备维护保养和故障判断及解决内容。

三级巡检借鉴保安巡逻打更制度,能够严格督促运行人员和维修人员按照规定的时间节点和巡检路线进行巡检,能够及时发现和处理运行中出现的问题,使运行和设备管理更加规范和有效。

3.4 稳定职工队伍

本污水处理厂位于深圳市宝安区,该地区为移民城市,外来人口多,污水厂所招聘员工均为外来人员，员工归属感差，大部分是打工赚钱的心态。但污水厂属市政基础设施，财务上保本微利，员工工资相对较低，虽然劳动强度不高，但职工年轻，思想活跃，流动性较为严重，该厂最困难时期一个班只有一个人上班，影响到污水厂的正常运行。针对这种情况公司从以下几方面稳定职工队伍。

(1) 加强沟通交流。多对员工宣传公司政策，加强与员工之间的沟通，使员工多了解公司的发展规划，让员工找到自己的奋斗目标，建立员工对公司的归属感，珍惜工作岗位，提高工作积极主动性。

(2) 提高福利待遇，留住骨干员工。在公司财务预算内尽可能提高福利待遇，组织集体旅游，提供培训机会，每年制定小幅加薪计划等。特别是重视培养班长、维修工等骨干员工，减少他们的辞职机会，即使其他员工辞职后也能保证污水厂的连续运转。

(3) 建立实训基地。公司与广东省环保学校建立了合作关系，成为该学校的实习训练基地，每年都招聘部分优秀学生来实习，在实习中发现和培养人才。如果有员工离职，也能够联系学校及时招聘到有一定理论知识的学生。

4 结语

以上为深圳市宝安区某城镇污水处理厂的岗位设置与运营管理经验，机构设置精确简单、管理制度清晰完善，经过近三年的实际运行，效果良好，可供相同规模的城镇污水处理厂参考。

分散液相微萃取

——石墨炉原子吸收光谱法测定水样中的铜离子

郜 霞[1] 仝大明[2]

(1. 上海交通大学环境学院,上海 200240;2. 上海交通大学材料学院,上海 200240)

摘 要 建立了分散液相微萃取——石墨炉原子吸收光谱法测定水样中的铜离子的试验方法。研究确定了石墨炉原子吸收光谱测定水中铜的最佳石墨炉升温程序条件,并在此条件下,建立了分散液相微萃取——石墨炉原子吸收光谱测定水中铜的最佳实验条件。测定水样中铜的相关系数(R)0.9933、富集倍数 113、回收率 106.7%、精密度(*RSD*%)4.68%和检测限是 0.85ng/L。分散液-液微萃取具有操作简便、快速、样品用量少、富集倍数高、重复性好、费用低廉等优点。

关键词 分散液相微萃取,石墨炉原子吸收光谱法,铜,水样

1 引言

铜(Cu)是人体必需的微量元素。当水中的 Cu 浓度达到 0.01mg/L 时,对水体的自净有明显的抑制作用,Cu 对水生生物的毒性很大,其毒性与 Cu 在水中的形态有关,游离 Cu 离子的毒性比络合态 Cu 毒性大得多[1]。

目前,《水和废水监测分析方法》(第四版)中痕量铜的检测技术方法很多,主要有直接吸入火焰原子吸收光谱法、APDC-MIBK 萃取火焰原子吸收光谱法、在线富集流动注射-火焰原子吸收光谱法、石墨炉原子吸收光谱法、阳极溶出伏安法、示波极谱法、ICP-AES 法等。铜还可以用二乙氨基二硫代甲酸钠萃取光度法[1]。

其中,直接吸入火焰原子吸收分光光度法快速、干扰少,适合分析废水和受污染的水。分析清洁水可选取萃取或离子交换浓缩火焰原子吸收分光光度法,也可选用石墨炉原子吸收分光光度法,还可以选用阳极溶出伏安法或示波极谱法,等离子体发射光谱法是简便、快速、准确度高的新方法,但仪器比较昂贵[2]。基于石墨炉原子吸收光谱法测定铜的特点:①简便、快速;②灵敏度、准确度高,检出限低;③线性范围宽,干扰小。石墨炉原子吸收光谱法广泛用于环境样品中痕量金属的元素分析[3]。

液相微萃取(LPME)是近年出现的一种集萃取、富集、进样于一体,环境友好的样品前处理新技术[4,5]。LPME 技术与电热蒸发等离子体原子发射光谱/质谱(ETV-ICP-AES/MS)或石墨炉原子吸收光谱法(GFAAS)联用技术是一种有效的检测方法,已成功

应用于多种痕量金属离子的分离检测[1]。但是,LPME技术仍然有其无法避免的缺点,如耗时,易产生气泡,较长时间内仍达不到平衡状态等[6]。

2006年,Rezaee等[7]首次报道了分散液相微萃取(dispersive liquid-liquid microextraction,DLLME)。DLLME是液相微萃取(LPME)[8-11]的一种。此方法集中了采样、萃取和浓缩于一体,避免了固相微萃取中可能存在的交叉污染的问题。采用该方法当系统达到平衡后,萃取在有机液滴中的被分析物的量可由下式计算[12]:

$$n=K_{odw}V_dC_0V_s/(K_{odw}V_d+V_s) \tag{1}$$

式中,n为有机溶剂萃取到的分析物的量;C_0为分析物的初始浓度;K_{odw}为分析物在有机液体与样品之间的分配系数;V_d,V_s分别为有机液体和样品的体积。

分散液-液微萃取作为一种新型的样品处理方法可以与气相色谱(GC)、液相色谱(HPLC)、原子吸收光谱(AAS)等多种分析技术联用,在有机污染物以及痕量元素等的分析中得到了广泛的应用[13]。

本文建立了分散液液微萃取(DLLME)——石墨炉原子吸收光谱(GFAAS)测定水样中痕量Cu离子的检测方法。研究确定了石墨炉原子吸收光谱测定水中Cu离子的最佳升温程序,并测定DLLME的实验参数。同时对该方法的相关系数(R)、富集倍数、回收率、精密度(RSD%)和检测限进行了相应的讨论,为饮用水中重金属痕量的测定提供了一定的参考依据。

2 实验材料与步骤

2.1 实验仪器

实验仪器主要有以下几种:

(1) 连续光源原子吸收光谱仪 contrAA700(德国耶拿分析仪器股份公司);

(2) PL203电子天平(梅特勒-托利多仪器(上海)有限公司);

(3) 800型离心沉淀器(上海精科实业有限公司);

(4) 100μL进样针、500μL进样针、1000μL进样针;

(5) 雷磁 PhS-3C -PH计(上海精科实业有限公司);

(6) 10mL具塞尖底离心管。

2.2 实验试剂配制

2.2.1 铜标准储备溶液配制

准确称取1.000g金属铜(99.9%)置于150mL烧杯中,加入(1+1)硝酸20mL,加热溶解后,加入(1+1)硫酸10mL并加热至冒白烟。冷却后,加超纯水溶解并转移至1000mL容量瓶中,用超纯水定容至标线。此溶液1.00mL含有1.00mg的铜。铜标准使用溶液由上述标准储备溶液稀释而成。

2.2.2 分散液相微萃取条件下的Cu标准溶液

取一定量的1000mg/L的Cu标准溶液，定容至100mL容量瓶中，通过几次加超纯水稀释的过程，配成浓度为0，20ng/L，40ng/L，60ng/L，80ng/L，100ng/L，120 ng/L的Cu标准溶液。

2.2.3 二乙基二硫代氨基甲酸钠(DDTC)溶液

用分析天平准确称取2g的DDTC，加超纯水定容于100mL容量瓶中，配成20g/L的DDTC标准溶液。通过几次加超纯水稀释，分别配成浓度为10g/L，4g/L，2g/L，0.2g/L，0.02g/L的DDTC标准溶液。

2.2.4 吡咯烷二硫代氨基甲酸铵(APDC)溶液

用分析天平准确称取2g的APDC，加超纯水定容于100mL容量瓶中，配成20g/L的APDC标准溶液。通过几次加超纯水稀释，分别配成浓度为10g/L，4g/L，2g/L，0.2g/L，0.02g/L的APDC标准溶液。

2.3 DLLME实验步骤

(1) 实验所用溶液均用超纯水配制。实验所用玻璃仪器需先在10%的硝酸溶液中浸泡24h，再用超纯水润洗三遍后使用。

(2) 吸取5mL浓度为100ng/L的Cu标准溶液至10mL离心管中，调节pH为3。

(3) 加入1mL 2g/LDDTC(螯合剂)，并用1000μL进样针和100μL进样针量取600μL丙酮(分散剂)和40μL四氯化碳(萃取剂)的混合液注入离心管中。

(4) 将离心管置于离心机中，以4000r/min离心分离2min。

(5) 用100μL进样针准确量取20μL的沉淀相，用石墨炉原子吸收光谱仪分析。

影响Cu的DLLME萃取效率的因素有很多，可以使用单变量方法对影响因素逐个地进行最优化选择。在本实验中，以获取20μL沉积相为基准，分别对影响Cu吸光度的pH、螯合剂的种类和浓度、萃取剂的种类和剂量、分散剂的种类和剂量、萃取时间、盐浓度等影响因素进行了研究和讨论，论证上述步骤的合理性。并该步骤相关系数(*R*)、富集倍数、回收率、精密度(*RSD*%)和检测限等参数进行研究。

2.4 石墨炉原子吸收光谱仪分析程序的设定

石墨炉原子吸收光谱仪测定沉淀相中Cu的最佳升温程序如表1所示。当灰化温度为900℃，原子化温度为2000℃时，Cu的吸光度最高[7]，这也与仪器推荐的最佳条件相符合。

表 1　　石墨炉升温程序

步骤	名称	温度(℃)	升温速率/(℃·min^{-1})	保持/s	时间/s
(1)	干燥	80	6	20	27.5
(2)	干燥	90	3	20	23.3
(3)	干燥	110	5	10	14.0
(4)	灰化	350	50	20	24.8
(5)	灰化	900	300	10	11.8
(6)	自动归零	900	0	5	5.0
(7)	原子化	2000	1500	4	4.7
(8)	清除	2450	500	4	4.9

3　结果与讨论

3.1　DLLME 影响因素讨论

3.1.1　络合剂种类的选择

不同的络合剂,其螯合金属离子的能力也是不一样的。本实验考察不同的络合剂对 Cu 萃取效果的影响。在 5mL 的 pH 为 3 的 100ng/L Cu 标准溶液中,加入 40μL 四氯化碳、600μL 丙酮及 0.002g 不同络合剂(APDC 和 DDTC),其结果见表 2。

表 2　　不同络合剂对萃取效果的影响

络合剂	DDTC	APDC
吸光度	0.21321	0.18232

由表 2 可知,当两种络合剂的浓度相同时,DDTC 作为络合剂,检测 Cu 的吸光度要大于 APDC,说明 DDTC 络合 Cu 离子的效果优于 APDC。因此,本实验选择 DDTC 作为 Cu 的络合剂。

3.1.2　DDTC 用量的影响

DDTC 用量影响金属螯合物形成。若用量太小,会造成水样中的金属离子未被充分螯合;但如果用量太大,也会造成不必要的浪费。本实验考察不同剂量的 DDTC 对萃取效果的影响。在 5mL 的 pH 为 3 的 100ng/L Cu 标准溶液中,加入 40μL 四氯化碳、600μL 丙酮以及不同剂量的 DDTC,实验结果见图 1。

由图 1 结果表明,当 DDTC 的浓度小于 2g/L 时,萃取效率随着 DDTC 量的增加而增加,这是因为络合剂含量少,溶液中的金属离子并没有完全被络合。在 2g/L 时达到最大,

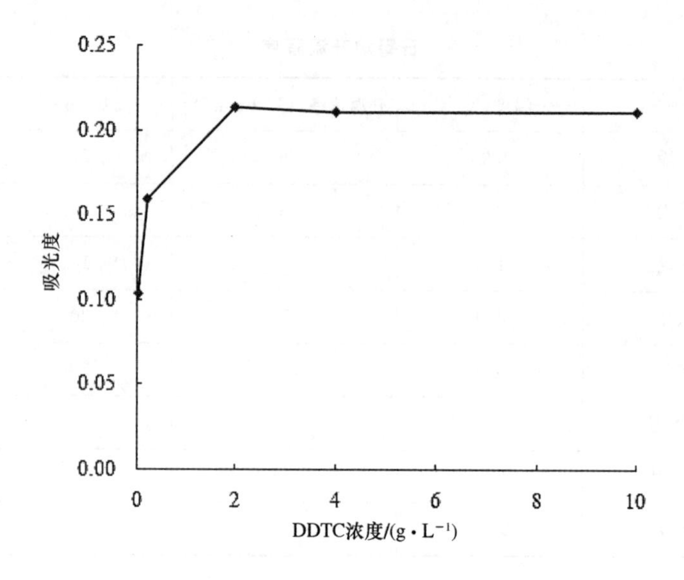

图 1　不同的 DDTC 用量对萃取效果的影响

随后基本保持恒定,不再随着 DDTC 剂量的增加而变化。因此,实验中选择 DDTC 的浓度为 2g/L。

3.1.3　萃取剂种类的选择

本实验考察了丙酮为分散剂时,四氯化碳、氯仿、二氯甲烷对目标物的萃取能力。在 5mL 的 100ng/L Cu 标准溶液中,加入 600uL 丙酮、2g/L DDTC 1mL 及不同体积(原因是 3 种萃取剂的水溶性是不同的,所以取它们的体积依次为 40μL、45μL、70μL)的萃取剂以获得 25μL 的沉淀相,其结果如图 2 所示。

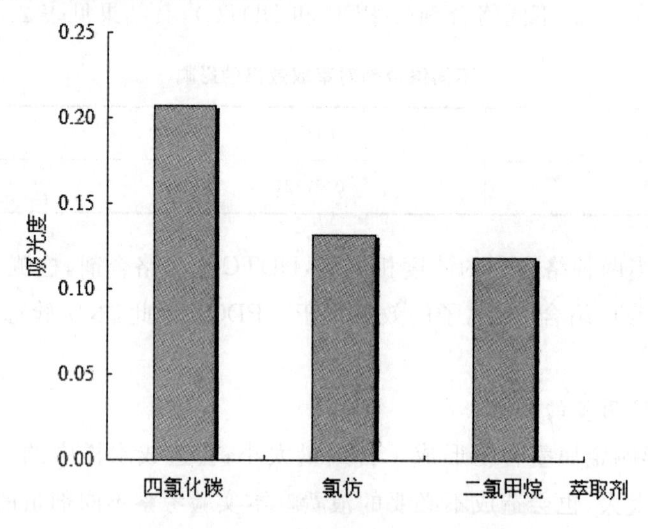

图 2　不同萃取剂对萃取效果的影响

由图 2 的数据可以看出,二氯甲烷的萃取效果较差,而四氯化碳比氯仿的萃取效果好。且由于 CCl_4 能形成稳定的浑浊液、沉淀相更易提取,在获取相同的沉淀相的体积时,

CCl_4所需的体积比氯仿的要少。因此选择四氯化碳为最佳的萃取剂。

3.1.4 四氯化碳剂量的影响

为了研究四氯化碳的剂量对萃取效果的影响，在DLLME的过程中，选择不同剂量的四氯化碳进行实验。在5mL的pH为3的100ng/L Cu标准溶液中，加入600μL丙酮、0.002g DDTC及30μL、40μL、50μL、60μL、70μL、80μL的四氯化碳。结果如图3所示。

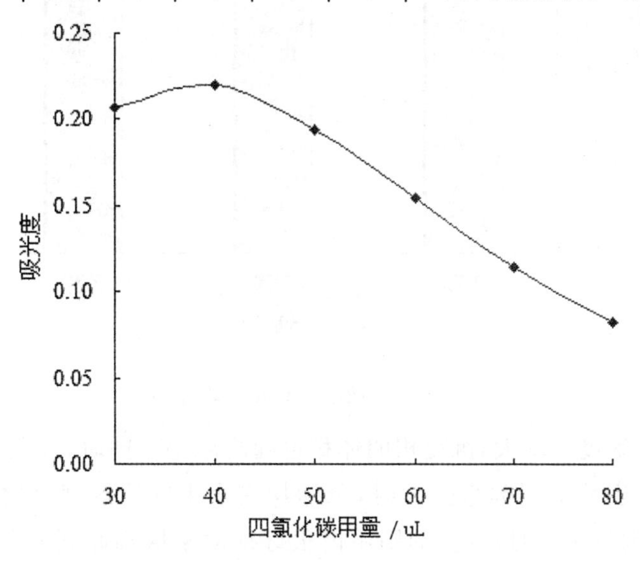

图3 四氯化碳用量对萃取效果的影响

由此可见，随着四氯化碳的剂量由30μL增加到80μL，相应的沉淀相体积也随之增加，而萃取效果随着四氯化碳的剂量的增加而减弱，原因是随着四氯化碳体积的增加，沉积相体积也随之增加，致使其中待测物的浓度降低，吸光度减小，方法的灵敏度也随之降低。当四氯化碳体积为40μL时，离心后得到的有机相体积约为25μL，此时既可以得到较高的吸光度又能满足进样测定所需的试样体积。所以本实验所用CCl_4的体积为40μL。

3.1.5 分散剂种类的选择

分散剂不仅对萃取溶剂有良好的溶解性而且还能与水互溶，从而使萃取溶剂能在水相中分散成细小的液滴，增大其与待测物的接触面积，从而提高萃取效率。本实验以CCl_4为萃取剂，分别考察丙酮、乙醇、甲醇作为分散剂时的Cu的萃取效果。

在5mL的pH为3的100ng/L Cu标准溶液中，加入40μL四氯化碳、0.002g DDTC及600μL不同的分散剂(丙酮、甲醇、乙醇)，其结果见图4。

由图4可知，除乙醇的萃取效果较差外，丙酮、甲醇的萃取效果无太大差异。由于丙酮便宜、毒性低的特点，因而本实验选择丙酮为最佳分散剂。

3.1.6 丙酮剂量的影响

分散剂丙酮的剂量会直接影响“水/丙酮/四氯化碳”乳浊液体系的形成，萃取剂在溶液中的分散程度会随着分散剂剂量的不同而改变，这是由于分散剂的剂量会通过改变萃取剂的水溶性影响沉淀相的体积，进而影响到目标物的富集倍数。随着分散剂的量增加，

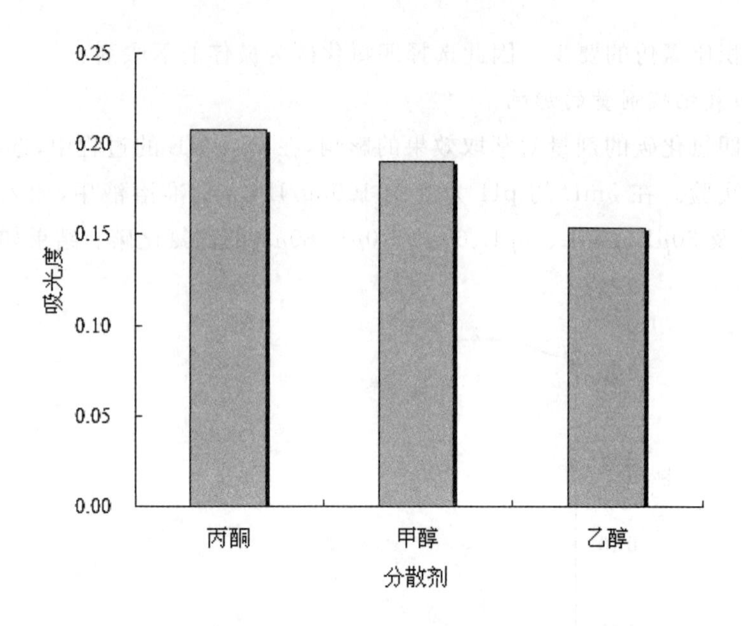

图 4　不同分散剂对萃取效果的影响

萃取剂在水中的溶解度也增大，沉淀相的体积也随之减小。同时，分散剂的剂量也会影响目标物的水溶性。当分散剂剂量过大时，目标物在水中的溶解度会增大，萃取效率会降低；但是当分散剂剂量过少时，分散剂则不能很好地对萃取剂起到分散作用，从而降低了萃取率。因而，选择合适的分散剂的剂量对 DLMME 过程是很重要的。

本实验考察了丙酮剂量对萃取效率的影响：在 5mL 的 pH 为 3 的 100ng/L Cu 标准溶液中，加入 40μL 四氯化碳、0.002g DDTC 及 200μL，400μL，600μL，800μL，1000μL 的丙酮。结果见图 5 所示。

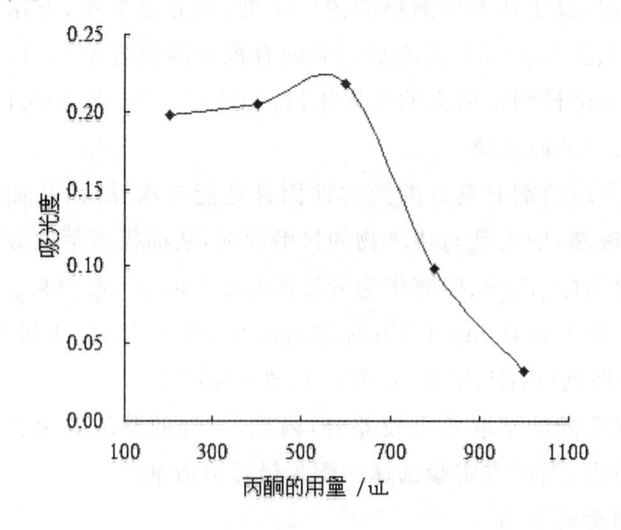

图 5　丙酮用量对 Cu 吸光度的影响

结果表明，对 Cu 吸光度的先随丙酮体积的增加而增加，在 600μL 时达到最大值，之后又随丙酮体积的增加而减小。因为当丙酮体积较小的情况下，对萃取剂分散作用不完全，萃取效率低；而丙酮体积较大时，Cu-DDTC 络合物的溶解性随之增加，不易被 CCl_4 萃取，导致萃取效率较低，所以实验中选择丙酮的最佳用量为 600μL。

3.1.7 pH 的影响

萃取介质的 pH 值会影响络合物的形成，从而对分散液液微萃取的萃取效率产生影响。实验中考察了溶液 pH 值在 1～7 变化时铜的吸光度，结果如图 6 所示。

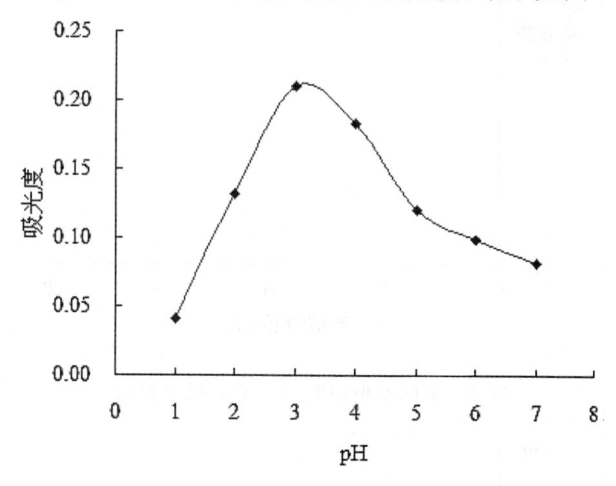

图 6　不同 PH 值对萃取效率的影响

由图可知，pH＜3.0 时吸光度随 pH 值的增大而减少，这是因为 DDTC 在 pH＜3 时极易分解。而当 pH＞3.0 时，吸光度也随 pH 值的增大而减少，由于当 pH 值较小时，金属离子不易发生沉淀，大多以离子形式存在，有利于螯合反应的进行。因而本实验选择最佳 pH＝3。

3.1.8 萃取时间的影响

萃取时间在任何萃取过程中都是影响萃取效率的一个重要因素，会直接影响萃取效果。在分散液液微萃取中，萃取时间是指从加入萃取剂和分散剂混合溶液后，到开始离心之前的这段时间。本实验分别考察 0min，5min，10min，15min、20min 对方法 1.3 萃取效果的影响，结果如图 7 所示。

结果显示，萃取时间对萃取效率没有显著影响。这是由于在溶液形成乳浊液后，有机溶剂与水相的接触面积很大，所以在 Cu-DDTC 络合物形成后，迅速地由水相转移到有机相，并很快达到两相平衡。DLLME 萃取效率几乎不受时间的影响，这也是该方法的一个突出的优点。

3.1.9 盐效应的影响

一般来说增加盐浓度，会增大样品溶液中的离子强度，可使目标物更多地萃取到有机萃取剂之中，但同时也会使所得到的有机相的体积增加，有机相中待测物的浓度降低，富集倍数显著下降。而且盐浓度过大，也会影响到加标回收率[33]。

为研究盐浓度对 DLLME 过程的影响，准确称取 0.05g，0.10g，0.15g，0.20g，0.25g NaCl 晶体（占 5mL 溶液的百分比为 0%，1%，2%，3%，4%，5%）备用。在 5mL 的 pH＝3

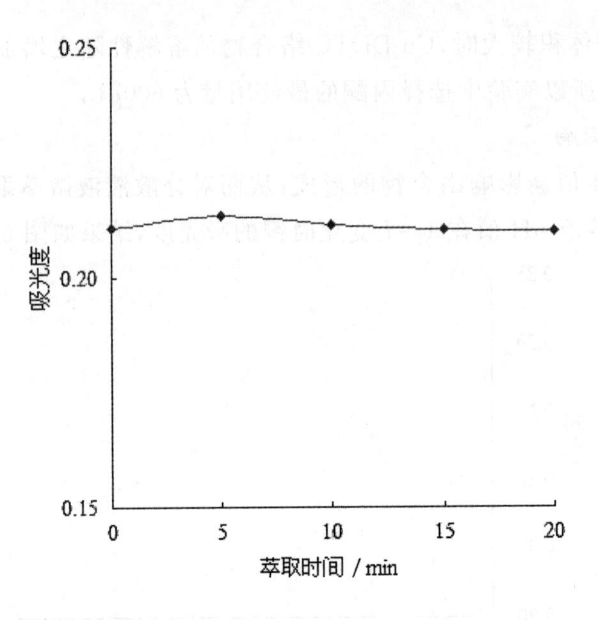

图7　不同萃取时间对萃取效果的影响

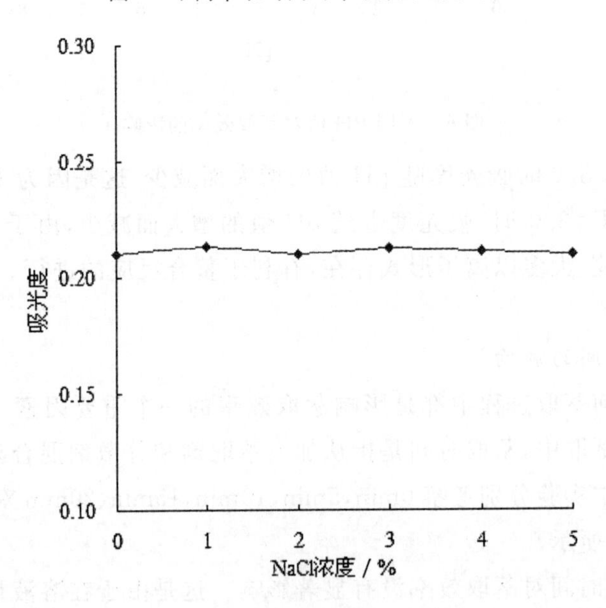

图8　盐效应对萃取效果的影响

的100ng/L Cu标准溶液中，加入40μL四氯化碳、600μL丙酮、2g/L DDTC 1mL以及不同质量的NaCl，结果如图8所示。

由图可知，盐浓度的增加对Cu吸光度没有明显的影响，可能是在对Cu的DLLME中增加盐浓度产生了两个对立的影响：一是沉积相体积的增加轻微地降低了富集倍数，二是盐析效应一定程度地增加了富集倍数。因此，随着加入不同浓度的NaCl，萃取效果基本稳定。说明在盐浓度＜5%时，DLLME能够较好地富集分离Cu。

3.2 线性范围、精密度和回收率、检测限

3.2.1 校准曲线的绘制

分次取 1.2.2 中的标准铜溶液于 10mL 的离心锥形管中,调节 pH 为 3,加入 lmL 2g/L DDTC,并用 1000mL 进样针取 600μL 丙酮、40μL 四氯化碳的混合液注入离心管中,四氯化碳在丙酮的作用下形成细小的液滴,均匀地分散在溶液中。将离心管置于离心机中 4000r/min,离心分离 2min,四氯化碳会沉淀在离心管底部,凝聚成约 25μL 的大液滴。用 100mL 进样针准确量取 20μL 的沉淀相,设置石墨炉原子吸收仪器进行检测。实验结果见表 3。

表 3　不同 Cu 浓度的 DLLME 萃取效果

浓度/(ng·L^{-1})	0	20	40	60	80	100	120
吸光度	0.00147	0.05063	0.10006	0.12127	0.16143	0.20322	0.22167

由表 3 的数据可求出在 0～120ng/L 范围下线性回归方程和相关系数,其校准曲线可见图 9 所示。

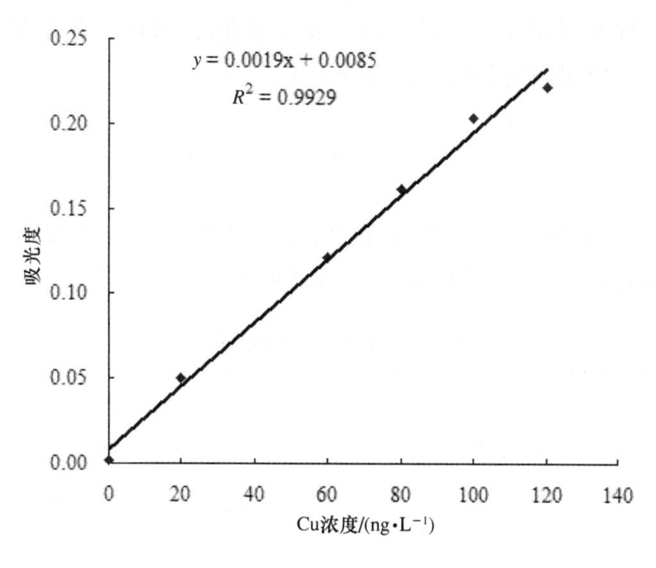

图 9　DLLME-GFAAS-Cu 的校准曲线

由图可知,Cu 的回归方程式为 $Y=0.0019x+0.0085$,相关系数 $R^2=0.9929$。说明,采用分散液-液微萃取－石墨炉原子吸收光谱法检测 Cu 具有较高的灵敏度和良好的线性相关性。

3.2.2 标准 Cu 溶液的精密度和回收率

相对标准偏差 $RSD\%=\frac{S}{x}\times 100$,即标准偏差与测量结果算术平均值的比值。

其中,S 为标准偏差,X 为测量平均值。

取浓度为100ng/L,80ng/L,50ng/L的铜样品溶液,每个浓度做10次平行测定,可以求出平均浓度、标准差(S)和相对标准偏差(RSD%)。结果见表4。

表4　DLLME-GFAAS-Cu的精密度和回收率

Cu浓度/($ng \cdot L^{-1}$)	100	80	50
平均浓度(平行测定10次)	107.82	85.92	52.46
相对标准偏差 *RSD*%	4.143	3.176	6.708
平均 *RSD*%	4.68		
回收率/%	107.81	107.39	104.92
平均回收率/%	106.7		

由表可知,平均相对标准偏差为4.68%,平均回收率为106.7%,说明此方法具有较好的重现性[14]。

3.2.3　检测限

样品的检出限可以认为是[15]:在测定的实验条件下,某元素的水溶液,其吸收信号等于空白溶液的测量标准偏差3倍时的浓度。本次实验所用样品溶液用超纯水配制,操作方法与3.3节相同。检测限的计算公式如下:

$$L.D.=\frac{3\delta}{k} \tag{2}$$

式中,δ,k分别为空白溶液吸光度的标准偏差(对空白溶液,至少重复测定10次,从所得吸光度值来求标准偏差)及标准曲线的斜率。结果见表5。

表5　DLLME-GFAAS-Cu的检测限

序号	1	2	3	4	5	6	7	8	9	10
空白溶液吸光度	0.00147	0.00198	0.00204	0.00164	0.00139	0.00197	0.00121	0.00205	0.00269	0.00273

结果	平均吸光度	标准差	3倍标准差	校准曲线对应浓度/($ng \cdot L^{-1}$)
	0.001916	0.000509	0.001528	0.85

从表中可知,Cu的检测限为0.85ng/L。这意味着所建立的方法具有较强的检出能力,适合水样中痕量Cu的检测。

3.3　实际水样的测定

水样用塑料瓶采集,加入适当量的HNO_3,使pH保持在3左右,将其保存在低温避光的环境中[15,16]。实验用的所有的玻璃器皿必须在10%硝酸中浸泡24h以上,然后用超纯水冲洗三次以上。

分别向样品中加入标准溶液[14]，做5份平行实验，结果见表6。

表6　DLLME-GFAAS测实际样品中Cu的精密度和加标回收率

实际水样	实验室自来水样(稀释100倍)	自习教室纯净水(稀释10倍)	矿泉水
平均浓度(平行测定5次)	53.8	50.6	48.0
加标量/($ng\cdot L^{-1}$)	50	50	50
加标后平均浓度/($ng\cdot L^{-1}$)	108.4	109.6	104.5
相对标准偏差 RSD%	4.29	4.99	3.67
加标回收率	109.2%	117.8%	112.9%

从表6可见，三种实际水样中Cu的加标回收率分别为109.2%，117.8%，112.9%，说明该方法测定实际水样的加标回收率较好。同时，对应三种水样中Cu的相对标准偏差分别为4.29%，4.99%，3.67%，说明用DLLME-GFAAS测定实际样品中Cu的含量具有良好的重现性。

3.3.1　DLLME-GFAAS方法的性能

表7列出了用DLLME-GFAAS测定水样中的铜的相关参数，用以评价该方法测定的性能。

表7　DLLME-GFAAS测定水样中铜的分析性能指标

相关参数	分析特点
线性范围/($ng\cdot L^{-1}$)	20～120
线性相关系数 R	0.9929
检测限/($ng\cdot L^{-1}$)，($3\delta, n=10$)	0.85
精密度/(RSD%)，($n=10$)	4.68
富集倍数	113
离心时间/min	2

4　结论

首先对石墨炉原子吸收光谱仪测定Cu的最佳条件进行了验证确定，并绘制Cu的标准曲线。然后在仪器最佳条件下，采用DLLME萃取技术富集分离水中的Cu，并与石墨炉原子吸收光谱法联用对其进行定量分析。研究了对水中Cu进行萃取时各影响因素，如萃取剂的种类和剂量、分散剂的种类和剂量、萃取时间、pH、络合剂的种类和剂量、盐效应对Cu萃取效果的影响。建立了以DDTC为络合剂、丙酮为分散剂、四氯化碳为萃取剂的DLLME-GFAAS方法分析水中Cu，并考察了该方法的分析性能指标，包括回收率、精密度、检出限、富集倍数。

(1) Cu的最佳灰化温度:900℃,最佳原子化温度:2000℃。采用石墨炉原子吸收光谱法检测Cu具有较高的灵敏度和良好的线性相关性。胡平等[2]研究了GFAAS-Cu方法的检出限,得到铜的检出限为0.49μg/L,说明该方法检出限低,适于水中痕量金属元素的测定。

(2) 探讨了DLLME-GFAAS法测定水中Cu的影响因素,发现最优实验条件为:40μL四氯化碳,600μL丙酮,pH为3,2g/L DDTC(络合剂) 1mL、4000r/min离心分离2min。

(3) 此方法的线性范围为20～120ng/L,水样中Cu的回收率为106.7%,说

明DLLME方法的回收率较好;相对标准偏差为4.68%,说明此方法分析Cu具有较好的重现性。

(4) DLLME-GFAAS法测定水中Cu具有较高的灵敏度。本实验对Cu的检出限为0.85ng/L ,说明该方法对Cu有较强的检出能力。

参考文献

[1] 国家环境保护总局,《水和废水监测分析方法》编委会.水和废水监测分析方法[M].4版.北京:中国环境科学出版社,2002:351-354.

[2] 胡平,张宇,钟明霞.石墨炉原子吸收光谱法测定水中痕量铜、铅、镉[J].云南环境科学,2005,24(3):62-64.

[3] 臧晓欢,王春高,书涛,等.分散液－液微萃取－气相色谱联用分析水样中菊酯类农药残留[J].分析化学,2008,36(6):765-769.

[4] 臧晓欢,吴秋华,张美月,等.分散液相微萃取技术研究进展[J].分析化学,2009,37(2):161-168.

[5] 赵娥红.分散液液微萃取新技术在痕量元素分析中的应用研究[D].武汉:华中师范大学化学学院,2009.

[6] 王立,汪正范.色谱分析样品处理[M].北京:化学工业出版社,2006.

[7] Bidari A,Jahromi E Z,Assadi Y,et a1. Monitoring of Selenium in Water Samples Using Dispersive Liquid-Liquid Microextraction Followed by Iridium-Modified Tube Graphite Furnace Atomic Absorption Spectrometry [J]. Microchemical Journal,2007,87:6-12.

[8] Jeannot M A, Cantwell F F. Solvent microextraction into a single drop[J]. Anal Chem, 1996,68(13):2236-2240.

[9] Jeannot M A,Cantwell F F. Mass transfer characteristics of solvent extraction into a single drop at the tip of a sypringe needle[J]. Anal. Chem, 1997,69:2935-2940.

[10] 杨献珍,陈学泽,沈银梅.预富集-石墨炉原子吸收光谱法测定药食两用中药浸泡液中痕量镉[J].食品与生物技术学报,2007,26(2).

[11] 卢爱民,柴辛娜,高宏宇,等.溶剂萃取—石墨炉原子吸收光谱法测定水样中的痕量铅[J].分析科学学报,2006,22(2).

[12] 肖中玉.分散液液微萃取-石墨炉原子吸收光谱法分析水中痕量铬的形态[D].广州:广东工业大学环境科学与工程学院,2009.

[13] 潘长桂.离子液体分散液液微萃取——石墨炉原子吸收光谱法测定水中痕量镉[D].广州:广东工业大学环境科学与工程学院,2010.
[14] 任成忠,毛丽芬.加标回收实验的实施及回收率计算的研究[J].工业安全与环保,2006,32(2):9.
[15] 奚旦力,孙裕生,刘秀英.环境监测[M].3版.北京:高等教育出版社,2007.
[16] 中华人民共和国国家标准.生活饮用水标准检验法[M].北京:中国标准出版社,1987.

SPE-GC/MS 法快速检测水体中多组分环境内分泌干扰物

潘文碧　孙雅峰　井　晶　卢赛喜
（温州市工业科学研究院，温州　325028）

摘　要　采用固相萃取-气相色谱/质谱法(SPE-GC/MS)研究了温州 8 个水体中邻苯二甲酸二甲酯、西玛津、莠去津、甲草胺、邻苯二甲酸二丁酯、双酚 A、邻苯二甲酸二(2-乙基己基)酯七种内分泌干扰物的残留。水样用 C18 柱固相萃取进行富集、3mL 的 10%甲醇水溶液淋洗、10mL 丙酮洗脱；并采用 GC-MS 法对七种内分泌干扰素进行分析。本实验建立的方法定性定量准确、可靠，适用于水体中多组分内分泌干扰物的检测，在所有测定的水样中，邻苯二甲酸二丁酯、双酚 A、邻苯二甲酸二(2-乙基己基)酯是主要残留物，最高残留邻苯二甲酸二丁酯、双酚 A、邻苯二甲酸二(2-乙基己基)酯分别为 0.82ng/L，3.16ng/L，1.50ng/L。

关键词　内分泌干扰物，固相萃取，气相色谱，质谱

1　引言

环境内分泌干扰物（Environmental Endocrine Disruptor，EEDs），又叫环境激素或环境荷尔蒙，是环境中存在或由于人类活动而释放到环境中的对生物系统的生长与发育产生促进或抑制作用的化学物质[1]。工业废水、生活污水的排放以及农药、杀虫剂的大量使用是导致水体中内分泌干扰物污染的主要原因，而现有饮用水的处理技术难以真正去除 EEDs 的污染[2]，因此针对饮用水及原水等水体中的环境内分泌干扰物的分析监测十分重要。

国内外的分析工作者对水中环境激素的检测做了很多研究。据文献报道，GC-MS 已经广泛用于 EEDs 的分析，但是常需要柱前衍生[3,4]，操作比较烦琐、费时。本文以工业和农业生产中易对环境产生污染的邻苯二甲酸二甲酯、西玛津、莠去津、甲草胺、邻苯二甲酸二丁酯、双酚 A、邻苯二甲酸二(2-乙基己基)酯 7 种 EEDs 为检测对象，采用 SPE-GC/MS 法，无须柱前衍生，建立了一种多组分内分泌干扰物同时测定方法，并将该方法应用于温州地区水体 EEDs 的残留分析中。

2 试验方法

2.1 主要仪器与试剂

HP6890/5973 GC/MSD气相色谱/质谱联用仪，美国HP公司；HP5MS色谱柱(30mm×25mm，0.25um)，美国安捷伦公司；12管SPE真空固相萃取装置，美国Agilent公司；C_{18}固相萃取柱(6mL，500mg)，美国安捷伦公司；Oasis HLB柱(6mL，0.2g)，Waters公司；AP-01P型真空泵，天津美特塞恩斯有限公司；MTN-2800W型自动快速浓缩仪，天津美特塞恩斯有限公司。

邻苯二甲酸二甲酯、西玛津、莠去津、甲草胺、邻苯二甲酸二丁酯、双酚A、邻苯二甲酸二(2-乙基己基)酯均购自sigma公司(需标明试剂的纯度)；甲醇、乙腈、丙酮均为色谱纯；超纯水用Milli-Q系统制取；实际水样来自市区自来水、A水库、B水库、C湿地、D湖、E河龙湾段、E河鹿城段、F江中游。

2.2 样品前处理

将容量为6mL的C_{18}柱安装到固相萃取装置上，用10mL甲醇、10mL超纯水先后对C_{18}柱进行活化；然后，将经0.45μm滤头过滤300mL水样，以2mL/min流速流过上述装置，并用3mL10%的甲醇水溶液淋洗、氮气吹干；最后，控制流速为0.4mL/min，用10mL丙酮进行洗脱，收集洗脱液、氮气吹至少于1mL，用丙酮定容至1mL，作为待测样品。

2.3 实验条件

色谱条件：柱箱采取程序升温，初始温度100℃，保持2min，升温速率为10℃/min，升到260℃，保持5min；进样口温度250℃；载气为纯度>99.999%的高纯氦气，流量1.0mL/min，进样量1.0μL。

质谱条件：电离方式为电子轰击电离，电子能量70 eV，接口温度270℃，离子源温度230℃，溶剂延迟时间5 min，扫描范围50～500 amu，全扫描，扫描间隔0.2 s。

3 结果与讨论

3.1 固相萃取条件的优化

3.1.1 固相萃取柱的选择

由于固相萃取柱的填料不同，对各组分的吸附性能也存在很大的差异，实验选择目前常用来富集农药类组分的两种固相萃取柱：C_{18}柱和HLB柱(亲水亲脂平衡柱，Hydrophilic-Lipophilic Balance)。通过回收率的比较来选择合适的柱子，如图1所示，C_{18}柱所有组分的回收率都高于HLB柱。因此，本实验选择C_{18}柱对样品进行富集。

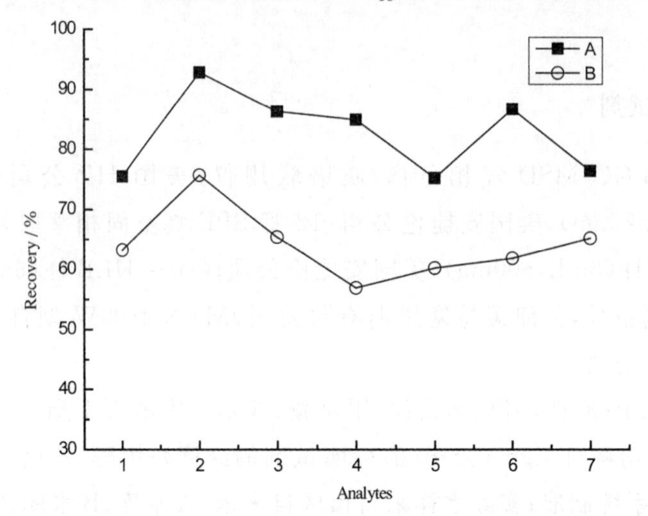

注：横坐标表示被测试物(分析物)，其中，1为邻苯二甲酸二甲酯；2为西玛津；3为莠去津；4为甲草胺；5为邻苯二甲酸二丁酯；6为双酚A；7为邻苯二甲酸二(2-乙基己基)酯。

图1　固相萃取柱的回收率比较(A为C_{18}柱，B为HLB柱)

3.1.2　洗脱溶剂的选择

选择洗脱剂首先应考虑其对固相的适应性和对样品的溶解度，溶剂强度应适当，要保证对分析物的完全洗脱。文献中常用的洗脱剂有正己烷、甲醇、丙酮等，考虑到6种组分在溶剂中的溶解性，实验选择了两种洗脱剂甲醇和丙酮进行比较，结果如图2所示。从整体上看，丙酮对大部分物质的回收率高于甲醇，因此，选择丙酮做为洗脱剂。

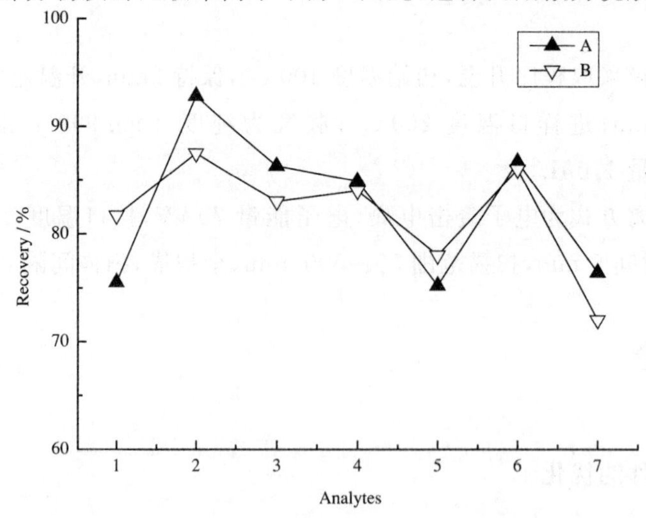

注：横坐标表示被测试物(分析物)，其中，1为邻苯二甲酸二甲酯；2为西玛津；3为莠去津；4为甲草胺；5为邻苯二甲酸二丁酯；6为双酚A；7为邻苯二甲酸二(2-乙基己基)酯。

图2　洗脱剂的比较(A为丙酮，B为甲醇)

3.1.3　淋洗液的确定

由于受到实际水样复杂基质的影响，样品进入质谱的离子化效率会偏低，导致加标回收率也相对偏低。因此，为了最大限度地减少基质的影响，提高实际水样的回收率，我们优化了样品前处理过程中淋洗液的浓度，以去除水中基质的干扰。

将采来的同一份水样加标后过 C_{18} 柱，实验选择了纯净水及 5%，10%，15%，20%四种浓度的甲醇水溶液对固相萃取淋洗这一步进行优化。结果如表 1 所示，发现淋洗液随甲醇水溶液浓度增加时，水体中部分基质被去除，但我们的目标组分还保留在柱子中，使大部分被监测物的回收率有所增加；当甲醇浓度增加到 15%时，大部分目标组分也被洗下回收率降低，尤其是双酚 A，随着淋洗液中甲醇浓度的增加，回收率明显降低。综合比较后选择 10%的甲醇水溶液淋洗即能较好的祛除基质的干扰，还可提高实际水样中各组分的回收率。

表 1　　不同淋洗液的加标回收率的比较

分析物	纯净水淋洗	5%的甲醇水溶液淋洗	10%的甲醇水溶液淋洗	15%的甲醇水溶液淋洗	20%的甲醇水溶液淋洗
邻苯二甲酸二甲酯	69%	77.3%	75.5%	66%	54%
西玛津	68.3%	79.1%	92.8%	58%	31.5%
莠去津	64.2%	83%	86.3%	57.5%	50%
甲草胺	71.8%	62.6%	84.9%	84.7%	81.1%
邻苯二甲酸二丁酯	64%	80.7%	75.2%	74.6%	58.3%
双酚 A	67%	81%	86.7%	23.1%	19.5%
邻苯二甲酸二(2-乙基己基)酯	75.0%	72.4%	76.4%	71.1%	63%

3.2　GC/MS 分析条件的确定

本实验对进样口温度、柱箱温度、GC/MS 接口温度、离子源温度、载气流速等影响因素进行了优化，确定的最终实验条件见 2.3 节。7 种环境激素的总离子流色谱图见图 3。可以看出，采用上述条件可实现对目标化合物的良好分离，整个分离过程可在 20min 内完成。

3.3　定性、定量方法的确定

将邻苯二甲酸二甲酯、西玛津、莠去津、甲草胺、邻苯二甲酸二丁酯、双酚 A、邻苯二甲酸二(2-乙基己基)酯七种标准样品分别进样，做全扫描分析，通过其主要离子碎片(特征离子峰)来确定各自的保留时间，根据保留时间和特征离子进行定性分析，采用外标法进

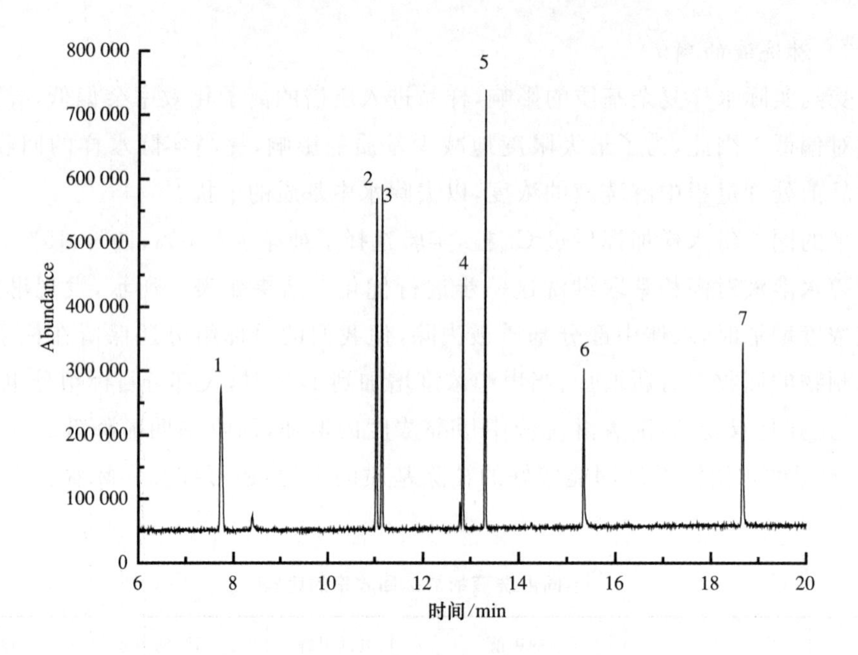

注：横坐标表示被测试物（分析物），其中，1为邻苯二甲酸二甲酯；2为西玛津；3为莠去津；4为甲草胺；5为邻苯二甲酸二丁酯；6为双酚A；7为邻苯二甲酸二（2-乙基己基）酯。

图3　七种环境激素的总离子流色谱图

行定量分析。

对20μg/L的邻苯二甲酸二甲酯、西玛津、莠去津、甲草胺、邻苯二甲酸二丁酯、双酚A、邻苯二甲酸二（2-乙基己基）酯混合标准品溶液进行GC/MS分析，得各自对应的质谱图，见图4～图10。

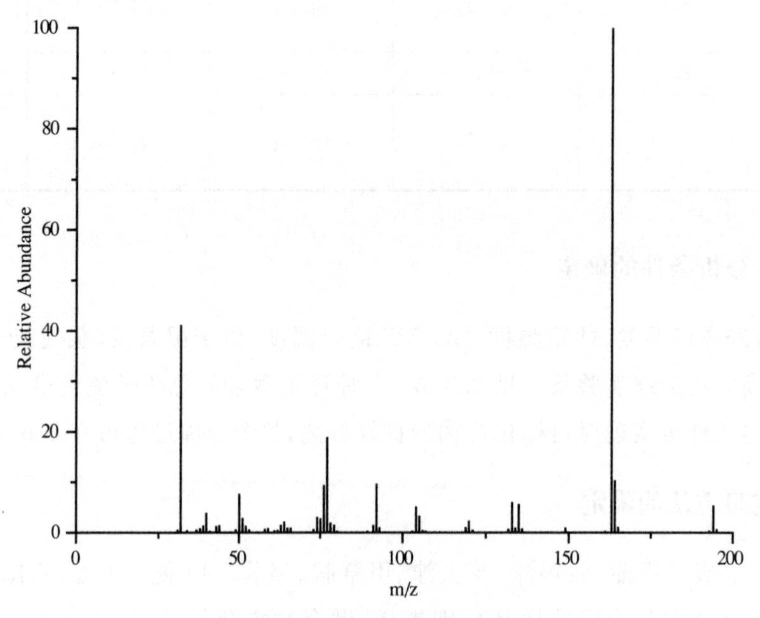

图4　邻苯二甲酸二甲酯的质谱图

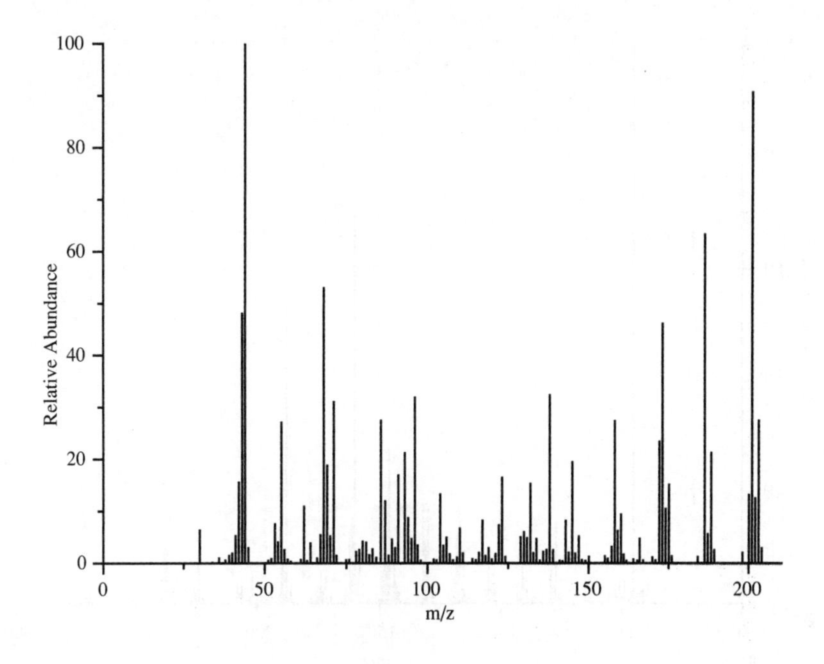

图 5　西玛津的质谱图

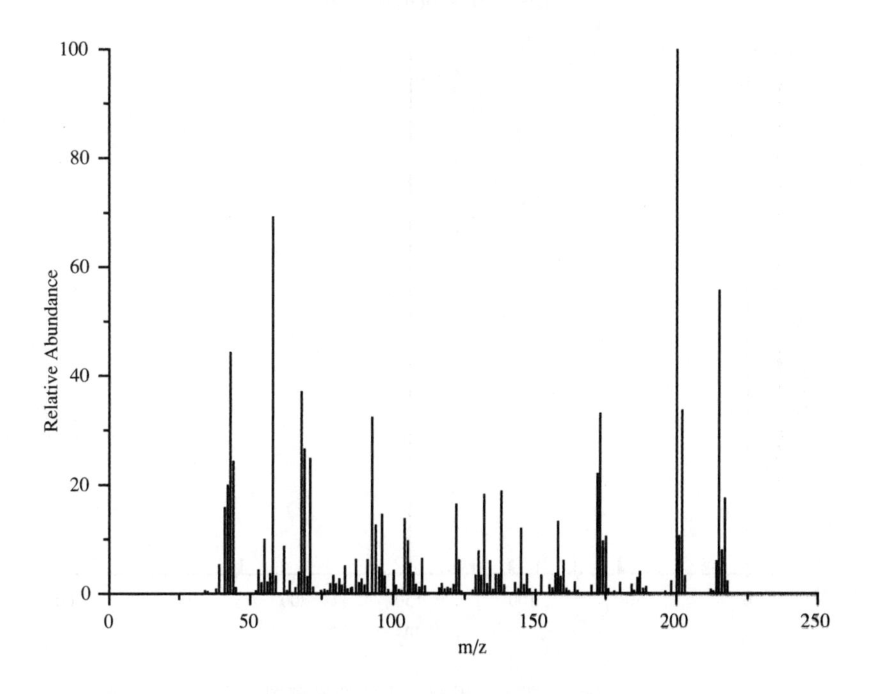

图 6　莠去津的质谱图

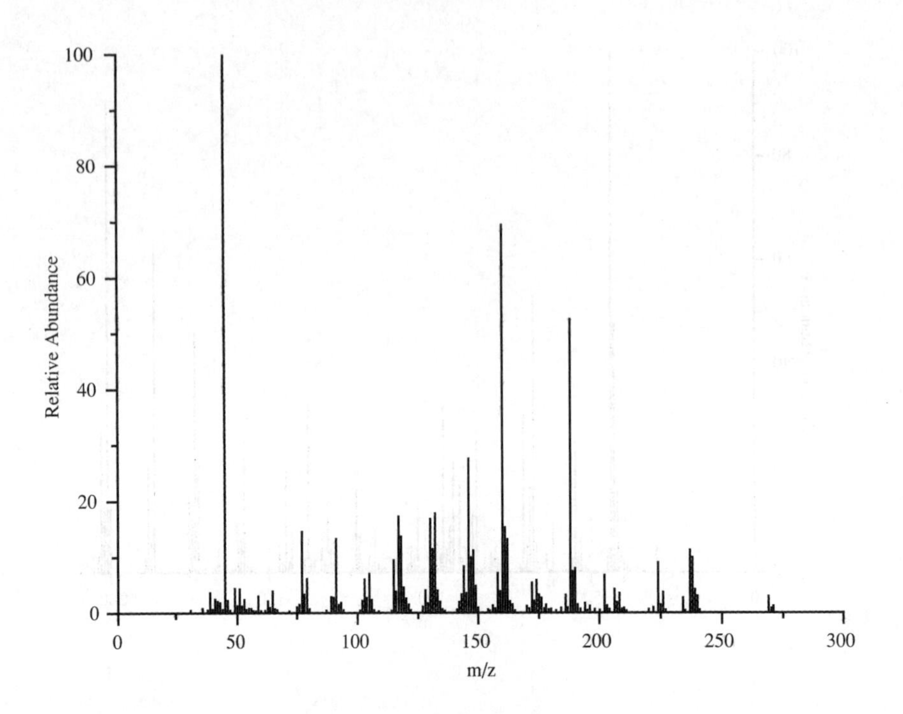

图 7　甲草胺的质谱图

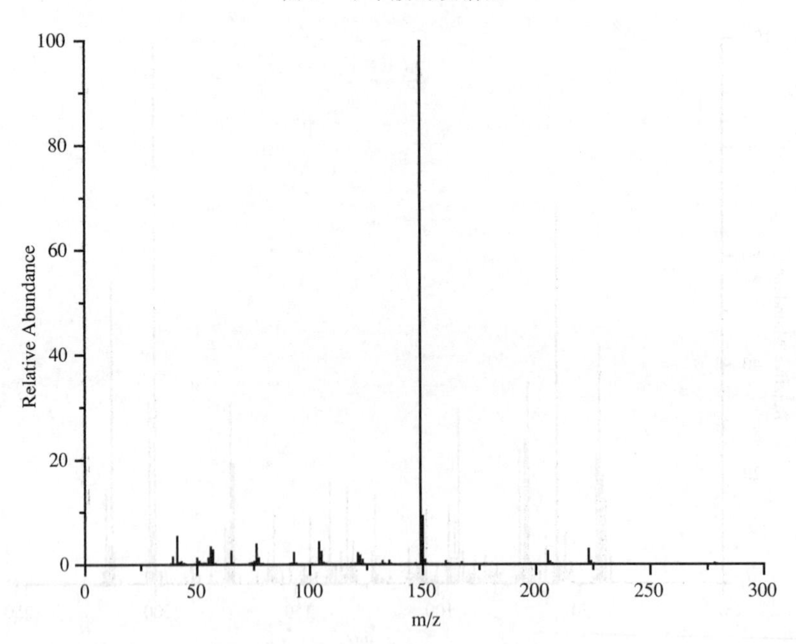

图 8　邻苯二甲酸二丁酯的质谱图

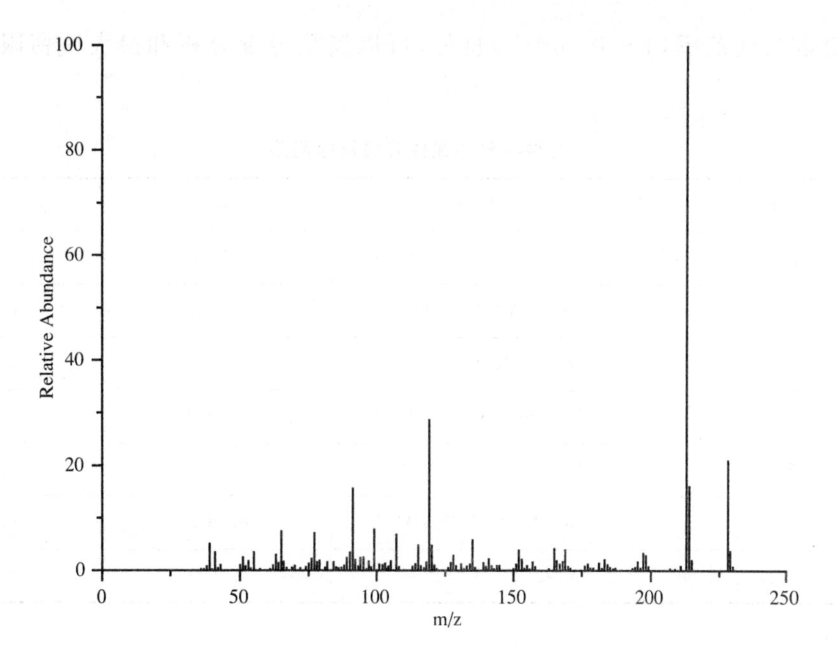

图 9 双酚 A 的质谱图

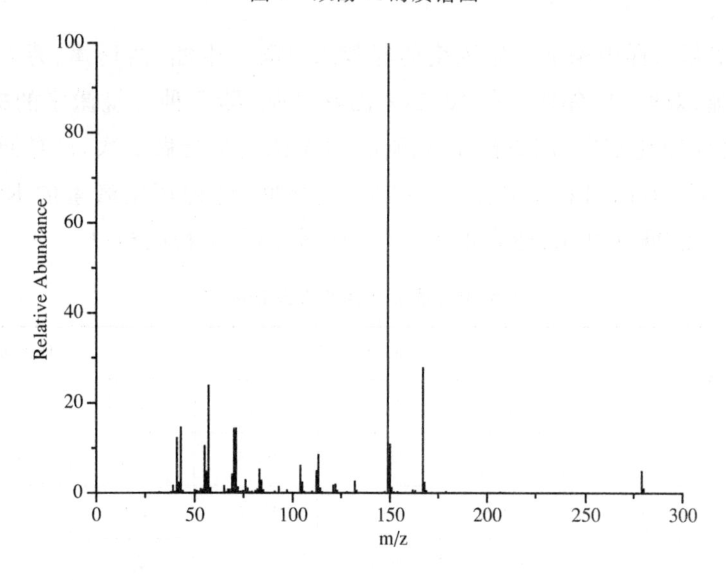

图 10 邻苯二甲酸二(2-乙基己基)酯的质谱图

3.4 标准曲线和检出限

分别把已配好的 7 种环境激素标准储备液 1.1 主要仪器与试剂中没有说明七种环境激素标准储备液如何配制,各组分的比例是如何确定的,有何依据?),每种组分标准混合浓度分别为 0.1μg/L,1μg/L,2.5μg/L,5μg/L,10μg/L,25μg/L,50μg/L,100μg/L 的混合溶液,用该方法进行分析,每个浓度水平的样品平行进 3 针,根据 8 个浓度水平绘制标准工作曲线,以各化合物的峰面积为纵坐标,浓度为横坐标,结果列于表 2 中。如表 2 所示,

7 种环境激素线性范围(1～100μg/L)良好,可以满足定量分析和最大残留限量的检测要求。

表 2　　七种组分的线性方程及检测限

分析物	标准曲线	R^2	检测限/($\mu g \cdot L^{-1}$)
邻苯二甲酸二甲酯	$Y=100345X+37358$	0.9992	0.003
西玛津	$Y=21199X+17509$	0.9967	0.027
莠去津	$Y=27162X+10549$	0.9973	0.024
甲草胺	$Y=33621X+8209.5$	0.9949	0.015
邻苯二甲酸二丁酯	$Y=160633X+32951$	0.992	0.010
双酚 A	$Y=34425X+23628$	0.9922	0.066
邻苯二甲酸二(2-乙基己基)酯	$Y=86272X+13945$	0.9928	0.013

3.5　加标回收率和精密度

在取来的实际水样中添加一定浓度的邻苯二甲酸二甲酯、西玛津、莠去津、甲草胺、邻苯二甲酸二丁酯、双酚 A、邻苯二甲酸二(2-乙基己基)酯 7 种环境激素的标准溶液,按照 1.2 固相萃取方法净化富集,用方法 1.3 测定,每个浓度平行做 5 次,计算回收率结果如表 3 所示。结果显示,加标回收率在 75%～95.4%之间;各种环境激素的 RSD 在 1.6%～7.3%之间。该方法准确可靠,适合水体中多种内分泌干扰物的检测。

表 3　　七种组分的加标回收率及精密度

分析物	加标回收率/%			精密度/%		
	10μg/L	25μg/L	50μg/L	10μg/L	25μg/L	50μg/L
邻苯二甲酸二甲酯	75.5	81.0	94.6	2.1	3.7	4.2
西玛津	92.8	95.0	95.4	3.9	5.1	4.8
莠去津	86.3	89.7	91.6	4.8	5.9	7.3
甲草胺	84.9	89.4	87.8	4.3	1.6	1.8
邻苯二甲酸二丁酯	77.5	80.2	76.7	2.5	2.3	2.1
双酚 A	86.7	84.8	85.0	5.5	7.0	6.9
邻苯二甲酸二(2-乙基己基)酯	76.1	80.0	75.0	3.4	5.3	5.6

3.6　实际水样的测定

对采来的实际水样按照实验建立的 SPE-GC/MS 检测法同时对 7 种环境内分泌干扰

物进行分析，检测结果见表4。

表4　温州市各水源中夏季水样检测结果　单位：ng/L

分析物	邻苯二甲酸二甲酯	西玛津	莠去津	甲草胺	邻苯二甲酸二丁酯	双酚A	邻苯二甲酸二(2-乙基己基)酯
市区自来水	—	—	—	—	—	—	—
A水库	—	—	—	—	0.56	—	0.67
B水库	—	—	—	—	0.39	—	0.84
C湿地	—	—	—	—	0.58	—	0.50
D湖	—	—	—	—	0.35	—	—
E河龙湾段	—	—	—	—	0.82	3.16	1.50
E河鹿城段	—	—	—	—	0.72	2.80	0.47
F江中游	—	—	—	—	0.44	—	—

从结果中可以分析得出：在所有测定的水样中，只检出邻苯二甲酸二丁酯、双酚A、邻苯二甲酸二(2-乙基己基)酯三种环境内分泌干扰物，最高残留邻苯二甲酸二丁酯、双酚A、邻苯二甲酸二(2-乙基己基)酯分别为0.82ng/L，3.16ng/L，1.50ng/L。从总体来看，被检测物质的含量远低于国家生活饮用水卫生标准GB 5749-2006的限定值0.01mg/L(双酚A)、0.003mg/L(邻苯二甲酸二丁酯)和0.008mg/L(邻苯二甲酸二(2-乙基己基)酯)[5]，但是，随着长时间大范围使用，水体中的残留量会不断增加，低含量长期作用也可能引起拟雌激素活性，因此，为了保证饮用水的安全，我们应该控在环境中降解释放出BPA、DBP和DEHP塑料制品的使用量[6]，提高大家的自觉意识以减少白色污染。

4　结论

本文采用SPE-GC/MS联用技术对水体中多组分内分泌干扰物的检测方法进行优化与比较，实现了水体中多组分内分泌干扰物的定性定量分析。该方法无须柱前衍生，分析结果更快速可靠，可以大大降低检验投入，减少检测时间，同时可大幅度增加对环境内分泌干扰物的监控能力。

参考文献

[1]　熊叶丹，万树青.水体中环境激素的种类与危害[J].广州化工，2010，38(1)：167-168.

[2]　赵翔，许兆义，张振宇，等.环境激素类物质在饮用水中去除方法研究[J].北方交通大学学报，2004，28(1)：69-73.

[3]　Jeannot R，Sabik H，Sauvard E，et al. Determination of endocrine-disrupting compounds in environmental samples using gas and liquid chromatography with mass spectrometry[J]. J Chromatogr A，2002，974(1-

2):143-159.

[4] Helaleh M I H, Takabayashi Y, Fujii S, et al. Gas chromatographic mass spectrometric method for separation and detection of endocrine disruptors from environmental water samples[J]. Anal Chim. Acta, 2001, 428(2):227-234.

[5] GB 5746—2006 生活饮用水卫生标准[S]. 北京:中国标准出版社,2007.

[6] 颜流水,郑鄂湘,杨晓燕,等. 固相萃取一液质联用法同时测定饮用水中双酚 A 和邻苯二甲酸二丁酯[J]. 分析试验室,2007,26(6):10-14.

高浓度双酚 A 对冲击和驯化污泥毒性的影响

赵建国　陈秀荣　赵　骏　鲍　征

（华东理工大学资源与环境工程学院，上海　200237）

摘　要　对经双酚 A(BPA)模拟废水逐步驯化和未经驯化的两个 SBR 中分别加入高浓度 BPA(40 mg/L)，探讨其对驯化和冲击 SBR 污泥毒性的影响。结果发现初期冲击 SBR 污泥受 BPA 冲击影响较大，出水 COD、BPA 和污泥毒性均明显高于驯化 SBR，其中污泥毒性平均高出 19.3%。20 d 后，冲击和驯化 SBR 均运行稳定，出水 COD 低于 60 mg/L，并且水相和泥相中均检测不到 BPA 的存在，但冲击 SBR 污泥毒性仍高于驯化 SBR，平均高出 7.2%。污泥毒性主要集中在内层 EPS 和胞内区域，外层 EPS 毒性较低。冲击和驯化 SBR 在单个运行周期中的污泥毒性变化趋势不同，冲击 SBR 污泥总毒性先降低后升高，而驯化 SBR 则相反。

关键词　冲击 SBR，驯化 SBR，污泥毒性，高浓度 BPA

1　引言

土地利用是一种处置剩余污泥经济而有效的方法[1-2]。但剩余污泥成分复杂，除含有植物所需的营养物质外，还可能含有重金属及难降解有机物等，因此一直是国内外研究的热点和难题[3-6]。目前的研究以去除污水中的重金属和难降解有机物为主[7-9]，而对去除重金属和难降解有机物后的污泥毒性研究较少。

双酚 A(2,2-二(4-羟基苯基)丙烷，BPA)是生产聚碳酸树脂和环氧树脂的重要原料，广泛存在于水体、土壤和沉积物中[10-12]。BPA 是一种内分泌干扰物，具有雌激素效应[13]，一旦进入人体能够干扰正常激素的作用，严重损害人体的健康[14]。痕量的 BPA 还会对水生生物造成严重影响[15-16]。鉴于 BPA 的广泛存在，本课题以 BPA 为目标污染物，研究其在生物降解过程中引起的污泥毒性变化具有显著意义。以期为 BPA 在水相的有效去除和污泥相有机毒性的消减提供一定的理论和技术支持。

2　材料与方法

2.1　污泥驯化过程

试验装置采用有效容积为 10 L 的 SBR 反应器，如图 1 所示。活性污泥取自上海市长桥污水处理厂(A2/O)曝气池污泥,用磷酸缓冲液清洗 3 次后曝气 24 h,以去除污泥吸附的有机物,最后将活性污泥加入到 SBR 反应器。试验采用模拟废水(表 1),以蛋白胨为唯一碳源,并通过投加尿素和 KH_2PO_4 补充 N 和 P,用 $NaHCO_3$ 调节 SBR 的 pH 为 7.4±0.2。进水 COD 浓度控制在 300 mg/L 左右。SBR 温度、污泥停留时间(SRT)、水力停留时间(HRT)和 DO 分别为 20±1℃、20 d、12h 和(2.5±0.5)mg/L。其中曝气和静置时间比为 1:1,即曝气 2 h,静置 2 h。经过一段时间的驯化培养后,出水 COD 在 30～60mg/L 之间,SBR 运行稳定。在此条件下,通过逐步提高 SBR 中 BPA 浓度(2.5 mg/L、5 mg/L、7.5 mg/L 和 20 mg/L)对活性污泥进行驯化处理。当 BPA 浓度为 20 mg/L 时,测得 SBR 水相和泥相中 BPA 浓度均低于液相色谱仪的检测限(0.01mg/L)且出水 COD 在 40 mg/L 左右时可认为 SBR 运行稳定。

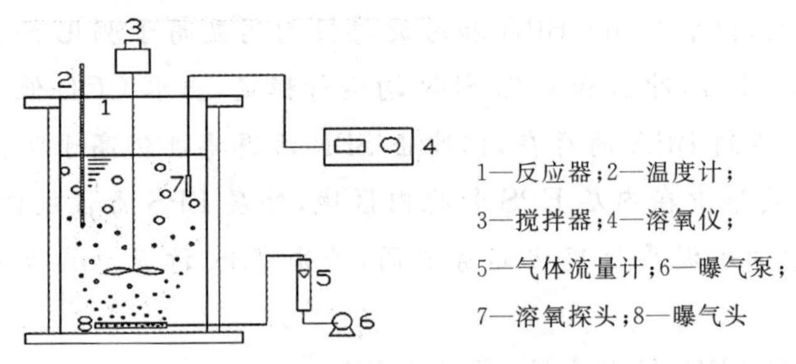

图 1　SBR 活性污泥反应器

表 1　　**模拟废水成分**

成分	浓度/(mg·L^{-1})
Peptone	330
$NaHCO_3$	360
Urea	32
KH_2PO_4	13
$CaCl_2$	0.73
$FeCl_3 \cdot 6H_2O$	0.45
$MgCl_2 \cdot 6H_2O$	1.33
$MnSO_4 \cdot H_2O$	0.30
BPA	2.5-40

2.2　试验方案

以蛋白胨为唯一碳源的 SBR 称为空白组。当 BPA 浓度为 20 mg/L 且 SBR 稳定运行阶段,提高 BPA 浓度至 40 mg/L,此 SBR 称为驯化 SBR。40 mg/L BPA 直接投加到空白组称为冲击SBR。在3个SBR运行过程中,考察其COD,水、泥两相中BPA含量和污泥毒性的变化。

2.3 测定项目及方法

(1) COD采用酸性重铬酸钾法测定,BPA采用岛津液相色谱仪LC-10ATVP测定。

(2) 污泥中胞外聚合物(EPS)采用阳离子树脂搅拌和高速离心的方法提取,污泥破碎后的提取液采用超声和高速离心的方法提取。提取EPS的方法较多[17],本试验采用的方法较温和,不能保证EPS全部被提出,因此称所提取的EPS为外层EPS,其余的为内层EPS+胞内。

(3) 污泥毒性采用明亮发光杆菌T3发光细菌法测定[18]。所用仪器为中科院南京土壤研究所研制的DXY-2型生物毒性测试仪。本文以相对抑光率来表征污泥毒性的大小。为保证试验结果的准确性,以3次平行样的平均值为最终污泥毒性。相对抑光率的计算式如下。

$$相对抑光率=(1-样品发光度/空白发光度)\times 100\% \tag{1}$$

由式(1)可知,相对抑光率越大,污泥的毒性越大。

3 结果与讨论

3.1 出水COD随运行时间的变化

图2是3个SBR在运行过程中出水COD随运行时间的变化规律。由图2可知,当进水BPA浓度为40 mg/L时,驯化SBR出水COD较空白组稍高(第1天),分别为54 mg/L和46 mg/L,此后出水COD跟空白组相当,甚至低于空白组。这说明经BPA逐步驯化的活性污泥已经形成降解BPA的优势菌群,故BPA浓度的提高对出水COD影响不大,驯化SBR运行稳定。而冲击SBR在1~15d,其出水COD明显高于空白组,第1天出水COD高达190 mg/L,而后逐步降低,20d后和空白组相当。这表明高浓度BPA对未经驯

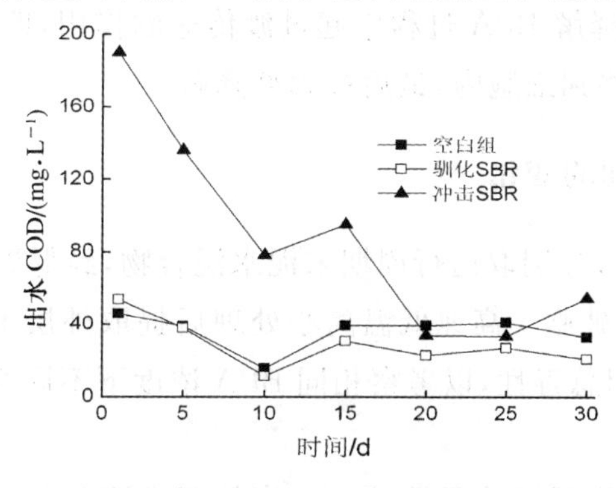

图2 出水COD随运行时间的变化

化的污泥有明显的毒性作用，严重抑制污泥活性，故初期出水COD较高。不过随着驯化时间的延长，污泥活性开始恢复，冲击SBR中也逐步形成降解BPA的优势菌群，故出水COD逐步降低至和空白组相当。

3.2 水相和泥相中BPA含量随运行时间的变化

当经BPA逐步驯化的活性污泥在处理40 mg/L的BPA废水时，测得SBR运行周期末水相、泥相和外层EPS中BPA含量均低于液相色谱仪的检测限(0.01mg/L)，这说明水相和泥相中的BPA已经被活性污泥完全降解，无BPA的累积。

表2　冲击SBR各分区BPA含量随运行时间的变化　单位:mg/L

BPA含量	时间/d										
	1	2	3	5	7	10	12	16	23	24	32
水相	23.29	46.07	41.23	42.01	43.64	45.96	42.53	24.66	<DL	<DL	<DL
泥相	4.91	7.68	8.49	9.97	10.11	6.5	3.33	1.84	<DL	<DL	<DL
外层EPS	1.16	1.15	2.49	2.65	3.65	2.03	2.46	1.03	<DL	<DL	<DL

注:"DL"是指液相色谱仪的检测限(0.01 mg/L)。

由表2可知，当40 mg/L的BPA投加到空白组活性污泥时，由于污泥内没有降解BPA的优势菌群，故1～12d，水相中BPA不降反增，甚至高于进水BPA。推断认为在此阶段，水相中BPA的去除主要是以吸附为主，降解作用较弱。至于出水BPA含量高于进水BPA则是由于前一个SBR周期吸附到污泥上的BPA在下一个SBR周期中出现解吸的现象造成。随着运行时间的延长，污泥活性逐渐恢复并开始降解BPA，故水相中BPA开始下降。23d后，水相中已检测不到BPA的存在。这说明23d后，冲击SBR内已形成降解BPA的优势菌群，水相中BPA已充分去除。

冲击SBR泥相中BPA的积累随运行时间先上升后下降，最后被完全去除。第7d泥相中BPA积累量达到最大值，为10.11mg/L。外层EPS中BPA浓度一直处于较低的水平，推断认为外层EPS在降解BPA过程中起过渡传递的作用，即污泥先将水相中的BPA吸附到外层EPS，而后转移到细胞内，最后被菌群降解。

3.3 污泥毒性随运行时间的变化

针对驯化和冲击SBR，分别取运行周期末泥水混合物，经低温阳离子树脂交换＋高速低温离心处理和低温超声破胞＋高速低温离心处理后提取外层EPS和污泥提取液，测其污泥外层EPS毒性和泥相总毒性，以考察相同BPA浓度下不同驯化条件对污泥毒性的影响，结果如图3所示。

由图3可知，冲击SBR污泥总毒性基本一直处于下降趋势，由第1天的61.4%降低至第36天的45.5%。对驯化SBR污泥而言，1～16d，污泥总毒性由41.4%下降至

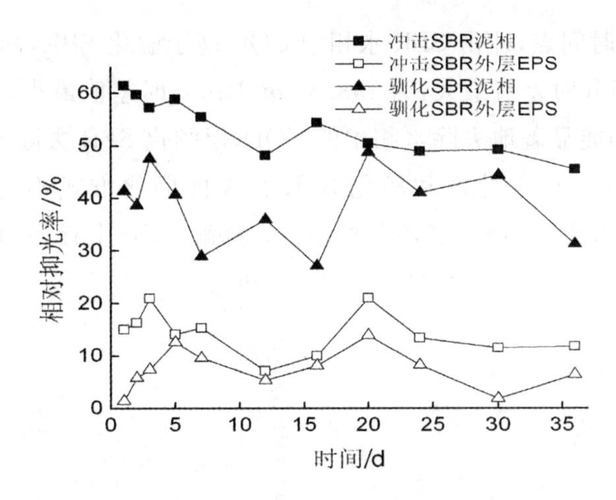

图3 污泥外层EPS毒性和总毒性随运行时间的变化

27.1%;20d时,污泥总毒性又上升至48.7%;20d后,污泥总毒性又逐步开始降低,直至降低到31.2%(第36天)。相同进水BPA浓度下,冲击SBR的污泥总毒性始终高于驯化SBR。1~16d,平均高出19.3%;16d后,污泥总毒性差值减小,平均高出7.2%。

冲击和驯化SBR污泥外层EPS毒性相对较低,均低于25%,这说明污泥毒性主要集中在内层EPS和胞内区域。由图3可以看出,冲击SBR污泥外层EPS毒性略高于驯化SBR,平均高出8.2%。

分析认为,高浓度BPA的突然加入对冲击SBR污泥存在冲击并诱导污泥分泌有毒的次级代谢产物,故初期污泥毒性较高。此后随着运行时间的延长,污泥活性开始恢复,BPA及其有毒的BPA中间产物和次级代谢产物开始被降解,故污泥毒性出现明显降低的现象。驯化SBR污泥同样对高浓度BPA的突然加入也表现出短暂的不适应,故前5天污泥毒性较高,但5d后,因BPA降解过程产生的BPA中间产物和次级代谢产物被迅速降解去除,故污泥毒性又明显降低。至于16d后污泥毒性上升,推断认为是随着活性污泥对BPA的持续降解,老化及死亡微生物逐步增多,故污泥毒性又出现升高。

相同BPA浓度下,冲击SBR污泥总毒性和外层EPS毒性始终高于驯化SBR。分析认为,冲击SBR污泥受BPA冲击明显,诱导污泥分泌产生更多的有毒次级代谢产物,并且部分毒性物质会释放到外层EPS;而驯化SBR污泥对BPA的加入仅会出现短暂的不适应,受冲击不明显,故毒性分泌物较少。

3.4 稳定运行阶段单个周期冲击和驯化SBR不同指标对比分析

23d后冲击和驯化SBR稳定运行,出水COD低于60 mg/L,水相和泥相中BPA含量均低于液相色谱仪的检测限。第32天,探讨单个运行周期中冲击和驯化SBR污泥不同时间COD、BPA和污泥毒性的变化规律。

3.4.1 单个运行周期中冲击和驯化SBR水相中COD和BPA的去除

由图4(a)可知,在单个SBR运行周期中,冲击和驯化SBR水相中COD随运行时间的延长而降低。在相同时间点,冲击 SBR 水相中 COD 高于驯化 SBR,两者差值随运行时间的延长而降低,在 0.5 h 时差值最大,为 153.8 mg/L;6 h 时差值最小,为 5.5 mg/L。这说明冲击和驯化 SBR 均能显著地去除水相中的 COD,但驯化 SBR 去除 COD 的速率明显高于冲击 SBR。分析认为,由于冲击和驯化 SBR 污泥的驯化方式不同,故可能导致两个 SBR 中的菌群结构存在差异,而后者的菌群结构在降解 COD 上存在明显优势。

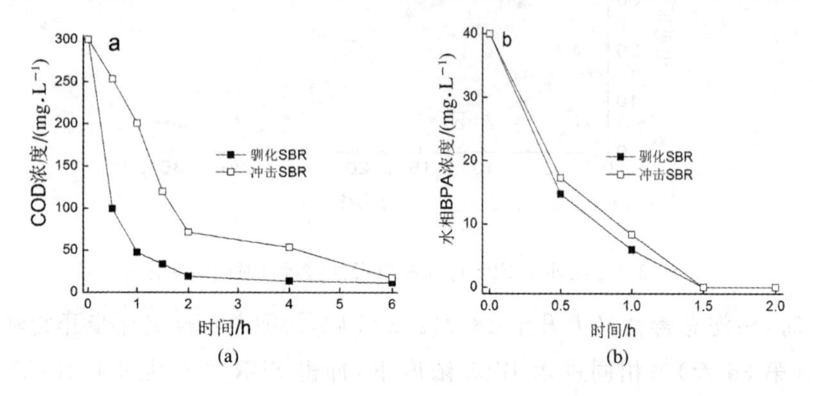

图 4　单个运行周期中冲击和驯化 SBR 水相中 COD 和 BPA 的去除

由图 4(b)可知,冲击和驯化 SBR 水相中 BPA 在 1.5h 后已基本完全去除。但由图中可以看出,驯化 SBR 污泥去除水相中 BPA 的速率略高于冲击 SBR。分析认为,BPA 去除速率不同和 COD 去除速率不同一样,均是由 SBR 内菌群结构不同引起。

3.4.2　单个运行周期中冲击和驯化 SBR 污泥毒性的对比

图 5 是单个运行周期中,冲击和驯化 SBR 污泥在不同时间点泥相总毒性和外层 EPS 毒性变化趋势图。

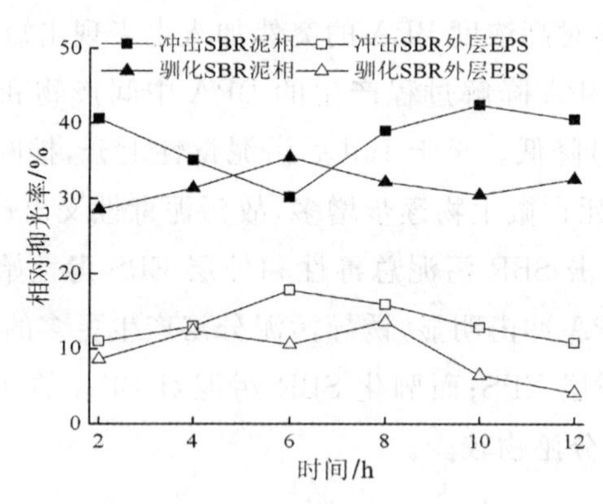

图 5　单个运行周期中冲击和驯化 SBR 污泥毒性对比

由图 5 可知,冲击 SBR 污泥总毒性和外层 EPS 毒性明显高于驯化 SBR。2～6h,冲击 SBR 污泥总毒性降低,由 40.6%降低至 30.2%,而后升高至 42.4%(第 10h),最后又下降至 40.5%(第 12h)。驯化 SBR 污泥总毒性则由 2h 的 28.6%升高至 6h 的 35.5%,10h 时下降至 30.5%,12h 时又有少量升高,为 32.6%。冲击和驯化 SBR 污泥总毒性变化趋势不同,分析认为:由于冲击 SBR 污泥稳定运行时间不长,SBR 内积累较多的由 BPA 诱导分泌的次级代谢产物和有毒的BPA中间产物，故前6h活性污泥在降解BPA的过程中会消耗部分毒性物质，污泥总毒性降低，而6h后，SBR内营养物质匮乏，微生物发生内源呼吸，部分微生物老化和死亡，故又导致污泥毒性升高。驯化SBR污泥毒性变化浮动较小，这说明经逐步驯化的污泥稳定性较强，其毒性受BPA影响不大。冲击和驯化SBR外层EPS毒性均较低，一般低于20%。

4 结论

在经BPA模拟废水逐步驯化和未经BPA驯化的两个SBR中加入高浓度BPA(40mg/L)，考察其对驯化和冲击SBR污泥毒性的影响。主要得到以下结论：

(1) 高浓度BPA的加入对冲击SBR污泥影响较大，而对驯化SBR污泥基本无影响。初期冲击SBR出水COD和BPA明显高于驯化SBR。20d后，冲击SBR运行稳定，出水COD和BPA与驯化SBR基本相同。

(2) 冲击SBR的污泥总毒性始终高于驯化SBR。前16d，污泥总毒性平均高出19.3%，20d后平均高出7.2%。污泥毒性主要集中在内层EPS和胞内区域，外层EPS较低。

(3) 冲击和驯化SBR运行稳定后，单个运行周期中污泥总毒性变化趋势不同。冲击SBR污泥总毒性先降低后升高，而驯化SBR则先升高后降低。

参考文献

[1] Neus Roig, Jordi Sierra, Esther Marti, et al. Long-term amendment of Spanish soils with sewage sludge: Effects on soil functioning[J]. Agriculture, Ecosystems and Environment, 2012, 158(9): 41-48.

[2] Oliver I W, McLaughlin M J, Merrington G. Temporal trends of total and potentially available element concentrations in sewage biosolids: A comparison of biosolid surveys conducted 18 years apart[J]. Science of the Total Environment, 2005, 337(1-3): 139-145.

[3] Kidd P S, Domingguez-Rodriguez M J, Diez J, et al. Bioavailability and plant accumulation of heavy mentals and phosphorus in agricultural soils amended by long-term application of sewage sludge[J]. Chemosphere, 2007, 66(8): 1458-1467.

[4] 陈同斌，黄启飞，高定，等. 中国城市污泥的重金属含量及其变化趋势[J]. 环境科学学报，2003，23(5)：561-569.

[5] Jing Zhang, Xiangui Lin, Weiwei Liu, et al. Effect of organic wastes on the plant-microbe remediation for removal of aged PAHs in soils[J]. Journal of Environmental Sciences, 2012, 24(8): 1476-1482.

[6] Zuloaga Z, Navaarro P, Bizkarguenaga E, et al. Overview of extraction, clean-up and detection techniques for the determination of organic pollutants in sewage sludge: A review[J]. Analytica Chimica Acta, 2012, 736(7): 7-29.

[7] Chan L C, Gu X Y, Wong J W C. Comparison of bioleaching of heavy metals from sewage sludge using iron-and sulfur-oxidizing bacteria[J]. Advances in Environrnental Research, 2003, 7(3): 603-607.

[8] Marchioretto M M, Bruning H, Loan N T P, et al. Heavy metals extraction from anaerobically digested sludge[J]. Water Science Technology, 2002, 46(10): 1-8.

[9] Samer Semrany, Lidia Favier, Hayet Djelal, et al. Bioaugmentation: Possible solution in the treatment of Bio-Refractory Organic Compounds (Bio-ROCs) [J]. Biochemical Engineering Journal, 2012, 69(12): 75-86.

[10] Yukio Kitada, Hodaka Kawahata, Atsushi Suzuki, Tamotsu Oomori. Distribution of pesticides and bisphenol A in sediments collected from rivers adjacent to coral reefs[J]. Chemosphere, 2008, 71(11): 2082-2090.

[11] Sara Rodriguez-Mozaz, Maria J L pezde Alda, Dami Barcel. Monitoring of estrogens, pesticides and bisphenol A in natural waters and drinking water treatment plants by solid-phase extraction-liquid chromatography-mass spectronmetry[J]. Journal of Chromatography A, 2004, 1045(1-2): 85-92.

[12] 王子莹，金洁，张哲贇，等. 土壤和沉积物中有机质对双酚 A 和 17a-乙炔基雌二醇的吸附行为[J]. 环境化学，2012，31(5)：625-630.

[13] Taro Urase, Tomoya Kikuta. Separate estimation of adsorption and degradation of pharmaceutical substances and estrogens in the activated sludge process[J]. Water Research, 2005, 39(7): 1289-1300.

[14] Vom Saal F S, Huges C. An extensive new literature concerning low-dose effects of bisphenol A shows the need for a new risk assessment[J]. Environmental Health Perspectives, 2005, 113(8): 926-933.

[15] Ya-ting Xie, Hai-bin Li, Ling Wang, et al. Molecularly imprinted polymer microspheres enhanced biodegradation of bisphenol A by acclimated activated sludge[J]. Water Research, 2011, 45(3): 1189-1198.

[16] Yukio Kitada, Hodaka Kawahata, Atsushi Suzuki, et al. Distribution of pesticides and bisphenol A in sediments collected from rivers adjacent to coral reefs[J]. Chemosphere, 2008, 71(11): 2082-2090.

[17] 罗曦，雷中方，张振亚，等. 好氧/厌氧污泥胞外聚合物(EPS)的提取方法研究[J]. 环境科学学报，2005，25(12)：1624-1629.

[18] 申荣艳，骆永明，孙玉焕，等. 长江三角洲地区城市污泥的综合生物毒性研究[J]. 生态与农村环境学报，2006，22(2)：54-58.

利用城市二级排放污水热量的城市污泥热干化系统技术

方跃飞　陈　俊　沈江涛　李昕琦

（上海市政工程设计研究总院（集团）有限公司，上海　200092）

摘　要　目前世界能源紧缺，高温双热源热泵也是节能型产品，节能率比普通热泵高70%。同时城市生活污水作为人类生活必不可少的附属品，蕴含着巨大的能量，可以成为优质的低温热源。介绍了利用城市污水和热泵作为热源，利用干燥机对城市污泥进行热干化的系统结构、工作原理和实验研究。该系统也可应用于干燥其他物料，如食品、药材等。

关键词　高温双热源热泵，带式干燥机，污水热量收集装置，挤条机

1　引言

20世纪70年代能源危机以来，城市生活污水作为人类生活必不可少的附属品，蕴含着巨大的能量，可以成为优质的低温热源，冬暖夏凉，在采暖季和制冷季水温都能保证变化不大，受气候影响较小。同时污水的水量稳定，是水源热泵的理想热源，节约了石化能源，减少了污染。

据资料报道，预计未来5年内，全国城镇污水处理厂每年将产生含水率80%污泥约3000万吨，按污泥量的1/4来计算，每年需处理的污泥量为750万吨。以每套设备处理10吨/天的量计算，共需该干燥系统2050套。并且污泥量每年以20%的速度递升，从而解决污泥处理不能达到最终处置的问题[3]。由于污泥中含有大量的磷、氮等有机物，因此，干燥后的污泥颗粒既可作为花圃、草坪、农田等的肥料，也可作为燃料与煤混合后一起燃烧，从而达到变废为宝的效果。

将城市污水热量与热泵组合作为热源对城市污泥进行热干化，热干化的污泥可以作为燃料进行焚烧，不仅节约能源还具有极大的应用潜力。

同时在其他众多行业也蕴藏着巨大的潜在发展空间，比如该系统也可应用于干燥茶叶、种子、食品、木材、药材、粮食、化工产品等众多行业。

2　城市污水热量收集装置、高温热泵干燥系统结构

该系统主要由城市二级排放的污水热量收集装置、干燥系统、热泵系统和微计算机监

测与控制系统以及它们之间的有机耦合原理等。其系统各部分流程原理[4]如图 1 所示。

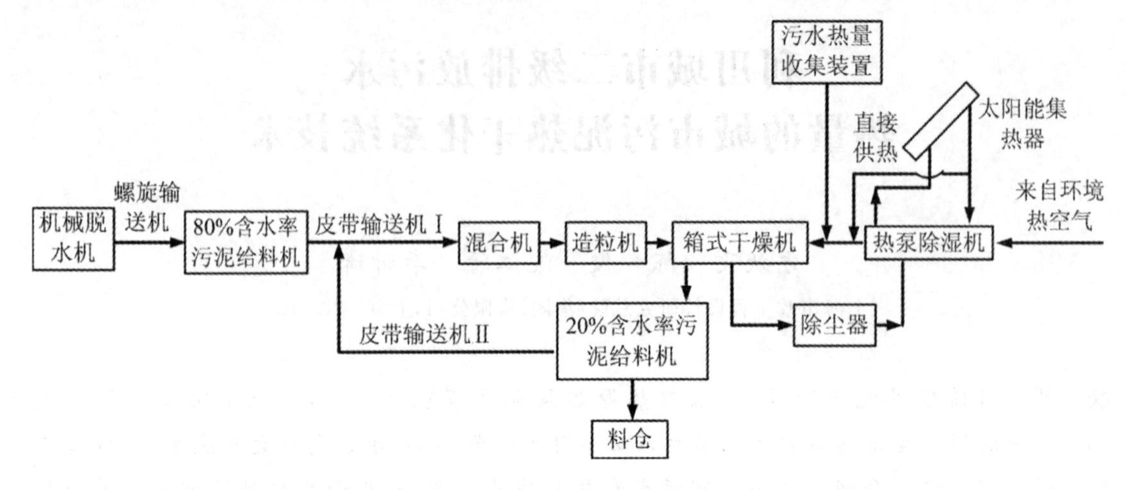

图 1　利用城市污水热量、高温双热源热泵干燥系统流程原理

(1) 污泥在脱水机中进行机械脱水,脱水后污泥含水率达 80%左右,经无轴螺旋输送机送至定量给料机,进行定量给料。

(2) 通过两套定量给料机分别将含水率 80%和 20%的污泥用皮带输送机Ⅰ、Ⅱ分别送至混合机内进行干湿污泥混合均匀。(这样做的目的是为了避免污泥在干燥过程中产生的胶黏特性,使之在干燥时不产生黏附板结,干不透现象,同时也扩展了可允许的湿污泥含湿量的波动范围)

(3) 在污泥混合机中,将 50%(含水率 80%)的湿污泥与 50%(含水率 20%)干污泥进行混合均匀,混合后的污泥含水率小于或等于 50%。

(4) 混合污泥流至造粒机进行造粒,粒径为 3mm,颗粒必须均匀而坚实,成品率大于 98%。

(5) 连续式多组不锈钢网带干燥机,为封闭的长方形机体,有效干燥面积 15.6m^2。粒状污泥通过旋转给料阀和布料器,均布在不锈钢网带上,传送带速度和布泥厚度可实现自动调整。干燥机内热风温度大于 80℃,干燥机内配置了良好的热风循环系统。热风经风机向传送带循环送风,对颗粒污泥进行干化,最后达到含水率小于或等于 20%的颗粒污泥经旋转阀门送出箱式干燥机。吸收颗粒污泥中水分的湿热气体经引风机排出送至除尘装置除尘,然后送至热泵除湿[5]。

(6) 热泵由压缩机、冷凝器、节流装置和蒸发器组成。其中流动的工质在蒸发器中吸收了干燥机内排出的湿热气体中的热量,从低压液态工质蒸发成低压蒸气,经压缩机增压成高温高压的蒸气;在冷凝器中,高温高压的工质释放出热量加热除湿后的干燥气体,而工质本身则从气体冷凝成高压液态,通过节流装置对高压液态工质产生了阻塞效应,降低了压力,如此反复则形成热泵制热除湿的循环[6]。

箱式干燥机排出的气体,是含水分很高的湿热气体,其相对湿度在 75%～80%,当进入热泵的除湿蒸发器时,由于蒸发器表面温度低于气体露点温度,在蒸发器表面将水冷凝下来，以液态水的状态排出系统外。使温热气体相对温度下降，成为干燥气体后进入热泵增热为污泥干化提供热量，气体在干燥机内为等焓增温降温过程，在热泵内为除湿增温过程，热泵排出热风温度≥90℃。该系统采用了性能良好的高温共质和高效节能的除湿制热机组，热泵的制热系数 *COP*＞4。

(7) 城市污水热量收集装置。自然界中存在着大量的不能为人类直接利用的低品位能源，它们广泛分布在空气、土壤、地下水、地表水、生活污水、工业废水中。能源的紧张，让我们开始对这些低品位能源有了更多的关注。它们中有许多都是可再生能源，没有污染，而且可以源源不断的供给。城市生活污水作为人类生活必不可少的附属品，蕴含着巨大的能量，可以成为优质的低温热源，冬暖夏凉，在采暖季和制冷季水温都能保证变化不大，受气候影响较小，因此设计了一种城市污水热量收集装置，能充分吸收城市污水的热量。

3 利用城市污水热量、高温热泵干燥系统工作原理

采用干燥技术“污泥造粒与带式干燥系统”、可再生绿色廉价能源“城市污水热泵系统”结合起来对污泥进行干化处理并加以利用。同时在夏天太阳能充足情况下也可利用取之不尽的太阳能。关于城市污水热量、高温双热源热泵干燥系统的热源流程原理图及它们的耦合原理[5-7]如图 2 所示。

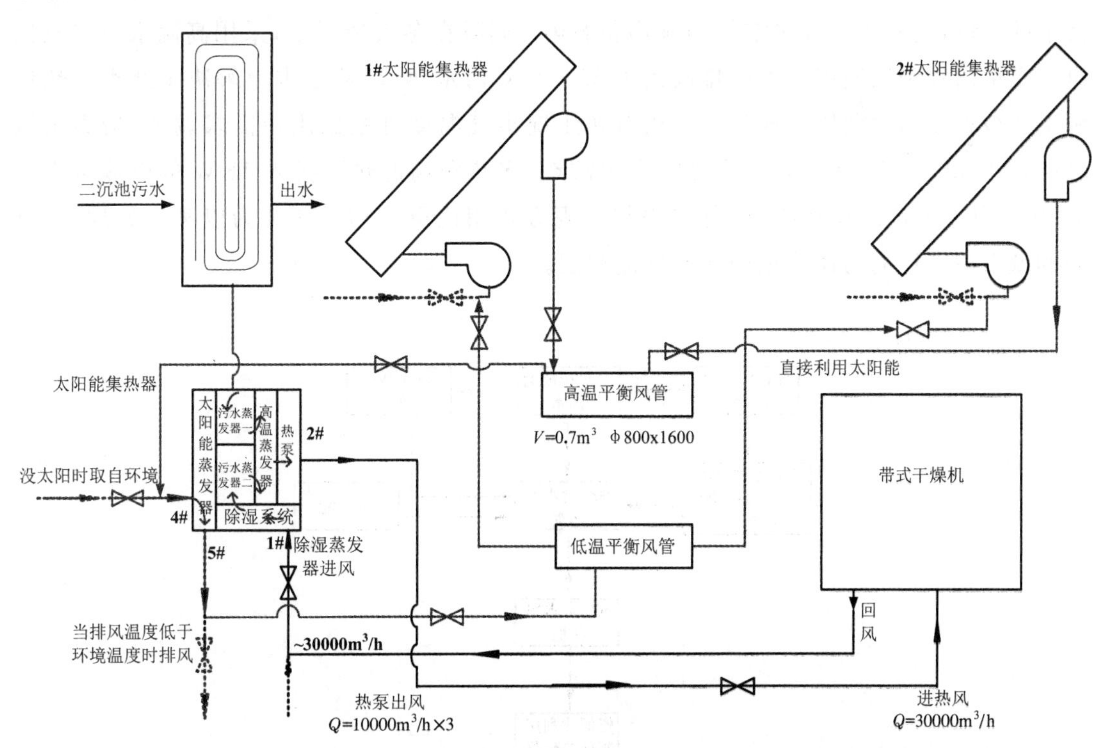

图 2　利用城市排放污水热量的高温双热源热泵干燥系统有机耦合原理

关键工艺如下：

3.1 干泥返混

进料含水率的变化对于干化系统来说是非常重要的经济参数。这个数值越低，意味着投资更大。此外，它还是一个有关安全性的重要参数。

解决湿泥含水率变化敏感性的最好方法是在可能的范围内降低最终产品的含固率。当最终含固率从 90%降为 80%时，理论上可允许 5 个百分点的波动(如设定 20%，而实际 25%)。

大多数全干化工艺都采用了干泥返混。这样做的目的一般都是为了避免污泥的胶黏相特性使之在干燥器内易于黏着、板结，另外一个好处正是由此扩大了可允许的湿泥波动范围。

干泥返混一般要求将原含固率 20%～25%的湿泥，经过添加相当于湿泥重量 1～2 倍的已经干化到 90%以上的干泥细粉，将其混合到平均含固率 60%～70%。从绝干物质量上增加了 7～10 倍以上。如果将干燥器的湿泥进料含固率设定为 60%，其最高理论波动范围可以达到 66%，这对返混工艺来说应该是可以轻松实现的了。

3.2 采用多热源高温热泵工艺

由于中高温热泵有良好应用前景，在我们已经制造成功的高温热泵进行实验，目前的系统自身的匹配性能比国外稳定，在国内具有领先水平。

利用太阳能、污水热量的多热源高温热泵在运行中不仅充分利用太阳能热源和城市污水的热量，还回收了湿热空气的显热和潜热。同时在冬天情况下，采用高温水源热泵机组可直接回收利用城市污水厂排放的 10℃～15℃污水热量，从根本上解决了此类余热资源不能被直接回收利用的现状。机组制热工况出气温度可根据用户需求调节，最高出风温度可达 90℃～100℃，满足污泥的干燥需求。多热源高温热泵投入 1KW 的电能可得到 3.5KW 以上的高品位热能，运行费用与常规方式相比更节约。图 3 为以某日处理 14 万吨的城市污水厂的污泥能量回收干燥流程图。

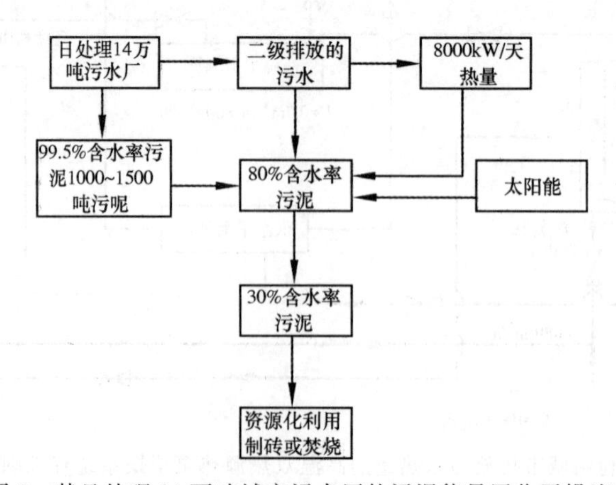

图 3　某日处理 14 万吨城市污水厂的污泥能量回收干燥流程

4 太阳能、高温热泵干燥系统试验

4.1 开发利用城市污水热量、高温双热源热泵污泥系统

以BOT形式承建的江都污水厂建立利用城市污水热量、多热源热泵干化污泥示范工程，进行为期一年的运行，进行各项性能的试验。

(1) 试验时，污泥处理项目的主要技术参数如下：

污泥处理量：30t/d，1.17t/h。

污泥初含水率：$W_{初}\leqslant 80\%$ 。

污泥终含水率：$W_{终}\leqslant 20\%$。

水分蒸发量：760kgH_2O/h。

干燥污泥产量：10.1t/d。

污泥干燥所需热量：2234400kJ/hv。

占地面积：140m^2。

(2) 经过试验得出该系统的如下参数：热泵输出气体温度100℃干燥机内温度≥80℃热泵性能参数*COP*为4～5，即热泵提供热量是电耗的4～5倍*WPE*＝5～6(热泵比水率，即每度电可脱水5～6kg)。

4.2 优化设计

在实验初期采用手动进行控制，当调试完成达到各项目标后，用基于串行通讯的分布式污泥干燥计算机控制系统，采用探针插入污泥中，反馈出含水率。通过一系列的试验，对系统的内部特性参数(包括蒸发器和冷凝器结构、压缩机容量、工质性质、系统匹配的合理性等)、外部特性参数(环境温度、室外风速、干燥箱的温度风速)，对系统运行中影响系统供热连续性和稳定性的因素进行分析并采取措施。得出该系统各种性能参数后，在此基础上对整个系统进行了优化设计，通过调整参数使整个系统保持热源供应稳定和运行稳定，使无故障运行时间达到1000h。

5 结论

通过用户使用，对产品进行了跟踪监测，对利用城市污水热量、高温多热源热泵干燥系统进行了优化设计，加强了系统节能和供热运行的稳定性、连续性，推进系统实用化的进程。它具有如下一些特点：

(1) 能耗费用低，运行成本低。高温多热源热泵干燥机在运行中除了充分利用城市二级排放的污水热源，还回收了湿热空气的显热和潜热，能量得到了充分合理的利用，是一

种高效节能的设备。

(2) 不污染环境。被干燥物料在封闭箱内循环加热干燥,不需向周围排湿,没有有害的异味气体外溢,使整个操作保持环境清洁。高温双热源热泵使用工质不污染环境、安全经济。

(3) 干燥物料质量好。干燥物料是在封闭空间循环进行,不受外界气候影响,一年四季均可在同一条件下运行,因此干燥质量稳定,且操作可靠,自动化程度高。

(4) 垃圾处理环保化、减容化。有效处理城市污泥处理处置的问题,并使污泥大大减少体积。

(5)可产生热值较高的燃料及有机肥等附产物。

(6)可应用于干燥茶叶、种子、食品、木材、药材、粮食,化工产品等到众多行业。

参考文献

[1] 尹军,谭学军. 污水污泥处理处置与资源化利用 [M]. 北京:化学工业出版社,2005.

[2] 张壁光,刘志军. 太阳能干燥技术[M]. 北京:化学工业出版社,2007.

[3] 于才渊,王宝和,王忠喜. 干燥装置设计手册[M]. 北京:化学工业出版社,2005.

[4] 中国石化集团上海工程有限公司. 化工工艺设计手册[M]. 北京:化学工业出版社,2003.

[5] 基伊 B B. 干燥原理及其应用[M]. 上海:上海科学技术出版社,1986.

[6] 陈忠海. 热工基础[M]. 北京:中国电力出版社,2002.

[7] 刘相东. 常用工业干燥设备及应用[M]. 北京:化学工业出版社,2005.

大气环境保护

长三角地区夏季深对流特征及其对CO的垂直输送作用

易明建

（安徽省环境科学研究院，合肥　230071）

摘　要　利用A-train系列卫星提供的云和大气成分探测结果，统计了长三角地区夏季深对流气候特征，并通过一个典型个例分析了深对流对低层大气中污染组分的垂直输送作用。结果表明：长三角地区深对流云顶高度最集中出现在15km高度，比西部内陆地区略低，但明显高于东面海洋。强对流发生后，自对流层上层至平流层，CO混合比大幅增加。CO的增加同时还对应了垂直速度的增加。可以推断：正是深对流系统中上升运动，将低层高浓度CO直接向上输送，增加了上层大气中CO的浓度。

关键词　长三角地区，深对流，CO

1　引言

对流层是地球大气层靠近地面的一层，集中了约75%的大气质量和90%以上的水汽质量，对流层顶以上为平流层。对流层顶高度随地理纬度和季节而变化，它的高度因纬度而不同，在低纬度地区最高，极地最低，并且夏季高于冬季。对流层顶是地球大气对流层与平流层的过渡层，也是对流层大气与平流层大气进行物质和能量直接交换的关键区域，这里的大气微量成分不仅是对流层与平流层之间动力输送的示踪物，还是影响光化学过程和大气辐射平衡的关键因子[1-4]。由于对流层集中了大部分地球大气质量，人类生产和生活排放的污染气体首先引起对流层浓度的升高。同时，在一些强对流系统中，空气垂直运动尺度很大，可以从对流层一直延伸到平流层。对流系统上部甚至可以穿过对流层顶，直接进入到平流层[5-7]。如Liu and Zipser[8]通过5年时间对TRMM（Tropical Rainfall Measuring Mission）资料的统计发现，约有1.3%的热带对流系统可以达到14 km高度，其中陆地上深对流发生的频率要比洋面高。亚洲季风区和西太平洋是夏季深对流发生最为集中的地区。

深对流的垂直输送作用可以影响到多种大气成分的浓度变化。对流活动中的向上输送及其混合过程是影响对流层顶水汽变化的重要过程[9,10]。对流活动还能引起对流层顶其他的一些微量气体（如CO、O_3等）分布的变化。Dessler[11]的研究发现，对流层上部（即370K等位温面以上）多达60%的空气可以通过平流层底部（即380K等位温面）向上逸出。一些对流层低层排放的微量气体(如CO和CH_4等),也会由于对流活动的垂直输送,上升至对流层顶附近甚至进入到平流层[12]。

近20年来,长三角地区社会经济飞速增长,城市化、工业化和机动化发展迅速。庞大的能源消费总量、快速发展的重化工产业、高强度的工业活动和密集的交通运输形成高密度立体式大气污染物排放体系,长三角地区的环境空气质量造成了前所未有的压力。大气中的气态污染物,如CO等,不仅造成城市空气环境质量恶化,还存在着对区域气候的潜在影响。长三角地区大部分位于副热带区域,夏季深厚对流比较活跃,近地面排放的污染气体极有可能通过强烈的对流运动向上输送到对流层上部,甚至穿透对流层顶进入到平流层,从而影响对流层与平流层之间气候态的物质平衡。

2 数据和方法

本文主要使用了CloudSat DPC(Data Processing Center)发布的2B-GEOPROF和2B-GEOPROF-LIDAR资料。2B-GEOPROF包含了CPR沿卫星飞行轨道探测的雷达发射率廓线,卫星绕轨道1周约需99min,每天共有14条轨道,CPR每0.16s对大气发射一次探测脉冲,每条轨道上可以产生37088个云剖面。由于CPR可识别最小可分辨反射率因子为-30dBZ,CPR探测到的是光学厚度较大的大粒子云块,而CALIPSO搭载的CALIOP可以探测光学厚度很小的稀薄云顶。2B-GEOPROF-LIDAR是综合利用了CPR和CALIOP的探测结果的资料产品,提供了云的垂直结构信息,包括云量、层数、云顶高度和云底高度。

本文还使用了ECMWF提供的每6小时一次的大气基本要素资料,如地面气压、位势、风速等。ECMWF资料水平分辨率1.5×1.5,垂直方向分为60层,最高等压面为0.1hPa。

3 夏季深对流特征

3.1 对流层顶高度

本文对深对流的定义为,对流云底部低于3km,对流云顶部高于“动力对流层顶”(用2 pvu等位势涡度面表示),水平尺度大于10km。因此,我们首先统计了亚洲东部地区(10～40N,75～135N)夏季(6～8月)对流层顶特征,如图1所示。从图上可以看到,只有在30°N以北偏西地区发生对流层折叠的比例较大,其余地区发生对流层顶折叠的比例小于0.04。长三角地区发生对流层折叠的比例也低于0.04。对于发生对流层顶折叠的情形,相应的对流层顶高度取折叠部分的平均高度,并纳入季节平均及标准差的计算。结果表明,自低纬度向高纬度,对流层顶高度逐渐下降,长三角地区夏季平均对流层顶高度约

15km,标准差约为1km。

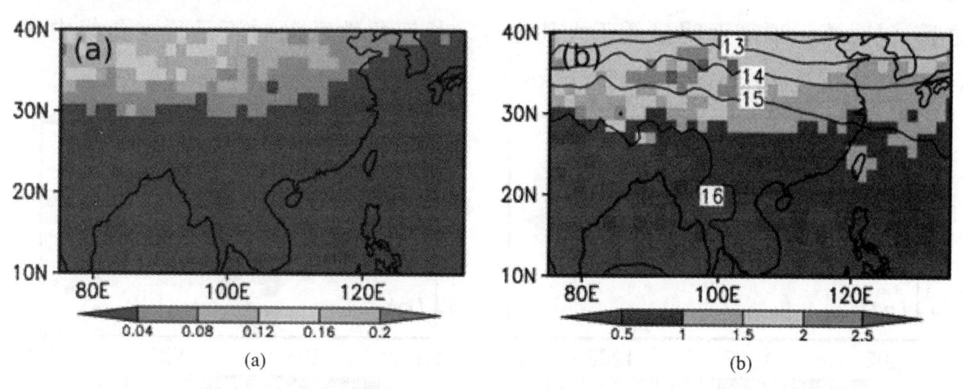

(a) (b)

注:等值线为平均高度,填色块表示标准差。

图1 夏季对流层折叠发生率和夏季平均对流层顶高度及其标准差

3.2 深对流分布特征

统计2006—2010年所有发生在夏季的CPR探测廓线,按1.5×1.5网格分别计算样本数。图2(a)显示,东亚地区每格点上样本数为300~600,长三角地区每格点样本数平均约为400个。2006年至2010年5年共计15个夏季月份,因此每格点上样本总数约为6000个,较大的样本数可以确保统计结果不至于出现由于样本数量不够所产生的偏差。从图2(b)可以看到,夏季深对流最为集中的地区为孟加拉湾和南海,平均发生率最大达到0.08。青藏高原东南部深对流发生的频次也比较大,部分格点上可以达到0.04。随着纬度增加,深对流发生频次逐渐减少,长三角地区夏季平均深对流发生频次在0.01左右,比热带地区小,但是比同纬度亚洲大陆内部要大。比较典型地代表了亚洲东部中纬度沿海地区的平均水平。

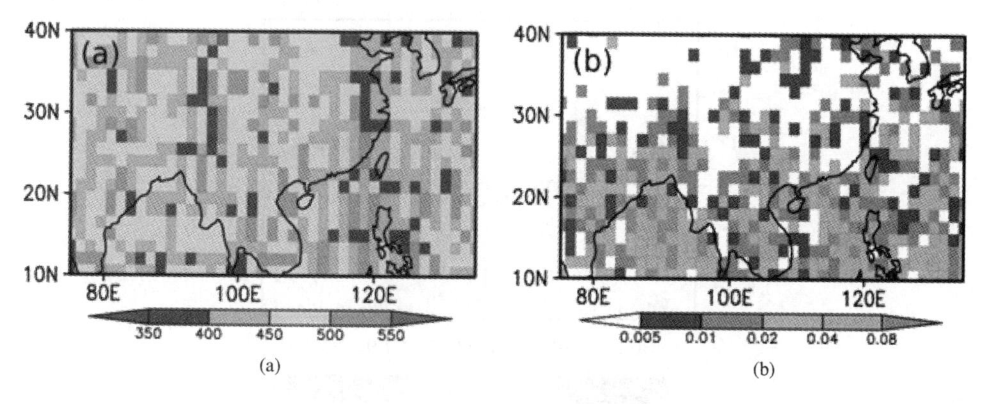

(a) (b)

图2 CPR月平均样本数和夏季平均深对流发生率

对流云的垂直结构特征可以进一步从对流云顶高度的分布得知。图3分别给出了纬向平均的和经向平均的对流云顶频次分布,以高度—经度(纬度)剖面图表示。亚洲东部地区夏季深对流云主要集中在15~18km高度。青藏高原上空对流云顶高度略高,可能受地面地形抬升影响所致。从青藏高原往东,深对流云顶高度有所下降,特别是在进入东海海面之后,深对流云顶高度明显低于大陆地区。长三角地区深对流云顶主要集中在 15km 附近,最大高度接近 18km,最低的约 13km。

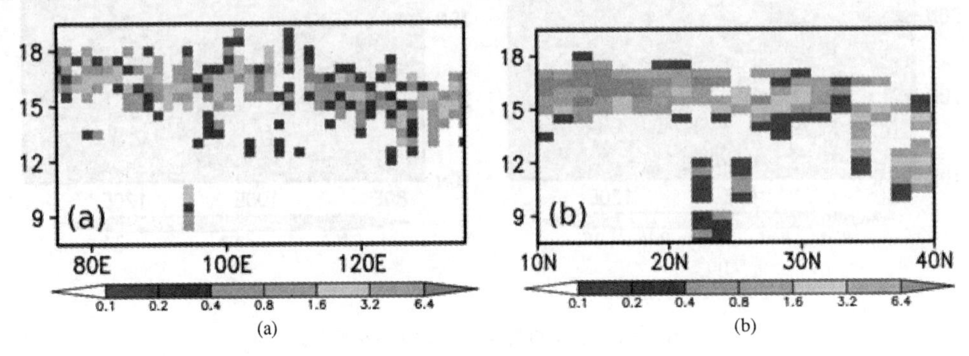

图 3　纬向平均的(27°N—33°N)对流云顶频次和经向平均的(117°E-123°E)对流云顶频次

4　对 CO 的垂直输送

4.1　深对流云个例

夏季发生在长三角地区的深对流中,我们选择了一个具有典型代表意义的个例。对流云发生在 2006 年 6 月 29 日,世界时 18 点 11 分。地点位于东经 118.5 度,北纬 33.5 度附近。从图 4 中可以看到,对流云顶高度约 14km,顶部有明显云砧。云体最大雷达反射率因子约 25dBZ,高度在 8km 附近。从对流云垂直结构可知,当地发生了较强的垂直对流运动。

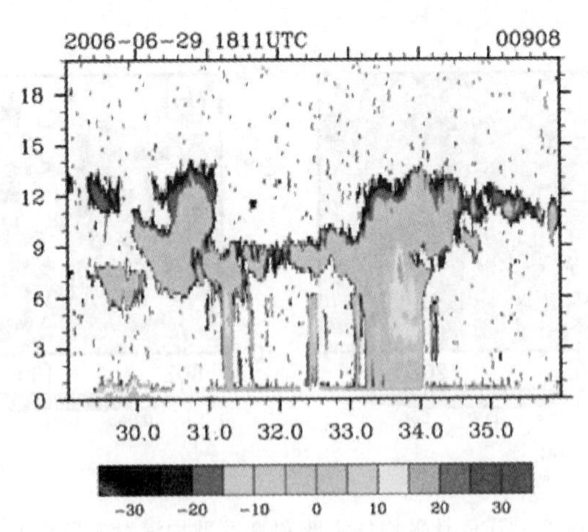

图 4　发生在长三角地区的一次深对流云雷达反射率剖面图(单位:dBZ)

为了证实深厚对流运动对低层大气成分的垂直输送作用,我们选取 CO 为例。CO 是以人类活动为主要排放源,对流层低层浓度较大,越往上浓度越低。如图 5 所示,在对流层200hPa附近,CO混合比浓度约为0.2ppmv,随着高度增加递减,到50hPa高度下降到只有不足0.03ppmv。深对流发生之前,对流区(图中白色虚线之间)低层CO浓度相比周边地区明显偏小,可能与强对流前上部冷却下沉有关;在对流层顶高度以上,CO浓度与周边地区相差不大,更加证实低层浓度下降可能是由于平流层空气下沉而引起的。

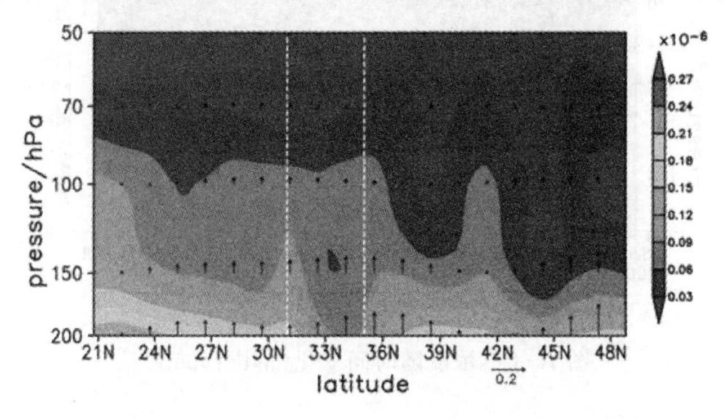

图5　深对流发生前CO垂直剖面图(单位:ppmv)

在深对流发生之后,对流层CO混合比从下至上都产生了显著改变,对流区CO浓度明显高于对流区以外地区。在200hPa附近,混合比浓度达到0.2ppmv,与对流发生前该高度上的平均浓度相当,远高于当地对流发生前。在70hPa高度,仍然能清楚看到高浓度CO区,混合比约为0.1ppmv,将近对流发生前的两倍。

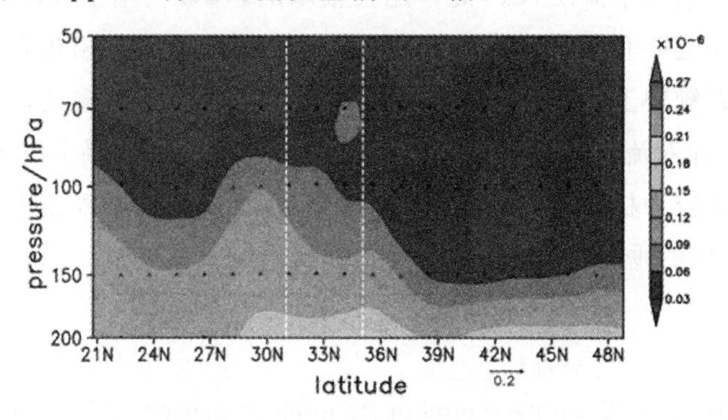

图6　深对流发生后CO垂直剖面图(单位:ppmv)

为了进一步得到CO混合比浓度随时间的变化,我们将对流区中CO浓度数值平均,然后按照时间坐标插值到每日零时,得到6月26日—7月3日之间CO浓度变化图,如图6所示。图6同时还给出了当地垂直速度的变化,图中黑色箭头表示,单位为Pa/s。从中可以看到,在27日和28日当地就已经开始零星出现偶上升运动,但是持续时间很短。直到29日凌晨前后,持续的上升运动开始了,之后的30日和7月2日垂直速度也较大,是因为当地又发生了两次对流过程。CO浓度分布显示:在200hPa一直到50hPa的高度上,CO混合比都出现了显著的增加,CO混合比增加的时间稍微落后于垂直运动的发展。由于深对流时间尺度都很短,一般都在12～24h。因此用垂直输送机制解释对流区上层空气中 CO 的增加是合理的:CO 浓度在低层要远高于上层,对流过程中强烈的上升运动将低层高浓度的 CO 直接带入上层,因而造成 CO 浓度增加。

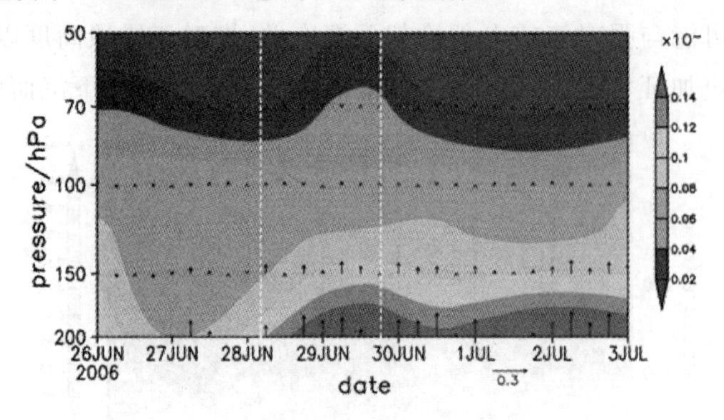

图 7　CO 浓度随时间变化(单位:ppmv)

5　结论

长三角地区位于东亚夏季季风区,夏季常有深对流运动发生。统计结果表明:长三角地区深对流云顶高度最集中出现在 15km 高度,比西部内陆地区略低,但明显高于东面海洋。本文对长三角地区一次典型对流过程的分析结果表明,对流前后 CO 浓度发生了显著变化,自对流层上层至平流层,CO 混合比大幅增加。CO 的增加同时还对应了垂直速度的增加,只是在时间上略有滞后,但是也与深对流系统时间尺度相吻合,因此有充分理由相信,正是深对流系统中上升运动,将低层高浓度 CO 直接向上输送,增加了上层大气中 CO 的浓度。因此,深对流过程中强烈上升气流有可能改变对流层上层至平流层的大气成分,使得低层大气中较为稳定、具有较长生命周期的污染气体随气流上升至较高海拔,从而改变该种污染气体的垂直分布,甚至有可能影响长期气候变化。

参考文献

[1] Sherwood S C, Dessler A E. On the control of stratospheric humidity[J]. Geophys. Res. Lett, 2000, 27 (16): 2513-2516.

[2] Salby M, Sassi F, Callaghan P, et al. Fluctuations of cloud, humidity, and thermal structure near the tropical tropopause[J]. J. Cliamte, 2003, 16(21): 3428-3446.

[3] 陈洪滨,卞建春,吕达仁. 上对流层-下平流层交换过程研究的进展与展望[J]. 大气科学, 2006, 05: 813-820.

[4] 卞建春,严仁嫦,陈洪滨. 亚洲夏季风是低层污染物进入平流层的重要途径[J]. 大气科学, 2011, 05: 897-902.

[5] Kuhn P M, Stearna L P. Radiometric observations of atmospheric water vapor injection by thunderstorms [J]. J. Atmo. Sci., 1971, 3093: 507-509.

[6] Kuhn P M, Lojko M S, Petersen E V. Water Vapro: Stratospheric injection by thunderstorms[J]. Sci-

ence,1971,174(4016): 1319-1321.

[7] Alcaca C M, Dessler A E. Observations of deep convection in the tropics using the Tropical Rainfall Measuring Mission (TRMM) precipitation radar[J]. J. Geophys. Res. ,2002,107(D24): 4792.

[8] Liu C T, Zipser E J. Global distribution of convection penetrating the tropical tropopause[J]. J. Geophys. Res. ,2005,110(D23): D23104.

[9] Sassi F, Salby M, Read W G. Relationship between upper tropospheric humidity and deep convection[J]. J. Geophys. Res. ,2001,106(D15): 17133-17146.

[10] Hassim M E E, Lane T P. A model study on the influence of overshooting convection on TTL water vapor[J]. Atmospheric Chemistry and Physics,2010,10(20): 9833-9849.

[11] Dessler A E. The effect of deep, tropical convection on the tropical tropopause[J]. J. Geophys. Res. , 2002,107(D3): 4033.

[12] Ricaud P, Barret B, Attie J L, et al. Impact of land convection on troposphere-stratosphere exchange in the tropics[J]. Atmospheric Chemistry and Physics. 2007,7(21): 5639-5657.

长三角区域 $PM_{2.5}$ 污染及其健康效应

宋鹏程　陆书玉

（上海市环境科学学会，上海　200233）

摘　要　长三角区域跨界污染明显并进入复合型污染阶段，$PM_{2.5}$ 已经成为该区域首要污染物，$PM_{2.5}$ 能够造成对人体健康和环境质量造成严重危害。对长三角地区污染特征、$PM_{2.5}$ 的组分、来源、污染机理、分布及对人体健康的危害进行了阐述，并对空气质量标准进行了比较分析。

关键词　$PM_{2.5}$，长三角，颗粒物污染，空气质量

1　我国城市空气环境标准状况

我国新发布的《环境空气质量标准》(GB 3095—2012)新增了 $PM_{2.5}$、O_3、CO 三项空气质量指标监测，收紧了 PM_{10}、NO_2、铅和苯并[a]芘的浓度限值，据环保部初步估算，按照新标准评价，城市空气质量达标的比例会有明显的下降，全国地级以上城市空气质量将有2/3不达标[2]。根据中国环境监测总站 2013 年 3 月及第一季度 74 个城市控制质量报告显示：参照《环境空气质量标准》(GB 3098—2012)，74 个城市总体达标天数比例为 54.4%，首要污染物为 $PM_{2.5}$、PM_{10}[3]。2011 年，34 个大中城市 PM_{10} 的年均值在旧标准下均达标，而在新标准下仅有 9 个城市达标。

美国于 1997 年率先制定了 $PM_{2.5}$ 空气质量标准，我国开展 $PM_{2.5}$ 的检测和研究时间较晚，图 1 为我国和美国开展颗粒物污染控制工作的时间路线图[4,5]。到 2010 年底为止，除美国和欧盟一些国家外，世界上大部分国家都仅对 PM_{10} 进行监测，并未开展 $PM_{2.5}$ 监测工作[5]。世界卫生组织(WHO)于 2005 年制定了 $PM_{2.5}$ 的准则值，WHO 同时设立了三个过渡期目标值，其中目标-1 标准最为宽松，目标-3 最严格。根据美国癌症协会和哈佛大学的研究结果，高于准则值，人群死亡风险就会显著上升。

京津冀、长三角、珠三角这些经济发达地区，恰恰也是灰霾天气等空气污染最严重的区域，同时也是我国人口最为密集的地区。这三个区域面积仅占我国国土面积的 8%左右，却消耗全国 42%的煤炭、52%的汽柴油、38%的用电量，拥有 43%的汽车，生产 55%的钢铁和 40%的水泥，单位平方公里污染物排放量是其他地区的 5 倍以上，SO_2，NO_x 和烟尘的排放量占全国的 30%。污染物的大量排放加剧了 $PM_{2.5}$ 的排放和霾的形成。而灰霾的形成，一方面由气象条件决定，另一方面也需要大气污染物作为物质基础，霾主要由 $PM_{2.5}$

组成，$PM_{2.5-10}$ 所占份额较小。

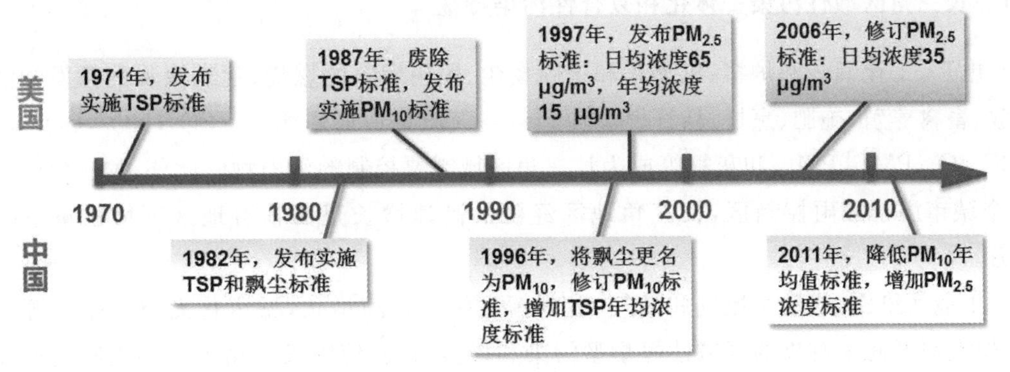

图 1　颗粒物污染控制工作的时间路线图（中国、美国）

2　长三角区域性大气污染特征

江苏、浙江和上海同处长三角区域且互相接壤，经济总量大，发展水平总体相当，能源结构和经济发展模式类似，大气污染物排放总量较大。从新的环境空气质量标准来看，长三角区域各城市 PM_{10} 浓度均超过二级标准年平均浓度 $70\mu g/m^3$ 的浓度限值，长三角区域各城市近几年 PM_{10} 年均浓度值见图 2[6]。

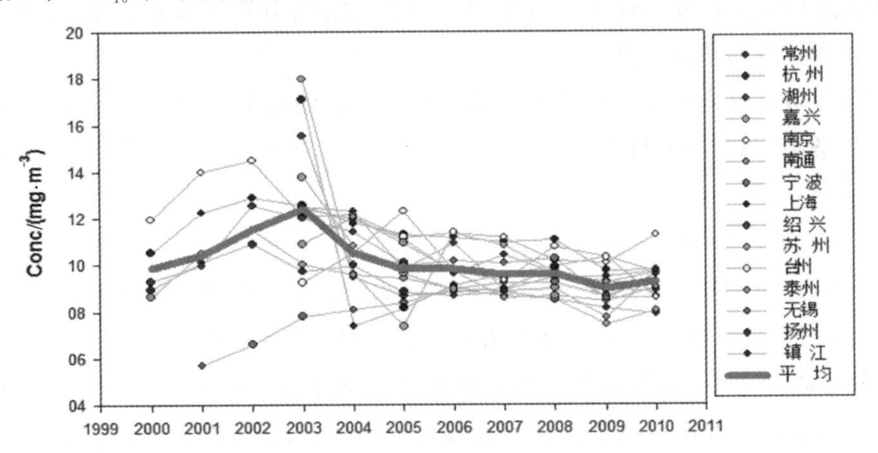

图 2　长三角各城市 PM_{10} 年均浓度值

在特定的地理和气象条件下，大气污染物排放在一定的空间尺度上扩散和累积，使得这些区域的大气污染问题和污染特征趋同，跨区域交叉污染严重，大气污染物季节性特征较为明显[7]。长三角区域是一个不可分割的整体，是中国跨界污染比较突出的区域之一。整个长三角区域污染防治的“联防、联控、联治”是区域环境质量得以控制和改善的重要条件。

2.1 长三角区域性污染一体化和复合性污染特征

电厂、工业锅炉和炉窑、机动车和道路扬尘、民用燃料的燃烧、建筑涂料的挥发和油气扩散、畜禽养殖、施肥、烹饪、秸秆燃烧均会对空气质量造成影响[8]。SO_2，NO_x，CO，NH_3，VOC_s，O_3，PM_{10}，$PM_{2.5}$和灰霾等成为长三角区域需要控制的污染物。此外，长三角区域有 14 个城市属于酸雨控制区，长三角地区经济的高速增长正面临着地区环境质量下降的压力。

工业污染源、机动车尾气和油气、溶剂挥发污染快速增长，城市化无组织排放源的增加，加上原来尚未解决的区域性煤烟型污染和扬尘污染，使得长三角大气污染物类型和浓度变化更加复杂[9]；长三角区域地势平坦，加上大气环流、海陆风造成城市间污染物相互影响和叠加；$PM_{2.5}$的寿命较长，可以在空气中停留几天并进行长距离输送。目前长三角尚未形成区域性治污合力，仍然处于各自为战的阶段；从而导致了长三角区域性大气污染和污染一体化的现象出现[10]。

长三角区域大气污染特征已从煤烟型污染转变成为复合型污染[11]。我国以煤为主的能源结构未发生根本性变化，煤烟型污染作为主要污染类型长期存在；同时机动车保有量持续增加，汽车尾气污染愈加严重，灰霾、光化学烟雾、酸雨等复合型大气污染物问题日益突出。在长三角区域，大气污染物排放高度集中、城市间大气污染物相互影响、区域污染特征呈现高度的趋同性和一致性。另外，不利的扩散条件导致污染物聚集，增大了气态污染物向二次颗粒物的转换机会。

长三角区域的复合型污染类型并不是各种污染物的叠加，而是由于一次污染物及形成的二次污染物在 O_3，·OH 等氧化剂的作用下，形成更高浓度的细颗粒物，其作用机理如下[12]：

NO_x＋HC＋阳光→O_3＋氧化剂(·OH\·HO_2)＋颗粒物

NO_x＋VOC_s＋UV→O_3＋氧化剂＋气溶胶(雾、烟、霾、霭、微尘和烟雾)

近年来，长三角城市空气中 O_3浓度有所升高，这同时表征了大气氧化性增强，人为的 VOC_s和 NO_x是大气氧化性增强的主要贡献者，因为它们和 O_3反应增加了·OH 的浓度。大气氧化性的提高主要由于强氧化性自由基浓度的增加，正常值是 10^6 个/cm^3，而现在大气中自由基的浓度可达 10^8 个/cm^3、O_3浓度仍然以每年 0.1%的速度增加，在 O_3的氧化环境下，VOC_s和·OH 的相互作用造成了大气中自由基的快速增值[13]。

2.2 $PM_{2.5}$成为首要污染物

据中国国家环保部的统计，中国长三角、珠三角、京津冀三大区域的城市群每年出现灰霾污染的天数达到 100 天以上，空气中细颗粒物($PM_{2.5}$)年均浓度超过世界卫生组织(WHO)推荐的空气质量标准指导值 2～4 倍[14]，长三角地区已成为全国 4 个灰霾污染严重地区之一[15]。气象部门统计显示：20 世纪 70 年代，南京市年平均灰霾日数为 13.9 天，

80 年代急剧增加到 64.6 天，90 年代达到 120.4 天，而 2000—2009 年年平均灰霾日数高达 150.5 天；其中的 2009 年，全市城区灰霾总日数为 211 天，占全年总天数的 57.8%，苏州则达到 160 天[16]。

霾粒子的尺度比较小，从 0.001～10μm 不等，平均直径只有 1～2μm，是肉眼看不到空中飘浮的颗粒物。霾的厚度比较厚，可达 1～3km，与晴空区之间没有明显的边界。如果空气能见度小于 10km，相对湿度又小于 80%，即可判识为霾[17]。最近统计数据表明，我国大气能见度呈现逐年递减的趋势[18]，我国大气能见度变化趋势见图 3。

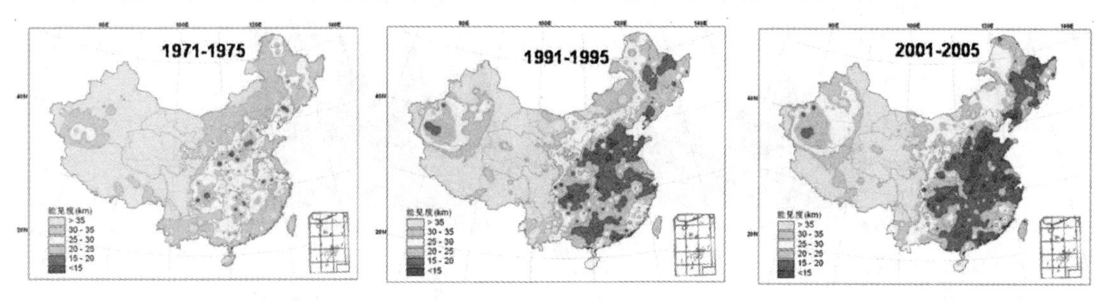

图 3　我国大气能见度变化趋势

南京、杭州、上海 2010 年、2011 年几个月度的大气能见度监测数据表明，三个城市均受到不同程度的霾污染，具体情况见图 4，而霾主要由 $PM_{2.5}$ 组成的，上海市的 $PM_{2.5}/PM_{10}$ 大约为 0.6[19]。南京、杭州与上海在 2011 年 7 月 19 日到 7 月 22 日的 $PM_{2.5}$ 和 PM_{10} 的浓度曲线图（图 5）显示：$PM_{2.5}$ 浓度均保持在较高水平，均出现超过新发布标准限值；$PM_{2.5}/PM_{10}$ 的比值均比较大，其中上海最为明显[20,21]。

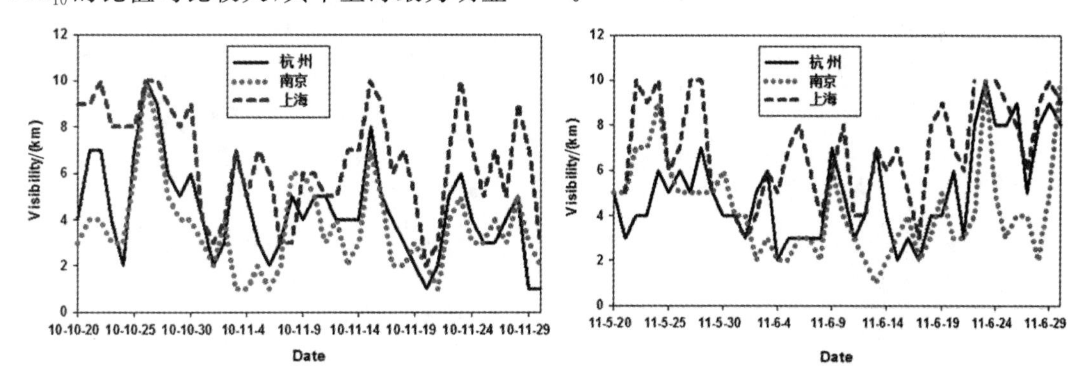

图 4　南京、杭州与上海相关月度大气能见度

从近几年南京、杭州、上海环境中 $PM_{2.5}$ 监测数据看，三个城市近几年 $PM_{2.5}$ 年平均浓度均超过新标准中 35$\mu g/m^3$ 的年平均浓度限值[22]，图 6 是南京、杭州与上海三个城市近几年 $PM_{2.5}$ 年浓度均值图[23]。研究表明，小粒子的酸性强于大粒子。粒子粒径的减小，粒子的酸度有所增加，燃烧产生小粒子含有酸性污染物转化形成的硫酸盐和硝酸盐气溶胶而呈现较强的酸性；来自于扬尘或风沙等的较大粒子通常含有碱性物质而呈现具有一定的碱性；这种污染特征也是南方地区普遍出现酸性降水的主要原因[11,24]。

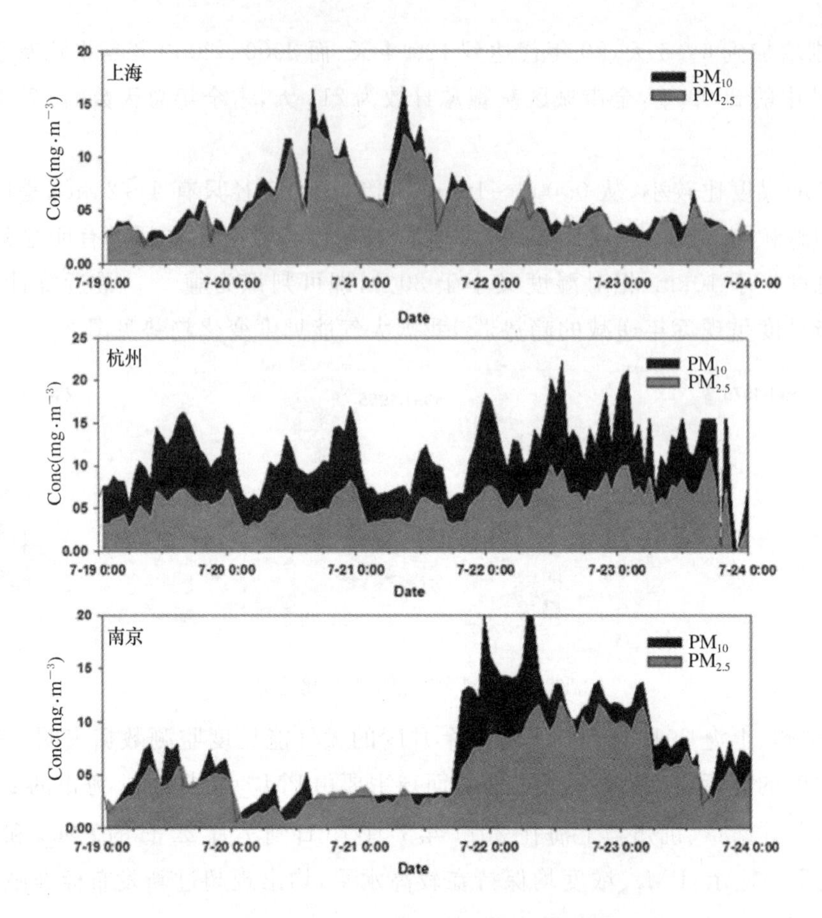

图 5　南京、杭州与上海 $PM_{2.5}$ 和 PM_{10} 浓度曲线图

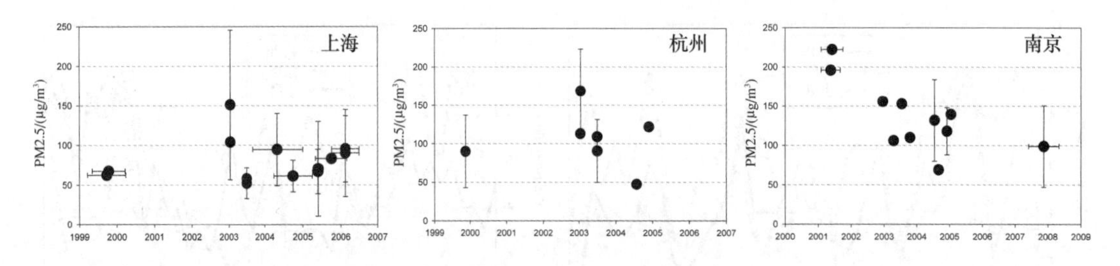

图 6　南京、杭州与上海 $PM_{2.5}$ 年浓度均值图

3　$PM_{2.5}$污染特征及健康效应

$PM_{2.5}$是由来自不同污染源的不同化学组分组成的一种复杂而可变的大气污染物，直径不到人头发丝直径 1/20，可以经过呼吸进入人体肺泡。虽然 $PM_{2.5}$ 在地球大气成分中含量很少，但对空气质量和能见度有重要的影响[25]。2004 年 10 月，唐孝炎院士主持北大课题组对珠三角区域 $PM_{2.5}$ 化学成分进行细分，弄清了 $PM_{2.5}$ 隐秘的内部结构，发现在平均浓度为 104$\mu g/m^3$ 的 $PM_{2.5}$ 中，有机物占 34.8%，硫酸根粒子和硝酸根粒子共占 31.3%，

其中有机物、硫酸根粒子、硝酸根粒子等均属二次气溶胶(细粒子)[26]。图7为2011年5—8月上海浦东和南京地区 $PM_{2.5}$ 的组分构成,图8为2010年浦东监测站 $PM_{2.5}$ 化学组分构成。

相比于粗颗粒物,更为细小的 $PM_{2.5}$ 降低大气能见度的能力更强,$PM_{2.5}$ 是灰霾引起能见度降低的主要原因[14]。可见光的传播受到颗粒物的阻碍,当颗粒物的直径和可见光的波长接近的时候,颗粒对光的散射消光能力最强。可见光的波长在0.4~0.7μm之间,而粒径在这个尺寸附近的颗粒物正是 $PM_{2.5}$ 的主要组成部分。

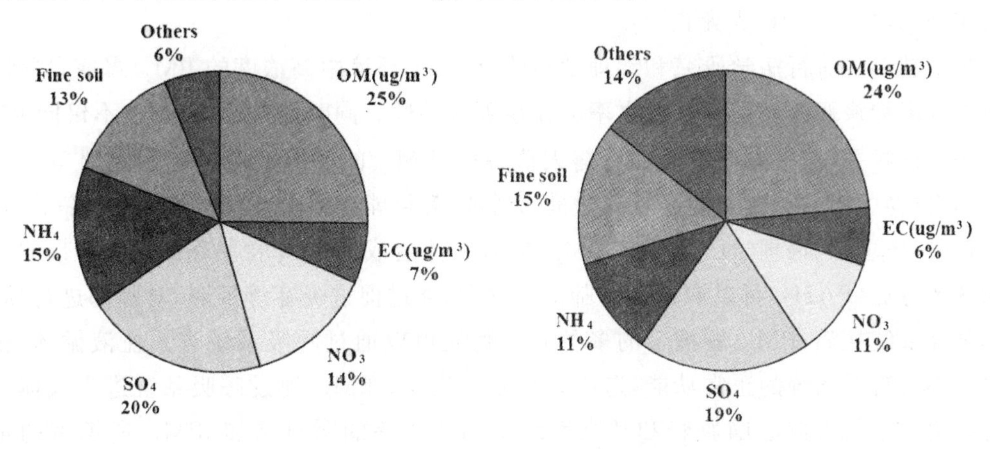

图7 上海浦东(左)和南京(右)地区 $PM_{2.5}$ 的组分构成

根据长三角细颗粒物浓度的统计分析来看,$PM_{2.5}$ 污染程度冬季最为严重、春、秋季次之,夏季最轻[29]。冬季气压偏高,容易形成逆温层且湍流运动受到抑制,形成不利于污染物的扩散条件;春季天气干燥,易出现扬尘及沙尘天气,对 $PM_{2.5}$ 升高有所贡献;秋季可能有生物质燃烧的贡献;夏季则主要为低气压,湍流运动活跃,空气对流强,利于污染物的扩散,夏季多雨天气对颗粒物洗刷而降低 $PM_{2.5}$ 的浓度[6,30]。

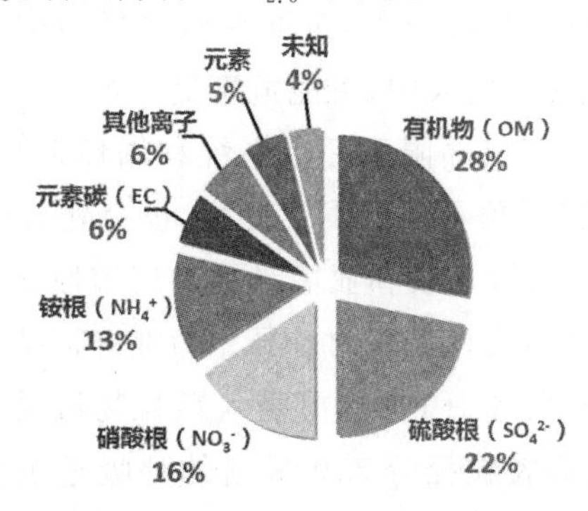

图8 2010年浦东监测站 $PM_{2.5}$ 化学组分构成

$PM_{2.5}$ 粒径小,质量轻,比表面积较大,其在平流层大气中的生命周期长达几天,甚至几年并长距离迁移。$PM_{2.5}$ 是污染物的载体,易于富集有毒、有害物质,如重金属(铅、砷、石棉)、有机毒物(苯并芘、二恶英、PAHs)、细菌、病毒等[31]。$PM_{2.5}$ 可进入呼吸道深部,并沉积于呼吸道和肺泡中，所以对呼吸系统和人体健康的危害更大，被吸入人体后会直接进入支气管，干扰肺部的气体交换，引发包括哮喘、支气管炎和心血管病等方面的疾病[32]。

$PM_{2.5}$沉降慢、波及面大而远，许多国家都制定了颗粒物的大气环境质量标准，以保护动、植物和人体健康，然而仅仅采取质量浓度限定，而不考虑其内在成分和特性，对于人体健康影响评价是远远不够的。世界卫生组织在 2005 年版《空气质量准则》中也指出：当$PM_{2.5}$年均浓度达到每立方米 35μg 时，人的死亡风险比每立方米 10μg 的情形约增加 15%。一份来自联合国环境规划署的报告称，$PM_{2.5}$每立方米的浓度上升 20 mg，中国和印度每年会有约 3.4×10^4 人死亡[33]。

越来越多的流行病学研究和毒理学实验，证实了环境中高浓度的$PM_{2.5}$暴露，同肺癌、冠心病等多种疾病的发病率和死亡率存在显著相关性。同时这种健康效应，不仅同$PM_{2.5}$的理化特征相关，而且对于不同的暴露人群特征，$PM_{2.5}$的健康效应也有所区别[34]。随着$PM_{2.5}$颗粒物中铝、砷、硫酸盐以及硅含量的增加，都可能导致$PM_{2.5}$造成的死亡率上升。

目前，病理学、毒理学已经证实$PM_{2.5}$能对人体造成的健康危害有：$PM_{2.5}$携带的重金属和多环芳烃(PAHs)可以深入人体肺泡并沉积，通过促进炎症等反应，对肺部进行损害，造成呼吸系统疾病；$PM_{2.5}$所携带的多种有害物质可以通过呼吸系统进入血液循环，影响人体的心血管等系统的正常功能，造成心脑血管疾病；$PM_{2.5}$通过呼吸系统进入人体的过程可以引起暴露人群心脑血管和呼吸系统疾病死亡率的明显增加；$PM_{2.5}$所携带的重金属、PAHs 等物质增大了暴露人群的罹患癌症的风险[35,36]。

$PM_{2.5}$的健康危害主要是对呼吸系统和心血管系统。$PM_{2.5}$暴露，会引起支气管上皮细胞粒细胞-巨噬细胞集落刺激因子分泌活动增强，引起和维持颗粒物诱导的气道亲炎症反应和支气管重建。对于不同人群，$PM_{2.5}$的健康危害有显著性差异。特别是对于老年人群或者患病群体健康危害更为严重。急性$PM_{2.5}$暴露增加，在老年人群中引起了心率变异性的降低$PM_{2.5}$暴露对阳性或隐性直立倾斜试验者，心率变异率的影响也有所不同[34]。$PM_{2.5}$暴露可能增强抗原呈递细胞的表型，进而导致过敏或自身免疫性疾病。这种作用，在胰岛素抵抗或氧化应激的糖尿病人中，可能危害更为严重。

$PM_{2.5}$对人群健康危害不仅仅局限于呼吸系统和循环系统，而且$PM_{2.5}$的危害特征会随着$PM_{2.5}$的成分不同或暴露对象不同而发生变化，也会随着地区的环境特点或人口学特征的不同而有所不同。$PM_{2.5}$由微米级和亚微米级的气溶胶组成，不同粒径的气溶胶在人体呼吸道中的沉积部位、沉积率均有显著的差异。为准确评估$PM_{2.5}$可吸入颗粒物对于人体健康的影响，不仅需要监测大气中$PM_{2.5}$可吸入颗粒物浓度，更有必要深入分析大气中气溶胶的粒径分布。基于气溶胶粒径分布和最新的呼吸道沉积模型，可以估算气溶胶在人体呼吸道各部位的沉积量，将有助于开展更细致的健康影响分析。

4 结论

上海是我国经济最发达的城市之一，随着工业和城市化的迅速发展，大气污染物的排放一直居高不下；同时由于整个长三角地区大气污染的区域污染问题和复合型污染特征持续存在，大气污染已成为影响环境质量和人民福祉的主要问题之一。大气污染物种类繁多，特征各异，由于我国 $PM_{2.5}$ 的法定监测时间较晚，资料累积较少，相关健康研究也起步较晚，与欧美发达国家的差距较大。发达国家的研究成果能否运用于上海尚存在疑问，目前需迫切开展中国 $PM_{2.5}$ 污染的组分、浓度、粒径分布与居民健康效应关系方面的研究。

参考文献

[1] 贾海红，王祖武，张瑞荣. 关于 $PM_{2.5}$ 的综述[J]. 污染防治技术，2003(S1)：135-138.

[2] 吉祝美. 环境空气质量标准新标准解读[J]. 污染防治技术，2012(06)：67-69.

[3] 中国环境监测总站. 2013 年 3 月及第一季度 74 城市空气质量报告[R]. 2013.

[4] 王占山，车飞，任春，等. 美国环境空气质量标准制修订历程[J]. 环境工程技术学报，2013(03)：240-246.

[5] 陈魁，董海燕，郭胜华，等. 我国环境空气质量标准与国外标准的比较[J]. 环境与可持续发展，2011(01)：47-50.

[6] 郭晓泽，单思行. 针对 $PM_{2.5}$ 的综述[J]. 能源与节能，2012(11)：58-59.

[7] 张艳，余琦，伏晴艳，等. 长江三角洲区域输送对上海市空气质量影响的特征分析[J]. 中国环境科学，2010(07)：914-923.

[8] 王会祥，唐孝炎，邵可声，等. 长江三角洲痕量气态污染物的时空分布特征[J]. 中国科学(D 辑：地球科学)，2003(02)：114-118.

[9] 杨新兴，冯丽华，尉鹏. 大气颗粒物 $PM_{2.5}$ 及其危害[J]. 前沿科学，2012(01)：22-31.

[10] Wang L，Jang C，Zhang Y，et al. Assessment of air quality benefits from national air pollution control policies in China. Part II：Evaluation of air quality predictions and air quality benefits assessment[J]. Atmospheric Environment，2010，44(28)：3449-3457.

[11] Kan H，Chen R，Tong S. Ambient air pollution，climate change，and population health in China[J]. Environment International，2012，42(0)：10-19.

[12] Pateraki S，Asimakopoulos D N，Flocas H A，et al. The role of meteorology on different sized aerosol fractions (PM10，$PM_{2.5}$，$PM_{2.5}$ 10)[J]. Science of The Total Environment，2012，419(0)：124-135.

[13] Nawrot T S，Kuenzli N，Sunyer J，et al. Oxidative properties of ambient $PM_{2.5}$ and elemental composition：Heterogeneous associations in 19 European cities[J]. Atmospheric Environment，2009，43(30)：4595-4602.

[14] Sun Y，Song T，Tang G，et al. The vertical distribution of $PM_{2.5}$ and boundary-layer structure during summer haze in Beijing[J]. Atmospheric Environment，2013，74(0)：413-421.

[15] Yu X，Zhu B，Yin Y，et al. A comparative analysis of aerosol properties in dust and haze-fog days in a Chinese urban region[J]. Atmospheric Research，2011，99(2)：241-247.

[16] Wang G，Wang H，Yu Y，et al. Chemical characterization of water-soluble components of PM10 and $PM_{2.5}$ atmospheric aerosols in five locations of Nanjing，China[J]. Atmospheric Environment，2003，37(21)：2893-2902.

[17] 陈晓秋，俞是聃，傅彦斌. 福州市春、冬季霾日与非霾日 $PM_{2.5}$ 及碳气溶胶污染水平与特征[J]. 中国环境监测，2008(06)：68-72.

[18] 傅敏宁，郑有飞，徐星生，等. $PM_{2.5}$ 监测及评价研究进展[J]. 气象与减灾研究，2011(04)：1-6.

[19] Wang Y, Zhuang G, Zhang X, et al. The ion chemistry, seasonal cycle, and sources of $PM_{2.5}$ and TSP aerosol in Shanghai[J]. Atmospheric Environment, 2006, 40(16): 2935-2952.

[20] Chen R, Wang X, Meng X, et al. Communicating air pollution-related health risks to the public: An application of the Air Quality Health Index in Shanghai, China[J]. Environment International, 2013, 51(0): 168-173.

[21] 王东方. 上海冬春季 $PM_{2.5}$ 中不挥发和半挥发颗粒物的浓度特征[J]. 中国环境科学, 2013(03): 385-391.

[22] Cheng M, You C, Cao J, et al. Spatial and seasonal variability of water-soluble ions in $PM_{2.5}$ aerosols in 14 major cities in China[J]. Atmospheric Environment, 2012, 60(0): 182-192.

[23] Fu X, Wang S, Zhao B, et al. Emission inventory of primary pollutants and chemical speciation in 2010 for the Yangtze River Delta region, China[J]. Atmospheric Environment, 2013, 70(0): 39-50.

[24] Xu L, Chen X, Chen J, et al. Seasonal variations and chemical compositions of $PM_{2.5}$ aerosol in the urban area of Fuzhou, China[J]. Atmospheric Research, 2012, 104 105(0): 264-272.

[25] 樊曙先, 徐建强, 郑有飞, 等. 南京市气溶胶 $PM_{2.5}$ 一次来源解析[J]. 气象科学. 2005(06): 587-593.

[26] Chan C Y, Xu X D, Li Y S, et al. Characteristics of vertical profiles and sources of $PM_{2.5}$, PM10 and carbonaceous species in Beijing[J]. Atmospheric Environment, 2005, 39(28): 5113-5124.

[27] Wang T, Jiang F, Deng J, et al. Urban air quality and regional haze weather forecast for Yangtze River Delta region[J]. Atmospheric Environment, 2012, 58(0): 70-83.

[28] Wang J, Hu Z, Chen Y, et al. Contamination characteristics and possible sources of PM10 and $PM_{2.5}$ in different functional areas of Shanghai, China[J]. Atmospheric Environment, 2013, 68(0): 221-229.

[29] 银燕, 童尧青, 魏玉香, 等. 南京市大气细颗粒物化学成分分析[J]. 大气科学学报, 2009(06): 723-733.

[30] Jerrett M, Buzzelli M, Burnett R T, et al. Particulate air pollution, social confounders, and mortality in small areas of an industrial city[J]. Social Science & Medicine, 2005, 60(12): 2845-2863.

[31] Gu J, Bai Z, Li W, et al. Chemical composition of $PM_{2.5}$ during winter in Tianjin, China[J]. Particuology, 2011, 9(3): 215-221.

[32] Abbas I, Saint-Georges F, Billet S, et al. Air pollution particulate matter ($PM_{2.5}$)-induced gene expression of volatile organic compound and/or polycyclic aromatic hydrocarbon-metabolizing enzymes in an in vitro coculture lung model[J]. Toxicology in Vitro, 2009, 23(1): 37-46.

[33] Adgate J L, Mongin S J, Pratt G C, et al. Relationships between personal, indoor, and outdoor exposures to trace elements in $PM_{2.5}$[J]. Science of The Total Environment, 2007, 386(1 3): 21-32.

[34] Nikasinovic L, Just J, Sahraoui F, et al. Nasal inflammation and personal exposure to fine particles $PM_{2.5}$ in asthmatic children[J]. Journal of Allergy and Clinical Immunology, 2006, 117(6): 1382-1388.

[35] Matus K, Nam K, Selin N E, et al. Health damages from air pollution in China[J]. Global Environmental Change, 2012, 22(1): 55-66.

[36] Curtis L, Rea W, Smith-Willis P, et al. Adverse health effects of outdoor air pollutants[J]. Environment International, 2006, 32(6): 815-830.

[37] Wei A, Meng Z. Induction of chromosome aberrations in cultured human lymphocytes treated with sand dust storm fine particles ($PM_{2.5}$)[J]. Toxicology Letters, 2006, 166(1): 37-43.

大气中 PM_1 污染特征及其与雾霾的关系

赵梦飞　乔　婷　修光利

（华东理工大学国家环境保护化工过程环境风险评价与控制重点实验室，上海　200237）

摘　要　亚微颗粒 PM_1 是大气气溶胶的重要组成部分，对能见度的下降具有重要贡献，在华东理工大学徐汇校区采样点采集了 2013 年秋季的 PM_1 样品，分析了 PM_1 与气象参数和水溶性阴离子的关系，比较了霾污染日和非霾污染日 PM_1 及其成分的特征。研究结果表明，2013 年 PM_1 冬季的质量浓度高于秋季的值；通过研究 PM_1 的质量浓度与各气象参数间的相关性，发现 PM_1 浓度与能见度具有显著性负相关，与风速具有显著性负相关；比较了与硫酸盐、硝酸盐等阴离子成分的相关性，发现 PM_1 浓度与硝酸盐的相关性最强，相关系数为 0.909。

关键词　PM_1，气象参数，水溶性阴离子，雾霾

1　引言

近年来，随着大气中微小颗粒物污染的不断加剧，雾霾已经成为社会公众热议的重大民生问题以及大气环境科学中的热点研究领域。

雾是由大量悬浮在近地面空气中的微小水滴或冰晶组成的气溶胶系统，是近地面层空气中水汽凝结（或凝华）的产物。而霾则是悬浮在大气中的大量微小尘粒、烟粒或盐粒的集合体使空气浑浊、水平能见度降低到 10km 以下的一种大气现象[1]。但是当相对湿度增加时，霾粒子吸湿成为雾滴，而相对湿度降低时，雾滴脱水后霾粒子又再悬浮在大气中，霾和雾是可以互相转化的，因此很多气象专家把灰霾并入雾天气一起作为灾害性天气，统称为“雾霾天气”。

$PM_{2.5}$ 被认为是雾霾形成的元凶，因此已经得到了广泛的研究。已有的研究多数集中在 PM_{10} 与 $PM_{2.5}$ 以及对雾霾形成的贡献。但亚微米颗粒物对能见度的影响可能更大，因为 0.5～1μm 的颗粒物与可见光的波长比较接近。国内外很多研究已经开始关注 PM_1 的观测，发现很多大中城市中 PM_1 可能占 $PM_{2.5}$ 中的 80%以上[2]。此外，颗粒物粒度越小，对健康的影响越大，因此一些研究已经报道，PM_1 作为可入肺颗粒物对人体健康和视觉空气质量具有严重的影响，$PM_{2.5}$ 与 PM_1 之间均呈线性相关[3]。

但是上海市大气中 PM_1 及其含碳组分的观测报道很少，针对 PM_1 中碳组分的研究更是罕见报道。

2 实验部分

2.1 采样点及采样时间

采样点位于华东理工大学徐汇校区实验8楼楼顶(N31.14,E121.42),距离地面约15m,采样器高于楼顶地面1.5m。采样地点位于上海西南部地区(沪闵路高架的东南方向),地处内环、外环之间,距沪闵路高架约600m,距离上海南站约900m,附近无大型工业污染源。采样时段为2013-09-01—2014-02-26,主要集中在秋季和冬季。采样期间的气象数据来自Weather Underground(http://www.wuderground.com)。

2.2 样品采集

PM_1样品使用PQ200环境级精细颗粒物采样器(美国BGI公司)采集,采样流量为16.7 L/min,滤膜使用石英滤膜(Whatman,47 mm×0.4μm)。空白滤膜使用前均在马弗炉600℃下预烧4 h,去除石英滤膜中原本所吸附的有机物。加热完成后再打开马弗炉,室温冷却1 h,然后取出滤膜,之后用防静电铝膜包裹并在恒温恒湿(25℃±1℃,40%±5%)条件下保存。

采样前后均用微量分析天平(德国Sartorius,精度为0.01 mg)对滤膜进行称重,采样后的滤膜置于冰柜中−18℃保存。

2.3 分析方法

通过称量采集前后滤膜的质量(称量三次取平均值,三次误差不超过0.05 mg),从而得到所采集的PM_1质量,再根据所采集的气体体积得到PM_1的质量浓度。

使用Dionex IC3000型离子色谱仪分析Cl^-、SO_4^{2-}、PO_4^{3-}、NO_3^-、F^-等阴离子。

3 结果分析与讨论

3.1 PM_1的浓度水平

本研究在华东理工大学徐汇校区采集了秋、冬两季的PM_1样品,采样时段为2013-09-01—2014-02-26,PM_1的浓度水平如表1所示,上海地区秋、冬两季的PM_1浓度均值为(55.70±36.38)μg/m³,由于国内外目前并没有将PM_1的浓度值纳入相关环境空气质量标准,因此这里可以参照环境空气质量标准(GB 3095—2012)中对$PM_{2.5}$的要求,其规定自2016年起城市$PM_{2.5}$年平均浓度值低于35μg/m³,日平均浓度值低于75μg/m³。由此来看,即使是PM_1的浓度直接与$PM_{2.5}$标准比较,仍不能完全满足标准中对$PM_{2.5}$的限定值。这说明采样期间，颗粒物污染总体上处于一个比较高的水平。

采样时段内 PM_1 的质量浓度 (55.70±36.38)$\mu g/m^3$，要远低于西安 2007 年的年平均浓度 (127.30±62.10)$\mu g/m^3$[4]，略高于台湾高雄地区的 PM_1 浓度 (52.00±21.12)$\mu g/m^3$[5]，并且明显高出上海地区 2012 年全年的浓度值 (28.14±23.12)$\mu g/m^3$[6]。

表 1　　PM_1 质量浓度水平　　单位：$\mu g/m^3$

PM_1 质量浓度	2013 秋季	2013 冬季
均值±标准差	47.24±31.25	65.44±39.57
中位数	40.32	57.94
最大值	142.41	203.08
最小值	13.44	13.30

采样时段内秋季、冬季两个季节的 PM_1 质量浓度日变化情况如图 1 所示，其中图中的红线表示的是 $PM_{2.5}$ 的浓度限值 75$\mu g/m^3$，由图 1 可知在冬季很大部分的 PM_1 日均值超过

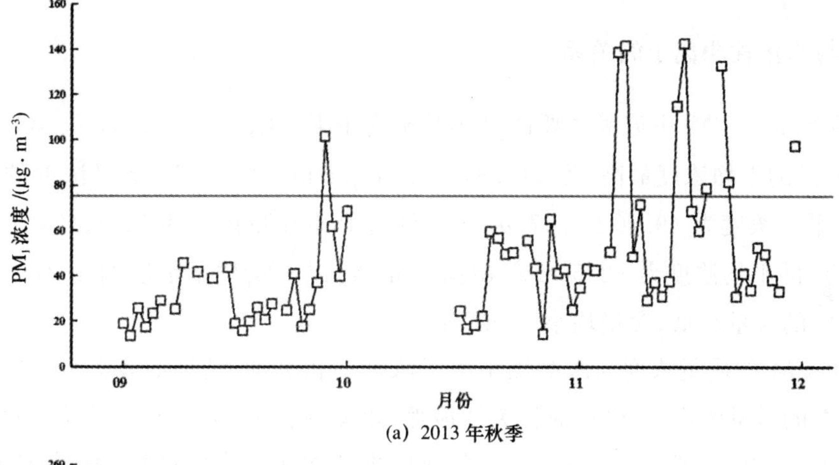

(a) 2013 年秋季

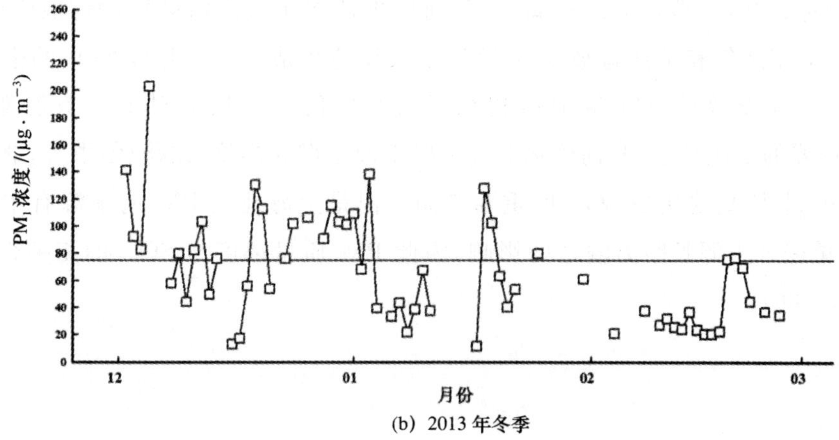

(b) 2013 年冬季

图 1　2013 年 PM_1 质量浓度逐日变化

了 75μg/m³。并且根据季节平均浓度，冬季 PM_1 的平均浓度要高于秋季 PM_1 的浓度值，这可能与颗粒物的直接来源（燃煤与生物质燃烧等）和大气扩散输送等因素有关。上海虽无采暖期，但冬季温度低，空调的使用会引起电厂耗煤的增加，引起一次排放颗粒物的增加；同时冬季特定的气象条件也决定了西北风为主的天气使得污染物长距离传输对颗粒物浓度的增加有贡献。

3.2 PM_1 与气象参数的关系

分析 PM_1 的质量浓度与各气象参数间的相关性可知，PM_1 质量浓度与能见度间存在着显著负相关，二者之间的相关系数为－0.627（$p<0.01$），PM_1 作为大气气溶胶颗粒物的重要组成部分，其中诸如水溶性有机碳、SO_4^{2-} 等许多成分都具有较强的消光性[7]，对能见度的下降会产生重要影响，因此 PM_1 与能见度之间具有显著负相关。PM_1 质量浓度与风速间也具有较强的负相关性，二者之间的相关系数为－0.442（$p<0.01$），高风速有利于大气污染物的扩散，导致 PM_1 浓度下降，并且上海秋、冬季频繁的静小风天气，大气对流不活跃，造成颗粒物在大气中的不断积累，浓度上升。在本研究中并没有发现 PM_1 质量浓度与相对湿度、大气压力和采样温度间的显著相关性关系。

3.3 PM_1 与水溶性阴离子的关系

本研究探究了 PM_1 中五种主要的水溶性阴离子 F^-、Cl^-、SO_4^{2-}、PO_4^{3-}、NO_3^- 的浓度特征，其中 SO_4^{2-} 的平均浓度最高，为（10.81±6.54）μg/m³，约占 PM_1 质量浓度的 17.69%。NO_3^- 次之，平均浓度为（9.70±9.97）μg/m³，约占 PM_1 质量浓度的 15.87%，与 SO_4^{2-} 的含量接近。Cl^- 的平均浓度为（2.57±2.48）μg/m³，约占 PM_1 质量浓度的 4.21%。PO_4^{3-} 和 F^- 在 PM_1 中的含量较低，含量均小于 0.2%。

分析了 PM_1 的质量浓度与水溶性阴离子浓度的相关性，结果如表 2 所示。由表 2 可以发现，PM_1 的质量浓度与 NO_3^- 的相关性最强，相关系数 0.909。NO_3^- 是大气中二次化学反应发生的标识物，一般称为二次离子，其前体物是 NO_x 气态污染物，细颗粒物中硝酸盐主要来自机动车尾气和工业排放 NO_x 发生二次反应生成[2]。PM_1 与 NO_3^- 的强相关性表明机动车和工业排放的 NO_x 等前体物在气溶胶中的二次反应对 PM_1 具有重要贡献。SO_4^{2-} 作为重要的二次离子，其前体物 SO_2 主要来源于燃煤排放，在秋、冬季节，北方取暖燃煤排放的 SO_2 长距离输送是 SO_4^{2-} 的重要来源。但是上海地区 PM_1 的来源有本地源和外来源，不单单受外来源长距离输送的影响，因此 PM_1 质量浓度与 SO_4^{2-} 的相关性不强（相关系数为 0.366）。

表 2　PM_1 与水溶性阴离子的相关系数

阴离子	F^-	Cl^-	SO_4^{2-}	PO_4^{3-}	NO_3^-
PM_1	/	0.291*	0.366*	−0.149	0.909**

注：①** 在 0.01 水平（双侧）上显著相关；②* 在 0.05 水平（双侧）上显著相关；③"/"为采样时段内可检出样品数太少，不适合进行相关性分析。

3.4　雾霾和非雾霾下 PM_1 的污染水平

利用雾霾观测的辨识条件[8]"能见度＜10km，排除将水、沙尘暴、扬沙、浮尘、烟幕、吹雪、雪暴等天气现象造成的视程障碍，将此情况判识为雾霾"来区分雾霾日和非雾霾日，采样时段的 127 天中，共有雾霾天数 62 天，占总天数的 48.8%。根据能见度的差异将雾霾分为四个等级，分别为轻微、轻度、中度、重度，划分的标准为当能见度 V 大于等于 5 km 时为轻微雾霾，当能见度 $V \geqslant 3$km 小于 5km 时为轻度雾霾，当能见度 3km$\leqslant V \leqslant$2km 时为中度雾霾，当能见度 $V<$2km 时为重度雾霾。对采样时段内的雾霾进行等级划分，划分结果见表 3.2。轻微雾霾天数 45 天，轻度雾霾天数 14 天，中度雾霾天数 3 天，未出现重度雾霾。轻度雾霾及以上的天数为 17 天，其中在秋季的天数为 3 天，在冬季的天数为 14 天。可见严重的雾霾现象多发生在冬季，这和冬季特定的气象条件有关。

本研究对雾霾和非雾霾下 PM_1 的质量浓度进行分析，相关结果见表 3。由表 3 中可以看出，雾霾下 PM_1 的平均质量浓度分别为 $(75.77 \pm 38.44)\mu g/m^3$，非雾霾下 PM_1 的平均质量浓度分别为 $(36.55 \pm 20.82)\mu g/m^3$，雾霾下 PM_1 的质量浓度都远高于非雾霾条件下。对雾霾和非雾霾下进行均值 t 检验可知，当显著水平 $\alpha = 0.05$ 时，雾霾下 PM_1 浓度与非雾霾下存在显著性差异，则可以认为雾霾下 PM_1 质量浓度较高。

表 3　雾霾和非雾霾下 PM_1 质量浓度

天气情况	雾霾等级	$PM_1/(\mu g \cdot m^{-3})$
雾霾	中度雾霾	136.21±70.02
	轻度雾霾	92.70±29.21
	轻微雾霾	66.47±33.83
非雾霾	/	36.55±20.82

不同等级雾霾下的 PM_1 浓度也存在着很大的差异，相应的质量浓度如表 3 所示，可以发现浓度随雾霾程度的增加而增大，重雾霾天气条件下，PM_1 的污染状况也较严重。

4　结论

上海地区秋、冬两季的 PM_1 浓度均值为 $(55.70 \pm 36.38)\mu g/m^3$，冬季的 PM_1 浓度要高于秋季的 PM_1 浓度。

PM_1质量浓度与气象参数进行相关性分析发现，PM_1浓度与能见度、风速间均呈较强负相关，两者的相关系数分别为－0.627（$p<0.01$））和－0.442（$p<0.01$），PM_1浓度与其他气象参数（相对湿度、大气压力、采样温度）间没有发现显著相关性。

PM_1中的含量最高的无机阴离子为 SO_4^{2-}，其次是 NO_3^-，PO_4^{3-} 和 F^- 的含量极低。并且随 PM_1浓度的增加，SO_4^{2-} 的含量呈下降的趋势，NO_3^- 的含量呈上升的趋势。PM_1质量浓度与 F^-、Cl^-、SO_4^{2-}、PO_4^{3-}、NO_3^- 进行相关性分析发现，PM_1浓度与 NO_3^- 显著正相关，相关系数为 0.909（$p<0.01$），PM_1浓度与 Cl^-、SO_4^{2-} 具有一定的正相关性。

在采样时段内的 127 天中，共发生雾霾的天数为 62 天，占总采样天数的 48.8%。其中又根据能见度差异将雾霾分为轻微雾霾、轻度雾霾、中度雾霾和重度雾霾四个等级，采样期间发生轻微雾霾天数 45 天，轻度雾霾天数 14 天，中度雾霾天数 3 天，未出现重度雾霾。雾霾下 PM_1平均质量浓度分别为（75.77 ± 38.44）$\mu g/m^3$，是非雾霾日的 2.07 倍。

参考文献

[1] 《大气科学辞典》编委会. 大气科学辞典[M]. 北京：气象出版社，1994.

[2] Shen Z, Cao J J, Arimoto R, et al. Chemical characteristics of fine particles (PM_1) from Xi'an, China[J]. Aerosol Science and Technology, 2010, 44(6): 461-472.

[3] Wang Y, Zhuang G S. The ion chemistry, seasonal cycle, and sources of $PM_{2.5}$ and TSP aerosol in Shanghai[J]. Atmospheric Environment, 2006, 40(16): 2935-2952.

[4] Cao J J, Wu F, Chow J C, et al. Characterization and source apportionment of atmospheric organic and elemental carbon during fall and winter of 2003 in Xi'an, China[J]. Atmospheric Chemistry and Physics, 2005, 5(11): 3127-3137.

[5] 侯雅馨. 大气气胶腐殖质含量分析及气胶成分对气胶含水量的研究[D]. 台北：台湾中央大学，2008.

[6] Shi Y, Chen J M, Hu D, et al. Airborne submicron particulate (PM_1) pollution in Shanghai, China: chemical variability, formation/dissociation of associated semi-volatile compents and the impacts on visibility [J]. Science of the Total Environment, 2014, 473(7): 199-206.

[7] 陶俊，张仁健，许振成，等. 广州冬季大气消光系数的贡献因子研究[J]. 气候与环境研究，2009，14(5)：484-490.

[8] 中华人民共和国气象行业标准. QX/T113-2010，霾的观测和预报等级[S]. 北京：气象出版社，2010.

低温等离子体技术脱除有害气体污染物的研究进展及应用

康 颖[1] 吴祖成[1] 李 啸[2]

(1. 浙江大学环境科学研究所,杭州 310027;2. 浙江省台州市环境保护局,台州 318000)

摘 要 随着大气污染问题的日益严重以及人们环保意识的不断增强,努力寻求减少污染物排放的新技术成了当今环保工作的一个热点。作为一门多学科交叉的新技术,低温等离子体在处理有害气体污染物方面有着低能耗、高效率、应用范围广等一系列优点,因而日益受到人们的重视。本文就低温等离子体的概念、产生以及在有害气体污染物的脱除方面的作用机理及目前的工业应用情况进行总结,对此项技术将来的应用前景作一展望。

关键词 低温等离子体,电晕,气体污染物,自由基,挥发性有机物

1 引言

大气污染是环境污染一个十分重要的方面。气态污染物不仅会对污染源附近的局部区域造成危害,而且会通过扩散和漂移输送到相当远的地方,产生大范围的污染。其中,恶臭污染物的排放和污染已经逐渐成为影响人民生产生活的重要问题,恶臭污染物由于其本身性质和污染的特殊性、广泛性日益受到人们的重视[1,2]。我国对环境恶臭废气的控制已经提上日程,并对恶臭废气的排放标准做了更为严格规定。随着大气污染问题的日益严重,研究减少污染物的排放,或者采用新的方法吸附、回收这些排放物,或将其分解为无毒无害的物质已经成为环境保护工作的迫切任务。

近年来,等离子体技术由于以下特点而日益受到人们的广泛关注:

(1) 能产生多种高活性粒子(如高能电子、羟基自由基等),能够同时脱除多种有害气体,脱除效率较高。

(2) 是一种干法处理过程,不产生废水废渣,不产生二次污染。

(3) 系统简单,操作方便,过程易于控制;对于不同有害气体组分和烟气量的变化有较好的适应性。

常用的等离子体技术包括电子束法(EBA)、介质阻挡放电法、表面放电法、脉冲电晕法(PPCP)、直流电晕法、直流电晕自由基簇射技术等。电子束法会产生X射线,对防护要求较高;电子束照射产生的高能电子也会造成烟气中无害组分如氮气等的分解,能耗较

大；电子枪寿命短，设备复杂。介质阻挡放电对挥发性有机物的降解尚缺乏有效性。表面放电区域小，提供的等离子体反应空间不大，能耗也比较高。脉冲电晕法、直流电晕法、直流电晕自由基簇射技术由于各自的特点逐渐成为国内外研究的热点。

脉冲电晕等离子体法(PPCP法)是1986年日本专家增田闪一在EBA法的基础上提出的。由于它省去昂贵的电子束加速器，避免了电子枪寿命短和X射线屏蔽等问题，因此该技术一经提出便引起了广泛的关注。目前日本、意大利、美国都在积极开展研究。我国许多高等院校及科研单位也纷纷加入研究行列，进行了小试研究，但规模尚需扩大。PPCP法是靠脉冲高压电源在普通反应器中形成等离子体，产生高能电子(5-20eV)，由于它只提高电子温度，而不是提高离子温度，能量效率比EBA法高。PPCP法设备简单、操作简便、投资低于EBA法。直流电晕放电是在直流高压作用下，利用电极间电场分布不均匀而产生的一种放电形式，通过选择合适的放电结构，可以得到较好的放电效果。直流电晕自由基簇射技术是将气体通过高压中空电极，可以得到稳定的流光电晕，其中含有大量的活性粒子，可以实现对有害物质的降解。这三种等离子体放电技术由于其各自的特点而逐渐成为国际上气态污染物处理的研究前沿。

2 等离子体的作用机理

低温等离子体作为物质的第四态，其物性及规律与固态、液态、气态的各不相同。低温等离子体又分为热等离子体或平衡等离子体、冷等离子体或非平衡等离子体。前者由稠密气体在常压或高压下电弧放电或高频放电产生，体系中各种离子温度接近相等(电子温度近似等于粒子温度近似等于气体温度)；后者由低压下的稀薄气体用高频、微波等激发辉光放电或常压气体电晕放电而产生等离子体(电子温度远大于气体温度)。低温等离子体包含大量的活性粒子，如电子、正负离子、自由基、各种激发态的分子和原子等[3]。因为废气的处理一般都在常压或接近常压的情况下进行，此时气体放电产生的等离子体属于低温等离子体。

在不同的物理条件下，由于占主导地位的基本物理过程不同，会产生不同形式的气体放电。根据放电伏-安特性，气体放电可分为辉光放电、电晕放电、高频和微波放电、介质阻挡放电等几种形式[4]。低温等离子体中的化学反应主要是通过气体放电产生的高能电子激发来完成的。这些高能电子与气体分子碰撞，使气体分子激发到更高的能级。被激发到高能级的分子，由于内能的增加，既可以发生键的断裂也可以与其他物种发生化学反应，而由于碰撞失去部分能量的电子在电场的作用下仍可得到补偿。

大量的研究表明，废气中污染物的脱除与自由基化学反应有关[5,6]，因此可以忽略许多与离子相关的化学反应，使理论分析变得简单得多。废气中污染物的脱除大致可分以下三步进行：

(1) 放电阶段：在此阶段，电子轰击气体分子，使其共价键断裂，产生自由基，并且把某些分解的原子激发到不稳定的激发态。

(2) 后放电阶段：在此阶段，放电阶段产生的激发态原子与气体分子碰撞，产生二次自由基；同时，自由基可能相互碰撞而淬灭，或者产生新的自由基。

(3) 自由基与污染物(如 NO_x)反应阶段。

从以上分析可以看出，低温等离子体是几乎能使所有的气体分子激发、电离和自由基化，产生大量的活性基团(如 O^{2-}、OH^-)和高能量的自由电子。这些活性基团可以使在通常条件下难以实现的反应在等离子体气氛中完成，使污染物在短时间内实现分解或转化，从而实现对空气中有害物质的脱除。有研究表明，等离子体对有害物质的脱除可以通过以下两条途径实现：

(1) 自由基作用于污染物分子。低温等离子体中含有大量的各种自由基，这些自由基化学性质非常活泼(如 OH^{-1}就是已知的活性最强的物质之一)，极易与污染物分子发生反应，导致污染物分子的降解。

(2) 高能电子直接作用于污染物分子。低温等离子中除了自由基外，还含有大量的自由电子。污染物分子的激发、离解的难易一方面取决于电子的能量，另一方面取决于分子内化学键的键能，键能最薄弱的地方最容易发生断裂。由于等离子体放电产生的高能电子具有较高的能量，足以使很多常见的污染物分子的某些位置的化学键断裂，直至最后降解：

$$e + \text{污染物分子} \rightarrow \text{各种碎片分子}$$

当污染物的浓度不高时，自由基对污染物的脱除起主要作用。但当污染物浓度较高时，由于高能电子与污染物分子直接碰撞的机会增多，途径(2)的作用也不可忽视。

3 低温等离子体对挥发性有机物和恶臭气体脱除方面的实验研究

挥发性有机物(VOCs)是对苯、甲苯、三氯乙烯等具有高挥发性有机物的总称。除了化工生产的大污染源外，还有日常生活中随处可见的小污染源，如室内装修所用油漆、涂料等。这些挥发性有机物严重影响着人们的身体健康和大气环境状况。而工业生产和城市污水处理厂产生的恶臭废气如硫化氢、硫醇、硫醚、氨气、吡啶等，除了对人的身体健康产生危害，更以其低阈值对环境造成了极大的危害。近年来，有大量研究表明，低温等离子体技术对浓度较低的挥发性有机物有着很好的处理效果，对浓度较高的挥发性有机物也有较强的脱除能力，尤其对恶臭废气的治理显示出效率高、处理彻底、无二次污染等突出的优势。

如前所述，低温等离子体中含有大量的活性粒子，这些活性粒子与有机物气体分子碰撞，使其激发到更高的能级。激发的气体分子内能增加，可引起 C—C、C=C 等化学键断裂并与其他物质发生化学反应，最终使有机物分子氧化降解为 CO_2、H_2O 等无害或毒性较小的小分子化合物。等离子体法处理挥发性有机物在世界范围内获得了广泛的研究和发展。T. Oda 等[7,8]利用射频等离子体处理 CH_3Cl，采用线-筒式反应器，反应器直径为 4.14cm，长 15cm，CH_3Cl 脱除率达到 90%以上，主要反应产物为 H_2O，CO_2，CO，HCl 等小分子产物。S. Masuda 等[9]利用脉冲等离子体对三氯乙烯的降解进行了研究，发现三氯乙烯在较短的停留时间内（1～1.5s）即可达到完全降解，但对电源有较高的要求。Young-Hoon Song 等[10]将低温等离子体与吸附工艺相结合，在线-筒式反应器中分别填充玻璃、微孔 γ-Al_2O_3 颗粒和混有 γ-Al_2O_3 颗粒的分子筛，利用它们的吸附作用来改善低温等离子体对甲苯和丙烷的处理效果。研究结果表明，吸附作用提高了挥发性有机物的脱除效果，虽然随着温度的上升吸附能力有所下降，但脱除效果还是有所提高。

单一的等离子体对挥发性有机物的处理在能量利用等方面存在一定的局限性，为了更好地提高能量利用率和处理效果，有研究人员将等离子体技术与催化剂相结合，取得了很好的效果。浙江大学[11,12]通过脉冲等离子体与催化剂相结合，在下面的放电参数下：脉冲电压峰值 V_p：0　55kV、脉冲上升时间 300ns 脉冲重复频率 75pps（脉冲次数/s），利用内径为 20mm，放电极均为直径 0.5mm 的 Ni-Cr 合金丝，反应器有效长度 500mm 的线—筒式陶瓷管反应器和长度 120mm 宽度 85mm，放电极为直径 0.5mm 的 Ni-Cr 合金丝的线—板式陶瓷板反应器，对苯、甲苯、三氯乙烯、二氯乙烷等的脱除进行了研究。结果表明，脉冲放电作用下催化剂对挥发性有机物的脱除有明显的促进作用，而且催化剂在陶瓷管中效果较好，其中，Mn、Fe 等的金属氧化物有较高的催化活性：在实验条件下可以使苯、甲苯、乙醇、二氯乙烷的去除率从 59%、41%、56%、25%分别提高至 86%、65%、79%、34%，除二氯乙烷外，其余几种有机物的去除率提高量均可达 20%以上。

浙江大学[13]应用直流电晕自由基簇射技术对恶臭气体中代表性污染物——硫化氢在等离子体反应器内进行脱除。采用自制高压直流电源，在氧化氛围中进行了动态和静态脱臭实验，在含氢还原氛围中进行了静态脱臭实验。试验考察了峰值电压、放电功率、停留时间、氧化氛围及含氢还原氛围等因素对去除率的影响。结果表明：影响硫化氢脱除的最主要因素是氧元素的质量分数；在由氮气和氢气组成的还原氛围中，硫化氢的脱除率仅为 40.9%；在上述还原氛围中增加体积分数为 10%的氧气可使硫化氢脱除率达到 80%；在含氢气和氮气及氧气体积分数为 10%～20%的氧化氛围中，随反应时间的延长，硫化氢的最终脱除率达到 100%。增加氧自由基源有利于提高降解效率。

4　低温等离子体反应器的工程设计和应用

4.1　低温等离子体处理 VOCs 及含硫恶臭废气的工业应用研究初探

低温等离子体技术对挥发性有机物（VOCs）及含硫恶臭气体物质的处理大都处于实验研究阶段，目前还未见较大规模应用的报道。浙江大学环境科学研究所设计了处理量为 500～2500Nm³/h 的中试规模的低温等离子体等离子体反应器，对挥发性有机物

(VOCs)及含硫恶臭物质的脱除进行了初步的探索,有望进一步放大并应用于工业生产。反应器内部结构和处理工艺流程如图1所示。

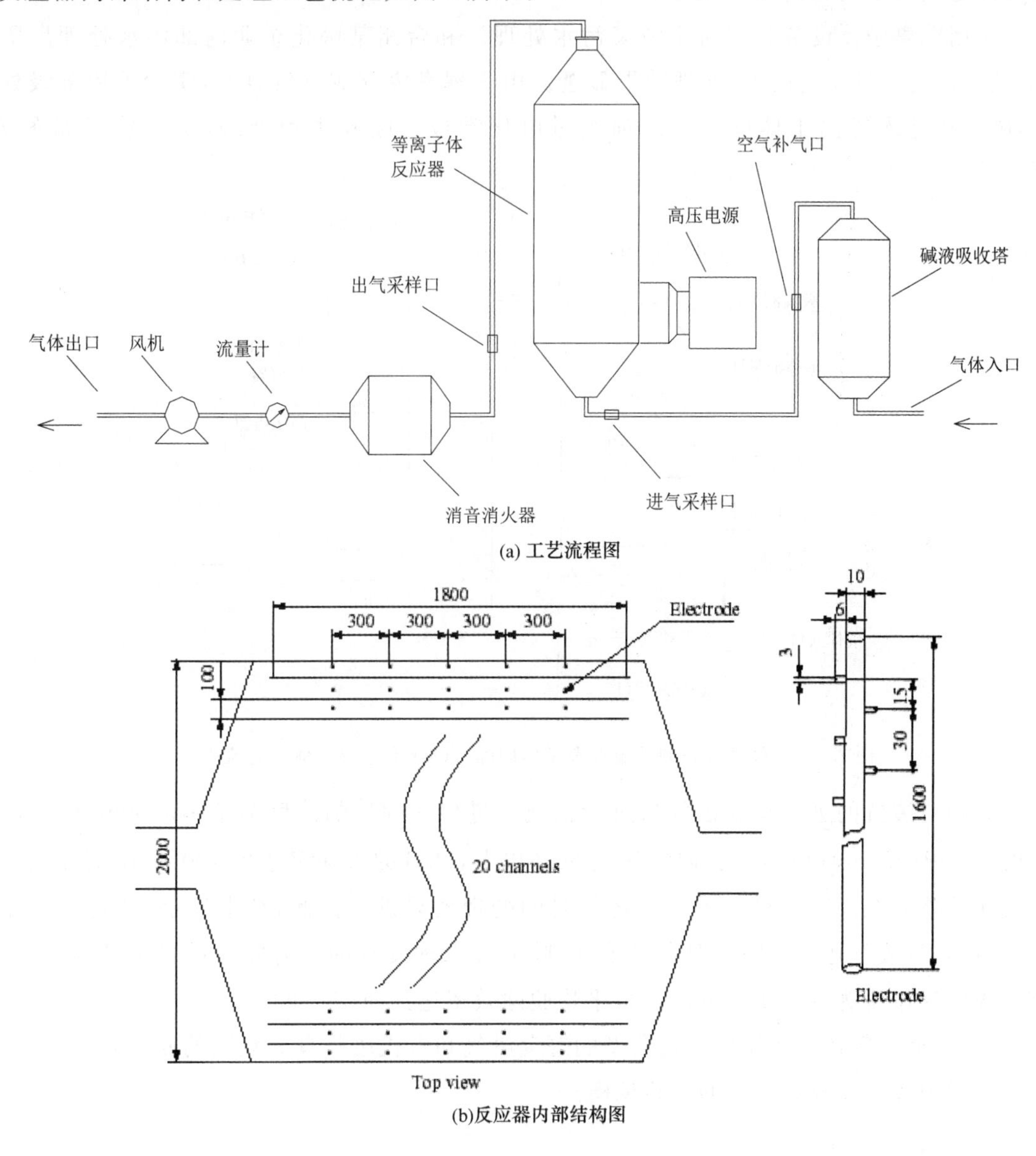

图1　低温等离子体处理VOCs及含硫恶臭废气的

利用该装置对浓度范围在10～3000ppm的炼油厂含硫化氢废气进行了处理。废气流量为50～5000Nm^3/h,反应温度为20℃～30℃,气体停留时间为0～100s。电源输出电压范围为25～30kV,输出电流范围为80～100mA下,气体停留时间大于50s,初始浓度为100～500ppm的含硫化氢废气的降解效率高于90%,当停留时间增加到100s时,降解效率无明显变化,因此,试验中控制气体停留时间为50s较为适宜;污染物的降解效率随停留时间的减少而降低;相同条件下,高浓度硫化氢去除率略低于低浓度,对于浓度低于20ppm的硫化氢废气,出口硫化氢均未检出,对于浓度高于1000ppm的硫化氢废气,处理效率为50%左右。另外，该装置对较低浓度(<20ppm)的硫醇、硫醚、二甲基二硫醚等恶臭气体处理效率均达到90%以上。

应用等离子体设备分别对宁波某污水处理厂和台州某医化企业内部污水处理厂厌氧、兼氧池的挥发恶臭废气，处理效果显著。由于挥发废气成分较复杂，实验采用分级处理，废气在进入等离子体反应器之前经过电化学板式吸收塔预处理，实验装置如图2所示。

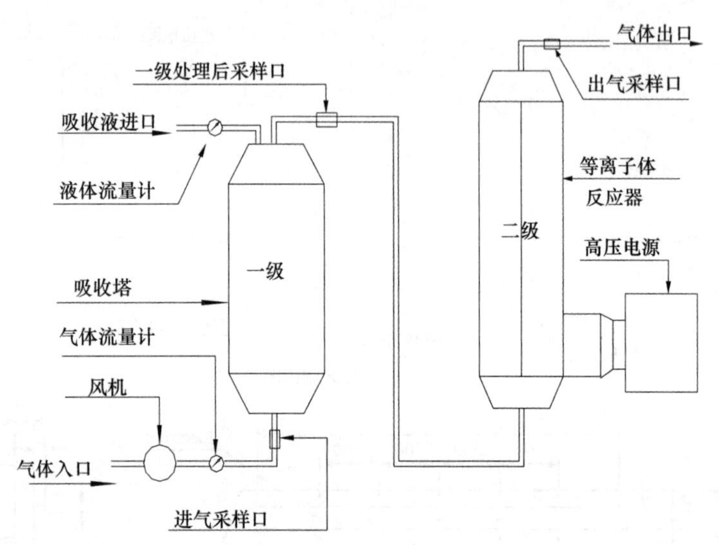

图2　带预处理设备的低温等离子体脱除VOCs和恶臭气体工艺流程图

分别对装置的进气口和出气口进行监测。进口VOCs的浓度为70-100ppm，H_2S的浓度为7～10ppm，VOCs的去除率达到60%以上，H_2S的去除率达到100%，反应器出口的气味几乎完全消除。对装置连续运行时的处理效果进行监测，结果显示，装置运行稳定，出口恶臭废气达标。同时对含甲苯、吡啶的废水挥发气的同时脱除进行了试验，废气进口VOCs浓度为80～150ppm，出口平均脱除效率达到90%～93%。

总之，低温等离子体反应器对典型的恶臭废气和有机废气具有较高的脱除效率，已进入中试规模和工业放大阶段的试验规模。

5　低温等离子体技术处理废气应用中存在的主要问题

大量的研究表明，影响低温等离子体技术对有害气体污染物脱除的因素主要有以下几个方面：

(1) 有特殊要求的电源的研制。低温等离子体技术对电源有着较高的要求，特别是采用脉冲等离子体技术对废气进行处理时，脉冲电压峰值高，上升时间短，则放电特性较好，产生的活性粒子多，处理效果好。这就要求对电源本身提出了较高的要求，因此高性能电源的出现有利于推动低温等离子体技术在废气处理方面的应用。

(2) 性能优良的催化剂的研制。从当前的研究状况可以看出,催化剂在低温等离子体对废气的处理中已经得到了广泛的应用,起到了非常重要的作用。但同时还存在一些不足,比如催化剂对工作条件的要求还比较苛刻,容易失活,再生比较困难等,因此有必要研究性能更加优良的催化剂或对当前常用的催化剂进行某些改进。

(3) 污染物降解机理的研究。很多研究人员对低温等离子体处理有机废气的作用机理进行了探讨,并得出了很多有意义的结论。但很多研究只是建立在理论推测的基础上,或是通过反应产物对反应机理进行预测。同时低温等离子体在处理废气中起作用的活性粒子如OH自由基由于寿命短、不容易被捕捉到等特点,导致这方面的直接证据还很缺乏。但这又是一个不容回避的问题,因为只有搞清楚了作用机理问题,才能更好地优化低温等离子体处理废气时的各种参数,达到更好的处理效果。

(4) 废气的预处理。预处理包括除尘、降温、降低入口浓度等,因为如果烟气温度过高,不适宜直接引入等离子体反应器进行处理;含尘量过大将影响等离子体反应器的放电性能,同时灰尘沉降在反应器内将造成清洗过于频繁,增加成本;等离子体技术适用于处理低浓度、大流量的废气,因此,对于高浓度的废气,需进行一定程度的预处理将等离子体反应器进口浓度降低,方能取得最佳的处理效果。

综上所述,低温等离子体技术在低浓度、大流量废气处理的过程中是一项极有前途的废气处理技术。它具有较高的污染物脱除效率,工艺简单、设备操作容易、运行成本低廉、无二次污染等优势,作为一项新兴废气处理技术,在它不断的完善的过程中,其工业应用条件已经趋于成熟。

致谢:国家高技术研究计划(863)资助项目,本文工程试验研究及测试得到李红枫、牟义军的帮助。

参考文献

[1] Rabl A, Eyre N. An estimate of regional and global O_3 damage from precursor NOx and VOC emissions. Environmental International[J]. 1998, 24(8): 835-850.

[2] Cape J N, Leith I D, Binnie J, et al. Effects of VOCs on herbaceous plants in an open-top chamber experiment[J]. Environmental Pollution. 2003 (124): 341-353.

[3] 王保伟,许根慧,刘昌俊. 等离子体技术在天然气化工中的应用[J]. 化工学报. 2001, 52(8): 659-665.

[4] 徐学基,诸定昌. 气体放电物理[M]. 上海:复旦大学出版社, 1996.

[5] Masuda S, Nakao H. Control of NOX by positive and negative pulsed corona discharges[J]. IEEE Transactions on Industry Applications, 1990, 26(2): 374-383.

[6] Fujii T, Aoki Y, Yoshioka N, et al. Removal of NOX by DC Corona Reactor with Water[J]. Journal of Electrostatics, 2001: 51-52, 8-14.

[7] Oda T. Non-thermal plasma processing for environmental protection: decomposition of dilute VOCs in air [J]. Journal of Electrostatics, 2003 (57): 293-311.

[8] Toshiaki T. VOC Decomposition by Nonthermal Plasma Processing-A New Approach[J]. Journal of Electrostatics, 1997 (42): 227-238.

[9] Masuda S, Hosokawa S, Tu X, et al. Novel plasma chemical technologies - PPCP and SPCP for control of gaseous pollutants and air toxics[J]. Journal of Electrostatics, 1995(34): 415-438.

[10] Song Y H, Kim S J, Choi K, et al. Effects of adsorption and temperature on a nonthermal plasma process for removing VOCs[J]. Journal of Electrostatics, 2002, (55) 189-201.

[11] 晏乃强，吴祖成，施耀，等. 催化剂强化脉冲放电治理有机废气[J]. 中国环境科学，2000，20 (2)：136-140.

[12] 晏乃强，吴祖成，施耀，等. 电晕-催化技术治理甲苯废气的实验研究[J]. 环境科学，1999，20 (1)：11-14.

[13] 王晓瞰，康颖，吴祖成. 氧化还原氛围下直流电晕等离子体脱除硫化氢[J]. 浙江大学学报(工学版)，2014.

水泥行业大气污染物排放现状分析

刘　鹏　郑志侠　张　红　易明建　王　建

（安徽省环境科学研究院，合肥　230022）

摘　要　利用水泥行业BAT调查和环保公益项目的调研结果，对水泥行业的二氧化硫、氮氧化物、粉尘等污染物的排放现状进行了分析。结果显示，由于水泥行业自身工艺特点，二氧化硫排放浓度能够满足相关标准要求，但不少比例的水泥生产线需要升级改造，氮氧化物和粉尘排放浓度才能满足相关标准的浓度限值。

关键词　水泥行业，大气污染，现状调查

1　引言

水泥行业不仅是我国国民经济建设的重要基础材料产业，也是主要的能源、资源消耗和污染物排放行业之一[1]。我国水泥工业发展过程中仍然存在发展粗放、结构落后、资源和能源消耗高、环境污染严重等问题。其中，环境污染主要表现在大气环境污染，产生的污染物主要有粉尘、二氧化硫（SO_2）、氮氧化物（NO_x）等。这些污染物与雾霾、光化学烟雾、酸雨等现象密切相关，对人类的可持续发展产生了极大的影响和危害，形势不容乐观。

为了解水泥行业大气污染物的排放现状，本文收集、整理了水泥行业BAT调查报告，同时结合安徽省环境科学研究院承担的环保公益项目"水泥行业多污染物协同控制技术与管理方案研究"（以下简称"水泥公益项目"）的调研结果，对水泥行业主要大气污染物（粉尘、SO_2、NO_x）的排放现状进行了分析，以期为水泥行业大气污染物的防治工作提供一定的参考。

综合BAT和水泥公益项目的调查结果，所获得的水泥行业大气污染物样本数如表1所示。除石灰石破碎工段粉尘排放样本较少外，其余污染物的排放样本都在80个以上，从统计学的角度来说，本文对水泥行业大气污染物排放现状的分析是可信的。

表1　　水泥行业大气污染物样本数

污染物	二氧化硫	氮氧化物	粉尘			
			石灰石破碎	窑头	窑尾	水泥磨
样本数	81	80	37	84	90	81

2　二氧化硫排放状况

水泥工业废气中的二氧化硫主要来自煅烧窑与烘干机，主要由煤中硫燃烧所致。煤中硫主要为有机硫、黄铁矿硫、硫酸盐硫，前两者为可燃硫，所占比例约 90%～95%。煤燃烧产生的 SO_2 大部分与水泥原料中 $CaCO_3$ 分解的 CaO(少量 MgO)化合生成 $CaSO_4$($MgSO_4$)等，存在于熟料中，因此，水泥煅烧有很强的吸硫率，排入大气中的 SO_2 浓度不高。

根据调查结果，图 1 给出了 81 条水泥生产线 SO_2 排放浓度的概率密度分布。从图中可以看出，所调查水泥生产线的 SO_2 排放浓度都小于 200.00mg/m^3，说明现有水泥生产线 SO_2 的排放浓度能够满足《水泥工业大气污染物排放标准》(GB 4915—2013)限值。

进一步可以发现，在接受调查的水泥企业中，有 75 条水泥生产线 SO_2 的排放浓度在 100.00mg/m^3 以下，占有效样本的 92.59%，仅有 7.41% 的水泥生产线 SO_2 排放浓度超过 100mg/m^3。

事实上，自 2012 年 1 月 1 日起，广东省已经开始执行 100.00mg/m^3 的浓度限值①。从执行效果来看，通过改善通风条件，适当控制好燃料中的硫含量，是完全可以达到 SO_2 排放浓度限值的，但如果燃料中的硫含量过高，要达到本排放标准，还需要采取其他净化措施，如：向生料粉或窑尾废气中加(喷)入 $Ca(OH)_2$ 等吸收剂；干、湿法洗涤；活性炭过滤等。

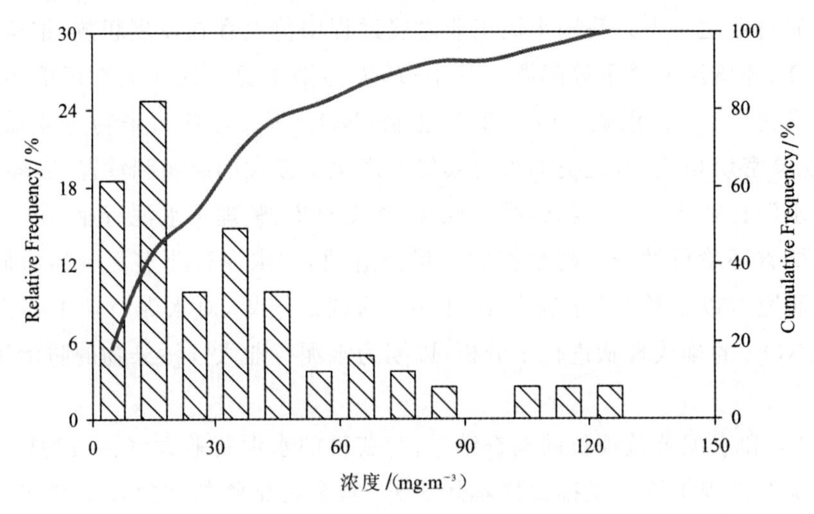

图 1　水泥行业二氧化硫排放浓度概率密度分布

3　氮氧化物排放状况

水泥行业氮氧化物的产生主要有三种机理：①燃料型 NO_x——原料或燃料中含氮化

① DB44-818-2010. 广东省地方标准《水泥工业大气污染物排放标准》[S].

合物燃烧生成，约占80%；②热力型 NO_x——燃烧反应的高温使得空气中的 N_2 与 O_2 直接反应而产生，约占20%；③瞬时型 NO_x——燃烧反应过程中空气中的 N_2 与燃料过程中的部分中间产物反应而产生的，比例不足1%。

BAT调研和水泥公益项目共获得80个有效的水泥窑 NO_x 排放样本。从80个水泥窑的 NO_x 平均排放浓度概率密度分布来看(图2)，所有水泥窑 NO_2 排放浓度都小于800.00mg/m³，均能够满足《水泥工业大气污染物排放标准》(GB 4915—2004)规定的排放浓度限制。

根据环保部要求，自2015年7月1日起，现有水泥企业将执行400.00mg/m³的浓度限值。图2清晰地显示，届时将有一半以上(55.00%)的水泥生产线 NO_x 排放浓度不能满足新标准的要求。对于重点地区，水泥行业氮氧化物排放浓度将执行更为严格的320.00mg/m³浓度限值。从调查结果来看，能够达到此标准的水泥生产线有23条，占总调查生产线的28.75%。可见，水泥行业氮氧化物的减排工作任重道远。

水泥行业 NO_x 的控制措施有低氮燃烧、分级燃烧、添加矿化剂、燃料替代、选择性非催化还原技术(SNCR)和选择性催化还原技术(SCR)等。其中，低氮燃烧、分级燃烧、添加矿化剂、燃料替代等措施属于一次控制措施，而SNCR和SCR则属于二次控制措施，也就是烟气脱硝技术。在欧洲，大部分水泥企业使用替代燃料(替代率多在60%以上)结合低氮燃烧器的方法来控制氮氧化物的排放，抓住主要源头控制污染的做法值得我们学习与借鉴[2]。

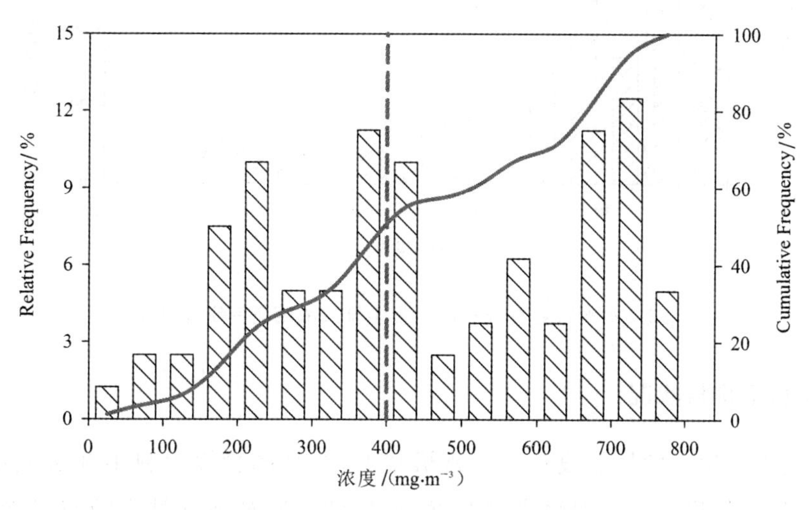

图2 水泥行业氮氧化物排放浓度概率密度分布

4 粉尘排放状况

水泥行业粉尘主要由水泥生产过程中原料、燃料和水泥成品储运，物料的破碎、烘干、粉磨、煅烧等工序产生的废气排放或外逸而引起。

3.1 石灰石破碎粉尘排放状况

破碎是水泥制作过程中的重要工序，粉尘排放是其主要污染之一。水泥物料在喂入、破碎及出料时微细颗粒会随气体运动而飞扬，有的物料甚至需要多次破碎，重复过程无形中增加了粉尘的排放量。

BAT 调研和水泥公益项目调查共获得水泥行业石灰石破碎工段粉尘排放浓度有效样本 37 个，其概率密度分布如图 3 所示。37 个样本中，50.07%的破碎工段排放的粉尘浓度在 30.00mg/m^{3}以下，能满足 GB 4915—2004 浓度限值要求。但值得注意的是，仍有近一半的受调查企业破碎工段不能满足 GB 4915—2004 浓度限值，更不用说 GB 4915—2013 的 20.00mg/m^{3}的限值要求了。

提高标准到 20.00mg/m^{3}后，43.21%受调查企业石灰石破碎能够达标；以重点地区更为严格的排放标准 10.00mg/m^{3}来要求的话，仅有 18.52%的石灰石破碎工段能够达标。从调查结果来看，要达到新标准的要求，需要对除尘设施进行提效改造。

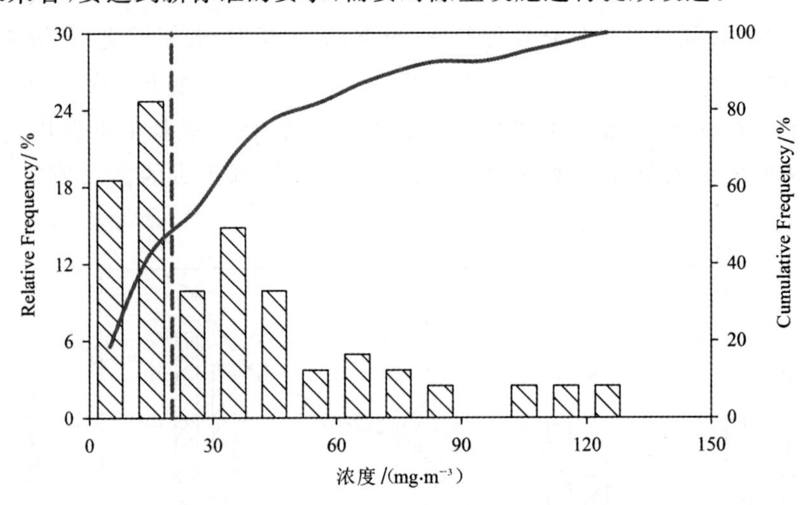

图 3 水泥行业石灰石破碎粉尘排放浓度概率密度分布

3.2 水泥窑粉尘排放状况

水泥窑是水泥生产的核心设备。正常煅烧时，成球的含煤生料不断从上部均匀地撒入窑内，然后随物料进入高温煅烧带煅烧，烧成后的熟料被下部鼓入的空气冷却，从窑体下侧卸出。水泥窑窑头、窑尾是水泥生产线最大的粉尘排放源，对于新型干法水泥生产线水泥回转窑，窑头、窑尾废气总量约占全厂废气总量的 60%左右[3]。

调研获得 84 个水泥窑窑头粉尘排放浓度，其概率密度分布详见图 4。84 个有效样本中，有 79 个(94.44%)水泥窑窑头粉尘排放浓度小于 50.00mg/m^3，能够满足 GB 4915—2004 浓度限值要求，但仍有 5 个水泥窑窑头粉尘排放浓度不能满足要求。

水泥窑窑尾粉尘排放浓度的有效样本数为 90 个，其概率密度分布详见图 5。其中，85

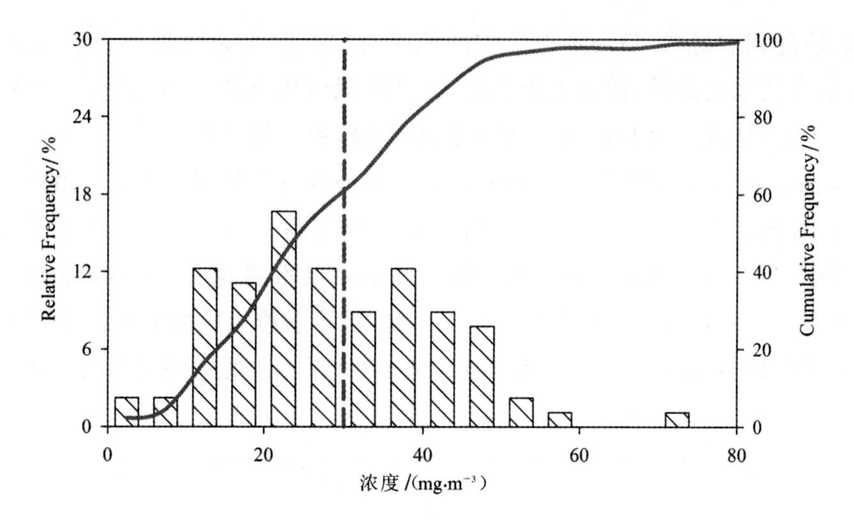

图 4　水泥窑窑尾粉尘排放浓度概率密度分布

个水泥窑窑尾粉尘的排放浓度低于 50.00mg/m^3，能够满足 GB 4915—2004 标准的要求，占有效样本数的 94.05%，仍有 5 个窑尾的粉尘排放浓度不能满足标准限值。

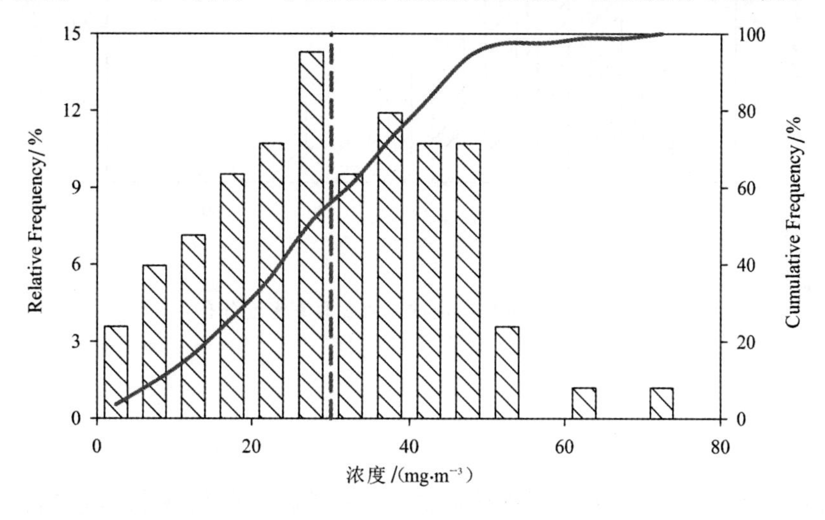

图 5　水泥窑窑头粉尘排放浓度概率密度分布

根据 GB 4915—2013，自 2015 年 7 月 1 日起，水泥窑窑头和窑尾粉尘的排放浓度将执行 30.00mg/m^3 的限值，届时，能够满足浓度限值的水泥窑窑头和窑尾的数量分别为 43 个和 51 个，分别占有效样本的 51.19% 和 56.67%。可见，近半数的窑头和窑尾不能满足新标准的要求，需要进行提标升级改造。从调研结果来看，布袋除尘器与静电除尘器都能够满足要求，但布袋除尘器的总体去除效果要优于静电除尘器，窑尾采用布袋除尘器略多一些。

4.3　水泥磨粉尘排放状况

水泥粉磨是水泥制造的最后工序，也是耗电最多的工序。其主要功能是将水泥熟料

(及胶凝剂、性能调节材料等)粉磨至适宜的粒度(以细度、比表面积等表示),形成一定的颗粒级配,增大其水化面积,加速水化速度,满足水泥浆体凝结、硬化要求。水泥磨入磨物料通程都是干料,其排风含湿量低,一般无结露危险,粉尘粒径较小[4]。

接受调查的 81 个水泥磨粉尘排放浓度的概率密度分布如图 6 所示。由图可见,64 个水泥磨房(占有效样本数的 79.01%)的粉尘排放浓度满足 GB 4915—2004 中 30.00mg/m^{3}的限值要求;20.9%的现有水泥磨房的粉尘排放浓度不能满足现有标准的要求。

GB 4915—2013 规定,自 2015 年 7 月 1 日起,水泥磨粉尘排放浓度将执行更为严格的 20.00mg/m^{3}的浓度限值。从调查结果来看,53.09%的水泥磨不能满足此浓度要求,需要升级改造。

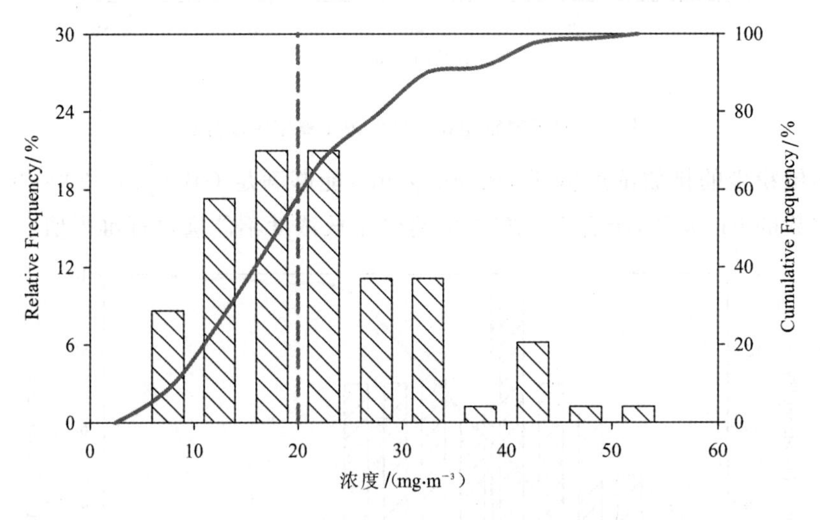

图 6　水泥磨房粉尘排放浓度概率密度分布

5　结论

水泥行业是重要的大气污染物排放源之一,为了解其排污现状,本文利用水泥行业 BAT 调查和水泥公益项目的调查结果,对水泥行业的二氧化硫、氮氧化物、粉尘等污染物的排放现状进行了分析,取得如下结果:

(1) 由于水泥行业自身工艺特点,水泥行业 SO_2 的排放浓度不高,能够满足 200.00mg/m^{3}的浓度限值。事实上,通过改善通风条件,适当控制好燃料中的硫含量,水泥行业 SO_2排放浓度甚至能够控制在 100.00mg/m^{3}以下。

(2) 所调查水泥生产线的氮氧化物的排放浓度满足 800.00mg/m^{3}浓度要求,但对于 400.00mg/m^3,将有近半数的水泥生产线不能满足要求,水泥行业氮氧化物的减排任务重。

(3) 水泥行业粉尘排放问题较为突出,部分石灰石破碎、窑头、窑尾、水泥磨等工序粉尘排放浓度不能满足现行标准的要求,说明水泥行业的环境保护监督管理工作需要加强。

自2015年7月1日起，水泥行业粉尘排放浓度将执行更为严格的浓度限值，届时将有不少企业不能满足要求，需要对现有除尘设备进行改造。

参考文献

[1] 张冬梅.新型干法水泥生产工艺和新设备介绍[J].硅谷，2008，22：99.

[2] 顾军，何光明.欧洲水泥窑 NO_x 减排考察报告[J].中国水泥，2012，2：007.

[3] 昝军.新型干法水泥旋窑窑头烟尘控制技术研究[D].武汉：中国地质大学，2010.

[4] 彭春元，许日昌.水泥厂粉尘来源与除尘技术分析[J].材料研究与应用，2008，2(4)：347-351.

大气中黑碳个体暴露特征研究

高　爽　李　波　修光利

(国家环境保护化工过程环境风险评价与控制重点实验室,华东理工大学,上海　200237)

摘　要　以黑碳的个体暴露为核心,选择上海市几个典型环境研究黑碳个体暴露的水平,并探讨不同通风条件下室外黑碳向室内的渗透特征,为建立个体暴露水平表征方法提供基础。研究结果表明,黑碳采样仪的数据受环境湿度和振动的影响较大,讨论了湿度和振动对黑碳数据的影响,以便体现真实环境中个体暴露水平。研究模拟公众一天的个体暴露情景,发现在上午9点左右公交车站30分钟的个体暴露均值达到7192ng/m^3,室内一天的黑碳均值达到2433ng/m^3,晚上19点左右上海南站30分钟的个体暴露均值达到6098ng/m^3。很明显,在公交车和地铁站附近的黑碳个体暴露量很高,说明机动车尾气是黑碳的主要来源。

关键词　黑碳,湿度,振动,个体暴露

1　引言

大气颗粒物的成分复杂,其对健康的影响一直是国内外的研究热点。特别是近年来,随着雾霾天气的加剧,大气污染日益成为人们关心的话题,在大气环境污染中,颗粒物污染已成为首要的污染。大气颗粒物主要分为总悬浮颗粒物(Total suspended particulates,TSP)和可吸入颗粒物(Inhalable particulates,IP)。总悬浮颗粒物指在一定体积的空气中悬浮的空气动力学直径小于等于100μm的颗粒物的总和;可吸入颗粒物指总悬浮颗粒物中能用鼻和嘴吸入的那部分颗粒物,即PM_{10}。可吸附颗粒物又可分为细粒(空气动力学直径小于等于2.5μm,$PM_{2.5}$)和粗粒(介于2.5μm和10μm之间)[1]。大气颗粒物可以通过人体器官进入人体:10μm以下的可进入鼻腔,7μm以下的可进入咽喉,小于2.5μm的则可深入肺泡并沉积,进而进入血液循环,越细的颗粒物毒性更大[2]。黑碳是由含碳物质不完全燃烧产生的粒径范围在0.1～1μm的颗粒物,黑碳颗粒物的微观形态为石墨晶体结构,在常温下非常稳定。并且黑碳是太阳光最主要的吸收物质[3],显著影响着地球热辐射平衡[4]。黑碳颗粒物还与人体呼吸系统和心血管系统疾病显著相关[5]。越来越多的流行病学和毒理学证据表明,0.1～1μm的黑碳颗粒与健康的关联性更强,因为黑碳颗粒物更能深入至肺部,并且可能引发呼吸道的炎性反应[6-7]。而慢性炎性反应是诱发哮喘和慢性阻塞性肺病等肺部疾病的重要征兆[8]。

国内外大部分黑碳研究主要是根据室内外固定点位监测来评估的[9-15]。该监测法虽简便易行，但其不确定性主要在于监测点位的代表性、目标污染物的污染特征和个体活动差异程度[16]，因此能否表征人体真实污染物暴露水平受到许多研究的质疑[9]。个体采样是个体暴露评估研究的标准方法，它能直接、有效地表征人体污染物暴露水平[17-18]，本文就是对上海地区不同职业者个体暴露水平进行探讨和评估。

2 黑碳仪测得 BC 的工作原理

MicroAeth 个体采样仪与 Aethalometer（Magee Scientific，Berkeley，CA，USA）黑碳仪的工作原理及数据算法类似。在 880nm 光波下，通过比较负载滤膜和空白滤膜的光的消光率计算沉积在滤膜上黑碳质量。仪器以发光二极管为光源，初始光源分别进入两个通道：一道为测定光经过负载颗粒物滤膜消光率的 Sensing channel（感应通道）；另一道为测定光经过空白滤膜消光率[19]的 Reference channel（参比通道）。

MicroAeth 遵循的主要原理如下：光衰减量的增加正比于 BC（黑碳）在滤膜感应区质量负载的增加量。光衰减量是感应通道输出值与参比通道输出值的比值的自然对数。随着 BC 的沉积，感应信号理论上会持续衰减，而参比通道由于没有气流通过，其信号将一直保持稳定。该系统 BC 的计算原理如式（1）、式（2）所示：

$$C_{BC}=[\Delta_{(B)}\times Area]/[Flow\times\Delta_{T}] \tag{1}$$

$$\Delta_{(B)}=(1/SG)\times\{-100\times[\Delta\ln(Sen)-\Delta\ln(Ref)\ ]\} \tag{2}$$

式中，C_{BC} 为空气中黑碳的浓度，ng/m^3；*Area* 为滤膜上黑碳沉积面积，0.071mm^2；*Flow* 为采样时设置的流量，mL/min；100 为无量纲数值；*SG* 为沉积在滤膜上黑碳光学消减横断面，$m^2/gram$，在一定范围内，*SG* 被认为是常数。

文中用差异度 $Diff\%=(M_1-M_2)/M$ 表示仪器间读数的差异，M_1，M_2 为各仪器读数，M 为两仪器读数均值。$Diff\%$ 与皮尔逊相关系数 R 共同判定仪器重现性。

3 材料与方法

本研究测试的 MicroAeth® 个体黑碳采样仪型号为 AE51（Aethlabs，San Francisco，CA，USA），该型号采样器重 250g，长 11.7cm，宽 6.6cm，高 3.8cm。采样流量调至 50ml/min；读数间隔为 60s。还包括温湿度计，Nafion® 干燥管、微环境试验舱、加湿器等。

通过一系列湿度、振动的测试实验对仪器进行有效性评估，分析环境湿度和振动对仪器数据的影响。进行一周的全天个体暴露采样，对上海市个体暴露水平做一个摸底，进行不同通风条件下的室内外定点监测以分析室内外渗透关系。

4 结果与讨论

4.1 影响黑碳仪数据的因素分析

4.1.1 仪器重现性

两台黑碳仪静放于同一室内环境中 12h，连续采集一周，以测试两台黑碳仪间的重现性。仪器为 1min 输出，流量设置在 50mL/min，如图 1 所示。

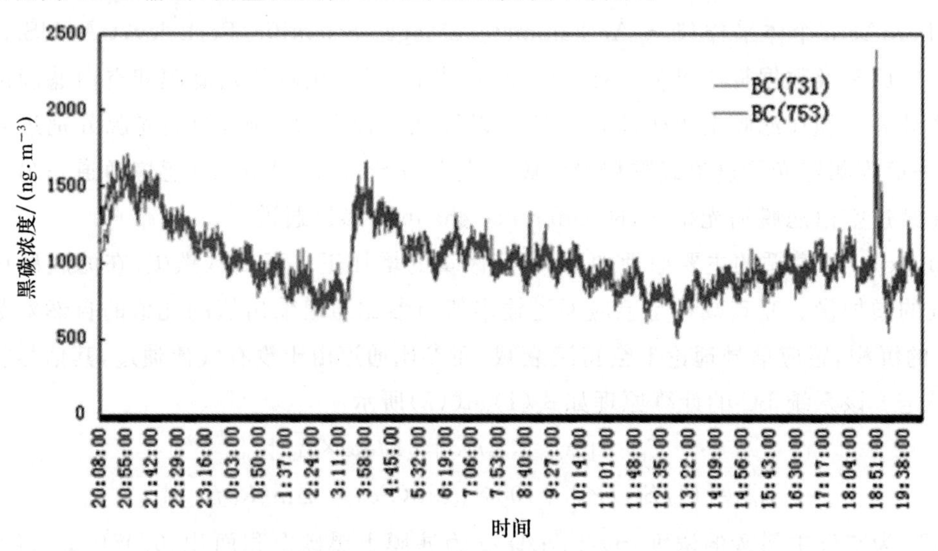

图 1　两台 MicroAeth 定点采样重现性实验图

分析图中数据得到，两台仪器的 1min 输出的相对标准误差(RSD)为 1.3%±8.3%，相关性 $R \geqslant 0.92$($p < 0.01$)，说明两台仪器有较好的重现性。

4.1.2 湿度影响评估

实验构造一个一定容积的恒温恒湿腔体，腔内温湿度分别为 19.8℃±0.2℃、76.2%±0.9%，腔外温湿度分别为 20.9℃±0.09℃、55.6%±1.6%。将连接干燥管和未连接干燥管的两台仪器先置于同一环境中，然后同时放入腔体中静止一会儿，再取出。未放入湿度环境前，两台仪器的差异度为 12.8%±20%，有较高的重现性，由此可以证明干燥管对黑碳仪的读数几乎没有影响。在放入湿度环境后，湿度的骤增会使黑碳仪数据剧烈地升高，而连接干燥管明显有增强仪器适应湿度变化的能力，从而使读数升高不那么剧烈由图 2 所示。

急剧变化的湿度会导致采样媒介(尤其是亲水性滤膜)或光学组件表面上水分的蒸发和凝结。由于参比通道没有气流通过，湿度变化首先影响感应通道。当湿度突增时，水汽凝结在滤膜上，使得光衰减量增加，系统自动将由于水汽影响导致的光衰减归为黑碳的沉积量，出现极高正值；随着水汽在系统内部的扩散或随系统内部气体流动至参比通道，在湿度对参比通道和感应通道的影响相当时，湿度的影响相互抵消，BC 读数趋于某值稳定

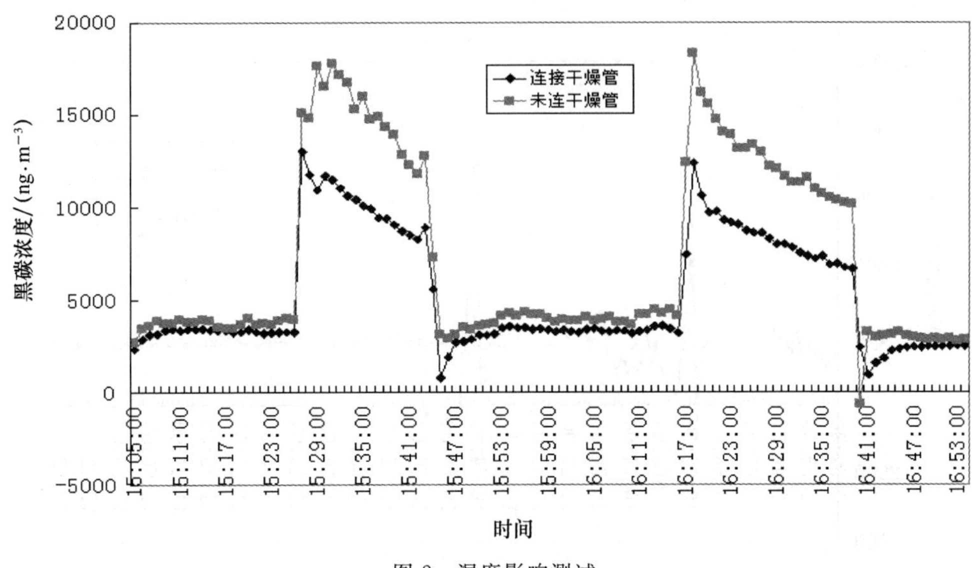

图 2　湿度影响测试

波动;当湿度突降时,感应通道采样滤膜上原先凝结的水汽蒸发,光衰减量在原来的基础上减少,出现负增长,而参比通道湿度还维持在之前的湿度水平,所以湿度突降时出现极低的负值,需要采用干燥管等系统,降低湿度的影响。

4.1.3　振动影响评估

将两台仪器静放于同一室内环境中,对他们分别进行一些振动测试,MicroAeth 采样仪对振动很敏感。在未振动之前,两台仪器的相关系数 $R=0.82$,1min 的 Diff%为 9.7%±27%,数据呈现较高的相关性,而振动发生时,两台仪器的 1min 的 Diff%达到 48%±152%和 83%±168%,差异很大,由此可以看出振动会对仪器产生较大的干扰,由于在做个体暴露采样时人们的活动必然会使仪器发生不同程度的振动,因此要尽量减小这种影响,保证数据有效性。穿戴马夹可以起到一定的固定作用,对人体的振动起到缓冲效果,从而减少振动带来的影响,同时应对个体进行行动日志,记录下有重要波动的时刻,便于数据筛选和剔除。

4.2　徐汇区个体暴露水平分析

本文测试个体黑碳暴露水平的地点主要覆盖徐汇区华东理工大学及其周边典型区域,同时,另有一台仪器同步做室内外定点监测,测试实时室内外黑碳浓度,采样点为华东理工大学实验八楼 3 楼(室内)与楼顶(室外)。实验监测了 3 月 28 日,3 月 29 日,3 月 30 日,4 月 1 日,4 月 3 日 5 天的个体暴露量,每天从 9 点左右开始到 20:00 为止,个体采样期间,采样对象身穿马夹,马夹内装有 MA 采样仪,采样仪进气口端连接 Nafion 干燥管,延伸至呼吸带附近,采样流量和读数时间间隔分别为 50mL/min 和 1min。同时,全天随时记录所处地理位置和活动日志,如图 4 和表 1 所示。

比较图 4 中数据可以看出,黑碳浓度一天的变化范围较广,可以由几十 ng/m^3 到上万

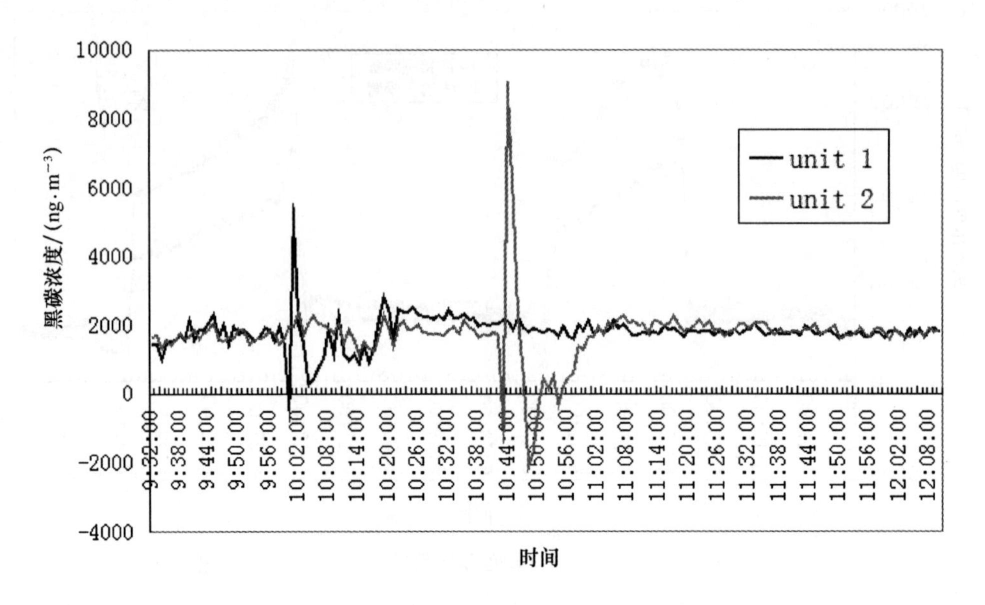

图 3　振动影响测试

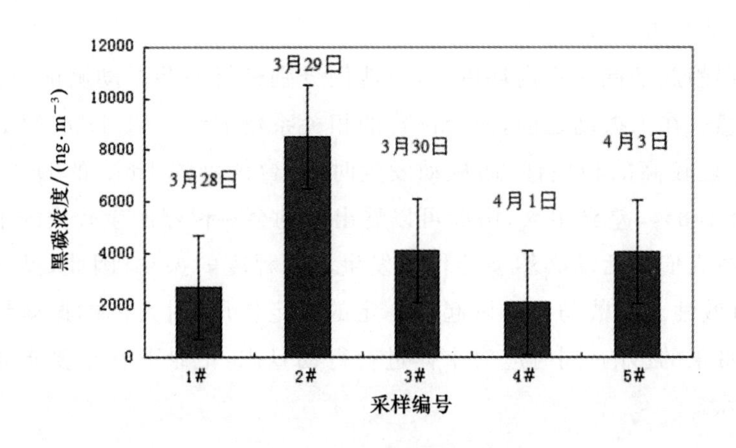

图 4　日均黑碳浓度变化图

ng/m^{3}之间变化，但是非雾霾天气情况下的中位值一般在 2000～3000ng/m^3，而雾霾天气可达到 7000～8000ng/m^{3}甚至更高。比较黑碳浓度中位值，可以看出 3 月 29 日(周六)浓度最高，是 3 月 30 日数据的两倍，4 月 1 日与 4 月 3 日(周二及周四)的浓度较低，低于周五至周日的中值浓度。这里，3 月 29 日黑碳浓度均值与中位值会出现如此高的原因除了周六人们出行增多，交通尾气排放量与人存在带来的黑碳源增多之外，气象因素也是一个不可忽视的原因，3 月 29 日属于雾霾天气，由于雾霾带来的影响导致暴露黑碳浓度显著升高，而其他几天天气均良好，未受雾霾影响，所以黑碳浓度较低。

图5是某一日个体采样黑碳浓度与时间(活动时间)序列图。图中,(1)是公交车站,(2)是食堂,(3)是菜市场,(4)是办公室,(5)是上海南站。不同区域黑碳的个体暴露量呈现很大不同,实验人员进行5天的监测,各个微环境黑碳暴露均值数据见表1。

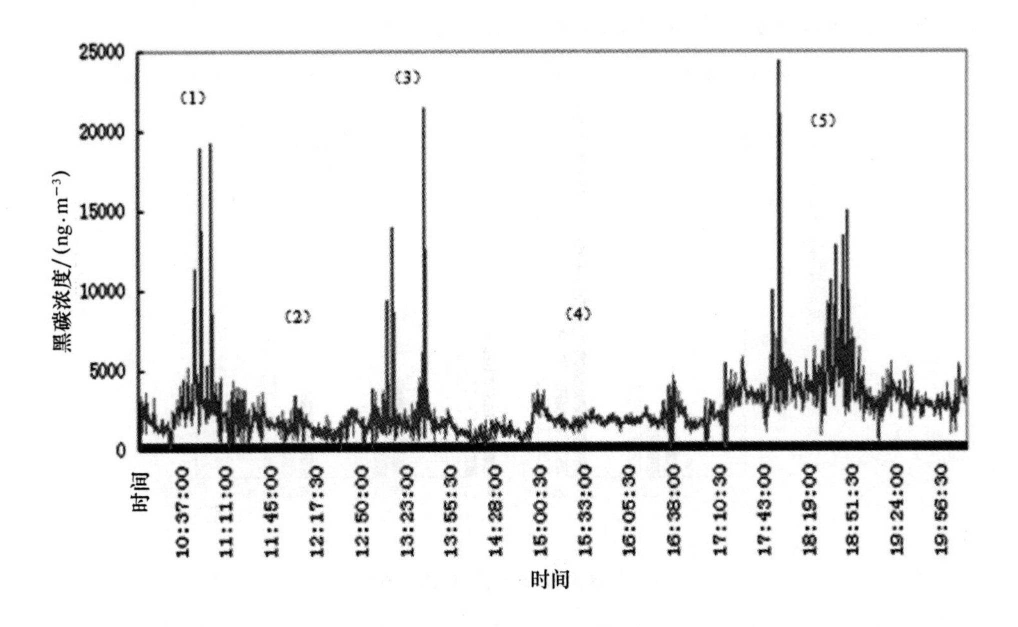

图5 个体暴露监测图

表1 **个体采样各微环境中黑碳浓度分布**

室外微环境	公交站	食堂	菜市场	办公室	上海南站
均值浓度/(ng·m^{-3})	7192	5304	5452	2618	6098
标准偏差/SD	3201.78	374.84	331.28	282.91	2043.52
峰值浓度/(ng·m^{-3})	45420	24718	16930	15220	19528
持续时间/min	30	30	30	120	30

个体采样结果显示,室外各个微环境中黑碳浓度有较大的变化值,公交车站的黑碳暴露均值高达7192ng/m^3,接近室内黑碳均值的3倍,同时,公交车站有最高的峰值浓度,远远高于其他微环境的峰值浓度,公交站在停靠站台时是处于空档运转的候车状态,此时发动机处于低效运转容易产生大量的黑碳颗粒物,因此,当有公交车停靠站台时,人们的黑碳暴露量是很高的。

食堂的黑碳暴露均值比正常室内外水平都要高,约为室内定点监测均值的两倍,油烟是重要的黑碳源。在办公室内的个体暴露水平与室内定点监测值接近,但不相同,这是由于定点监测没有包含个体对仪器带来的影响,即在同一室内环境,个体暴露值也不同于室内定点监测值。上海南站的监测值较高,仅次于公交站均值浓度,公交站主要黑碳源是公交车的尾气排放,而上海南站集合了公交车站、汽车南站、地下商城,以及地铁等区域,有多种黑碳源。随着人们出行的增多,人们在火车站停留的次数和时间都增长,所以研究上海南站的个体暴露量是很有意义的。

将室内外定点监测数据与个体暴露数据比较可得图6。

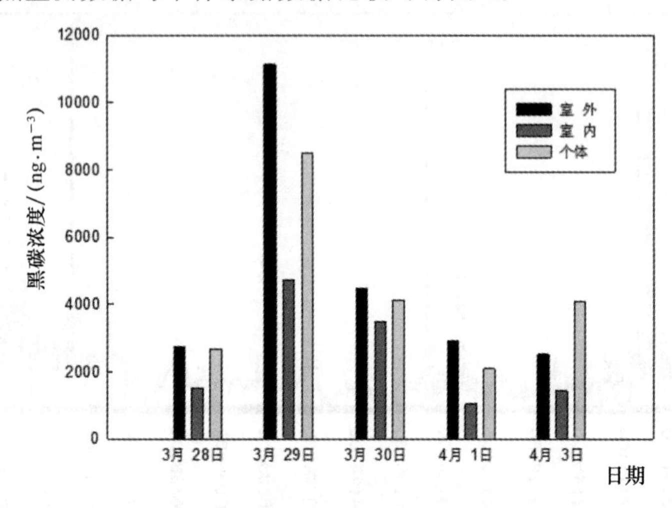

图6　室内外及个体暴露均值图

由图6可以发现,个体日暴露均值普遍小于室外均值而大于室内均值,这是由于人们一天的个体暴露量主要受环境和个体行为的影响,当人主要时间在室内度过,个体暴露量就会明显降低。尽管人们一天大部分时间在室内办公或学习,但是仍会接触到很多不同的黑碳源,如在公交站等车时,在市场买东西时,以及在路边行走时,因此个体暴露量会明显大于室内定点监测。此外,室外浓度明显高于室内浓度,3月29日为雾霾天气,这一日室外浓度是室内的2倍多,从图6的室内外均值I/O比可以看出,I/O比接近0.5,这可以初步表明实验楼在关闭门窗的情况下还是能有效阻挡一部分颗粒物。

但这还取决于通风方式,比较了关闭门窗(不通风)、开窗通风(自然通风)和空调通风(机械通风)三种情况下,发现I/O比不同,空调通风时日均值可以达到1.05以上,因此空调通风时候,室内黑碳源将产生更大的贡献。

5　结论

通过从上述分析可以得到以下结论:

(1) 黑碳仪受湿度和振动影响较大,仪器使用前必须进行校正,仪器需要按照干燥管;同时仪器本身需要减少振动的影响。

(2) 采样期间,采样点处的个体暴露采样数据表明:雾霾日的暴露值明显高于非雾霾日。

(3) 公共交通比较发达的区域,黑碳的浓度较高。

(4) 不同通风条件下室内外浓度关系是不一样的,室内浓度变化就受室外浓度与室内源两个因素的影响。

参考文献

[1] 王平利,戴春雷.城市大气中颗粒物的研究现状及健康效应[J].中国环境监测,2005,21(1):83-87.

[2] 李红,曾凡刚.可吸入颗粒物对人体健康危害的研究进展[J].环境与健康杂志,2002,19(1):85-87.

[3] Rosen H,Hansen A D A,Gundel L,et al. Identification of the optically absorbing component in urban aerosols[J]. Applied Optics,1978,17(24):3859-3861.

[4] Crutzen P J,Andreae M O. Biomass burning in the tropics: impact on atmospheric chemistry and biogeochemical cycles[J]. Science(New York),1990,250(4988):1669-1678.

[5] Pope C A,Dockery D W. Health effects of fine particulate air pollution: lines that connect[J]. Journal of the Air and Waste Management Association,2006,56(6):709-742.

[6] Gong J H,Linn W S,Sioutas C,et al. Controlled exposures of healthy and asthmatic volunteers to concentrated ambient fine particles in Los Angeles[J]. Inhalation Toxicology,2003,15(4):305-325.

[7] Li X Y,Gilmour P S,Donaldson K,et al. Free radical activity and pro-inflammatory effects of particulate air pollution in vivo and in vitro[J]. Thorax,1996,51(12):1216-1222.

[8] Gan W Q,Man S F P,Senthilselvan,et al. Association between chronic obstructive pulmonary disease and systemic inflammation: a systematic review and a meta-analysis[J]. Thorax,2004,59(7):574-580.

[9] Bell M L,Ebisu K,Peng R D,et al. Hospital admissions and chemical composition of fine particle air pollution[J]. American Journal of Respiratory and Critical Care Medicine,2009,179(12):1115-1120.

[10] Wilker E H,Baccarelli A,Suh H,et al. Black carbon exposures,blood pressure, and interactions with single nucleotide polymorphisms in microrna processing genes[J]. Environmental Health Perspectives,2010,118(7):943-948.

[11] Dockery D W,Pope C A,Xu X P,et al. An association between air-pollution and mortality in 6 United-States cities[J]. New England Journal of Medicine,1993,329(24):1753-1759.

[12] Wilson J G,Kingham S,Pearce J,et al. A review of intraurban variations in particulate air pollution: implications for epidemiological research[J]. Atmos Environ,2005,39(34):6444-6462.

[13] Dominici F,Peng R D,Bell M L,et al. Fine particulate air pollution and hospital admission for cardiovascular and respiratory diseases[J]. Jama-Journal of American Medical Association,2006,295(10):1127-1134.

[14] 胥美美,贾予平.北京市某社区空气细颗粒物个体暴露水平初步评价[J].环境与健康杂志,2011,28(11):941-943.

[15] 邓芙蓉,王欣,苏会娟.北京市某城区儿童大气 $PM_{2.5}$ 个体暴露水平及影响因素研究[J].环境与健康杂志,2009,26(9):762-765.

[16] Ozkaynak H,Xue J,Spengler J,et al. Personal exposure to airborne particles and metals: results from the particle team study in Riverside,California[J]. Journal of Exposure Analysis and Environmental Epidemiology,1996,6(1):57-78.

[17] Rabinovitch N,Liu A H,Zhang L,et al. Importance of the personal endotoxin cloud in school-age chil-

dren with asthma[J]. Journal of Allergy and Clinical Immunology, 2005, 116(5): 1053-1057.

[18] Brool R D, Bard R L, Burnett R T, et al, Differences in blood pressure and vascular responses associated with ambient fine particulate matter exposures measured at the personal versus community level[J]. Occupational and Environmental Medicine, 2011, 68(12): 224-230.

[19] Ruoss K R, Dlugi C, Weigi, et al. Intercomparison of Different Aethalometers with an Absorption Technique-Laboratory Calibrations and Field-Measurements[J]. Atmospheric Environment Part a-General Topics, 1992, 26(17): 3161-3168.

上海某地铁区间隧道内颗粒物浓度的变化特征

乔　婷[1]，修光利[1]，郑　懿[2]，杨　军[3]，王丽娜[1]

（1. 国家环境保护化工过程环境风险评价与控制重点实验室，华东理工大学，上海　200237；

2. 上海申通地铁集团有限公司技术中心，上海　201103；

3. 上海安合环境检测技术有限公司，上海　201611）

摘　要　对上海某地铁区间隧道内温湿度以及颗粒物进行了连续4天的监测，以了解该地铁区间隧道内颗粒物浓度的变化特征。结果表明：区间隧道内温度、相对湿度、PM_1、$PM_{2.5}$和PM_{10}的中位数分别为31.2℃、45.0%、50μg/m^3、55μg/m^{3}和69μg/m^3，隧道内空气质量较好。高峰时段和非高峰时段$PM_{2.5}$和PM_{10}水平存在显著差异，而PM_1水平不存在显著差异。监测期间不同粒径颗粒物的周变化规律均为：周五＞周一＞周六＞周日，存在显著的周末效应。区间隧道内PM_1/PM_{10}、$PM_{2.5}/PM_{10}$的比值分别为0.65～0.90和0.74～0.95，列车停运期间比值较高，运营期间比值较低，该现象可能与列车行驶过程中的机械粉碎过程产生的大量粗颗粒物有关。

关键字　区间隧道，微气候，PM_1，$PM_{2.5}$，PM_{10}，实时监测

1　引言

国内外研究[1-11]表明，地铁环境中颗粒物浓度高于其室外浓度，可能存在以下原因[12]：①地铁环境相对封闭，内部空气不流通，需提供有组织新风；②内部污染源较多，空气质量较差；③多位于繁华地段，提供新风来源的室外空气质量较差。流行病学研究发现空气中颗粒物与大量的不良健康效应存在一定的关系[13]，如呼吸系统和心血管疾病。Pope等[14]发现空气中每增加10μg/m^{3}细颗粒物，全死亡、心肺疾病和肺癌的死亡率相应增加约4%、6%和8%。此外，Karlsson等[15]断定，地铁颗粒物对人肺细胞的遗传毒性约是街道颗粒物的8倍，其氧化性损伤则是街道颗粒物的4倍之高。

上海轨道交通（简称上海地铁）的第一条线路（地铁一号线）于1993年通车，目前运营线路共有12条，车站310个，总里程已经达到526公里。叶晓江[16]对上海地铁站台环境状况进行实地测量，发现颗粒物浓度过高是上海地铁站台中存在的主要问题，其中PM_{10}浓度为(372±209)μg/m^3，$PM_{2.5}$浓度为(293±193)μg/m^3。到目前为止，上海地铁环境中颗粒物的研究集中在车厢[17]、站台和站厅[18,19]，还不存在地铁隧道中颗粒物的研究，国内也鲜有研究[20]。地铁颗粒物的内部来源主要为隧道中导电轨和电极、制动块、铁轨和车轮

之间的机械磨损。因此，为了具体了解地铁颗粒物内部污染源的特征，本文将在人民广场—黄陂南路区间隧道内进行实时监测，了解以温湿度为代表的区间隧道微气候以及颗粒物浓度的变化情况。此外，由于颗粒物的危害随着其粒径的减小而增大，本文将同时监测 PM_1、$PM_{2.5}$ 和 PM_{10}，以了解亚微颗粒、细颗粒和粗颗粒的浓度变化特征。

2 材料与方法

2.1 采样点及采样方法

对上海某地铁区间隧道内温湿度以及颗粒物进行了连续 4 天的监测，采样时间为 2013 年 8 月 30 日—9 月 2 日。该地铁站位于市中心，是地铁一号线、两号线和八号线的三线换乘枢纽，常年客流量居高不下，是上海市轨道交通的主要枢纽之一。该地铁站为地下室内站台（地下两层），设有机械通风系统。定点采样点设置在该地铁区间隧道内，距离站台约 10m。列车经过采样点时处于起步加速阶段。

颗粒物采样仪为 DustTrak DRX 8534 手持式气溶胶检测仪（TSI，Inc.，Shoreview，MN，USA）。DustTrak 结合了光度计和光学粒子计数器的原理，可同时测量质量浓度和粒径分布。该仪器的质量为 1.3kg，尺寸为 12.5cm×12.1cm×31.6cm。采样间隔为 5min，采样流量为 3.0L/min，可同时记录 PM_1、$PM_{2.5}$ 和 PM_{10} 数据。温湿度记录仪为 HOBO U10-003 温度/相对湿度记录仪（Oneset，Inc.，Irvine，CA，USA）。该仪器质量为 28g，尺寸为 6.0cm×4.7cm×1.9cm，数据记录间隔为 5min。气溶胶检测仪和温湿度记录仪放置于金属箱中，固定在隧道墙壁上，距地面 1m，采样口正对列车来向，具体如图 1 所示。

2.2 统计方法

由于颗粒物浓度分布为非正态分布（$P<0.05$），为避免奇异值引起的误差，中位数更具代表性。然而，大多数文献研究的结果使用平均值表示。因此，本文同时选用中位数和平均值，对不同采样点的颗粒物浓度进行比较。定点监测的 24h 中位数的时间节点为 00:00—23:59。使用的统计分析软件为 SPSS 软件（version 13.0）。本文将使用独立样本 *t* 检验测试高峰时段以及非高峰时段颗粒物水平的差异，使用单因素方差分析测试工作日及休息日颗粒物水平的差异。所有统计检验的显著性水平为 0.05。

2.3 质量保证

DustTrak 8534 气溶胶检测仪可提供近实时的数据，信噪比高，操作简单。该仪器的传感机制为激光二极管，光检测器测得的光量由内部的电子元件通过比例常数转换为质量浓度。该比例常数可使用 Arizona 道路粉尘进行校正获得（ISO12103-1，A1 粉尘）。然而，光散射粉尘检测仪的响应易受气溶胶性质的影响，如折射率、颗粒物形状、密度和大

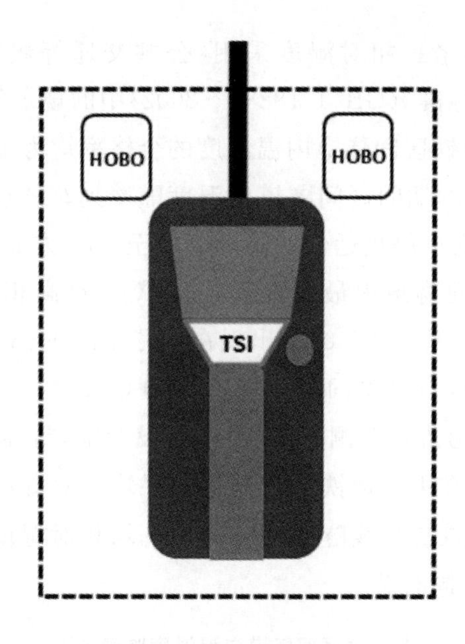

图1　检测仪器分布图

小[21]。DustTrak 8520 气溶胶检测仪高估了实际颗粒物浓度的1.4～3.5倍[22-27]。该仪器是一台光度计，而本实验使用的DustTrak 8534 气溶胶检测仪结合了光度计和光学粒子计数器，光度计用于估算$PM_{2.5}$的质量浓度，而光学粒子计数器用于估算大于1μm颗粒物的质量分布，更有利于实时监测不同粒径颗粒物的质量浓度。Wang等[28]将8534和8520气溶胶检测仪进行比较，发现前者的准确度更高。为了不影响地铁的正常运行，本实验无法在区间隧道中放置滤膜法采样器，因此不对8534气溶胶检测仪的读数进行校正。监测前，对DustTrak 8534气溶胶检测仪进行零点校正和量程校正。该仪器的量程为0.001～150mg/m^3，精度为0.001 mg/m^3。HOBO U10-003温度/相对湿度记录仪温度、相对湿度的量程分别为－20℃～70℃和25％～90％，精度分别为±0.4℃和±3.5％。为了确保监测过程中2台仪器的可比性，监测前后分别进行同步监测。2台温度/相对湿度记录仪读数的相关性表明其差值在10％以内(温度：$y=0.9654x+1.4877$，$R^2=0.632$；相对湿度：$y=0.9478x+2.3108$，$R^2=0.953$)，可比性较高。

3　结果与讨论

3.1　区间隧道微气候

微气候主要包括温湿度以及风速，由于该地铁区间隧道中不设置新风系统，本文不涉及风速的监测，其监测结果具体如表1所示。温度采用《地铁设计规范》(GB 50157—2003)中地铁隧道夏季的最高温度作为限值，其中规定：列车车厢设置空调，车站设置屏蔽门时，最高温度为40℃。由于地铁隧道中相对湿度、颗粒物浓度不存在相关标准，本文选用站台的相关标准作为参考。相对湿度采用《公共交通等候室卫生标准》(GB 9672—1996)以及《室内空气质量标准》(GB/T 18883—2002)中的规定值(40%～80%)作为标准。

从表 1 可以发现,该地铁区间隧道内温湿度的合格率均为 100%。地铁一号线的运营时间为 05:00—23:00。监测期间区间隧道内温度随着列车的运营开始而升高,随后略有降低并维持在 32℃左右,列车停止运营后温度降低至 30℃左右。相对湿度的变化规律则与温度的相反。该地铁区间隧道内最低温度(29.2℃)、最高相对湿度(77.3%)出现在 8 月 30 日 00:55;最高温度出现在(35.0℃)出现在 9 月 2 日 04:30—04:50,持续了 20 分钟,可能与运营前清轨列车的运行有关,而最低相对湿度(35.1%)出现在 9 月 2 日 04:50。由于本实验在夏季对区间隧道进行监测,且隧道内不设置空调,温度均高于文献值[9,16,19,20];而相对湿度与叶晓江等[16]在上海地铁站内测得的平均相对湿度(39%～66.2%)相近,略低于陈玉婷等[20]在广州地铁二号线隧道中测得的平均相对湿度(53%～73.4%),这可能与上海、广州两地的气候不同有关。

表 1　　某地铁区间隧道内温湿度监测结果

项目	范围	中位数	平均值±标准偏差	合格率
温度/℃	29.2～35.0	31.2	31.5±0.9	100%
相对湿度/%	35.1～77.3	45.0	47.4±6.5	100%

3.2　区间隧道内颗粒物浓度

监测期间,该地铁区间隧道 PM_1、$PM_{2.5}$ 和 PM_{10} 中位数分别为 50μg/m³、55μg/m³ 和 69μg/m³,具体如表 2 所示。《地铁设计规范》(GB 50157—2003)和《公共交通等候室卫生标准》(GB 9672—1996)中规定的 PM_{10} 限值为 250μg/m³,而《室内空气质量标准》(GB/T 18883—2002)的限值为 150μg/m³,本文选用 150μg/m³ 作为标准。$PM_{2.5}$ 则相应选用《环境空气质量标准》(GB 3095—2012)的二级标准日均值(75μg/m³)作为标准,而 PM_1 暂无标准可以参考。本实验中 $PM_{2.5}$ 和 PM_{10} 的合格率分别为 80.8%和 99.5%,该地铁区间隧道内的空气质量较好。

从表 2 可以发现,本实验中的 PM_{10} 浓度远低于广州二号线区间隧道中的 PM_{10} 浓度,可能与不同的监测时间、检测仪器以及室外浓度有关[29,31]。Furuya[32] 发现颗粒物浓度根据季节变化差异很大,而上海[33,34]、广州[35] 大气中 PM 浓度均呈现冬季最高、夏季最低的规律。本实验的监测时间为夏季,而广州二号线的监测时间为冬春季。研究[20,29] 发现,地铁站台、站厅以及隧道内两两比较均无显著性差异($p>0.05$)。因此,地铁站台以及站厅内的颗粒物浓度具有一定的参照性。本实验的颗粒物浓度值远低于叶晓江[16] 和李丽[19] 在上海地铁站中测得的浓度值,这可能与使用的仪器不同有关。叶晓江使用的仪器为 DustTrak 8520,其读数没有进行校正。Cheng[7] 和 Winnie[5] 分别对 DustTrak 8520 气溶胶检测仪的读数进行了校正,而 Mugica-Alvarez[30]使用传统滤膜法采样器进行监测，其结果与本实验的结果较为接近。Salma[36]指出，不同地铁系统中颗粒物浓度水平的差异可能来自于不同的系统技术（如车载电源、工程系统和制动系统）、车站通风系统和运行条件等。

表 2　　不同城市地铁环境颗粒物浓度水平

城市	颗粒物种类	PM 浓度/($\mu g/m^3$)		测量环境	参考文献
		范围	平均值±标准偏差		
上海	PM_1	5−129	53±28	区间隧道	本研究
	$PM_{2.5}$	5−137	57±30		
	PM_{10}	6−156	69±34		
上海	$PM_{2.5}$	—	293±193	站台	叶晓江，等，2009[16]
	PM_{10}	—	372±209		
上海	PM_{10}	—	117±54	站台	李丽，等[19]
		—	108±52	站厅	
广州	$PM_{2.5}$	—	44±11	车厢	Chan LY, et al, 2002[10]
	PM_{10}	—	55±14	车厢	
		15−710	133±94	区间隧道	陈玉婷，等，2005[20]
香港	$PM_{2.5}$	21−68	39±9	车厢	Chan LY, et al, 2002[8]
	PM_{10}	23−89	50±9	车厢	
台北	$PM_{2.5}$	7−100	35±13	台	Cheng, et al, 2008[7]
	PM_{10}	11−137	51±20		
首尔	$PM_{2.5}$	82−176	129	站台	Kim, et al, 2008[29]
	PM_{10}	238−480	359		
墨西哥	$PM_{2.5}$	60−93	—	站台	Mugica−Alvarez, et al, 2012[30]
	PM_{10}	88−145	—		
洛杉矶	$PM_{2.5}$	—	56.7±11.3	站台	Winnie, et al, 2011[5]
	PM_{10}	—	78.0±16.5		

3.3　区间隧道内颗粒物浓度的日变化

该地铁区间隧道内颗粒物浓度的日变化如图 2 所示。颗粒物浓度随着地铁运营的开始(05:00)而升高，高峰时段颗粒物浓度最高，期间维持在较高浓度水平。23:00 地铁运营结束后，随着区间隧道内污染源的消失，颗粒物浓度回落至较低水平。颗粒物浓度的最高值分别出现在 8 月 30 日 15:39($PM_1=129\mu g/m^3$)、19:19($PM_{2.5}=137\mu g/m^3$)和 09:09($PM_{10}=156\mu g/m^3$)；而最低值则出现在 9 月 1 日 03:44—04:49($PM_1=PM_{2.5}=5\mu g/m^3$；$PM_{10}=6\mu g/m^3$)。

地铁颗粒物的来源可分为外部来源和内部来源两类。外部来源主要是街道交通，而内部来源[29]主要包括列车运行和制动时的机械磨损以及隧道内的维护和修筑工作等。街道交通环境下的颗粒物可能通过空调系统、通风系统等渠道进入区间隧道。Aarnio[3]研究发现，地铁颗粒物数浓度与室外黑炭(BC)浓度的线性关系较好($R^2=0.71$)，表明地铁细颗粒物的主要来源为汽车尾气。由于地铁列车在运行和制动过程中都存在钢铁的机械磨损，而钢铁中常含有大量的铁元素和其他微量合金元素(如锰、铬和镍等)，这就使地铁系统中颗粒物富含大量金属元素[37]。而地铁颗粒物的浓度主要受通风、气象、列车开行频率和人员流动情况等影响[31]。该地铁线路高峰时段的列车间隔为2～4min，而非高峰时段的列车间隔为4～12min。李路野[38]则认为客流量是导致大气颗粒物浓度升高的重要因素之一。

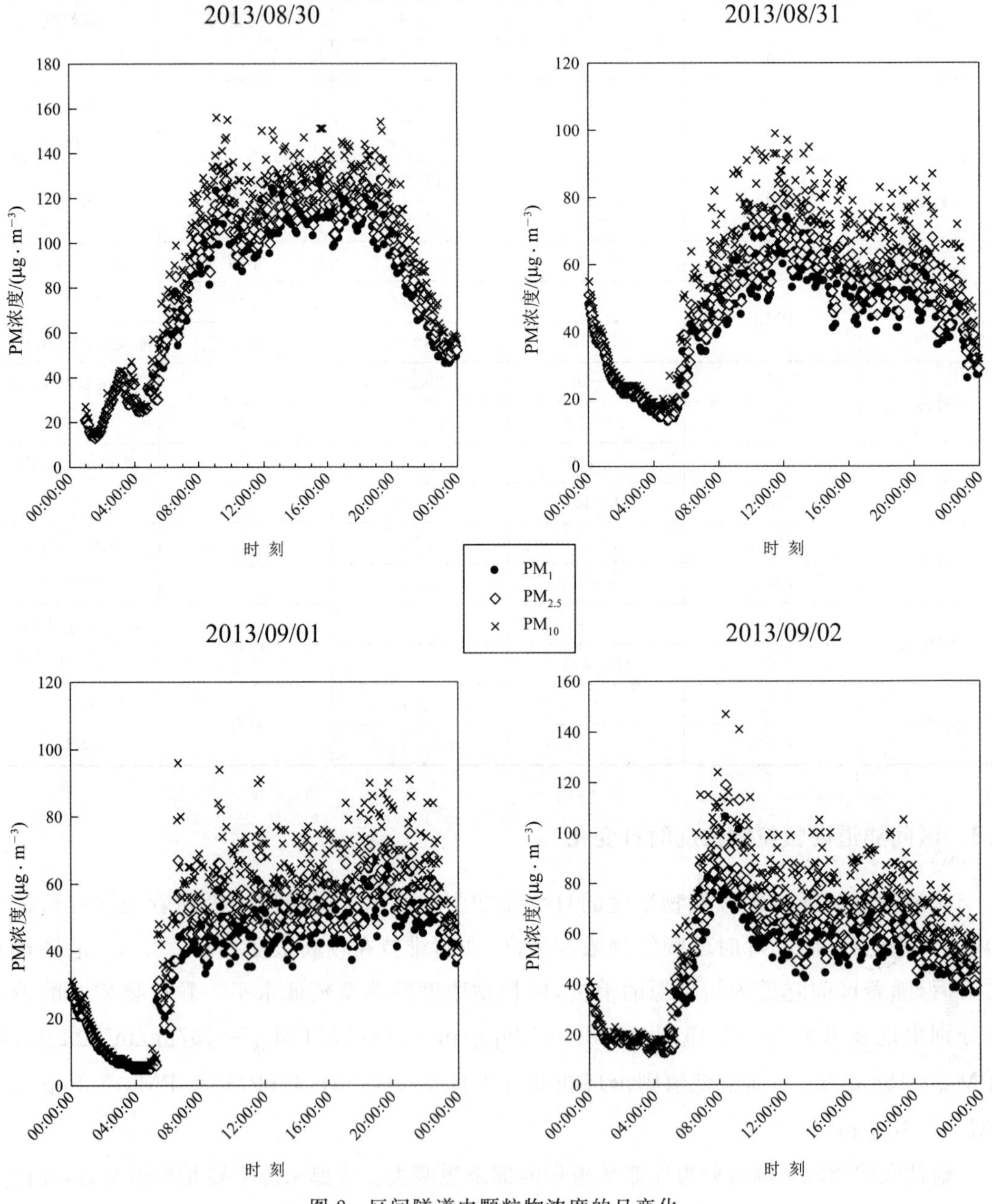

图2 区间隧道内颗粒物浓度的日变化

该地铁周一——周四的早晚高峰时段分别为 07:00—09:30 和 16:30—19:30;周五的早高峰时段与周一——周四的相同,而晚高峰时段为 14:00—21:00;周末的高峰时段则为 08:00—21:00。从图 2 可以发现,8 月 30 日(周五)、9 月 1 日(周日)和 9 月 2 日(周一)地铁颗粒物浓度的日变化规律与其高峰时段较为吻合,而 8 月 31 日(周六)较不吻合。对高峰时段和非高峰时段的颗粒物浓度进行独立样本 t 检验,发现 PM_1 不存在明显差异($p>0.05$),而 $PM_{2.5}$ 和 PM_{10} 均存在明显差异($p<0.05$),与 Cheng 等[7]在台北捷运系统大多数站台的结果相反,与 S1-B 站的结果相同。PM_1 不存在明显差异的原因可能是其粒径较小,在空气中的停留时间较长。不同粒径颗粒物浓度的周变化如图 3 所示,变化规律为周五>周一>周六>周日,存在显著的周末效应。不同粒径颗粒物的单因素方差分析结果均为 $P<0.05$,说明 4 天的颗粒物浓度都不相同。经 S-N-K 检验,4 天的颗粒物浓度可分为有统计学意义的四个级别:周五为第一级别,颗粒物浓度最高;周一为第二级别,颗粒物浓度较高;周六为第三级别,颗粒物浓度较低;周日为第四级别,颗粒物浓度最低。该结果与 Mugica[30]、Raut[39]以及蔡婧[40]的结果相同,但由于监测的时间较短,无法了解整周的颗粒物浓度变化规律。8 月 30 日(周五)的日均浓度高于 9 月 2 日(周一)可能与不同的室外浓度有关,作者在华东理工大学实验 8 楼楼顶使用 PQ200 颗粒物采样器测得的 PM_1 浓度分别为 $42\mu g/m^3$(周五)和 $13\mu g/m^3$(周一)。此外,每周一、周四晚上地铁隧道内部会进行检修,也会导致周五浓度高于周一。

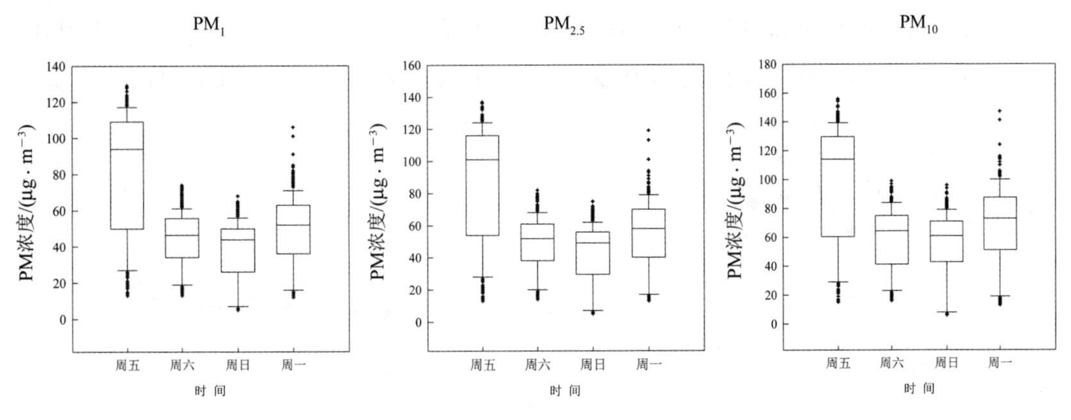

图 3 区间隧道内不同粒径颗粒物浓度的周变化

3.4 区间隧道内不同粒径颗粒物的比值

该地铁区间隧道内 PM_1/PM_{10}、$PM_{2.5}/PM_{10}$ 的比值分别为 0.65～0.90 和 0.74～0.95,其日变化如图 4 所示。从图 4 可以发现,地铁停运期间 PM_1/PM_{10}、$PM_{2.5}/PM_{10}$ 比值较高,5 时列车开始运营,产生大量粗颗粒,PM_1/PM_{10}、$PM_{2.5}/PM_{10}$ 比值降至最低,运营期间略有上升,但仍维持在较低水平。台北地铁站内 $PM_{2.5}/PM_{10}$ 的比值为 0.6～0.78[7];洛杉矶地上、地下站台内 $PM_{2.5}/PM_{10}$ 的比值分别为 0.76 和 0.73[5];广州、香港地铁站内 $PM_{2.5}/PM_{10}$ 的比值则分别为 0.79[10] 和 0.72～0.78[8],与本实验的结果较为接近。高

PM_1/PM_{10}、$PM_{2.5}/PM_{10}$比值的原因[8]可能是地铁系统的通风系统对粗颗粒的滤除效果较高，而对细颗粒的滤除效果较低。此外，细颗粒物在空气中的停留时间较长，而粗颗粒物在空气中的停留时间较短。西安地铁站台内PM_1/PM_{10}、$PM_{2.5}/PM_{10}$的比值分别为0.41～0.66和0.27～0.56[37]；墨西哥、巴黎、首尔以及斯德哥尔摩地铁站台内$PM_{2.5}/PM_{10}$的比值分别为0.56±0.09[30]、0.29～0.31[29]、0.36[39]和0.55[41]，均低于本实验的结果，可能与DustTrak 8534气溶胶检测仪高估细颗粒物浓度而低估粗颗粒物浓度的性能有关。然而，各地铁环境内PM_1/PM_{10}、$PM_{2.5}/PM_{10}$比值不同是合理的，因为其不同的动力系统、制动系统、通风系统以及运行条件。

地铁站内外颗粒物浓度的高相关性[5,7,21,30]表明，室外颗粒物浓度会通过通风系统、自动扶梯隧道或廊道等进入地铁站，显著影响站内的空气质量[26]。地铁环境中的粗颗粒物可能来自于列车行驶过程中的机械粉碎过程。Aarnio[3]研究发现地铁颗粒物中Fe含量最高，其次是Mn、Cr、Ni和Cu；而杨永兴[42]通过EDS分析发现地铁单颗粒物中Fe、O元素成分含量最高，铁氧化物是地铁颗粒物的主要成分。颗粒物成分表明地铁中粗颗粒主要来源于导电轨和电极、制动块、铁轨和车轮之间的机械磨损等产生的金属颗粒物[43]。此外，粗颗粒物还可能来自于车站中乘客移动导致的二次悬浮[21]。Chan[10]研究发现，汽车尾气会通过空气流进入隧道内，表明地铁环境中的细颗粒物来自于汽车尾气[44,45]。PM_1、$PM_{2.5}$和PM_{10}

间两两相关性都较高（$PM_{2.5}=1.0647PM_1+1.4266, R^2=0.997$；$PM_{10}=1.211PM_1+5.1772, R^2=0.968$；$PM_{10}=1.1445PM_{2.5}+3.1508, R^2=0.983$），表明其来自同一来源。

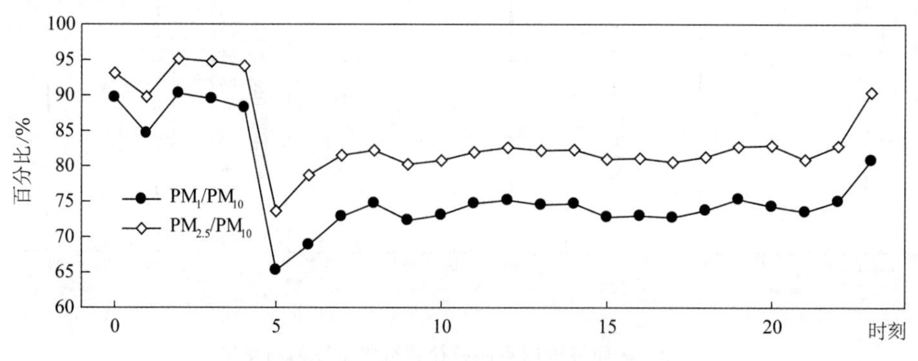

图4　区间隧道内不同粒径颗粒物比值的日变化

4　结论

（1）该地铁区间隧道内温度、相对湿度、PM_1、$PM_{2.5}$和PM_{10}的中位数分别为31.2℃、45.0%、50μg/m³、55μg/m³和69μg/m³，温湿度达标率均为100%，而$PM_{2.5}$和PM_{10}的达标率分别为80.8%和99.5%，区间隧道内空气质量较好。

（2）高峰时段和非高峰时段的PM_1浓度水平不存在显著差异，而$PM_{2.5}$和PM_{10}浓度水平存在显著差异，这可能与 PM_1 在空气中的停留时间较长有关。

(3) 监测期间不同粒径颗粒物的周变化规律均为：周五＞周一＞周六＞周日，存在显著的周末效应，表明地铁颗粒物浓度与列车开行频率以及客流量有关。

(4) 区间隧道内 PM_1/PM_{10}、$PM_{2.5}/PM_{10}$ 的比值分别为 0.65～0.90 和 0.74～0.95，列车停运期间比值较高，运营期间比值较低，该现象可能与列车行驶过程中的机械粉碎过程产生的大量粗颗粒物有关。该研究尚为初步的研究，还有很多不足：

(1) 监测时间较短、数据量较少、样品数量还不足以全面表征所有地铁环境中颗粒物污染的总体特征。

(2) 由于隧道环境所限，没有对气溶胶检测仪进行校正。

(3) 由于仪器数量所限，缺乏地铁站外同步的颗粒物数据，今后需同时监测站内外颗粒物，以对地铁环境颗粒物浓度变化特征进行更为全面的研究。

致谢：感谢上海安合环境检测技术有限公司为该研究项目提供的人员和设备支持。感谢上海申通地铁集团有限公司为该研究项目现场采样提供的支持。

参考文献

[1] Adams H S, Nieuwenhuijsen M J, Colvile R N. Determinants of fine particle ($PM_{2.5}$) personal exposure levels in transport microenvironments, London, UK [J]. Atmospheric Environment, 2001, 35(27): 4557-4566.

[2] Furuya K, Kudo Y, Okinagua K, et al. Seasonal variation and their characterization of suspended particulate matter in the air of subway stations[J]. Trace and Microprobe Techniques, 2001, 19(4): 469-485.

[3] Aarnio P, Yli-Tuomi T, Kousa A, et al. The concentrations and composition of and exposure to fine particles ($PM_{2.5}$) in the Helsinki subway system[J]. Atmospheric Environment, 2005, 39(28): 5059-5066.

[4] Chillrud S N, Epstein D, Ross J M, et al. Elevated airborne exposures to manganese, chromium and iron of teenagers from steel dust and New York City's subway system[J]. Environmental Science & Technology, 2004, 38(3): 732-737.

[5] Kam W, Cheung K, Daher N, et al. Particulate matter (PM) concentrations in underground and ground-level rail systems of the Los Angeles Metro[J]. Atmospheric Environment, 2011, 45(8): 1506-1516.

[6] Jung H J, Kim B W, Ryu J Y, et al. Source identification of particulate matter collected at underground subway stations in Seoul, Korea using quantitative single-particle analysis[J]. Atmospheric Environment, 2010, 44(19): 2287-2293.

[7] Cheng Y H, Lin Y L, Liu CC. Levels of PM_{10} and $PM_{2.5}$ in Taipei Rapid transit system[J]. Atmospheric Environment, 2008, 42(31): 7242-7249.

[8] Chan L Y, Lau W L, Lee S C, et al. Commuter exposure to particulate matter in public transportation modes in Hong Kong[J]. Atmospheric Environment, 2002, 36(21): 3363-3373.

[9] 吴辉，余淑苑，王秀英，等. 深圳地铁站室内空气质量状况分析[J]. 中国卫生工程学, 2008, 7(4): 206-208.

[10] Chan L Y, Lau W L, Zou S C, et al. Exposure level of carbon monoxide and respirable suspended particulate in public transportation modes while commuting in urban area of Guangzhou, China[J]. Atmospher-

ic Environment,2002,36(38): 5831-5840.

[11] 包良满,李晓林,张元勋,等.地铁站台大气颗粒物中 Fe 和 S 的化学种态研究[C].中国颗粒学会第七届学术年会暨海峡两岸颗粒技术研讨会,2010,8: 135-138.

[12] 韩宗伟,王嘉,邵晓亮,等.城市典型地下空间的空气污染特征及其净化对策[J].暖通空调,2009,39(11): 21-30.

[13] Pope C A, Burnett R T, Thurston G D, et al. Cardiovascular mortality and long-term exposure to particulate air pollution: epidemiological evidence of general pathophysiological pathways of disease[J]. Circulation, 2004, 109: 71-77.

[14] Pope C A, Burnett R T, Thun M J, et al. Lung cancer, cardiopulmonary mortality, and long-term exposure to fine particulate air pollution[J]. American Medical Association, 2002, 287(9): 1132-1141.

[15] Karlsson H L, Nilsson L, Moller L. Subway particles are more genotoxic than street particles and induce oxidative stress in cultured human lung cells[J]. Chemical Research in Toxicology, 2005, 18(1): 19-23.

[16] 叶晓江,连之伟,蒋淳潇,等.上海地铁站台环境质量分析[J].建筑热能通风空调,2009,28(5): 61-63.

[17] 倪骏,张莉萍,陈健,等.上海轨道交通列车车厢内空气质量影响因素的探讨[J].环境与职业医学,2012,29(4): 240-242.

[18] 张海云,李丽,蒋蓉芳,等.上海市地铁车站空气污染监测分析[J].环境与职业医学,2011,28(9): 564-566.

[19] 李丽,蒋蓉芳,高知义,等.上海市轨道交通系统空气质量状况调查[C].第五届环境与职业医学国际学术研讨会论文集,2010,4:69-70.

[20] 陈玉婷,钟嶷,马林,等.广州地铁一、二号线运营前环境卫生状况调查与比较[J].热带医学杂志,2005,5(4): 507-509.

[21] Cheng Y H, Lin Y L. Measurement of Particle Mass Concentrations and Size Distributions in an Underground Station[J]. Aerosol & Air Quality Research, 2010, 10: 22-29.

[22] Chung A, Chang D P Y, Kleeman M J, et al. Comparison of real-time instruments used to monitor airborne particulate matter[J]. Air & Waste Management Association, 2001, 51(1): 109-120.

[23] Kim J Y, Magari S R, Herrick R F, et al. Comparison of fine particle measurements from a direct-reading instrument and a gravimetric sampling method[J]. Occupational & Environmental Hygiene, 2004, 1(11): 707-715.

[24] Cheng Y H. Comparison of the TSI model 8520 and Grimm series 1. 108 portable aerosol instruments used to monitor particulate matter in an iron foundry[J]. Occupational & Environmental Hygiene, 2008, 5(3): 157-168.

[25] Jamriska M, Morawska L, Thomas S, et al. Diesel Bus Emissions Measured in a Tunnel Study[J]. Environmental Science & Technology, 2004, 38(24): 6701-6709.

[26] Branis M. The contribution of ambient sources to particulate pollution in spaces and trains of the Prague underground transport system[J]. Atmospheric Environment, 2006, 40(2): 348-356.

[27] MorawskaL, He C, Hitchins J, et al. Characteristics of particle number and mass concentrations in residential houses in Brisbane, Australia[J]. Atmospheric Environment, 2003, 37(30): 4195-4203.

[28] Wang X L, Chancellor G, Evenstad J, et al. A novel optical instrument for estimating size segregated aerosol mass concentration in real time[J]. Aerosol Science & Technology, 2009, 43(9): 939-950.

[29] Kim K Y, Kim Y S, Roh Y M, et al. Spatial distribution of particulate matter (PM_{10} and $PM_{2.5}$) in Seoul

Metropolitan Subway stations[J]. Hazardous Materials, 2008, 154(1 3): 440-443.

[30] Mugica-Alvarez V, Figueroa-Lara J, Romero-Romo M, et al. Concentrations and properties of airborne particles in the Mexico City subway system[J]. Atmospheric Environment, 2012, 49: 284-293.

[31] Birenzvige A, Eversole J, et al. Aerosol characteristics in a subway environment[J]. Aerosol Science & Technology, 2003, 37 (3): 210-220.

[32] Furuya K, Kudo Y, Okinaga K, et al. Seasonal variation and their characterization of suspended particulate matter in the air of subway stations[J]. Soil Environmental Science, 2001, 19(4): 469-485.

[33] 张爱东，修光利.上海市闸北区环境空气质量状况分析与控制对策[J].上海环境科学，2005，24(4)：147-152.

[34] 陈斌，褚金花，王式功，等.上海市空气质量与气象条件关系分析[J].科技论文在线(http://www.paper.edu.cn)，2012.

[35] 张凌，付朝阳，郑习健，等.广州市区大气污染特征与影响因子分析[J].生态环境 2007，16(2)：305-308.

[36] Salma I, Weidinger T, Maenhaut W. Time-resolved mass concentration, composition and sources of aerosol particles in a metropolitan underground railway station[J]. Atmospheric Environmemt, 2007, 41 (37): 8391-8405.

[37] Christensson B, Sternbeck J, Ancker K. "Luftburna partiklar-partikelhalter, elementsammans ttning och emissionsk llor." SL Infrateknik AB. (Airborne particles particle concentrations, elemental composition and emission sources, In Swedish) (2002).

[38] 李路野，樊越胜，谢伟，等.西安市地铁环境中大气颗粒物污染现状调查[J].环境与健康，2013，30(2)：160-161.

[39] Raut J C, Chazette P, Fortain A. Link between aerosol optical, microphysical and chemical measurements in an underground railway station in Paris[J]. Atmospheric Environment, 2009, 43(4): 860-868.

[40] 蔡婧，修光利，张大年，等.上海某地铁站黑碳浓度水平及个体暴露特征[J].环境科学研究，2012，25(12)：1328-1335.

[41] Johansson C, Johansson P A. Particulate matter in the underground of Stockholm[J]. Atmospheric Environment, 2008, 37 (1): 3-9.

[42] 杨永兴，包良满，雷前涛.地铁颗粒物 $PM_{2.5}$ 的 SEM 和微束 XRF 分析[J].电子显微学报，2013，32(1)：47-53.

[43] Kang S, Hwang H J, Park Y M, et al. Chemical compositions of subway particles in Seoul, Korea determined by a quantitative single particle analysis[J]. Environmental Science & Technology, 2008, 42 (24): 9051-9057.

[44] Horvath H, Kasahara M, Pesava P. The size distribution and composition of the atmospheric aerosol at a rural and nearby urban location[J]. Aerosol Science, 1996, 27(3): 417-435.

[45] Sillanpaa M, Saarikoski S, Hillamo R, et al. Chemical composition, mass size distribution and source analysis of long-range transported wildfire smokes in Helsinki[J]. Science of the Total Environment, 2005, 350(1 3): 119-135.

基于地面激光雷达的上海冬季高空霾强度的判定方法研究

庄雯雯[1]　贺千山[1,2]　王　军[1]　陈勇航[1,2]　张　华[3]　王秀珍[4]　王　苑　冯　帆[1]

（1. 东华大学环境科学与工程学院，上海　201620；2. 上海市气象局，上海　200135；
3. 中国气象局国家气候中心，北京　100081；4. 杭州师范大学，杭州　310036）

摘　要　利用2009—2013年冬季地面气象观测数据筛选出非霾和不同强度霾的影响时次，采用微脉冲激光雷达观测反演的气溶胶消光系数，分析了上海地区气溶胶在垂直高度上的集中范围；在此基础上，为了判定近地面和高空霾的强度及所处的高度，通过计算得到消光系数的阈值，以此判定霾的发生概率。还探讨了降水与中度霾和重度霾的关系以及颗粒物质量浓度与不同强度霾的关系。

关键词　激光雷达，霾，气溶胶，消光系数，颗粒物，降水

1　引言

上海是世界上人口最密集、车辆数增长最快的超大型城市之一，随着经济的不断发展，上海地区灰霾天气频发，年发生率超过150天[1]，严重危害人体健康和生态环境[2]。国内外对灰霾的成因[3,4]、天气气候特征[5,6]、气溶胶光学和微物理特性[7-9]、边界层高度[10]、包括PM_{25}的大气气溶胶理化组分进行了不少研究[11-15]。如吴兑、Huang K等[3,4]对雾霾形成机理进行了研究；吴兑等[5,6]对霾与雾天气预警信号发布和雾霾地理分布气候特征进行了分析；Huang J P、Huang Z、潘鹄等[7-9]对气溶胶的消光特性、光学厚度和微物理特征进行了研究；张婉春等[10]对灰霾天气大气边界层高度进行了研究；王红磊、魏欣、吴兑、李红旭、杨新兴等[11-15]主要对灰霾天气颗粒物，主要是$PM_{2.5}$的来源及时空分布特征进行了研究。但对于霾期间气溶胶垂直分布特征的研究尚少见。

垂直分布特征是评估霾的辐射与气候环境效应的关键因素之一[1,2,16]，近年来这方面的研究正在开展起来，谢一淞、齐冰、刘芮伶等[17,18]主要对霾期间，气溶胶的光学厚度的季节性变化和垂直高度上消光特性进行了研究；张婉春、邓涛等[10,19]利用激光雷达资料分析了边界层结构演变对气溶胶消光系数廓线的影响；上海地区，陈勇航、王苑、刘琼、徐婷婷等[16,20-22]利用CALIPSO星载激光雷达和地面微脉冲激光雷达对霾期间气溶胶垂直分布特征和季节变化进行了研究。

但是，由于缺乏高空观测手段，以往的研究都是根据地面观测的气象数据来判断霾的

强度,目前还没有判断高空霾及其强度方法的报道。而灰霾是一种大范围立体空间里的大气污染现象,往往从地面到高空几千米都是其影响范围。因此,本研究在以往成果基础上,采用上海市城市环境气象中心微脉冲激光雷达(Micro-pulse Lidar,MPL)反演资料,研究高空霾的强度及其所处高度的判断方法,为霾的相关研究、预警预报和污染控制决策提供科学参考。

2 资料与方法

本研究采用微脉冲激光雷达的 Fernald 反演方法得到 6km 以下近地面消光系数。微脉冲激光雷达由激光发射系统、光学收发系统、探测器和数据采集系统四部分组成,安装在毗邻上海世纪公园的上海市城市环境气象中心(31°13′16.6″N,121°32′54.8″E) 的三楼观测平台上的恒温室内(23.3℃),于 2008 年 5 月投入使用。每 30s 观测 1 次,垂直分辨率为 30m,并提供 24h 实时的信号采集和数据显示。其波长为 527nm、激光器类型为 ND:YLF、单次脉冲能量为 6~8μJ、脉冲宽度为 24ns,脉冲重复频率为 2.5kHz、激光发散度为 0.002 86°、接收视场为 0.005 73°、距离分辨率为 30m、积分时间是 30s、探测盲区为 200m。颗粒物质量浓度数据由颗粒物监测仪测得,能见度、相对湿度等相关气象要素则由芬兰 Vaisala 公司的 Milos500 七要素自动气象站测得,两台仪器都位于上海市城市环境气象中心(31°13′N,121°32′E)。

本研究依据 2010 年 6 月 1 日实施的国家气象行业标准《霾的观测和预报等级》①:①当小时平均能见度小于 10km,平均相对湿度小于 95%,且排除该时段内出现降水、沙尘暴、扬沙、浮尘、烟幕、吹雪、雪暴等天气,则认为出现霾天气,该时段定义为霾时;②平均相对湿度小于 80%的霾定义为干霾,平均相对湿度在 80%(大于等于)~ 95%(小于)之间的霾则定义为湿霾。③当小时平均能见度大于 10km,相对湿度小于 80%,且该小时没有降水则定义该小时为非霾。根据能见度(V)又将霾划分为不同强度的霾,分别为轻微霾($5km \leqslant V < 10km$)、轻度霾($3km \leqslant V < 5km$)、中度霾($2km \leqslant V < 3km$)和重度霾($V < 2km$)。

由于冬季灰霾发生频率最高[23,24],因而本文采用上海市城市环境气象中心 2009—2011 年、2013 年冬季北京时间 8:00—18:00 的地面观测数据。本文定义 1 月、2 月和上一年的 12 月份作为一个冬季。首先根据地面气象资料筛选出不同强度霾的时次,通过采用 Fernald 法反演得到的气溶胶消光系数计算分析出气溶胶的集中高度范围,在此基础上对消光系数进行计算处理,得到判别不同强度霾消光系数的阈值,从而建立从近地面到高空的不同强度霾及其所处高度判断方法。同时对不同强度霾与降水及颗粒物浓度的关系进行了探讨。

① QX/T 113—2010,霾的观测和预报等级[S].

3 结果与分析

3.1 不同强度霾的垂直分布特征及其高度

3.1.1 冬季不同强度霾的分布特征

根据国家气象行业标准结合相关气象数据筛选出 2009—2013 年冬季 8:00—18:00 间的不同强度霾时,对应的样本数如表 1 所示。

表 1 非霾与不同强度的霾的样本数

年份	非霾	轻微霾	轻度霾	中度霾	重度霾
2009 年	111	172	69	17	14
2010 年	69	129	120	49	15
2011 年	111	86	190	32	33
2013 年	74	132	62	25	13
总共	365	519	441	123	75

对表 1 中的不同类型的样本进行年平均,得到 2009—2011 年、2013 年冬季非霾、轻微霾、轻度霾消光系数垂直廓线(图 1)。非霾气溶胶消光系数(图 1(a))在近地面 1.35km 以下波动,其中最大值为 0.19km^{-1},最小值为 0.01km^{-1};各年消光系数在 1.35km 以下的平均值为 0.14km^{-1}、0.07km^{-1}、0.14km^{-1}、0.08km^{-1},四年的均值为 0.11km^{-1};在 1.36～5.4km 范围消光系数值接近 0,5.4～6km 消光系数不同程度的增大,但是幅度很小,原因可能是上海周边城市污染物扩散到上海地区造成的。

轻微霾气溶胶消光系数(图 1(b))在近地面 1.2km 以下波动,最大值为 0.29km^{-1},最小值为 0.04km^{-1};各年消光系数在 1.2km 以下的平均值为 0.21km^{-1}、0.13km^{-1}、0.21km^{-1}、0.13km^{-1},四年的均值为 0.17km^{-1}。在 1.2～2.3km 范围消光系数波动较大,原因可能是上海周边城市污染物扩散到上海地区,也可能是受云的影响。在 2.3～6km 范围消光系几乎没有波动,数接近于 0。

轻度霾气溶胶消光系数(图 1(c))在近地面 1.02km 以下波动,最大值为 0.45km^{-1},最小值为 0km^{-1};各年消光系数在 1.02km 以下的平均值为 0.36km^{-1}、0.17km^{-1}、0.25km^{-1}、0.17km^{-1},四年的均值为 0.24km^{-1}。在 1.02～6km 范围消光系数几乎没有波动,接近于 0。

中度霾气溶胶的消光系数(图 1(d))在近地面 0.81km 以下波动,最大值为0.60km^{-1},最小值为 0.05km^{-1};各年消光系数在 0.81km 以下的平均值为 0.47km^{-1},0.20km^{-1},0.34km^{-1},0.17km^{-1},四年的均值为 0.30km^{-1};在 0.81～6km 范围消光系数几乎没有波

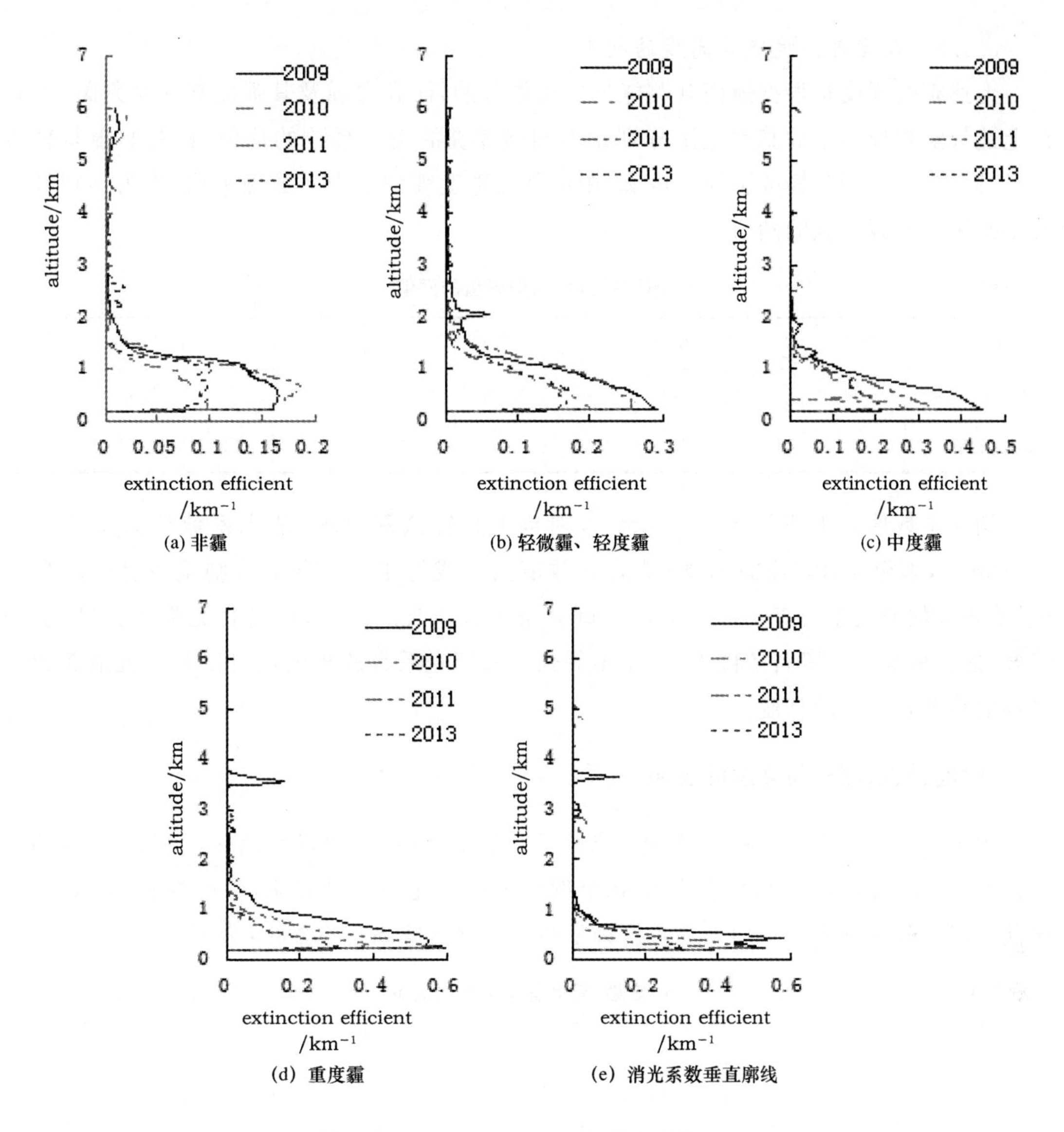

(a) 非霾　(b) 轻微霾、轻度霾　(c) 中度霾

(d) 重度霾　(e) 消光系数垂直廓线

图 1　2009—2010 年、2013 年消光系数廓线

动，接近于 0。

重度霾气溶胶的消光系数(图 1(e))在近地面 0.51km 以下波动，最大值为0.58km^{-1}，最小值为 0.07km^{-1}；各年消光系数在 0.51km 以下的平均值为 0.50km^{-1}，0.20km^{-1}，0.36km^{-1}，0.25km^{-1}，四年的均值为 0.33km^{-1}。0.51～6km 内消光系数几乎没有波动，接近于 0。

综上所述，根据地面激光雷达反演消光系数值，可以得出霾污染越严重，气溶胶就越往近地面集中，轻微霾、轻度霾、中度霾、重度霾的气溶胶分别主要集中在近地面 1.2km，1.02km，0.81km，0.51km 以下。消光系数值主要在气溶胶较集中的高度范围内波动，其余高度范围消光系数波动较少，接近于 0。

3.1.2　高空霾强度及其高度的判定

上述霾的强度是根据地面观测能见度来划分的，而高空霾及其强度却无法判断，因此在上述气溶胶较集中的高度范围分别做不同强度霾的消光系数的均值，再对非霾与轻微霾、轻微霾与轻度霾、轻度霾与中度霾、中度霾与重度霾的消光系数做平均，作为判别是否发生某种强度以上霾的阈值(表2)。

表2　　不同强度霾的消光值的阈值

消光值	非霾		轻微霾		轻度霾		中度霾		重度霾	
消光值/km^{-1}	0.11		0.17		0.24		0.30		0.33	
临界值/km^{-1}		0.14		0.21		0.27		0.32		

消光系数值大于或等于0.14km^{-1}，则至少有轻微霾出现；消光系数值大于或等于0.21km^{-1}，则至少有轻度霾出现；消光系数值大于或等于0.27km^{-1}，则至少有中度霾出现；消光系数值大于或等于0.32km^{-1}，则有重度霾出现。因此，在符合无降水、湿度小于95%、低云量等气象资料条件下，根据不同强度霾消光系数的阈值便可以判定近地面和高空霾的强度及所处的高度。

3.2　中度霾、重度霾与降水的关系

根据2009—2013年的气象数据，统计了发生中度霾、重度霾前后一天和当天8:00～18:00内有降水情况的个例，并与所有个例做了百分比。结果表明，中度霾有37.11%发生前后伴有降水现象，51.14%的重度霾发生前后伴有降水现象发生(表3)。

表3　　中度霾、重度霾与降水的关系

类型	2009	2010	2011	2013	平均值
中度霾	36.92%	50.57%	11.76%	49.18%	37.11%
重度霾	40.63%	60.61%	30.77%	72.55%	51.14%

由表3可以看出中度霾与重度霾的发生与降水情况有一定的联系，一方面是降水前后空气湿度较大，而部分气溶胶粒子具有吸湿特性[26]，颗粒污染物吸附空气中的水分后使能见度减小。另一方面可能是因为气溶胶提供了凝结核，使降水更容易发生。此外，部分非霾、轻微霾、轻度霾前后或当天也有降水情况发生，但是情况较少，因此不做统计。

3.3　颗粒物质量浓度

霾时大气颗粒物质量浓度远高于非霾时，但霾时更易富集细粒子[27]。大气颗粒物中的有毒有害元素对人体健康带来了危害[28,29]。颗粒物中的有毒有害元素具有粒径分布特征[30]。本文利用上海市城市环境气象中心2009—2013年冬季8:00—18:00的能见度、相

对湿度和天气现象等资料，依据霾的判别条件(详见本文第 2 节)，筛选出非霾、轻微霾、轻度霾、中度霾、重度霾对应的 PM_{10}、$PM_{2.5}$ 和 PM_1 数据，计算出非霾和不同强度霾期间 PM_{10}、$PM_{2.5}$、PM_1 的月平均浓度分布(图 2—图 6)。

从图 2—图 6 可以看出冬季非霾和不同强度霾期间细小颗粒物 PM_{10}、$PM_{2.5}$ 和 PM_1 的浓度分布较为均匀，分别主要集中在 40～100μg/m³、20～55μg/m³、15～50μg/m³ 范围内；PM_{10} 的浓度变化波动较大，其中 2010 年波动最大；2009—2013 年期间 PM_{10}、$PM_{2.5}$ 和 PM_1 的浓度变化趋势基本相同；中度霾、重度霾期间 PM_{10}、$PM_{2.5}$、PM_1 的浓度分布较不规律。

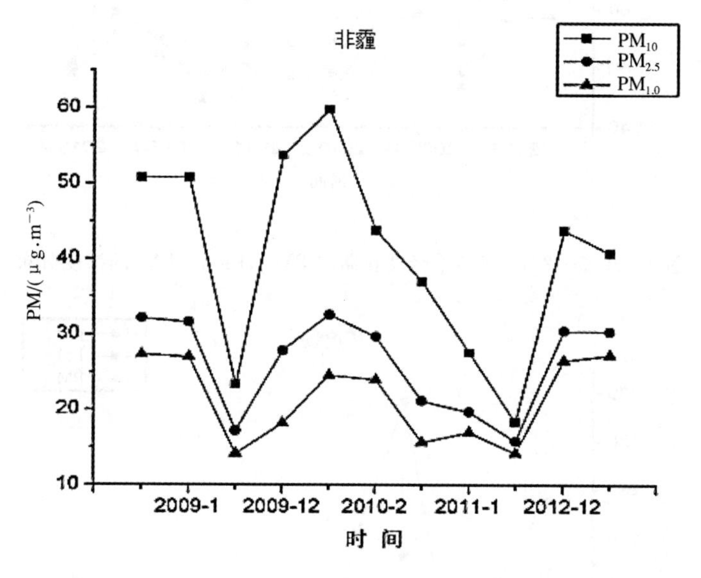

图 2　2009—2013 年冬季非霾期间 PM_{10}，$PM_{2.5}$，PM_1 的浓度分布

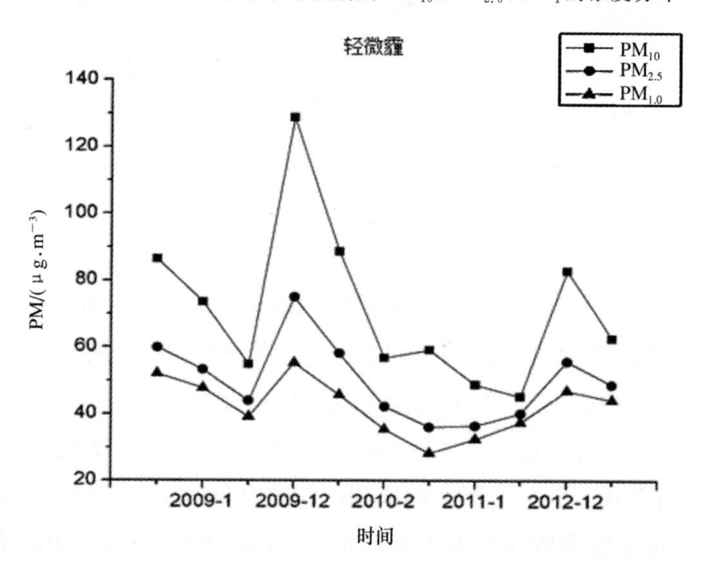

图 3　2009—2013 年冬季轻微霾期间 PM_{10}，$PM_{2.5}$，PM_1 的浓度分布

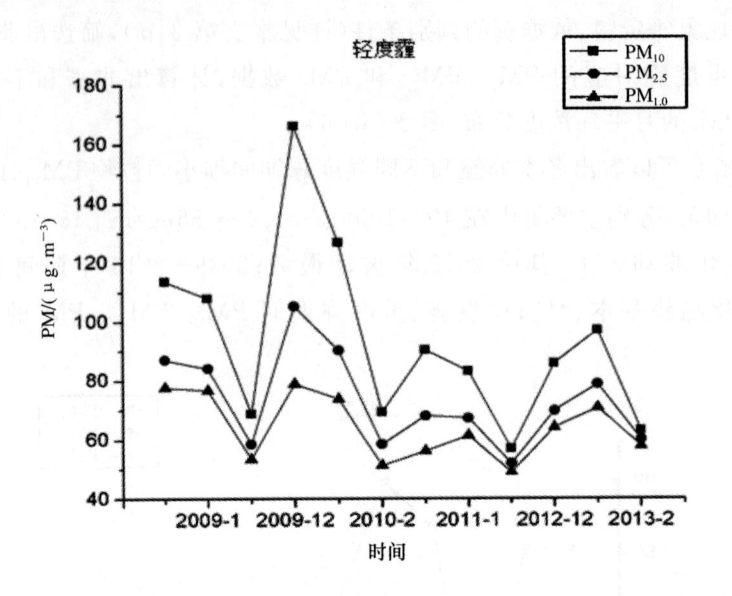

图4　2009—2013年冬季轻度霾期间 PM_{10}，$PM_{2.5}$，PM_1 的浓度分布

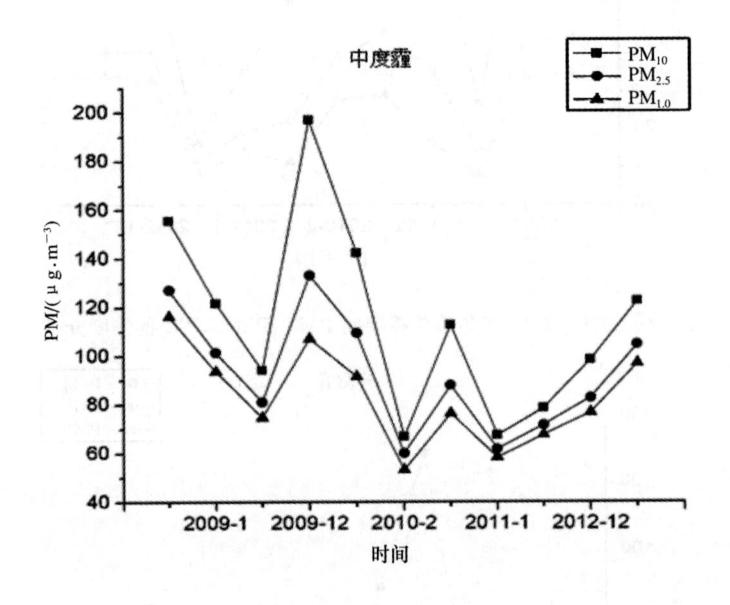

图5　2009—2013年冬季中度霾期间 PM_{10}，$PM_{2.5}$，PM_1 的浓度分布

灰霾天气是大气污染加重的直观反映，空气中颗粒物质量浓度水平与灰霾的形成有着密切的关系，颗粒物质量浓度上升时，大气能见度下降[30]。非霾时 PM_{10}，$PM_{2.5}$，PM_1 的平均值分别是 41.50μg/m³、26.03μg/m³、21.36μg/m³，随着能见度的降低，空气中颗粒物浓度不断增大，重度霾时 PM_{10}，$PM_{2.5}$，PM_1 的浓度平均值分别增大到 124.92μg/m³、108.58μg/m³、98.52μg/m³。可见随着霾污染的不断严重，空气中 PM_{10}，$PM_{2.5}$，PM_1 的浓度不同程度地增加(表5)。

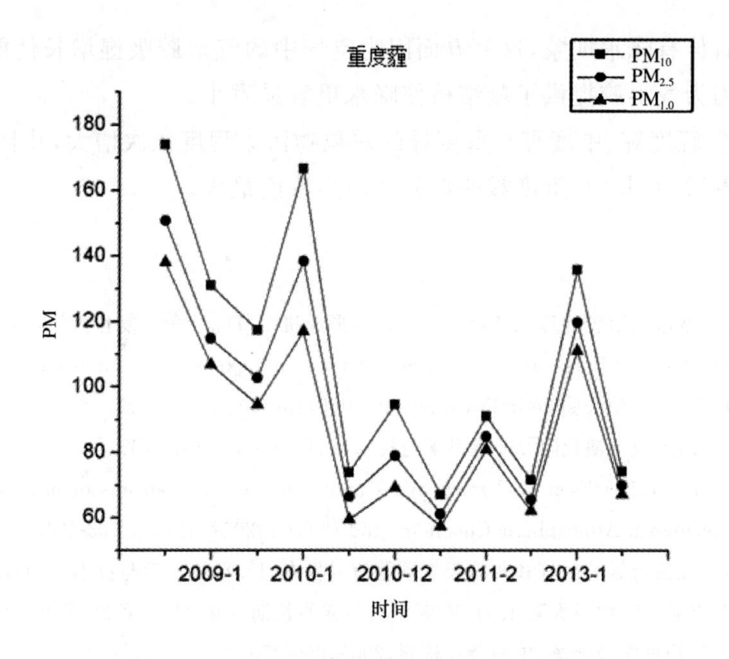

图 6　2009—2013 年冬季重度霾期间 PM_{10}，$PM_{2.5}$，PM_1 的浓度分布

表 5　不同强度霾期间颗粒物质量浓度和比值

类型	PM_{10}	$PM_{2.5}$	PM_1	PM_1/PM_{10}	$PM_{2.5}/PM_{10}$	$PM_1/PM_{2.5}$
非霾	41.50	26.03	21.36	0.51	0.63	0.82
轻微霾	76.62	52.48	44.17	0.58	0.68	0.84
轻度霾	104.51	80.74	70.78	0.68	0.77	0.88
中度霾	116.65	94.81	84.95	0.73	0.81	0.90
重度霾	124.92	108.58	98.52	0.79	0.87	0.91

由表 5 可以看出，非霾和不同强度霾期间 PM_{10}，$PM_{2.5}$，PM_1 的浓度随着霾强度的增强逐渐增大，PM_1/PM_{10}、$PM_{2.5}/PM_{10}$、$PM_1/PM_{2.5}$ 比值分别从非霾时的 0.51，0.63，0.82 增大到重度霾时的 0.79，0.87，0.91。可见，轻微霾、轻度霾、中度霾和重度霾的颗粒物污染程度依次增大，并且细粒子颗粒物所占比例也随着增加，其中重度霾的颗粒物污染浓度最大，细粒子颗粒物所占比例也最大。

4　结论

(1) 当地面出现轻微霾、轻度霾、中度霾、重度霾时，气溶胶分别主要集中在近地面 1.2km，1.02km，0.81km，0.51km 以下。

(2) 计算得到判别轻微霾、轻度霾、中度霾、重度霾消光系数的阈值分别为 $0.14km^{-1}$、$0.21km^{-1}$、$0.27km^{-1}$、$0.31km^{-1}$，据此可以得到近地面和高空霾的强度及其所处高度。

(3) 中度霾、重度霾的发生与降水情况有一定的关系，37.11%的中度霾和 51.14%的重度霾发生前后伴有降水现象，这一方面因为空气中的气溶胶吸湿增长使能见度减小，另一方面可能是因为气溶胶提供了凝结核使降水更容易发生。

(4) 轻微霾、轻度霾、中度霾和重度霾的颗粒物污染程度依次增大，并且细粒子颗粒物所占比例也随着增加，其中，重度霾的颗粒物污染浓度最大。

参考文献

[1] 徐昶.中国特大城市气溶胶的理化特性、来源及其形成机制[D].上海：复旦大学，2010，34-37.

[2] Tie Xuexi, Wu Dui, Guy Brasseur. Lung cancer mortality and exposure to atmospheric aerosol particles in Guangzhou, China[J]. Atmospheric Environment, 2009, 43(14): 2375-2377.

[3] 吴兑.灰霾天气的形成与演化[J].环境科学与技术，2011，34(3)：157-161.

[4] Huang K, Zhuang G, Lin Y, et al. Typical types and formation mechanisms of haze in an Eastern Asia megacity[J]. Shanghai. Atmospheric Chemistry and Physics, 2012, 12(1): 105-124.

[5] 吴兑.大城市区域霾与雾的区别和灰霾天气预警信号发布[J].环境科学与技术，2008，31(9)：1-7.

[6] 吴兑，吴小京，李菲，等.中国大陆1951-2005年霾与雾的长期变化[C]//第26届中国气象学会年会人工影响天气与大气物理学分会场.中国浙江杭州，2009，259-270.

[7] Huang J P, Huang Z W, Bi J R, et al. Micro-pulse Lidar measurements of aerosol vertical structure over the Loess Plateau[J]. Atmospheric and Oceanic Science Letters, 2008, 1(1): 8-11.

[8] Huang Z, Sugimoto B, Huang J, et al. Comparison of depolarization ratio measurements with Micro-pulse Lidar and a linear polarization lidar in Lanzhou[C], China. Proc. of 25th International Laser Radar Conference, 2010, 1: 528-531.

[9] 潘鹄，耿福海，陈勇航，等.利用微脉冲激光雷达分析上海地区一次灰霾过程[J].环境科学学报，2010，30(11)：2164-2173.

[10] 张婉春，张莹，吕阳，等.利用激光雷达探测灰霾天气大气边界层高度[J].遥感学报，2013，17(4)：981-992.

[11] 王红磊，朱彬，沈利娟，等.春节期间南京气溶胶质量浓度和化学组成特征[J].中国环境科学，2014，34(1)：30-39.

[12] 魏欣，毕晓辉，董海燕，等.天津市夏季灰霾与非灰霾天气下颗粒物污染特征与来源解析[J].环境科学研究，2012，25(11)：1193-1200.

[13] 吴兑，邓雪娇，毕雪岩，等.细粒子污染形成灰霾天气导致广州地区能见度下降[J].热带气象学报，2007，23(1)：1-6.

[14] 李红旭，陈璐，薛建良，等.灰霾元凶 $PM_{2.5}$ 源解析及其环境评价标准建立综述[J].绿色科技，2013，(7)：193-196.

[15] 杨新兴，尉鹏，冯丽华，等.大气颗粒物 $PM_{2.5}$ 及其源解析[J].前沿科学，2013，26(02)：12-19.

[16] Chen Yonghang, Liu Qiong, Geng Fuhai, et al. Vertical Distribution of Optical and Micro-Physical Properties of Ambient Aerosols during Dry Haze Periods in Shanghai[J]. Atmospheric Environment, 2012, 50, 50-59.

[17] 齐冰，杜荣光，于之锋，等.杭州市大气气溶胶光学厚度研究[J].中国环境科学，2014，34(03)：588-595.

[18] 刘芮伶，李礼，余家燕，等.重庆市城区大气气溶胶光学厚度的在线测量及特征研究[J].环境科学学报，2014，34(04)：819-825.

[19] 邓涛,吴兑,邓雪娇,等.一次严重灰霾过程的气溶胶光学特性垂直分布[J].中国环境科学,2013,33(11):1921-1928.

[20] 王苑,邓军英,史兰红,等.基于微脉冲激光雷达的上海浦东地区不同强度霾研究[J].中国环境科学,2013,33(1):21-29.

[21] 刘琼,耿福海,陈勇航,等.上海不同强度干霾期间气溶胶垂直分布特征[J].中国环境科学,2012,32(02):207-213.

[22] 徐婷婷,秦艳,耿福海,等.环上海地区干霾气溶胶垂直分布的季节变化特征[J].环境科学,2012,33(07):2165-2171.

[23] 侯美伶,王杨君.灰霾期间气溶胶的污染特征[J].环境监测管理与技术,2012,24(02):6-11.

[24] 庄智一.上海地区霾的统计分析研究[D].2012,华东师范大学.

[25] 顾雪松.南方地区气溶胶吸湿增长与活化特性研究[D].2013,南京信息工程大学.

[26] 洪也,马雁军,韩文霞,等.沈阳市冬季大气颗粒物元素浓度及富集因子的粒径分布[J].环境科学学报,2011,31(11):2336-2346.

[27] Dockery D W,Pope C. A. Acute respiratory effects of particulate air pollution[J]. Annual Review of Public Health,1994,15:107-132.

[28] Manoli E,Voutsa D,Samara C. Chemical characterization and source identification apportionment of fine and coarse air particles in Thessaloniki[J]. Greece,Atmospheric Environment,2002,36(6):949-961.

[29] Allen A G,Nemitzb E,Shi J P. Size distributions of trace metals in atmospheric aerosols in the United Kingdom[J]. Atmospheric Environment,2001,35(27):4581-4591.

[30] 薛光璞,许建华.城市灰霾与空气细颗粒物质量浓度水平的关系[J].淮海工学院学报(自然科学版),2012,21(03):40-42.

上海市交通路边站黑碳污染特征研究

王晓浩

（上海市环境监测中心，上海　200232）

摘　要　2013年8—12月，在上海市两个交通路边站和一个环境背景站对黑碳浓度进行了监测分析。徐汇交通站的月均黑碳浓度范围为6.55～10.49μg/m^3，闸北交通站为5.05～9.02μg/m^3，浦东环境背景站的浓度范围为1.72～5.09μg/m^3。上海市的交通路边黑碳月均值是美国纽约城区的3.7倍，背景点位是纽约郊区的4.3倍。一周中周日的交通站黑碳日均浓度最低，周五最高。日变化交通站为典型的双峰型曲线，上午6:00—7:00黑碳浓度小时均值达到第一个峰值，18:00—19:00出现第二个峰值，第一个峰值的浓度高于第二个峰值。交通站工作日的黑碳平均浓度为7.70μg/m^3，是环境背景点位3.23μg/m^3的2.4倍；双休日的黑碳平均浓度为7.39μg/m^3，是环境背景点位3.34μg/m^3的2.2倍。徐汇和闸北交通站的黑碳浓度占$PM_{2.5}$比例分别为16.5%和14.2%，环境背景站为6.8%。

关键词　黑碳，交通路边站，大气污染

1　引言

黑碳(Black Carbon)是由化石燃料的燃烧产生的，通常被认为是燃烧排放的一次污染物的指示物。黑碳排放包括柴油机动车、生物质燃烧等[1,2]。在美国，大约有50%的黑碳排放来自交通工具，其中又以柴油发动机的排放为主要来源。2007年，美国颁布了《重型车辆公路法规》，法规规定，从2007年7月1日起所有新上路的柴油机车必须加装柴油颗粒物补集装置(DPF)。Millstein和Harley在2010年发表的文章中预测，到2014年，当美国所有行驶的重型柴油卡车安装DPF之后，南加州的黑碳浓度在夏季和秋季将分别下降12%和14%。

暴露于黑碳气溶胶污染下的健康影响已经被广泛研究。黑碳对健康的负面影响包括心率失常[3]、心肌缺血[4]、心肌梗死和肺炎等[5]。在评价人体暴露于含高浓度一次燃烧颗粒物空气中的健康风险时，黑碳作为一种指示物种比传统的颗粒物更有价值[6]，Wang等研究发现上海市的黑碳浓度上升与医院急诊病人访问数有明显的相关性[7]。

除了对环境空气质量和人类健康的影响之外，黑碳在全球气候变化中也扮演着重要角色[8,9]。所以，为了理解黑碳的污染特征以便制定黑碳的排放控制措施，评价黑碳对环

境、健康的影响，黑碳的长期监测显得尤为重要。

本文的目的是利用上海市已建的交通路边环境空气自动监测站点的数据，了解上海市的黑碳污染水平，分析上海市交通来源的黑碳污染特征。

2 方法

2.1 交通路边站

徐汇区交通路边站位于上海市交通主干道漕溪北路双向车道中央，近田林东路，沪闵高架路正下方，正北方向约 0.5km 是内环高架路和沪闵高架路的立交桥，站点坐标为 121.4352°N，31.1745°E。采样口距离地面 3m。

闸北区交通路边站位于上海市交通主干道共和新路—广中路十字路口西南侧、南北高架的侧下方，向南约 1km 是内环高架，向北约 1km 为中环高架，站点坐标为 121.4521°N，31.2794°E。采样口距离地面 3m。

2.2 环境背景站

浦东监测站位于上海市浦东新区陆家嘴金融贸易区内的灵山路，周边 3km 范围内无交通干道和高架道路，毗邻世纪公园，在本次研究中作为环境背景点位。站点坐标为 31.2284°E，121.5330°N。采样口距离地面约 25m。

2.3 黑碳仪器

两个交通路边站和一个环境背景站的黑碳仪都是 Magee Scientific 公司生产的 AE-31 型，7 波段（370nm，470nm，520nm，590nm，660nm，880nm 和 950nm）Aethalometer 黑碳仪。

Aethalometer 黑碳仪应用 Beer-Lambert 光学衰减测量原理，利用一种透光均匀的光学纤维滤膜采集大气气溶胶的样品，并用固定波长的单色光（波长为 λ）测定光学衰减，当采样膜上黑碳气溶胶颗粒的尺度小于波长尺度参数 $2\pi\lambda$ 时，黑碳气溶胶的沉积量与光学衰减存在线性关系。

采样流量设置为 5L/min，采集的大气气溶胶通过 BGI 公司生产的 1.828 旋风式 $PM_{2.5}$ 切割头进入仪器内的石英纤维滤膜，仪器每 5min 测量一次黑碳浓度。

三个站点均配有 ThermoFisher 公司生产的 TEOM 1405F 型 $PM_{2.5}$ 监测仪器。

3 结果与讨论

本研究的时间为 2013 年 8 月 19 日 0 时至 2013 年 12 月 31 日 23 时，数据黑碳小时浓

度均值和 $PM_{2.5}$ 小时浓度均值。

3.1 月变化特征

交通站和背景站的黑碳月变化间变化如图 1 所示(8 月数据为后 13 天)。

徐汇和闸北两个交通路边站的黑碳月均浓度表现出相同的变化趋势,8—10 月逐月降低,均在 10 月达到最小值,11 月呈明显上升趋势,在 12 月达到 5 个月中的浓度最高值。浦东环境背景站 8—10 月浓度差异较小,11 月和 12 月的月均浓度明显高于前 3 个月,且 12 月浓度也是 5 个月中的最高值。

浓度水平方面,徐汇交通路边站的月均黑碳浓度范围为 6.55～10.49μg/m³,闸北交通站为 5.05～9.02μg/m³,浦东背景站的浓度范围为 1.72～5.09μg/m³。

Patel 等[10] 2003—2005 年对美国纽约城区的交通路边和环境背景点的黑碳浓度进行了长期监测,结果显示,纽约交通路边的黑碳月均值在 1.4～2.4μg/m³之间,环境背景点为 0.66～0.73μg/m³。上海市的交通路边黑碳月均值是美国纽约的 3.7 倍,背景点位是纽约的 4.3 倍。

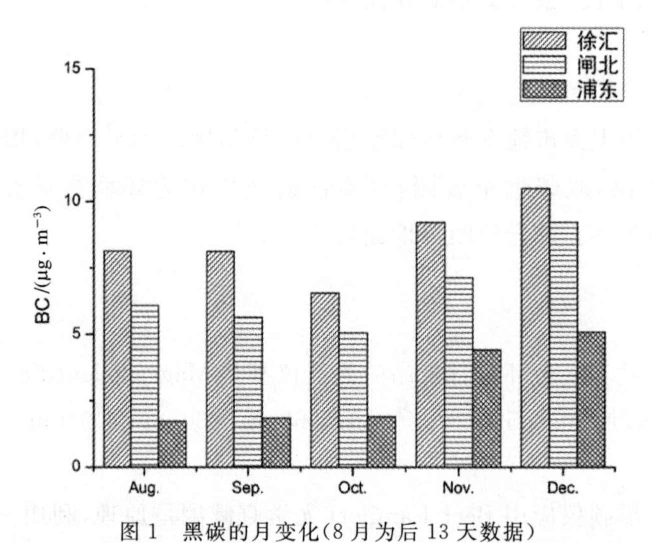

图 1 黑碳的月变化(8 月为后 13 天数据)

3.2 周变化特征

交通路边站和环境背景站的黑碳浓度周变化如图 2 所示。徐汇和闸北的黑碳浓度周平均范围分别为 7.79～9.45μg/m³ 和 6.03～7.98μg/m³,浦东环境背景站的浓度范围为 2.70～3.65μg/m³。

两个交通站的周变化趋势一致,周五的日均浓度最高,周日最低。全周 7 天的变化规律是:周一至周三处于较低水平,从周四开始黑碳浓度上升明显,至周五达到最高值。周六和周日逐日降低,周日的黑碳浓度均值降至全周最低。浦东环境背景站的黑碳周变化趋势为:周一浓度最低,周一至周三处于较低水平,在周四突升至全周最高值,之后直至周日黑碳浓度逐日降低。

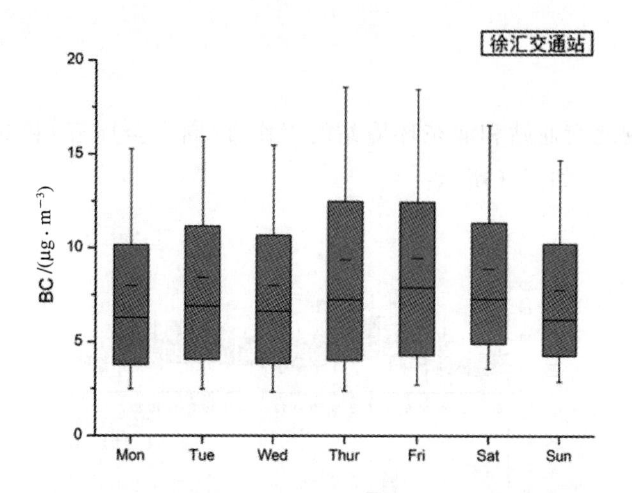

(a) 徐汇交通站的黑碳周变化(短线为平均值,长实线为中位数,
上下长轴对应 90%和 10%分位数,上下箱体对应 75%和 25%分位数,下同)

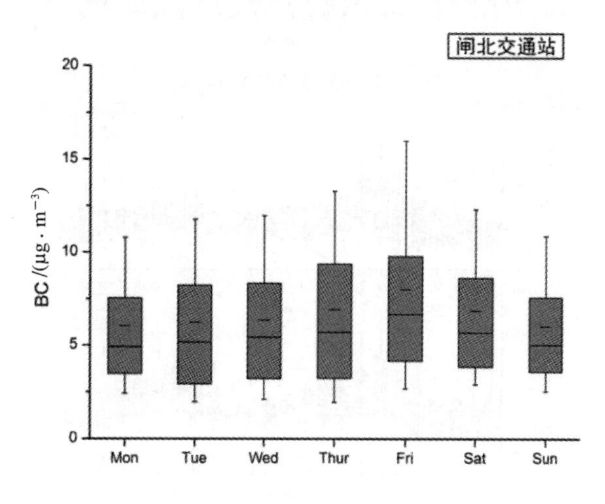

(b) 闸北交通站的黑碳周变化

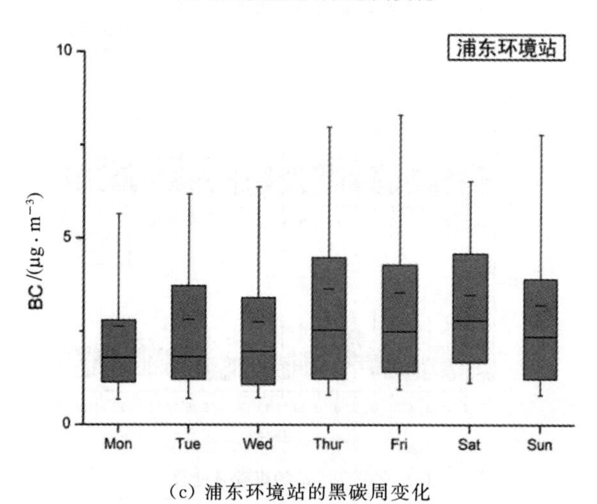

(c) 浦东环境站的黑碳周变化

图 2　黑碳周变化特征示意

3.3 日变化特征

徐汇交通站、闸北交通站和浦东环境站的工作日(周一至周五)和双休日(周六、周日)的黑碳浓度日变化特征如图3所示。

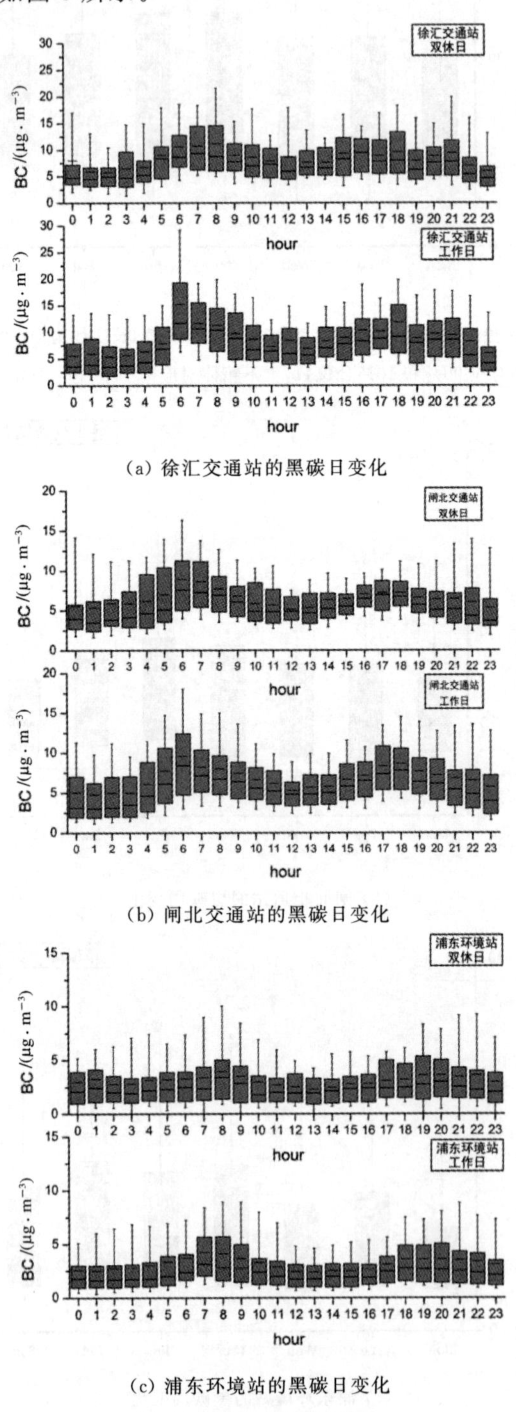

(a) 徐汇交通站的黑碳日变化

(b) 闸北交通站的黑碳日变化

(c) 浦东环境站的黑碳日变化

图3 黑碳日变化特征示意

工作日的两个交通站日变化一致，呈现出典型的双峰型曲线，即在上午6:00—7:00黑碳浓度小时均值达到第一个峰值，在下午18点到19点出现第二个峰值，而午夜和中午12点左右为全天的黑碳浓度的波谷，第一个峰值的浓度高于第二个峰值。

上午7点前，大气污染物边界层还未打开，机动车活动量比晚高峰更加集中，导致污染物质排放积聚在低层大气中，造成黑碳浓度急剧升高至全日最高值。徐汇交通站6时至7时最高峰的黑碳小时浓度均值为15.21$\mu g/m^3$，而前一小时的浓度值为7.81$\mu g/m^3$，短时间内上升了近一倍；闸北交通站上午第一个峰值为9.66$\mu g/m^3$。两个交通站下午的晚高峰值变化趋势较平缓，徐汇和闸北在此峰值的黑碳小时浓度分别为11.81$\mu g/m^3$和8.64$\mu g/m^3$。

双休日的两个交通站黑碳浓度日变化也呈现双峰曲线，但变化更趋平缓，平均浓度略低于工作日。徐汇和闸北交通站的工作日黑碳平均浓度分别是8.65$\mu g/m^3$和6.74$\mu g/m^3$，双休日的均值分别为8.33$\mu g/m^3$和6.45$\mu g/m^3$。浦东环境站工作日和双休日的黑碳小时浓度均值分别为3.23$\mu g/m^3$和3.34$\mu g/m^3$，平均浓度低于两个交通站，而且双休日略高于工作日。

表1所示统计了3个站点黑碳浓度占$PM_{2.5}$浓度的比例。徐汇和闸北两个交通站的黑碳浓度占$PM_{2.5}$比例分别为16.5%和14.2%，浦东环境站仅为6.8%。徐汇和闸北交通站分别高出浦东环境站1.4倍和1.1倍，说明在交通路边监测点位，$PM_{2.5}$来源组成中来自机动车尾气排放、尤其是柴油车尾气排放的比例较高。控制机动车尾气排放对削减上海市的$PM_{2.5}$浓度将会有一定的帮助。

表1　　黑碳浓度占$PM_{2.5}$浓度的比例

站点	黑碳占$PM_{2.5}$的比例
徐汇交通站	16.5%
闸北交通站	14.2%
浦东环境站	6.8%

4　结论

(1) 2013年8—12月期间，徐汇交通路边站的月均黑碳浓度范围为6.55～10.49$\mu g/m^3$，闸北交通站为5.05～9.02$\mu g/m^3$，浦东环境背景站的浓度范围为1.72～5.09$\mu g/m^3$。交通站黑碳浓度明显高于环境背景站。上海市的交通路边黑碳月均值是美国纽约城区的3.7倍，背景点位是纽约郊区的4.3倍。

(2) 两个交通站的周变化趋势一致：周日的黑碳日均浓度最低，周五最高。周一至周三处于较低水平，从周四开始黑碳浓度上升明显，至周五达到最高值，周六和周日逐日降低。

浦东环境背景站的黑碳周变化趋势为：周一的黑碳日均浓度最低，周四最高，周五至周日黑碳浓度逐日降低。

（3）交通站黑碳浓度工作日的日变化为典型的双峰型曲线，上午 6:00—7:00 黑碳浓度小时均值达到第一个峰值，下午 18:00—19:00 出现第二个峰值，第一个峰值的浓度高于第二个峰值。双休日的日变化也是双峰型，但趋于平缓，平均浓度略低于工作日。浦东环境背景日变化呈现双峰型，变化趋势与交通站一致，但均值低于交通站。

交通站工作日的黑碳平均浓度为 7.70$\mu g/m^3$，是环境背景点位的 3.23$\mu g/m^3$ 的 2.4 倍；交通站双休日的黑碳平均浓度为 7.39$\mu g/m^3$，是环境背景点位 3.34$\mu g/m^3$ 的 2.2 倍。

（4）徐汇和闸北两个交通站的黑碳浓度占 $PM_{2.5}$ 比例分别为 16.5%和 14.2%，浦东环境站仅为 6.8%。

参考文献

[1] Bond T C, Bhardwaj E, Dong R, et al. Historical Emissions of Black and Organic Carbon Aerosol from Energy-Related Combustion, 1850-2000[J]. Global Biogeochemical Cycles, 2007, 21(2).

[2] Schauer J J. Evaluation of Elemental Carbon as a Marker for Diesel Particulate Matter[J]. Journal of Exposure Analysis and Environmental Epidemiology, 2003, 13(6): 443-453.

[3] Schwartz J, Litonjua A, Suh H, et al. Traffic Related Pollution and Heart Rate Variability in a Panel of Elderly Subjects[J]. Thorax, 2005, 60(6): 455-461.

[4] Gold D R, Litonjua A A, Zanobetti A, et al. Air Pollution and ST-Segment Depression in Elderly Subjects [J]. Environmental Health Perspectives, 2005, 113(7): 883-887.

[5] Zanobetti A, Schwartz J. Air Pollution and Emergency Admissions in Boston, MA[J]. Journal of Epidemiology and Community Health, 2006, 60(10): 890-895.

[6] Janssen N A H, Hoek G, Simic-Lawson M, et al. Black Carbon as an Additional Indicator of the Adverse Health Effects of Airborne Particles Compared with PM_{10} and $PM_{2.5}$[J]. Environmental Health Perspectives, 2011, 119(12): 1691-1699.

[7] Wang X, Chen R J, Meng X, et al. Associations between Fine Particle, Coarse Particle, Black Carbon and Hospital Visits in aChinese City[J]. Science of the Total Environment, 2013, 4581-6.

[8] Jacobson M Z. Control of Fossil-Fuel Particulate Black Carbon and Organic Matter, Possibly the Most Effective Method of Slowing Global Warming(vol 107, pg 4410, 2002)[J]. Journal of Geophysical Research-Atmospheres, 2005, 110(D14).

[9] Ramanathan V, Carmichael G. Global and Regional Climate Changes Due to Black Carbon[J]. Nature Geoscience, 2008, 1(4): 221-227.

[10] Patel M M, Chillrud S N, Correa J C, et al. Spatial and Temporal Variations in Traffic-Related Particulate Matter at New York City High Schools[J]. Atmospheric Environment, 2009, 43(32): 4975-4981.

土壤及地下水环境保护

长江三角洲地区土壤与地下水污染现状及防治对策

陆书玉　宋鹏程

（上海市环境科学学会，上海　200233）

摘　要　文章论述了长三角地区土壤及地下水污染的现状、特点及原因，并从环境法律法律与政策标准、人才技术队伍建设、环境管理、环保科研等角度提出了相应的防治对策。

关键词　土壤，长三角，地下水，污染防治

1　土壤污染现状及原因

1.1　土壤污染状况

2014年4月17日发布，环境保护部、国土资源部联合发布[1]《全国土壤污染状况调查公报》[1]，历时近8年的调查结果显示："全国土壤环境质量状况总体不容乐观，从污染分布情况来看，南方土壤重于北方；长江三角洲、珠江三角洲、东北老工业基地等部分区域污染问题较为突出。"

环保部土壤污染调查2006—2010年间的调查结果表明：在珠三角、长三角、环渤海等发达地区，不同程度地出现了局部或区域性土壤环境质量下降的现象；长江三角洲地区有的城市连片的农田受多种重金属污染，致使10%的土壤基本丧失生产力，成为"毒土"。

土壤是我们最后的"垃圾箱"和"贮存库"，所有污染（包括水污染、大气污染）的大部分污染物质最终要归于土壤环境中[2]。有毒化学物质和重金属（汞、镉、铅、铬、砷被称为重金属的"五毒"）造成的水源和土壤污染已对长三角生态环境、食品安全、居民健康和农业可持续发展构成威胁[3]。

我国土壤污染防治面临的形势十分严峻，部分地区土壤污染严重，土壤污染类型多样，呈现新老污染物并存、无机有机复合污染的局面。根据环保部估算：全国每年因重金属污染的粮食高达1200万吨，造成的直接经济损失超过200亿元。2008年以来，全国已发生百余起重大污染事故，包括砷、镉、铅等重金属污染事故达30多起。其中，2009年发生的湖南浏阳镉污染事件不仅污染了厂区周边的农田和林地，还造成2人死亡，500多人尿镉超标[4]。

1.2　土壤污染特点

土壤污染具有不均匀性的特征，且污染物在土壤中迁移慢，准确掌握土壤污染的分布

情况具有一定的困难。与水体和大气污染相比，土壤污染有以下特点[5-8]：

(1) 土壤污染具有隐蔽性和滞后性。大气污染和水污染一般都比较直观，通过感官就能察觉，而土壤污染往往要通过土壤样品分析、农作物检测，甚至人畜健康的影响研究才能确定，土壤污染从产生到发现危害通常时间较长。

(2) 土壤污染具有累积性。与大气和水体相比，污染物更难在土壤中迁移、扩散和稀释。因此，污染物容易在土壤中不断累积。

(3) 土壤污染具有不均匀性。由于土壤性质差异较大，而且污染物在土壤中迁移慢，导致土壤中污染物分布不均匀，空间变异性较大。

(4) 土壤污染具有难可逆性。由于重金属难以降解，导致重金属对土壤的污染基本上是一个不可完全逆转的过程，土壤中的许多有机污染物也需要较长的时间才能降解。

(5) 土壤污染治理具有艰巨性。土壤污染一旦发生，仅仅依靠切断污染源的方法则很难恢复，治理土壤污染的成本高、周期长、难度大。

1.3 造成土壤污染的原因

污染出现由工业向农业转移、由城区向农村转移、由地表向地下转移、由上游向下游转移、由水土污染向食品链转移的趋势。污染物逐步积累，正在演变、进入突发性污染事频繁爆发阶段，甚至出现连锁性、区域性的污染事故爆发的现象[9]。

我国的土壤污染是在经济社会发展过程中长期累积形成的，工业企业生产经营活动中排放的废气、废水、废渣是造成土壤污染的主要原因。尾矿渣、危险废物等各类固体废物堆放等，造成周边土壤污染；汽车尾气排放导致交通干线两侧土壤铅、锌等重金属和多环芳烃污染[10]；污水灌溉，化肥、农药、农膜等农业投入品的不合理使用和畜禽养殖等农业生产活动是造成耕地土壤污染的重要原因。

总之，工业“三废”的不断排放，各种农用化学品的反复使用，从而导致污染物向土壤环境中不断转移与累积，是造成土壤污染的最重要的原因。污染物通过大气、水体进入土壤，重金属和难降解有机污染物在土壤中长期累积，加上城市污染向农村转移，致使长三角局部地区土壤污染负荷不断加大。

2 地下水污染现状及原因

2.1 地下水污染状况

由南京地调中心组织实施的《长江三角洲地区地下水污染调查评价》项目研究结果表明[11]：长三角区域地下水水质主要受原生环境锰、铁、碘化物和总硬度等易于处理的指标影响，区域地下水有机指标具有检出率高、超标率低和呈点状分布特征。

长三角地区地下水有机污染主要分为卤代烃污染、单环芳烃污染、有机农药污染、多环芳烃污染等几类。其中卤代烃作为重要的化工原料和有机溶剂，成为地下水中最普遍的有机污染物，威胁最大；单环芳烃主要来源于燃料油，由燃料油储存、加工、运输过程中的跑、冒、滴、漏而对地下水造成的污染威胁也很大；长三角地区农业的发展，农药使用量增加，对地下水的污染也日见普遍。

最近上海公布的调查结果显示：上海地下200m的深层承压含水层的地下水水质总体稳定，但浅层地下水的状况却并不那么让人乐观，浅层地下水的污染主要是氮、磷等有机污染。在正常情况下，地表水中氮和磷的比最高一般也就是20∶1或者30∶1。在自然界中，生物利用的背景值比例是6∶1或者4∶1，但调查发现地下水中这两种元素的比例常常高到100以上[12]。

长江三角洲地区地表水和表层底质污染严重，大部分地区浅层地下水（主要指潜水）普遍遭受不同程度的污染。其中经济发达、工业密集的城市及乡镇受污染最为严重，远离城市工厂、径流条件好的地区水质相对较好，污染程度较轻[13]。

地下水的不合理开发会造成缓变地质灾害，新中国成立以来，地下水超采已直接或间接给长三角地区造成了3400多亿元的损失，其中上海达到2000多亿元。特别是我国沿海地区，不少地方离海平面才几米，容易引起风暴潮，海水倒灌，防洪能力降低[14]。

我国地下水管理与世界先进水平相差10～20年，差距主要表现在3个方面：一是地下水系统管理模式粗放，对涵水层缺乏科学规划；二是污染水处理尚未实现商品化，地下水污染调查与修复水平不高；三是地下水自动化监测水平较低，地下水污染本底不清[15]。

2.2 造成地下水污染原因

1. 人类生活及畜牧养殖造成的污染

大量生活垃圾和污水的不合理处置、垃圾填埋场的溶出物渗入蓄水层、居民区的粪池泄漏是造成有机物污染的主要途径。畜禽养殖业的迅速发展，规模不断扩大，畜禽养殖业从农户的分散养殖转向集约化、工厂化养殖，畜禽类的污染面明显扩大，牲畜粪便造成的农业污染逐年加重，而这类畜禽养殖企业缺乏处理能力。粪便污水渗入浅层地下水后，大量消耗氧气，使水中的其他微生物无法存活，从而产生严重的“有机污染”[16]。

2. 农药、化肥不合理施用污染地下水源

过多、不合理地施用农药、化肥，这些也造成地下水质的污染。20世纪40年代中期，人类开始使用化工合成的农药来消灭病虫害，然而这些农药大约只有12%左右被作物吸收，一部分汽化进入大气层中，其余全部进入土壤及地表附属物中，并随着地表径流渗入地下蓄水层造成污染。研究发现只有42%左右化肥被作物吸收利用，其余的都溶于灌溉水及雨水，并渗入地下，使地下水受到氮、磷等元素的污染，导致地下水中总硬度、硝酸盐和氨氮的提高。

我国农药使用量达130万吨，是世界平均水平的2.5倍，研究发现我国农药的实际利用率约在30%左右；化肥的使用量全球第一，过量的化肥使用已经导致农业生产的生态要素品质下降。农药和化肥的实际利用率很低，多余的部分都会直接和间接污染土壤、地表水和地下水环境[17]。

3．固体废弃物处置不当对地下水的污染

部分厂矿将固体废弃物任意堆放，特别是一些露天存放的尾矿、冶炼废渣、粉煤灰、赤泥等，其中的有害物质经雨水淋溶下渗污染地下水[18]。

4．污水灌溉及某些小企业污废水的渗坑排放

盲目采用未经处理的工业废水及生活污水进行农田灌溉，超过土壤对污水的净化降解能力，会造成地下水污染。长三角地区乡镇企业众多，一些中小型企业将未经处理的污水渗坑排放，也会造成地下水污染[19]。

3 土壤与地下水污染防治对策

3.1 完善法律法规、环境标准、政策制度建设

土壤和地下水环境管理具有上位法不健全、地域差异大、环境影响因素多、作用机理复杂等特点，需进一步完善相关法律、标准和制度，鼓励各地积极探索相关管理措施、制度，为有序推进土壤、地下水环保法规标准体系建设、提高实施效果夯实基础。

环境保护部2月发布《场地环境调查技术导则》(HJ 25.1－2014)、《场地环境监测技术导则》(HJ 25.2－2014)、《污染场地风险评估技术导则》(HJ 25.3－2014)、《污染场地土壤修复技术导则》(HJ 25.4－2014)和《污染场地术语》(HJ 682－2014)等5项污染场地系列环保标准，为推进土壤和地下水污染防治法律法规体系建设提供基础支撑，后续需强大技术队伍建设，为土壤与地下水修复工作提供技术和能力保障。

3.2 建立土壤和地下水环境质量定期调查和例行监测制度

土壤和地下水污染一般不宜发觉，许多污染物往往在它们进入地下水很长一段时间后才能到达井孔，此时，污染才有可能被发现，所以必须加强对地下水的监测，增加监测井的密度，以便更好地掌握地下水水质动态。

对长三角洲地区内的土壤和地下水开展定期调查和例行监测，及时掌握土壤和地下水环境质量现状及变化趋势。

3.3 加强三角洲内水文地质研究和对地下水资源的统一管理

对长江三角洲地下水资源进行有计划的立项调查，查明三角洲地质特征，水量分布状况等，尽早确定各主要城市每年允许的开采量，提前发出可靠的预警预报。

长江三角洲地下水资源必须作整体考虑，区域地下水资源是一个完整的体系。若仅单一城市对地下水进行专一控制，而周围城市或地区不采取统一步骤，也是无法避免环境

灾害。实行地下水资源的统一管理,应把地下水的开采、使用和排放三方面统筹考虑,协调与控制。

3.4 加强水源地保护,提高成井质量、防止地下水污染

在长江、钱塘江等河漫滩或灰岩裸露区附近,或与岩溶水存在水力联系的河流一带,可建立水源地准保护区,禁止工业污水、生活污水排放,禁止设置垃圾、粪便和易溶、有毒有害废弃物的堆放场和转运站;同时,对于已有的或将要挖掘的水井,要提高成井质量,严防污水流、渗入开采井。对于报废水井也应注意回填质量,不使之成为地表水或其他劣质水进入开采含水层的直接通道。

3.5 关注地下水污染致海域富养化

地下水污染不仅导致用水安全、影响土壤安全,甚至还有一个被我们长期忽视的问题:近海环境的污染。过去我们总认为河流污染是造成土壤和海洋污染污染的祸首,近年来才发现,地下水污染对土壤和海洋污染的贡献也达到了50%。

污染的加剧导致土壤中的有益菌大量减少,土壤质量下降,自净能力减弱,影响农作物的产量与品质,危害人体健康,甚至出现环境报复风险。在上海金山一带海域,由于地下水的排放严重影响了海洋水体中的元素比例,导致的海域富养化成为值得关注的现象,这也是近海地区近年来赤潮频发的一个重要原因。

3.6 加大科研支持力度

现有地下水监测技术、方法和监测项目上仍比较落后,地下水监测分析一般只能分析出30几种元素,而国外的监测分析水平可以达到70多种。到目前为止,我国在有机物的检测方面,技术、科研上还不过关,主要依靠由国外引进设备,但其高昂的价格往往令人望而却步。

发达国家如美国、加拿大等,由于在工业发展初期忽视对地下水的保护,导致多年后即便投资上百亿美元治理地下水污染,依然收效甚微。地下水水质的恢复花费了上百年时间。目前地下水污染的相关科学研究不被重视,国家应该统筹、增加相关的科学研究资金和项目。

长江三角洲区域更应该先行一步,率先开展地下水和土壤污染防治方面的科学研究工作,提高管理水平。

参考文献

[1] 环境保护部和国土资源部.全国土壤污染状况调查公报[R].北京,2014.

[2] 万洪富,杨国义,张天彬,等.我国华南沿海典型区域农业土壤污染特点、原因及其对策[C].2005.

[3] 杨楠楠.长三角地区土壤重金属的空间分异特征及风险评价研究[D].济南:山东师范大学,2010.

[4] 王海峰,赵保卫,徐瑾,等.重金属污染土壤修复技术及其研究进展[J].环境科学与管理,2009(11):

15-20.

[5] 姜薇.重金属污染物在红壤中迁移规律及修复技术研究[D].华中科技大学,2012.

[6] 胥思勤,王焰新.土壤及地下水有机污染生物修复技术研究进展[J].环境保护,2001(02):22-23.

[7] 付璐,龚宇阳.台湾土壤与地下水污染管理经验综述[C].中国广西南宁,2012.

[8] 王晓蓉,郭红岩,林仁漳,等.污染土壤修复中应关注的几个问题[J].农业环境科学学报,2006(02):277-280.

[9] 陈慧敏,仵彦卿.地下水污染修复技术的研究进展[J].净水技术,2010(06):5-8.

[10] 李欣.重金属污染土壤修复技术的研究[D].长沙:湖南大学,2003.

[11] 南京地质调查中心.长江三角洲地区地下水污染调查评价[R].2011.

[12] 姜翠玲,夏自强,刘凌,等.污水灌溉土壤及地下水三氮的变化动态分析[J].水科学进展,1997(02):87-92.

[13] 骆永明.污染土壤修复技术研究现状与趋势[J].化学进展,2009(Z1):558-565.

[14] 陈崇希.关于地下水开采引发地面沉降灾害的思考[J].水文地质工程地质,2000(01):45-48.

[15] 梁剑琴.世界主要国家和地区土壤污染防治立法模式考察[J].法学评论,2008(03):85-91.

[16] 周启星.污染土壤修复基准与标准进展及我国农业环保问题[J].农业环境科学学报,2010(01):1-8.

[17] 李洁.长三角地区化肥投入环境影响的经济学分析[D].南京:南京农业大学,2008.

[18] 周启星.污染土壤修复的技术再造与展望[J].环境污染治理技术与设备,2002(08):36-40.

[19] 赵艳锋.污灌对土壤及地下水环境的影响[J].山西水利科技,2010(01):6-8.

应用小羽藓分析上海市五种重金属污染的区域分异和50年来的历史变化

吴继明

（上海市静安区环境监测站，上海　200042）

摘　要　应用原子吸收光谱法，对1965年、1975年（1974—1976年）、1980年（1978—1982年）、2005年、2006年和2011年五个不同时期采集的上海地区34个样点小羽藓体内的Cu、Pb、Zn、Cd、Cr五种重金属元素含量进行了测定，着重分析了五种重金属元素在佘山、金山石化等样点的小羽藓（Haplocladium）体内重金属含量在不同历史时期的变化特点。结果显示，上海市各样点小羽藓体内的Cu、Pb、Zn、Cd、Cr五种重金属元素的含量在1965年至2011年间均有逐步显著的增加，五种重金属元素含量的增长速率存在较大差异，其中Cu和Pb的增长较快，随着时间的推迟在佘山和金山石化地区表现出指数式增长的趋势，而Zn的增长较慢。基于2011年23个样点的检测数据进行的除趋势对应分析表明，上海地区重金属污染存在明显的区域分异，即郊区县的重金属污染程度明显地低于上海市中心区域，分析表明导致上海这些年来重金属含量加剧的主要污染源来自工业和交通。

关键词　藓类植物，小羽藓，生物指示，重金属污染，上海

1　引言

苔藓植物因其独特的结构和生理特点被世界各地作为监测环境污染的良好指示植物而广泛应用[1-2]。苔藓植物作为环境污染监测器可分为主动和被动两种方式：被动监测是指利用就地生长的苔藓进行监测[3]。主动监测是指一定时间内，将在某一标准环境下生长的苔藓植物整体或部分移植暴露于污染环境中进行监测[4]。藓袋法（moss-bag method）是将从清洁区采集的苔藓植物制成藓袋（moss bag），暴露于污染环境中一定时间进行监测，属于主动监测的一种技术。自从1971年Goodman等人首次采集灰藓（Hypnum cupressiforme）制成藓袋，测定了威尔士西南某工业区重金属含量以来[5]，藓袋法逐步显现了在监测环境污染的特色和优点，技术也日趋成熟，在世界范围内得到广泛应用[1,6]。

本研究采用主动和被动两种监测方式，用原子吸收光谱法，对上海市16个样点采集于1964年、1975年（1974—1976年）、1980年（1978—1982年）及2005年四个时期的小羽藓体内Cu、Pb、Zn、Cd、Cr五种重金属元素的含量进行测定，2006年和2011年将采自浙江省天目山自然保护区的细叶小羽藓，制作小羽藓藓袋，悬挂于上海市14个和19个区县

相应的环境监测站内和自动监测点，以期通过主动和被动监测法相结合的途径，检测和指示上海市大气环境中重金属的含量，特别是其中典型样点的小羽藓体内重金属含量的历史变化，判断出一些地区的重金属污染源以及污染程度，为上海市环境质量监测提供科学依据。

2 材料与方法

2.1 实验材料与样点

在对上海市苔藓植物野外调查与研究的基础上[3]，确定小羽藓属(Haplocladium)植物配子体为实验材料。其特点是植物体羽状分支、交织状匍匐延伸，对重金属等污染物质富集作用明显，对环境污染有较强的指示性[2]。

材料来源分为标本样品收集与野外采集两个部分。2005年7月，对馆藏于上海自然博物馆植物标本馆的小羽藓历史标本进行了收集，共25份涉及样点16个；2005年8-9月间对上海市这16个样点生长的小羽藓属植物进行了补充采集。2006年和2011年将采自浙江省天目山自然保护区的细叶小羽藓，制作小羽藓藓袋，布于上海崇明县南门等18个点，两者合计34个样点，见表1。

表1 上海地区34个样点的分布情况

样点号	样点名	样点号	样点名
1	长宁区中山公园	18	黄浦区人民公园
2	徐汇区上海植物园	19	黄浦区中山南一路
3	崇明东平国家森林公园(原长征林场)	20	卢湾区高级中学
4	崇明县南门	21	徐汇区零陵路
5	松江区佘山	22	静安区茂名路
6	上海动物园(原名西郊公园)	23	普陀区梅川路
7	徐汇区漕溪公园	24	闸北区共和新路1900号
8	宝山区吴淞中学	25	虹口区中山北一路212号
9	嘉定区汇龙潭公园	26	杨浦区水丰路
10	嘉定区南翔古漪园(四新育苗场旧址)	27	宝山区钢研所
11	宝山刘行广播电视中心(刘行电台)	28	宝山区环保局
12	宝山区月浦公园(月浦沈巷大队)	29	闵行区莘庄镇莘凌路
13	川沙公园(川沙镇烈士墓)	30	松江区景德路

续表

样点号	样点名	样点号	样点名
14	东海农场	31	青浦区盈贺路
15	上师大奉贤校区(五七干校旧址)	32	长宁区北新泾
16	金山宾馆(金山八二大队)	33	南汇惠南镇
17	金山石化总厂	34	奉贤区南桥老年公寓

2.2 样品处理

2.2.1 样品预处理

苔藓样品先后用自来水及蒸馏水洗净、烘干、研磨后放入干燥干净塑封袋内密封保存。注意研磨时不能使用金属球磨机,以上操作严格禁止金属物质进入。

2.2.2 样品硝化处理

准确称取植物体样品1.000g,用1∶4优级纯的$HClO_4$与HNO_3混合溶液浸泡,“湿法灰化”48小时。然后,通风橱内过滤,将滤液在调温电热板上烧至净干,呈白色粉末状,加二次蒸馏水溶解,得无色透明溶液,定容于25ml容量瓶。

每一样品均做平行双样,以期平均和比较,同时按样品硝化过程配制试剂空白作为对照。

2.3 重金属含量的测定

采用原子吸收光谱法对样品中的Cu、Pb、Zn、Cd、Cr五种重金属元素含量进行测定,仪器为Thermo Elemental SOLAAR S4原子吸收分光光度计。

2.4 数据分析

以1964年为起点(X),即1964年、1976年、1980年、2005年、2006年、2011年分别赋值为0年、12年、16年、41年、42年和47年,对上海佘山地区、金山石化和中山公园这三个重点地段不同历史时期小羽藓样品五种元素含量(Y)的变化趋势进行回归分析,选择拟合系数最高的方程代表元素的变化趋势。[7]

为了解环境污染的区域分异特点,以2011年藓袋法检测的五种重金属元素含量数据为指标,对包括中山公园等在内的23个检测点为对象,应用PC-ORD软件进行除趋势对应分析,运算前对数据进行最大值标准化。

3 结果与分析

3.1 小羽藓样品内五种重金属元素含量的测定结果及不同历史时期的比较

对 34 个样点不同时期的小羽藓样品内 Cu、Pb、Cd、Zn、Cr 五种重金属元素含量的测定结果见表 2。

表 2　　上海市 34 个样点不同时期小羽藓植物样品内五种重金属含量浓度　　单位:mg/kg

样点序号及名称	采集和放置时间	Cu	Pb	Cd	Zn	Cr
1 长宁区中山公园	1964-4-29	8.20	18.95	0.30	459.00	1.00
	1976-6-10	15.03	24.07	0.76	498.25	2.10
	2005-9-17	39.54	34.25	1.40	478.88	11.25
	2006-6	42.04	24.16	1.69	472.09	11.44
	2011-7	48.31	31.67	1.81	519.09	14.25
2 徐汇区上海植物园	1976-3-3	15.38	2.71	0.74	440.25	1.03
	2005-9-28	16.41	4.63	0.93	560.13	2.55
3 崇明东平国家森林公园(长征林场)	1979-8-30	11.30	10.05	0.50	680.50	1.60
	2005-9-12	11.31	10.75	0.98	1086.75	1.53
4 崇明县南门	2011-7	12.22	11.80	1.13	712.24	1.87
5 松江区佘山	1964-5-13	5.45	7.70	0.58	445.00	0.40
	1976-4-24	7.50	8.55	0.73	480.00	1.13
	1979-3-12	8.75	10.95	0.71	472.50	1.32
	1982-6-17	8.88	12.85	0.70	477.50	2.00
	2005-9-19	13.64	16.75	1.28	489.25	2.52
	2006-6	14.27	17.05	1.44	499.89	2.89
	2011-7	16.81	19.20	1.67	582.12	3.55
6 上海动物园(原名西郊公园)	1964-4-30	8.35	11.25	0.98	143.75	1.63
	1974-4-17	11.83	14.95	1.35	178.50	1.60
	2005-9-26	14.64	19.83	1.37	409.25	3.23
	2011-7	16.34	23.76	1.95	493.26	3.72
7 徐汇区漕溪公园	1980-11-15	10.33	16.10	0.50	209.25	2.78
	2005-9-26	11.56	34.87	1.37	353.75	3.23
	2006-6	14.11	36.33	1.67	376.82	4.36
	2011-7	20.86	40.52	1.89	410.32	4.65
8 宝山区吴淞中学	1964-4-15	18.98	41.35	1.13	308.50	3.00
	2005-9-24	25.76	57.85	2.02	603.50	4.76

续表

样点序号及名称	采集和放置时间	Cu	Pb	Cd	Zn	Cr
9 嘉定区汇龙潭公园	1964-4-4	13.40	6.48	0.48	254.50	1.45
	2005-9-24	13.18	21.90	0.75	418.50	1.75
	2011-7	15.89	30.20	1.88	483.20	4.22
10 嘉定区南翔古漪园（四新育苗场旧址）	1976-3-23	17.58	15.95	1.15	368.75	1.63
	2005-9-24	24.43	19.75	1.33	594.25	5.40
11 宝山区刘行广播电视中心（刘行电台）	1978-9-19	12.63	9.60	0.53	263.00	1.78
	2005-9-24	20.68	19.89	1.00	509.75	3.18
12 宝山区月浦公园（月浦沈巷大队）	1980-3-12	11.90	7.85	0.68	451.50	3.28
	2005-9-24	14.99	10.95	0.80	509.75	4.52
13 川沙公园（川沙镇烈士墓）	1964-3-29	5.45	1.78	0.15	243.75	0.23
	2005-9-12	22.14	34.93	1.24	399.38	1.20
	2005-6	19.46	19.56	1.35	232.28	1.38
	2011-7	28.24	35.44	1.72	489.71	2.89
14 东海农场	1964-4-14	6.25	4.60	0.28	213.50	0.93
	2005-9-28	9.51	6.31	0.58	334.00	4.70
15 上师大奉贤校区（五七干校旧址）	1979-6-15	7.13	4.60	0.23	321.00	1.20
	2005-9-28	12.10	13.68	0.35	430.75	2.03
16 金山宾馆（金山八二大队）	1974-11-22	7.30	5.20	0.20	175.50	2.60
	1976-6-3	7.83	5.33	0.28	263.00	2.50
	2005-9-26	21.54	17.94	0.47	502.25	3.49
17 金山石化总厂	1973-3-26	4.48	4.60	0.15	275.25	1.18
	1976-3-10	5.48	5.55	0.18	312.00	1.15
	1980-9-18	6.48	4.10	0.18	469.50	2.65
	1983-6-5	6.28	6.43	0.23	596.75	2.50
	2005-9-26	11.30	9.20	0.34	591.25	4.18
	2006-6	15.66	11.22	0.69	412.42	4.65
	2011-7	20.61	14.90	0.82	588.23	5.65
18 黄浦区人民公园	2006-6	16.93	83.48	1.55	343.84	4.60
19 黄浦区中山南一路	2011-7	30.87	40.11	1.89	533.56	2.99
20 卢湾区高级中学	2006-6	19.83	37.41	1.72	263.28	5.30
	2011-7	25.48	48.21	1.90	450.60	6.33
21 徐汇区零陵路	2006-6	20.11	35.63	1.80	276.82	5.26
	2011-7	25.66	41.22	2.09	412.42	6.65
22 静安区茂名路	2006-6	29.04	28.16	1.99	442.19	5.24
	2011-7	38.23	43.12	2.55	570.60	5.65

续表

样点序号及名称	采集和放置时间	Cu	Pb	Cd	Zn	Cr
23 普陀区梅川路	2006-6	20.68	39.27	1.51	280.56	4.26
	2011-7	23.18	46.29	1.80	480.62	5.27
24 闸北区共和新路 1900 号	2006-6	18.73	41.34	2.08	290.86	6.11
	2011-7	28.77	48.61	2.80	490.60	6.27
25 虹口区中山北一路 212 号	2006-6	19.91	31.80	2.18	67.18	5.90
	2011-7	26.80	39.11	2.66	401.24	6.72
26 杨浦区水丰路	2006-6	19.76	10.50	2.55	192.57	5.21
	2011-7	24.31	24.90	2.89	298.21	6.25
27 宝山区钢研所	2006-6	23.40	60.05	2.52	582.46	8.82
28 宝山区环保局	2011-7	29.71	58.27	2.70	370.22	6.88
29 闵行区莘庄镇莘凌路	2006-6	18.60	28.81	6.44	259.51	1.89
	2011-7	21.23	36.91	8.62	487.64	3.87
30 松江区景德路	2006-6	17.92	21.50	1.33	428.00	2.61
	2011-7	18.61	35.10	1.68	550.12	3.15
31 青浦区盈贺路	2006-6	17.08	28.74	1.70	315.57	2.10
	2011-7	19.76	31.29	2.28	398.78	3.72
32 长宁区北新泾	2011-7	18.95	24.71	1.55	483.20	4.72
33 南汇惠南镇	2011-7	12.34	28.66	1.43	432.67	4.12
34 奉贤区南桥老年公寓	2011-7	15.88	21.55	1.38	520.66	3.11

从表 2 可以看出，上海市所调查的 34 个样点小羽藓植物体内五种重金属元素含量，除崇明东平国家森林公园、崇明县南门等少数样点的 Cu、Cr 元素含量基本持平外，其他样点的重金属含量随着时间的推迟均呈上升趋势。在部门样点内，2011 年的样品重金属含量已达到历史含量的几倍甚至几十倍。例如中山公园小羽藓体内 2011 年的 Cr 含量是 1964 年的近 16 倍，Cu、Cd 含量亦达近 6 倍；西郊公园小羽藓体内 2011 年的 Zn 含量是 1964 年的近 3.5 倍，为 1974 年的近 2.8 倍；川沙公园小羽藓的 Pb 含量也达其 50 年前的近 20 倍，Cd 含量是 50 年前的 11 倍，Cr 含量是 50 年前的 12.5 倍。此外，还可以看出各样点重金属含量在六、七至八十年代的变化程度较小，1980 年后至今各重金属含量增长明显。

环境中的重金属元素主要来源于工业生产如金属冶炼、锻造、制革，焚烧等，交通运输业如汽车尾气排放及汽车轮胎磨损产生的大量含金属的有害气体和粉尘等[27]，随着上海城市化的加速发展，重金属污染也随之加剧。通过对比分析，发现一些主要污染源的情况与上海地区小羽藓体内重金属含量的升高有着密切联系。例如，从 1965 年至今吴淞中学宝山环保局和宝山钢研所样点的小羽藓体内的 Cu，Cd，Cr，Pb 含量都位于同期上海其他样点的前列，这与 20 世纪 60 年代后吴淞地区工业的迅速发展，污染的加剧密切相关。据统计至1985年间，吴淞工业区密集着186家工厂其中大型企业31家，每年排放巨量工业三废，对环境造成严重威胁。据冶金部统计，吴淞地区已列为全国七大严重污染区之一[8]。同样，位于宝山区的刘行、月浦公园样点80年代至今小羽藓体内重金属元素含量都较同期其他地区偏高，Pb、Cu等污染物排放量达到同期南汇崇明等地的7～8倍[9]。该地区西北部有宝钢与跃龙化工厂等大厂，南部有桃浦、五角场等工业区，东部中部有吴淞工业区，上述工业区于宝山犬牙交错，对其污染造成必然影响。

3.2 典型样点小羽藓植物体重金属含量历史年代变化的统计分析

3.2.1 松江区佘山镇

佘山是上海地区唯一一片保存较好的山林地带，以其为代表研究六十、七十、八十年代至今的小羽藓内的重金属含量的变化，可以说明上海市环境相对清洁地区的重金属污染程度的历史变化情况，具有一定代表性。

基于表2中佘山镇采集的小羽藓植物体五种重金属元素在不同历史时期的数据，应用线性回归，得到图1。图1反映出作为上海市环境相对清洁的佘山地区，从六十年代中期至现在小羽藓植物体内的重金属含量呈升高趋势。这与所处佘山镇地区此期间的工业、交通及旅游业的开发建设带来的环境重金属污染加剧有关。

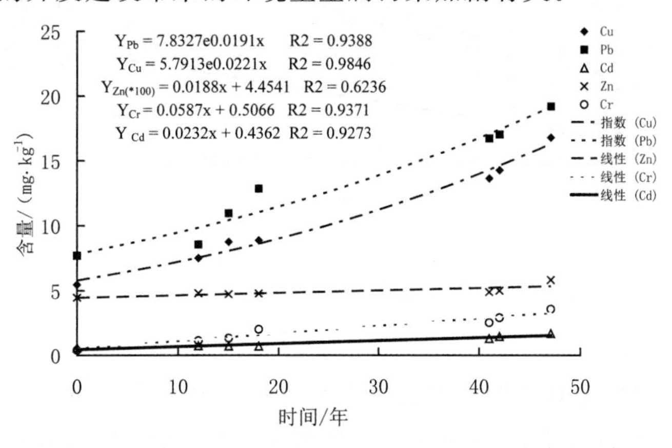

图1 佘山小羽藓重金属含量增长率的统计分析

对不同历史时期测得的五种重金属含量分别进行统计分析，结果见图1，发现佘山地区小羽藓植物体内的五种重金属含量在过去的50年中一直呈升高趋势，其中Pb和Cu随着时间的推迟呈现出指数式增长趋势，Cr、Cd和Zn呈现出线性增长趋势，从方程分析，后三种元素的增长率并不高，相关系数仅分别为0.0587、0.023和0.0188。查阅资料可知，佘山地区60年代整体生态环境较好，70年代后期随着该地区工业、交通运输、旅游业等的发展，尤其是一批重金属污染严重的皮革厂、药棉厂和炼锌厂的投产及佘山作为旅游景点的开发，导致环境重金属污染水平升高[10]。

3.2.2 金山石化

金山石化位于上海西南郊东海边，60年代后期投产，主要生产石油化工产品，现为上海市的一个主要工业区。研究其七、八十年代至今的小羽藓植物体内的重金属含量的变化,可以在一定程度上说明上海市环境污染相对严重地区的重金属污染程度的历史变化情况,具有一定代表性。

对金山石化样点小羽藓体内五种重金属含量分别进行了不同历史年代变化增长率的回归分析结果见图2。图2表明,五种重金属在金山石化小羽藓体内含量50多年中一直呈升高趋势,结合资料可知金山石化目前化工产品年产量已达到70年代的近20倍,因此随之排放的重金属元素Cr,Cu,Cd,Pb,Zn等也随之增加[28]。从图中可以看出,小羽藓体内含量升高速率的最快的为Cu和Pb,也表现出指数式增长,元素其次为Zn和Cr,Cd的增长最小。分析原因可知,对于重金属Pb是汽车排放尾气中的重要污染元素;Cr在自然界中的本底含量就相对很低,化纤工业生产是Cr元素的一个主要的污染排放源,在此情况下,随着工业的生产必将带来Cr元素在工厂区域环境中的大量富集,随之引起了小羽藓植物体内对Cr元素的快速累积,因此Cr在金山石化地区有一定量的增长。

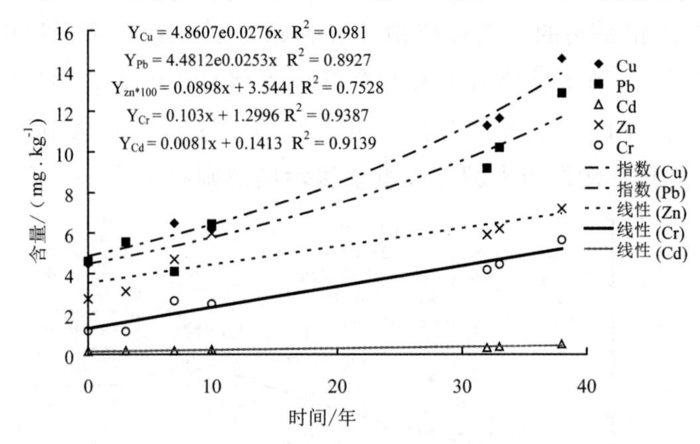

图2 金山石化小羽藓重金属含量增长率的回归分析

3.2.3 中山公园

共获得5个不同历史时期的中山公园小羽藓重金属元素含量,回归分析得到图3结果。从图3可以发现,中山公园五种元素均呈现线性增长的趋势,从斜率大小分析,增长的幅度以Cu为最高,其次为Cr,再次为Pb,Zn和Cd的增长最小。Cu、Pb和Cr是汽车排放和街道灰尘中的主要重金属污染源,因此在交通流量特别大的中山公园地区,其污染程度也相对较高。

3.2.4 上海地区重金属污染的区域分化

以中山公园、崇明南门、松江佘山、上海动物园、徐汇漕溪公园、嘉定汇龙潭公园、川沙公园、金山石化、黄浦中山南一路、卢湾高级中学、徐汇零陵路、静安茂名路、普陀梅川路、闸北共和新路、虹口中山北一路、杨浦水丰路、宝山环保局、闵行莘庄镇莘凌路、松江景德路、青浦盈贺路、长宁北新泾、南汇惠南镇、奉贤区南桥老年公寓这23个检测点2011年检测数据为基础,对数据进行最大值标准化(表3)

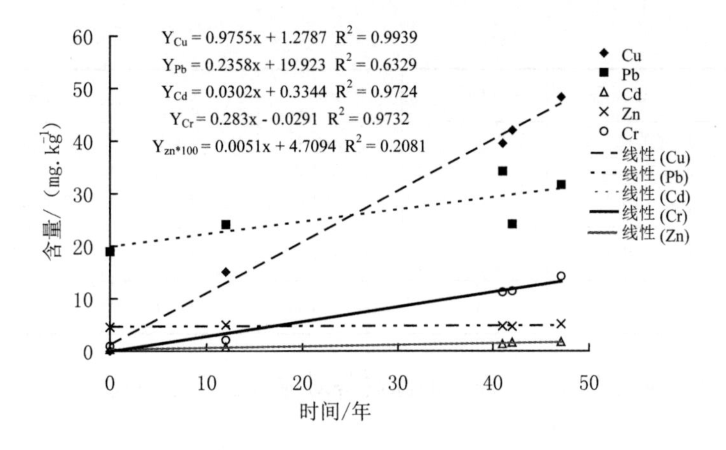

图 3　上海市中山公园样点小羽藓重金属含量增长率的回归分析

表 3　　中山公园等 23 个样点 2011 测定的小羽藓五种重金属元素含量(最大值标准化)

检测样点	样点号	Cu	Pb	Cd	Zn	Cr
中山公园	S1	1.0000	0.5435	0.2100	0.7288	1.0000
崇明南门	S2	0.2529	0.2025	0.1311	1.0000	0.1312
松江佘山	S3	0.3480	0.3295	0.1937	0.8173	0.2491
上海动物园	S4	0.3382	0.4078	0.2262	0.6925	0.2611
徐汇漕溪公园	S5	0.4318	0.6954	0.2193	0.5761	0.3263
嘉定汇龙潭公园	S6	0.3289	0.5183	0.2181	0.6784	0.2961
川沙公园	S7	0.5846	0.6082	0.1995	0.6876	0.2028
金山石化	S8	0.4266	0.2557	0.0951	0.8259	0.3965
黄浦中山南一路	S9	0.6390	0.6883	0.2193	0.7491	0.2098
卢湾高级中学	S10	0.5274	0.8274	0.2204	0.6327	0.4442
徐汇零陵路	S11	0.5312	0.7074	0.2425	0.5790	0.4667
静安茂名路	S12	0.7913	0.7400	0.2958	0.8011	0.3965
普陀梅川路	S13	0.4798	0.7944	0.2088	0.6748	0.3698
闸北共和新路	S14	0.5955	0.8342	0.3248	0.6888	0.4400
虹口中山北一路	S15	0.5548	0.6712	0.3086	0.5633	0.4716
杨浦水丰路	S16	0.5032	0.4273	0.3353	0.4187	0.4386
宝山环保局	S17	0.6150	1.0000	0.3132	0.5198	0.4828
闵行莘庄镇莘凌路	S18	0.4395	0.6334	1.0000	0.6847	0.2716
松江景德路	S19	0.3852	0.6024	0.1949	0.7724	0.2211

续表

检测样点	样点号	Cu	Pb	Cd	Zn	Cr
青浦盈贺路	S20	0.4090	0.5370	0.2645	0.5599	0.2611
长宁北新泾	S21	0.3923	0.4241	0.1798	0.6784	0.3312
南汇惠南镇	S22	0.2554	0.4918	0.1659	0.6075	0.2891
奉贤区南桥老年公寓	S23	0.3287	0.3698	0.1601	0.7310	0.2182

基于表3数据，应用PCORD进行的除趋势对应分析结果见图4。

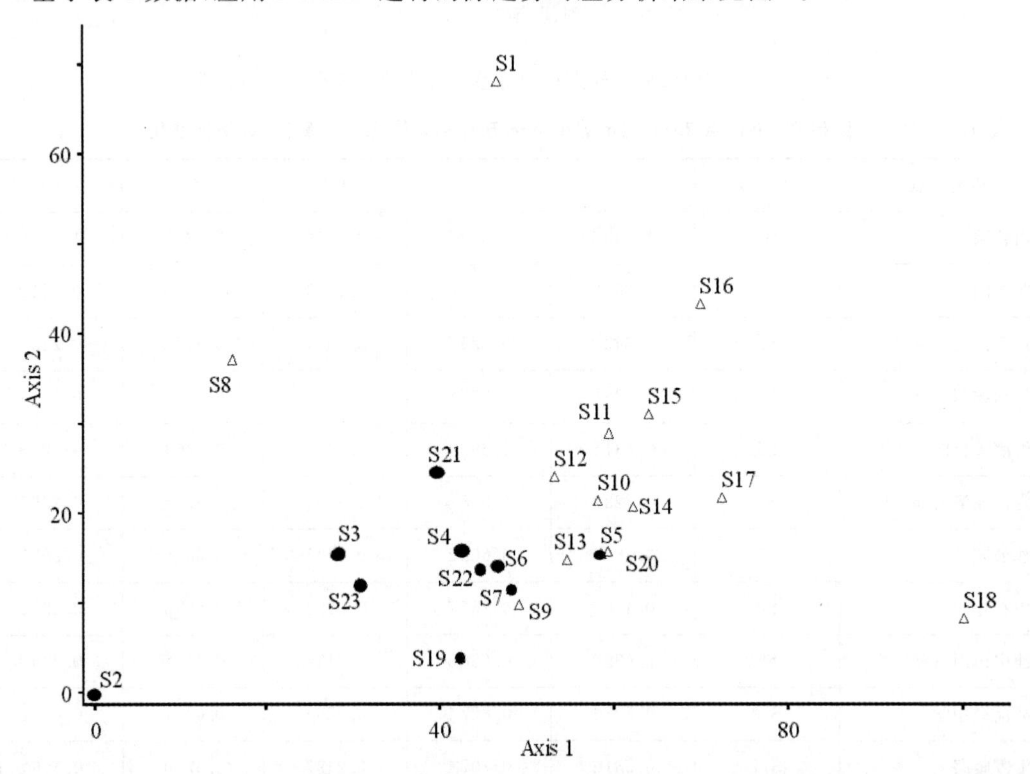

图4　显示上海地区23个样点环境污染区域分异的除趋势对应分析排序图

（图中1-23所代表的样点见表3）

如果23个地区五种元素含量相同，排序图中23个样点处于同样的排序坐标位置，如果样点之间元素含量存在均匀差异，则23个样点会均匀散布于排序图上。从23个样点在排序图上的位置关系可以发现，23个样点五种重金属元素含量存在较大差异。图中黑点均位于上海地区的郊区郊县，是环境相对清洁的区域，而空心三角形则位于上海市中心的区域，这些样点位于排序图的右侧，是污染相对较重的区域。图中1号（中山公园）、18号（闵行莘庄镇莘凌路）、8号（金山石化）等位置相对特殊，反映出这些样点的五种重金属污染相对较特殊。例如中山公园Cu、Cr的污染在23个样点中均是最重的，Zn的污染也不轻，这与中山公园所处的交通要道有关，主要是汽车尾气污染严重；18号（闵行莘庄镇莘凌路)Cd的污染特别严重,可能与该区域有污染企业有关;8号(金山石化)虽然为化工企业密集之地,但是仅Zn的污染较重要,而Cd、Pb的污染较轻。2号崇明南门仅Zn的含量较重,而其他元素的含量均较轻,这可能与该地区环境背景值较高有关。

4 结论

(1) 上海市各样地小羽藓植物体内的Cu、Pb、Zn、Cd、Cr五种重金属元素从六十、七十、八十年代至今的含量变化明显呈现出上升趋势。

(2) Cu和Pb在五种重金属元素中上升速度最快,已经成为了上海市一个主要的重金属污染元素,建议进一步加强对这两种元素的监测与治理,反映出汽车尾气中的重金属污染是上海地区最重要的污染源[10]。

(3) 上海地区大气重金属污染存在明显的区域分化,郊区和郊县大气中重金属元素的含量总体上低于市中心。

(4) 苔藓作为对环境反应敏感的生物指示植物,不但可监测环境质量,而且可对环境质量的变化作长期的监测。欧洲各国已用苔藓植物作为环境污染的长期监测物,并执行了统一计划[11-14]。因此,建议上海市以小羽藓为材料设置监测点,定期进行重金属和污染物的测定,为城市环境监测和保护提供科学依据。

参考文献

[1] Onianwa P C. Monitoring atmospheric metal pollution: a review of the use of mosses as indicators[J]. Environmental Monitoring and Assessment, 2001, 71:13-50.

[2] Wolterbeek H Th. Biomonitoring of trace element air pollution: principles, possibilities and perspectives [J]. Environmental Pollution, 2002,120:11- 21.

[3] Steinnes E, Rambaek J P, Hanssen J E. Large scale multielement survey of atmospheric deposition using naturally growing moss as biomonitor[J]. Chemosphere, 1992, 25:735- 752.

[4] Wegener J W M, van Schaik M J M, Aiking H. Active biomonitoring of polycyclic aromatic hydrocarbons by means of mosses[J] . Environmental Pollution, 1992, 76:1-15.

[5] Goodman G T, Roberts T M. Plants and soil as indicators of meal in the air[J]. Nature, 1971, 231: 287-292.

[6] Tuba Z, Csintalan Z. The use of the moss transplantation technique for bioindication of heavy metal pollution. In: Markert, B. (Ed.), Plants as Biomonitors [M]. VCH Publishers, Weinheim, 1993: 403- 411.

[7] Zhang J-T(张金屯). Quantitative Ecology[M]. Beijing: Science Press, 1-242(in Chinese), 2004.

[8] Gu B-M(顾伯民). Annals of Wusong county[M]. Shanghai: Shanghai Academy of Social Sciences Press, 1-343 (in Chinese), 1996.

[9] Lü S-P(吕淑萍). Shanghai Annals of Environment Protection[M]. Shanghai: Shanghai Academy of Social Sciences Press, 1-295(in Chinese), 1998.

[10] Markert B, Herpin U, Siewers U, et al. The German heavy metal survey by means of mosses[J]. Sci Total Environ, 1996, 182:159-168.

[11] Eero K, Harri L. Atmospheric heavy metal deposition in Finland from 1985 to 1990[J]. Appl Geochem, 1996, 11:155-161.

[12] Poikolainen J, Kubin E, Piispanen J, et al. Atmospheric heavy metal deposition in Finland during 1985-2000 using mosses as bioindicators[J]. Sci Total Environ, 2004, 318:171-185.

[13] Rühling Å, Tyler G. Changes in the atmospheric deposition of minor and rare elements between 1975 and 2000 in south Sweden, as measured by moss analysis[J]. Environ Pollu, 2004, 131:417-423.

[14] Rühling Å. Atmospheric heavy metal deposition in Europe-estimation based on moss analysis[J]. Nordic Council Ministers, 1994, 9:49-51.

阴-非离子混合表面活性剂对黑麦草吸收 OCPs 的影响

周溶冰[①]　尤胜武　谢正苗

（杭州电子科技大学环境科学系，杭州　310018）

摘　要　研究了水培体系中阴-非离子混合表面活性剂 SDBS-TX100 对黑麦草吸收有机氯农药(OCPs)pp'-DDT 和 γ-HCH 的影响。发现 SDBS-TX100 能促进黑麦草吸收积累 OCPs，其作用机制是促进了黑麦草根部对 OCPs 的吸收。SDBS-TX100 增强黑麦草吸收 OCPs 的程度与混合表面活性剂配比、浓度以及有机污染物本身的性质等密切相关。不同配比的 SDBS-TX100 在临界胶束浓度(CMC)附近对黑麦草吸收 OCPs 的促进作用最显著。随着 SDBS 摩尔分数的增大，SDBS-TX100 对黑麦草吸收 OCPs 的促进作用增强，其中对 pp'-DDT 的促进效果更为显著；当 SDBS-TX100 摩尔比为 9:1 时，根中 OCPs 的最大浓度分别是无表面活性剂对照处理的 70 倍和 14 倍。

关键词　阴-非混合表面活性剂，有机氯农药，黑麦草

1　引言

有机污染土壤修复已成为国内外环境领域共同关注的热点问题。修复技术主要有物理修复、化学修复和生物修复，而植物修复是目前最具应用潜力的有机污染土壤修复技术之一。然而由于疏水性有机污染物易被土壤颗粒吸附，降低了其生物可利用性及植物修复效率[1-6]。近年来，有研究者提出了表面活性剂强化植物修复技术(SEPR)[7-8]，即利用表面活性剂增溶洗脱吸附在土壤颗粒上的有机污染物以提高其生物可利用性，进而促进植物吸收或微生物降解。研究表明，单一表面活性剂在土壤中易发生吸附及沉淀损失从而降低了对有机污染物的增溶洗脱效率[9-13]，而使用阴-非离子混合表面活性剂可降低表面活性剂在土壤中的吸附及沉淀损失，提高对有机污染物的增溶洗脱效率，并且在一定条件下可以促进有机污染物的微生物降解[13-15]。但迄今关于阴-非混合表面活性剂对植物吸收持久性有机污染物影响的研究报道很少。如孙璐等研究了混合表面活性剂强化植物吸收菲和芘[[16]。

有机氯农药(OCPs)是一类具有“三致(致癌、致畸、致突变)”效应的持久性有机污染物，曾在全世界范围内广泛使用，虽然大部分品种被禁用或限用，但为了防治疟疾和制造三氯杀螨醇，DDT 仍在生产和使用，因此 OCPs 在土壤环境中普遍残留，在局部地区，如污灌农田、菜地土壤等还存在比较严重的污染超标[17-18]。

本文以γ-HCH和pp'-DDT两种典型的异构体作为有机氯农药的代表，研究了水培体系中阴-非离子混合表面活性剂对黑麦草吸收积累γ-HCH和pp'-DDT的作用及影响因素，试图为表面活性剂应用于植物-微生物联合修复有机污染土壤，进一步提高修复效率提供理论依据。

2 实验材料与方法

2.1 材料

非离子表面活性剂 Triton X-100（TX100，纯度＞98%），阴离子表面活性剂十二烷基苯磺酸钠（SDBS，纯度＞98%）购自 Tokyo Kasei Kogyo CO.，LTD 。γ-HCH和pp'-DDT购自 Chem Service（纯度＞99.5%），其水溶解度分别为7.8 mg/L和0.025 mg/L，辛醇-水分配系数（log K_{ow}）分别为3.9和6.9。将SDBS和TX100溶于去离子水中制备一系列不同配比（SDBS与TX100摩尔比为0:10，1:9；5:5，9:1，10:0）及浓度（0.01mmol/L，0.05mmol/L，0.1mmol/L，0.2mmol/L，0.4mmol/L，0.6mmol/L）的SDBS-TX100的混合溶液。选用植物为黑麦草（Lolium multiflorum Lam），培养液为Hoagland半强度营养液[20]。

2.2 黑麦草对γ-HCH和pp'-DDT的吸收

向装有1L半Hoagland营养液的烧杯中加入100μL、200 mg /L的pp'-DDT和γ-HCH的储备液，制得pp'-DDT和γ-HCH浓度均为0.02mg/L的混合溶液。黑麦草经催芽、育苗后，在培养液张培养至株高约20cm，选择生长较一致的黑麦草移入烧杯中，每杯10株。培养过程中补充营养液保持液面，分别于4h，12h，24h，48h，96h采集水和植物样品。植物样品用去离子水充分淋洗后，用滤纸吸干表面水分，装入密封袋放入冰箱中保存。

2.3 SDBS-TX100对黑麦草吸收OCPs的影响

向装有0.9L半霍格兰营养液的烧杯中加入100μL、200 mg · L^{-1}的pp'-DDT和γ-HCH的混合标液以及一系列不同配比不同浓度的SDBS-TX100混合表面活性剂溶液。用培养液定容至1L后，选择生长较一致的黑麦草移入烧杯中，每杯14株，培养过程中补充营养液保持液面，于48 h采集水和植物样品。其他处理同上。

2.4 样品处理及测定

将植物样品充分剪碎，称取适量置于50 ml离心管中，加入30 ml正己烷与丙酮混合液（1:1，v:v）超声萃取1h。将萃取液过装有2g无水$NaSO_4$的层析柱，收集于50ml圆底烧瓶中,在 50℃下旋转蒸发至干。用 2ml 正己烷润洗,取 1ml 过装有 2.5g 硅胶的层析柱净化,再用 10ml 二氯甲烷与正己烷混合液(1:1,v:v)淋洗,收集于 50ml 圆底烧瓶中。再次旋转蒸发至干,用 1ml 正己烷定容,最后进 GC-ECD 分析,每个样品重复 2~3 次。

OCP 分析使用气相色谱(福立 GC-9790,浙江温岭)配备有 ^{63}Ni-ECD 检测器和毛细管柱 DB-5(30m×0.32mm×0.25μm),柱温 180℃,进样器和检测器的温度分别为 280℃和 290℃,进样量 1μL;进样器和检测器的温度分别为 220℃和 300℃,经过分子筛和氧阱的高纯氮气作载气和尾吹气,流速分别为 2.25ml/min 和 35.5 ml/min,1μL 样品进样不分流,pp'-DDT 和 γ-HCH 的检测限及方法回收率分别为 0.20 ng/g,0.50ng/g 及 83% ,87%。

3 结果与讨论

3.1 SDBS-TX100 对黑麦草生物量的影响

供试时间内(48h)不同浓度和配比的 SDBS-TX100(0:10,1:9,5:5,9:1)对黑麦草生长没有明显抑制作用,黑麦草生物量为 8.1~10.5g/株,各处理间无显著差异($P<0.05$)。

3.2 黑麦草吸收 OCPs 的时间变化曲线

采用 2.4 节中的处理与测定方法,将不同时间段(分别为 0h,4h,12h,24g,48h,96h)取得的植物样品进行分析,测出不同时间时植物不同部位对 γ-HCH 和 pp'-DDT 的吸收量,得出黑麦草吸收 γ-HCH、pp'-DDT 的平衡时间,如图 1 所示。

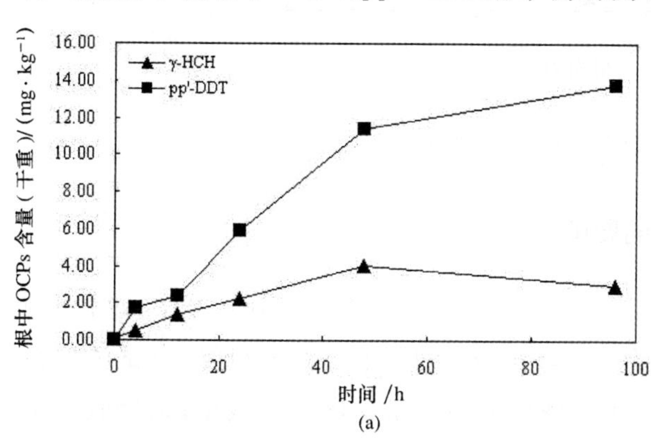

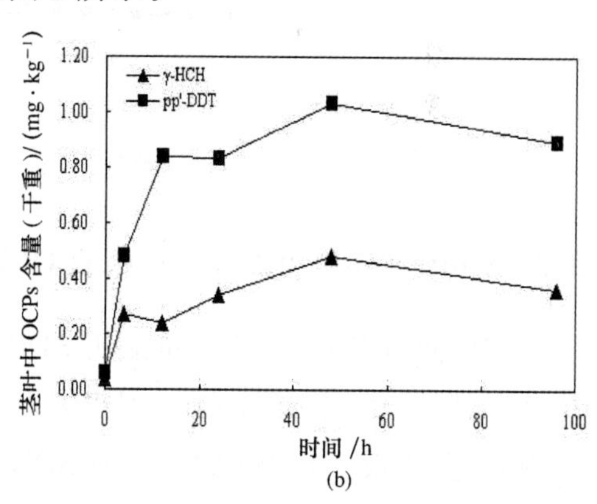

图 1 黑麦草吸收 OCPs 的时间变化曲线

由图 1(a)可以看出,实验起始阶段,溶液中的 γ-HCH,pp'-DDT 浓度较高,植物吸收速率较快,根内的污染物含量迅速升高。48h 时,pp'-DDT、γ-HCH 的浓度基本达到平衡,浓度分别约为 12mg/kg 和 4mg/kg;此后随着时间的延长,黑麦草根中的污染物浓度有所降低,这可能与植物代谢以及生长稀释作用等因素有关。

由图 1(b)可以看出,实验起始阶段,溶液中的 γ-HCH、pp'-DDT 浓度较高,植物吸收速率较快，茎叶中的污染物含量迅速升高。48h时，pp'-DDT、γ-HCH的浓度基本达到平衡，浓度分别约为1mg/kg和0.5mg/kg；此后随着时间的延长，黑麦草茎叶中的污染物浓度有所降低，这可能与植物代谢以及生长稀释作用等因素有关。

研究表明，植物对有机污染物的吸收与化合物的 K_{ow} 成正相关，$\log K_{ow}>3.5$ 的化合物较难由植物根向茎叶迁移，易在植物根部降解[5,20]。γ-HCH、pp'-DDT的 K_{ow} 较高，易在植物根部吸附，较难向茎叶转运。

根系富集系数(RCF)可以很好地反映植物根系对有机污染物的吸收积累能力。RCF定义为根中有机污染物含量 C_1 与溶液中污染物含量 C_2 的比值，RCF随着时间的推移在达到一定的数值后会趋于稳定。本实验中γ-HCH和pp'-DDT的RCF值如图2所示。γ-HCH和pp'-DDT的RCF值均在48h时达到平衡，分别为45ml/g和920ml/g。这与2.2节中黑麦草吸收γ-HCH和pp'-DDT的时间变化趋势相吻合，即黑麦草对γ-HCH和pp'-DDT的吸收在48h达到相对平衡，因此选取测试时间为48h。

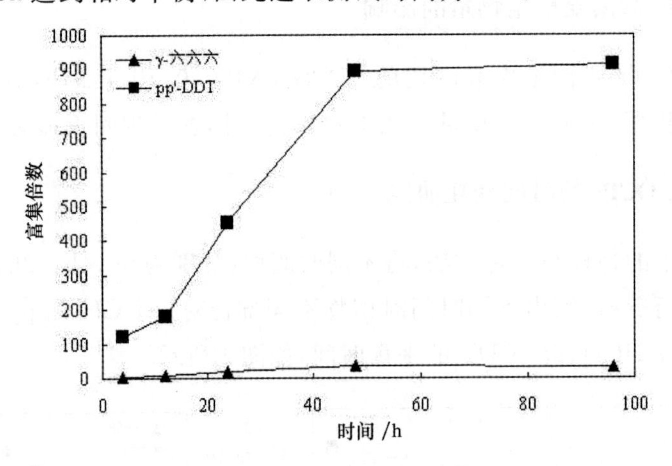

图2　黑麦草对OCPs的富集系数曲线

3.3　SDBS-TX100对黑麦草根吸收OCPs的影响

实验测得TX100及不同配比SDBS-TX100的临界胶束见表1。图3为供试时间内(48h)不同配比SDBS-TX100对黑麦草根吸收积累OCPs的影响。由图可知，供试浓度范围内，黑麦草根中OCPs的含量随SDBS-TX100浓度升高均呈先增大后减小；临界胶束浓度(CMC)附近，表面活性剂对黑麦草吸收积累OCPs促进作用最显著。

表1　　SDBS-TX100的临界胶束浓度

摩尔比(SDBS-TX100)	0：10	1：9	5：5	9：1
CMC/(mmol·L^{-1})	0.200	0.156	0.226	0.409

SDBS-TX100(0：10和1：9)在供试浓度范围内均不同程度的促进了黑麦草根对γ-HCH和pp'-DDT的吸收。SDBS-TX100(5：5和9：1)在供试浓度范围内明显促进了黑

麦草根对 γ-HCH 和 pp'-DDT 的吸收。

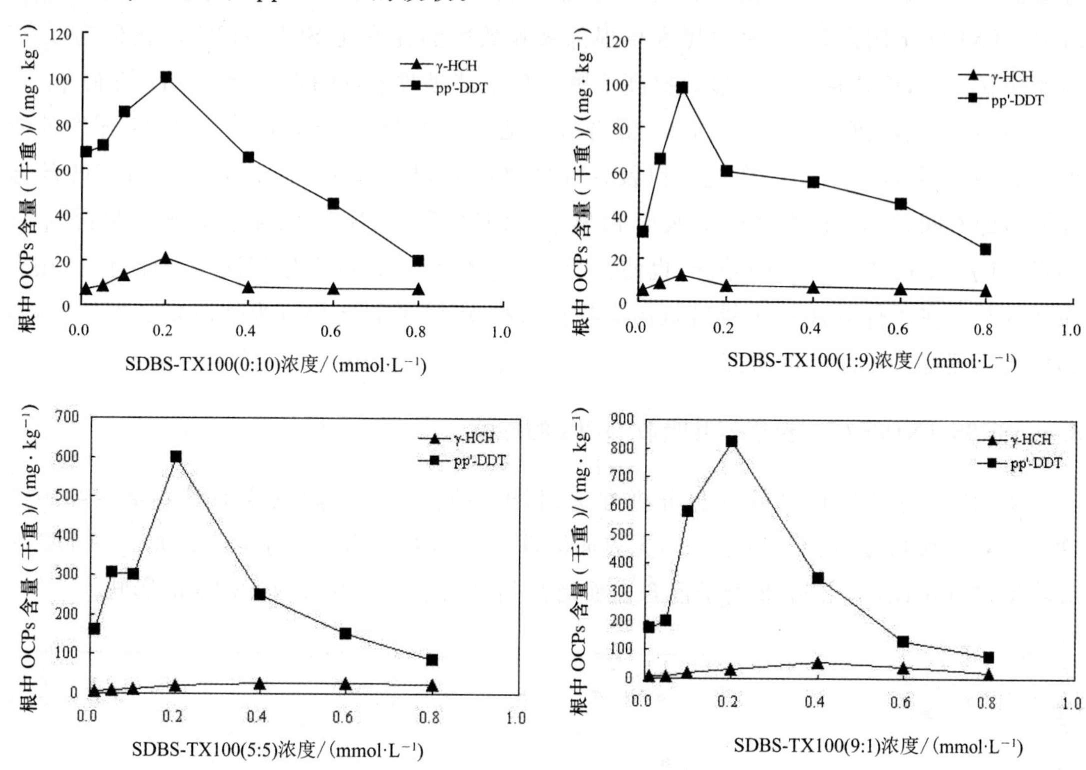

图 3　SDBS-TX100 对黑麦草根部吸收 OCPs 的影响

当 SDBS-TX100 比例为 5∶5 时,黑麦草根部对 pp'-DDT 的吸收量在混合表面活性剂浓度为 0.2mmol/L 时达到最大,约为 600mg/kg;黑麦草根部对 γ-HCH 的吸收量在混合表面活性剂浓度为 0.4mmol/L 时达到平衡,约为 30mg/kg。与未加表面活性剂时相比较,黑麦草根部对 pp'-DDT 和 γ-HCH 的吸收效率分别提高了 50 倍和 8 倍,可以说阴-非离子混合表面活性剂对黑麦草吸收 OCPs 的影响是相当明显的。

当 SDBS-TX100 比例为 9∶1 时,黑麦草根部对 pp'-DDT 的吸收量在混合表面活性剂浓度为 0.2mmol/L 时达到最大,约为 820mg/kg;黑麦草根部对 γ-HCH 的吸收量在混合表面活性剂浓度为 0.4mmol/L 时达到平衡,约为 55mg/kg。与未加表面活性剂时相比较,黑麦草根部对 pp'-DDT 和 γ-HCH 的吸收效率分别提高了 70 倍和 14 倍,混合表面活性剂对黑麦草吸收 OCPs 的促进作用是显著的。

总的来说,阴-非离子混合表面活性剂 SDBS-TX100 对黑麦草根部吸收 pp'-DDT 和 γ-HCH 的影响均为低浓度促进,其中对 pp'-DDT 的促进效果更为显著。而在高浓度时效率又有所降低,因此在应用表面活性剂修复土壤时切不可滥用,否则不但浪费了表面活性剂,提高了修复成本,降低了修复效果,还会使过多的表面活性剂残留在土壤之中,造成二次污染。

混合表面活性剂的配比对修复效率是有影响的,随着混合表面活性剂中 SDBS 摩尔分数的增大,SDBS-TX100 促进黑麦草根部吸收 pp'-DDT 和 γ-HCH 的效果也越明显。SDBS-TX100 比例为 9∶1 时对黑麦草根部吸收效率的提升比 SDBS-TX100 比例为 5∶5 时要明显许多,但两种配比均显著提高了黑麦草根部吸收 pp'-DDT 和 γ-HCH 的能力。

不同配比、浓度的 SDBS-TX100 混合表面活性剂抑制 pp'-DDT 和 γ-HCH 挥发的能力不同,并且其与根部的结合能力以及形成的吸附膜对溶液中 pp'-DDT 和 γ-HCH 的结合能力的不同,造成了植物根部吸收积累 pp'-DDT 和 γ-HCH 的显著差异。另外,pp'-DDT 和 γ-HCH 本身性质的差异,也使其受表面活性剂的影响不尽相同。由此可见,在表面活性剂存在条件下,OCPs 等有机污染物在植物-水体系的迁移行为受诸多因素的影响,其作用机理有待更深入的研究。

3.4 SDBS-TX100 对黑麦草茎叶吸收 OCPs 的影响

采用 1.4 节中的样品处理与分析方法,测出不同配比,不同浓度下黑麦草茎叶中的 OCPs 含量,吸收量如图 4 所示。与无表面活性剂时黑麦草茎叶对 γ-HCH 和 pp'-DDT 的吸收量进行对比,得出阴-非离子混合表面活性剂对黑麦草茎叶吸收 OCPs 的影响。

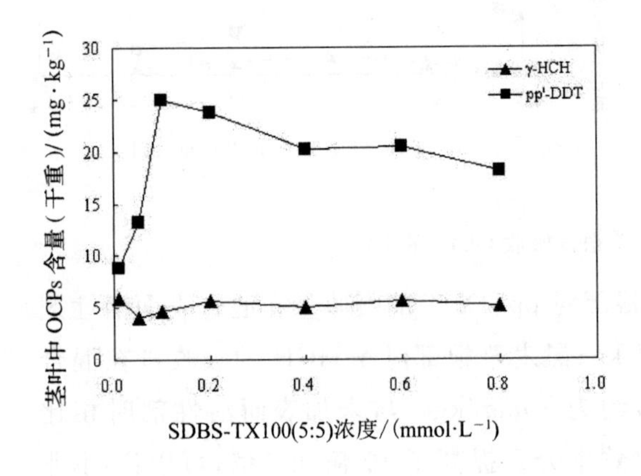

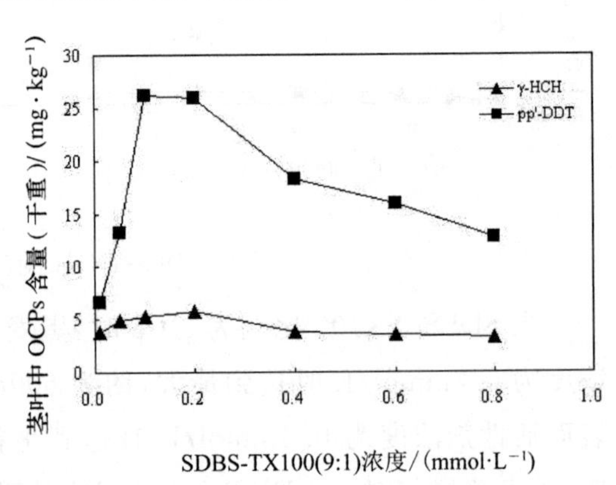

图 4 SDBS-TX100 对黑麦草茎叶吸收 OCPs 的影响

当 SDBS-TX100 比例为 5:5 时,黑麦草茎叶对 pp'-DDT 的吸收量在混合表面活性剂浓度为 0.1mmol/L 时达到最大,约为 25mg/kg;黑麦草茎叶对 γ-HCH 的吸收量在混合表面活性剂浓度为 0.2mmol/L 时达到平衡,约为 6mg/kg。与未加表面活性剂时相比较,黑麦草茎叶对 pp'-DDT 和 γ-HCH 的吸收分别提高了 25 倍和 12 倍。

当 SDBS-TX100 比例为 9∶1 时,黑麦草茎叶对 pp'-DDT 的吸收量在混合表面活性剂浓度为 0.1 $mmol \cdot L^{-1}$ 时达到平衡,约为 26mg/kg;黑麦草茎叶对 γ-HCH 的吸收量在混合表面活性剂浓度为 0.2mmol/L 时达到平衡,约为 6mg/kg。与未加表面活性剂时相比较,黑麦草茎叶对 pp'-DDT 和 γ-HCH 的吸收分别提高了 26 倍和 12 倍。

图 4 表明,不同浓度、配比的 SDBS-TX100 对黑麦草茎叶吸收 γ-HCH 和 pp'-DDT 的影响没有显著差异;与未加表面活性剂时的吸收量相比,SDBS-TX100 提高了 γ-HCH 和 pp'-DDT 在茎叶中的含量,这可能是因为在进行水培实验时黑麦草的叶片下端浸没在表

面活性剂溶液中,所以提高了茎叶对 γ-HCH 和 pp'-DDT 的吸收量。但是与黑麦草根部对 γ-HCH 和 pp'-DDT 的吸收量相比,茎叶的吸收量就小了很多,这说明虽然混合表面活性剂能够提高黑麦草茎叶对 γ-HCH 和 pp'-DDT 的吸收,但是表面活性剂并没有显著提高黑麦草根部 γ-HCH 和 pp'-DDT 向茎叶部分的转运。

由以上可以总结出,阴-非离子混合表面活性剂 SDBS-TX100 能提高黑麦草各个部位对 γ-HCH 和 pp'-DDT 的吸收量,但浓度、配比以及污染物性质等因素均会影响 SDBS-TX100 对有机污染物的增效修复。这仍然需要大量的研究来加以证实这些影响因素的具体作用。

在如上实验过程中,供试时间内(48h)不同浓度与配比的 SDBS-TX100 对黑麦草生长并没有明显的抑制作用。但实验中发现,阴离子表面活性剂 SDBS 对黑麦草的生长影响较大,有明显的毒害作用;当 SDBS 投加量较大时,试验时间内黑麦草叶片会出现发黄甚至枯萎等现象。

4 结论

此次实验研究了 SDBS-TX100 存在下黑麦草对溶液中 γ-HCH 和 pp'-DDT 的吸收,讨论了混合表面活性剂组成、浓度以及污染物性质等因素的影响。发现了如下结论:

(1) 一定浓度及组成的 SDBS-TX100 能促进黑麦草对 γ-HCH 和 pp'-DDT 的吸收。随着 SDBS 摩尔分数的增大, SDBS-TX100 对黑麦草吸收 γ-HCH 和 pp'-DDT 的促进作用增强。

(2) SDBS-TX100 在临界胶束浓度(CMC)附近对黑麦草吸收 γ-HCH 和 pp'-DDT 的促进作用最显著;当 SDBS-TX100 摩尔比为 9∶1 时,根中 γ-HCH 和 pp'-DDT 的最大浓度分别是未加表面活性剂对照处理的 70 倍和 14 倍。

(3) 这些结果都表明,一定条件下阴-非离子混合表面活性剂可显著促进植物吸收有机污染物。因此利用阴-非离子混合表面活性剂来提高植物修复效率,在有机污染土壤修复中具有较大的应用前景。

参考文献

[1] Joë lle F,Corinne P G,Pascal E B,et al. Soil-to-root transfer and translocation of polycyclic aromatic hydrocarbons by vegetables grown on industrial contaminated soils[J]. J Environ Qual,2002,31(5):1649-1656.

[2] Cai Q Y,Mo C H,Wu Q T. The status of soil contamination by semivolatile organic chemicals (SVOCs) in China: A review[J]. Sci Total Environ,2008,389(2-3):209-224.

[3] Elizabeth P S. Phytoremediation[J]. Plant Biol,2005,56:15-39.

[4] Collins C,Fryer M,Grosso A. Plant uptake of non-ionic organic chemicals[J]. Environ Sci Technol,2006,40(1):45-52.

[5] Simonich S, Hites R A. Organic pollutant accumulation in vegetation[J]. Environ Sci Technol, 1995, 29(12): 2905-2914.

[6] Jiao X C, Xu F L, Dawson R, et al. Adsorption and absorption of polycyclic aromatic hydrocarbons to rice roots[J]. Environ Pollut, 2006, 148(1): 1-6.

[7] Gao Y Z, Ling W T, Zhu L Z, et al. Surfactant-enhanced phytoremediation of soils contaminated with hydrophobic organic contaminants: potential and assessment[J]. Pedosphere, 2007, 17(4): 409-418.

[8] Wu N Y, Zhang S Z, Huang H L, et al. DDT uptake by arbuscular mycorrhizal alfalfa and depletion in soil as influenced by soil application of a non-ionic surfactant[J]. Environ Pollut, 2008, 151: 569-575.

[9] Bruce J B, Chen H, Zhang W J, et al. Sorption of nonionic surfactants on sediment materials[J]. Environ Sci Technol, 1997, 31(6): 1735-1741.

[10] Westall J C, Chen H, Zhang W, et al. Adsorption of linear alkylbenzene sulfonates on sediment materials [J]. Environ Sci Technol. 1999, 33(18): 3110-3118.

[11] Deshpande S, Shiau B J, Wade D, et al. Surfactant selection for enhancing ex situ soil washing[J]. Water Res, 1999, 33(2): 351-360.

[12] Zhou W J, Zhu L Z. Enhanced desorption of phenanthrene from contaminated soil using anionic/nonionic mixed surfactant[J]. Environ Pollut, 2007, 147(2): 350-357.

[13] Yang K, Zhu L Z, Xing B S. Enhanced soil washing of phenanthrene by mixed solutions of TX100 and SDBS[J]. Environ Sci Technol, 2006, 40(13): 4274-4280.

[14] Zhao B W, Zhu L Z, Li W, et al. Solubilization and biodegradation of phenanthrene in mixed anionic-nonionic surfactant solutions[J]. Chemosphere, 2005, 58(1): 33-40.

[15] Yu H S, Zhu L Z, Zhou W J. Enhanced desorption and biodegradation of phenanthrene in soil-water systems with the presence of anionic-nonionic mixed surfactants[J]. J Hazard Mater, 2007, 142(1-2): 354-361.

[16] 孙璐,朱利中.阴-非离子混合表面活性剂对黑麦草吸收菲和芘的影响[J].科学通报 2008,53(1)1-6.

[17] Gong Z, Tao S, Xu F. Level and distribution of DDT in surface soils from Tianjin, China[J]. Chemosphere, 2004, 54, 1247-1253.

[18] Zhou R B, Zhu L Z, Yang K, et al. Distribution of organochlorine pesticides in surface water and sediment from Qiantang River, China[J]. J. Hazard. Mater. 2006, A137, 68-75.

[20] Li H, Sheng G, Sheng W, et al. Uptake of Trifluralin and Lindane from water by ryegrass[J]. Chemosphere, 2002, 48(3): 335-341.

[21] Schnoor J L, Licht L A, Mccut cheon S C, et al. Phytoremediayion of organic and nutrient contaminants [J]. Environ Sci Technol, 1995, 29(7): 318-323.

以浊度计快速筛检法应用于加油站场址污染潜势调查可行性研究

刘文尧[1]　范正成[2]　廖佩瑜[1]

（1. 美商杰明工程顾问(股)台湾分公司　台北，106；2. 台湾大学　台北，106）

摘　要　汇整17处疑似污染加油站场址，在土壤采样调查过程中，除以光离子侦测器及火焰离子侦测器进行现场土壤样品的筛测外，并参考美国环保署公告之Method 9074测试方法，共使用36组总石油碳氢化合物筛试工具组进行土壤固体样品检测，以评估土壤中总石油碳氢化合物含量。

将TPH Test Kits筛测结果与实验室土壤样品检测分析结果进行比对分析结果显示：以柴油类及润滑油类的污染场址，增加TPH Test Kits进行辅助判释之效果最为显著，其相关性R^2值为0.744；但于汽油类污染场址其两者间则无显著相关性。由于TPH Test Kits具有便于携带、检验时间短、成本费用较低与可以降低后续实验室检测费用成本等优点，建议未来针对疑似高碳数油品污染场址进行土壤调查时，除以光离子侦测器及火焰离子侦测器进行筛测外，可同时应用TPH Test Kits进行筛测，以更准确掌握场址污染潜势并提高查证工作效率。

关键词　总石油碳氢化合物，浊度计法，加油站污染，快速筛试

1　前言

近期国内土壤及地下水污染调查技术发展渐趋成熟，除以传统采样调查规划外，亦开始应用三合系统(Triad System)观念来进行现场的采样调查工作。所谓三合系统系美国环保署近年来极力推广及应用的调查策略与观念，其主要包括系统性项目规划(Systematic Project Planning)、动态性工作计划策略(Dynamic Work Plan Strategies)以及实时性检测技术(Real Time Measurement Technologies)等三大工作架构(图1)。针对一个污染场址的调查作业，除了可以先依据场址历史背景信息，先预做系统性的采样布点规划外，在现场执行采样调查工作时，亦需要配合现场实时检测数据，做动态性的策略调整。而为了能够充分发挥三合系统的精神，如何有效地应用现场实时检测技术，并由实时检测结果在现场立即进行动态性工作调整，则为三合系统运用中最主要的影响关键。

实时检测技术概略可分成现地实时侦测技术和快速筛检工具，现地实时侦测技术如半透性薄膜侦测器(Membrane Interface Probe，MIP)、雷射诱发荧光(Laser Induced Fluo-

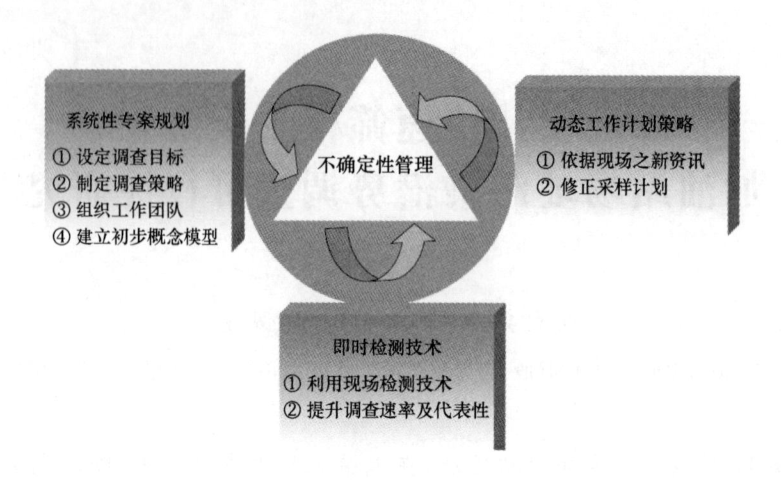

参考数据：ITRC, Technical and Regulatory Guidance for the Triad Approach: A New Paradigm for Environmental Project Management, 2003a。

图 1　三合系统之工作架构图

rescence, LIF)、锥型贯入试验(Cone Penetrometer Test, CPT)及透水性分析仪(Hydraulic Profiling Tool, HPT)等，以场址特性需求，选择适当的现地实时侦测技术，进行场址的污染状况或是水文地质环境的调查。

除了现地实时侦测技术外，亦可以应用现场携带式侦测仪器进行污染样品的现场筛测，例如：针对挥发性有机污染物，可以光离子侦测器(Photoionization Detector, PID)或是火焰离子侦测器(Flame Ionization Detector, FID)进行筛测；而对于重金属类污染物质，亦可以 X 射线荧光绕射仪(X-ray Fluorescence, XRF)来进行筛测。而对于不同的污染物，如苯(Benzene)、甲苯(Toluene)、乙苯(Ethylbenzene)、二甲苯(Xylenes)、爆炸性物质三硝基甲苯(Ttrinitrotoluence, TNT)、五氯酚(Pentachlorophenol, PCP)、总石油碳氢化合物(Total petroleum hydrocarbons, TPH)及戴奥辛等亦有许多商业化的快速筛检工具组可以辅助进行现场快速筛检。由于快速筛检工具组具有便于携带与检验时间短等优点，因此本研究初步针对加油站污染场址类型，在现场采样调查的过程中，应用总石油碳氢化合物筛试工具组(TPH Test Kits)，以浊度计法快速筛检分析技术，除辅助判释加油站之污染潜势外，能够进一步了解 TPH Test Kits 应用于加油站污染场址调查之可行性。

2　文献回顾

目前，国内进行油品类污染场址调查，在土壤采样过程中，因油品具有高挥发性，一般会使用携带式筛测仪器(如 PID 与 FID 等)进行现场辅助筛测，并由筛测结果选择较具有污染可能的土壤样品，送至实验室进行检测分析，以确切了解污染物组成及污染物浓度等信息。然而由现场实际调查经验显示，携带式筛测仪器本身即有许多应用上的限制，例如：仪器本身对不同污染物具有选择性等，尤其是如果遇到属较高碳数油品(如柴油或润滑油)的污染场址，因石油类中高碳数碳氢化合物挥发性较低且易吸附于土壤中特性影响(BTEX 及 TPH 物理性质汇整如表 1 所示),PID 与 FID 等筛测仪器往往无法明确掌握真实污染情形。再加上现场采集之样品仍需要送回实验室分析,依据环保署公告的标准方法“土壤中总石油碳氢化合物检测方法——气相层析仪/火焰离子化侦测器法(NIEA S703.61B)”进行分析,所需要花费的时间较长且费用较高,多半无法在现场土壤采样时立即提取污染物检测数据,致无法在现场立即做出动态性适当的调整措施,因此更凸显现场快速筛选工具重要性。

现场应用快筛检验石油类污染场址的方法有许多,例如生物酵素免疫检测(SW 846 Method 4030)及浊度计检测法(SW 846 Method 9074),前者为目前环保署环检所公告的方法“土壤中总石油碳氢化合物筛检方法－免疫分析法(NIEA S701.60C)”重要参考依据。此方式主要针对污染碳氢化合物为 15 个碳以下的芳香族及脂肪族化合物进行筛测。根据 USEPA SW 846 Method 4030 中所阐述的干扰物,筛测时仅需注意样品储存温度及操作温度,并且要避免分析类似结构的碳氢化合物即可。此方式亦具有几项优点:①轻便且易于携带。②人员训练时间短。③分析快速。④成本低廉。⑤污染物分析浓度范围广。⑥侦测极限低(以 TPH 而言,侦测极限约为 5ppm)等。

表 1　　BTEX 及 TPH 物理性质汇整表

类型		BTEX				TPH	
中文名称		苯	甲苯	乙苯	二甲苯	总石油碳氢化合物-脂肪族	总石油碳氢化合物-芳香族
英文名称		Benzene	Toluene	Ethylbenzene	Xylene	TPH-Aliph>C08-C21	TPH - Arom >C08-C35
分子量 /(g·mol^{-1})		78.11	92.14	106.17	106.17	130～270	92～240
在 20℃～25℃溶解度 /(mg·L^{-1})		1770	530	169	198	2.5E-06～0.43	0.0066～530
在 20℃～25℃蒸气压 /mmHg		95	28.2	9.6	8.06	0.00084～4.788	3.34E-07～28.2
在 20℃的亨利常数 (10^3 atm. m^3/mol)		0.23	0.28	0.33	0.29	80～4900	0.00067～0.48
吸附系数 /(log L/kg)		1.82	2.15	2.31	2.38	4.5～8.8	2.15～5.1
辛醇-水界面分布系数 /(log L/kg)		1.99	2.54	3.03	3.09	—	—
空气中扩散系数 /(cm^2·s^{-1})		0.09	0.09	0.08	0.07	0.1	0.1
水中扩散系数 /(cm^2·s^{-1})		9.80E-06	8.60E-06	7.80E-06	8.50E-06	1.00E-05	8.6E-06～1.00E-05
土壤污染管制标准 /(mg·kg^{-1})		5	500	250	500	1000	1000
地下水污染管制标准/mg·L^{-1}	第一类	0.005	1	0.7	10	1	1
	第二类	0.05	10	7	100	10	10

资料来源:① John H. Montgomery,Groundwater Chemicals Desk Reference,CRC Press Inc.,1996。

② GSI CHEMICAL PROPERTIES DATABASE,GSI ENVIRONMENTAL INC.

而生物酵素免疫检测方法最大问题则为易发生交互反应现象(Cross Reactivity),交互反应即污染物抗体可能会跟非标的污染物进行反应,从而造成读值误判。当标的污染物与非标的污染物结构相类似时,则易发生此情形。

浊度计检测法主要是利用 TPH Test Kits 进行 TPH 的半定量分析,目前亦为美国环保署公告的现场筛选方法,此法较适用于中碳数(12 个碳至 30 个碳)的碳氢化合物筛测(例如柴油等),而对于轻质油品(如汽油)则不适用。此外,USEPA SW 846 Method 9074 中所提及的干扰物质中,此法仅会被土壤中有机物含量及含水率影响,并不会被无机盐类(5%以下 NaCl)及接口活性剂(1000ppm)的磷酸三钠、肥皂、十二烷基硫酸钠等)污染所影响。此方式亦具有几项优点:①TPH 检验范围广泛。②携带方便。③检验时间短。④可以减少实验室检测成本与负荷。

另外,浊度计检测法具有以下几项缺点:①有机物含量较高的土壤易造成过滤上的困扰或高估浓度读值。②土壤含水量较高则可能稀释油品浓度而造成读值低估情形。③黏土性质的土壤不易过滤。④此法适用温度为 4℃～45℃等。

根据林启灿等[5]针对浊度计法应用于土壤中 TPH 污染筛检进行相关研究。其研究结果指出:

(1) 利用已知浓度土壤来探讨乳化后静置时间对浓度判读之影响程度,结果指出静置 10 分钟为合理取舍,且分析结果浓度会稍微倾向于高估。

(2) 以含水率 16%的砂粉土及污染场址现场样品进行试验,发现含水率愈高,浓度读值会有低估趋势。

(3) 污染土壤的盐度小于 5%及界面活性剂浓度小于 1000ppm 时,对结果的判读影响不大。

(4) 操作环境温度的影响测试结果显示,高温时(40℃)倾向于低估,而低温时(0℃)则倾向于高估。

(5) 与 USEPA Method 8015 GC/FID(Gas Chromatograph Flame Ionization Detector,气相层析仪火焰离子化侦检器)方式进行比较,试验结果两方法的回收率均在±30%的范围内。

(6) 在污染场址现场利用本方法进行筛检,并与 USEPA 4030 Immunoassay 生物酵素免疫法及 USEPA Method 8015 GC/FID 方法进行平行比对,交叉验证结果,亦支持以浊度计法筛检的可行性。

(7) 浊度计法在高浓度范围(1000mg/kg)分析较可以产生准确度较高的数据,而在低浓度范围(约 100mg/kg),所判读的结果准确度则较差。

李净如等[3]针对以浊度计法与 GC/FID 检测方法的比较研究,其研究结果指出:

(1) 浊度计法与 GC/FID 分析结果,若扣除掉偏离值后,其线性相关系数 R^2 值为 0.7745。而其相关性会随着样品含水率及挥发性固体物含量增加而降低。

(2) 样品经 GC/FID 所分析出的 TPH 浓度高低并不会对两者相关性造成明显影响。

(3) 在砂质土壤的样品中，以浊度计法或是 GC/FID 方法均不易测出含有 TPH 浓度。

(4) 浊度计法分析的结果，相较于 GC/FID 而言，多数均呈现低估情形，该研究推估其主要的原因为受含水率影响所致。

另外亦有实际将生物酵素免疫法及浊度计法应用于现场辅助调查污染范围及程度的研究[3]。此场址为一地下储油槽泄漏而造成土壤受柴油污染场址，该研究结果指出：

(1) 在该场址案例应用上，经比较实验室与生物酵素免疫法分析结果可知，生物酵素免疫法于低浓度土壤样品 TPH 筛选的参考价值较高浓度样品为佳(实验室分析 TPH＜500mg/kg 时，其正相关性为 84%；若实验室分析 TPH＞500mg/kg 时，其正相关性仅为 37.5%)。

(2) 若将浊度计法分析结果与实验室分析结果比较，则仅有 54%落在可接受范围。推测原因可能为该研究所采取土壤样品含水率较高，故造成回收率偏低问题。

(3) 整体而言，此两种快速检验方式正确率已足够作为污染范围分析及工程施工的依据[3,4]。

蔡国圣等[7]则是在以生物方法处理受 TPH 污染土壤的整治过程中，进行 TPH 污染土壤开挖时，以浊度计法测试组进行现场筛测，作为土壤中含 TPH 污染程度的快速筛测参考，并作为后续工程开挖与分类暂存的依据。

在国外亦有许多关于应用现场快速筛检方法检测土壤中碳氢化合物的研究，并比较不同筛检方法之间的差异，包括生物酵素免疫法、浊度计法、比色法(Colorimetric Test Kits)及总有机碳法(Total Organic Carbon，TOC)等。Lambert et al.[1]的研究指出，生物酵素免疫法之分析结果容易因为土壤成分及特定化学物质存在与否而造成误差，此外，其并不易对已风化高碳数油品(如燃料油)进行分析；浊度计法则会出现高估污染物浓度情形，但可以分析已风化高碳数油品；而红外线光谱法(Infrared Spectrometer)的分析结果则与所配制的样品浓度最相近。

有鉴于应用 TPH Test Kits 筛测技术在污染场址调查与相关的研究在国内仍较为少见，本研究以浊度计筛检法，商业化应用于总石油碳氢化合物筛试工具组(TPH Test Kits)，针对国内常见加油站污染场址类型，在采样送样决策与污染程度分析上，应 TPH Test Kits 分析使用时机与效益并进行研究与评估分析。

3 材料与方法

3.1 TPH Test Kits 原理

本研究以浊度计法应用之总石油碳氢化合物筛试工具组(TPH Test Kits)，系参考美国 环保署公告的Method9074测试方法进行筛测，其分析原理系以甲醇溶剂将土壤中污染物萃取出来，由萃取过滤后的滤液与乳化剂产生乳化作用，将两种原来互不溶的液体混合，其中一相呈小滴而分散在另一相中，成为均匀又安定的分散状态，利用内建检量线与浊度计对不同污染物所设计的反应因数量测污染度的浊度差异，再利用浊度计设定适当参数因子，即可反应(转化)并推算出 TPH 浓度大小，其中浊度计因子转换设定如表 2 所示。

表 2　浊度计因子转换设定值

R.F 设定值	相对应油品性质
2	风化后汽油
4	低环柴油，煤油，喷射机油
5	齿轮油，柴油
6	6 号燃料油
7	2 号燃料油，机油
8	变速器油，液压机油
9	滑脂油
10	变压器油

3.2　TPH Test Kits 设备

本研究所采用的 TPH Test Kit 工具组设备系 DEXSIL 公司 PetroFLAG 套装分析设备，包含有天秤、定时器、萃取试剂、注射过滤、乳化试剂与浊度计等，如图 2 所示。

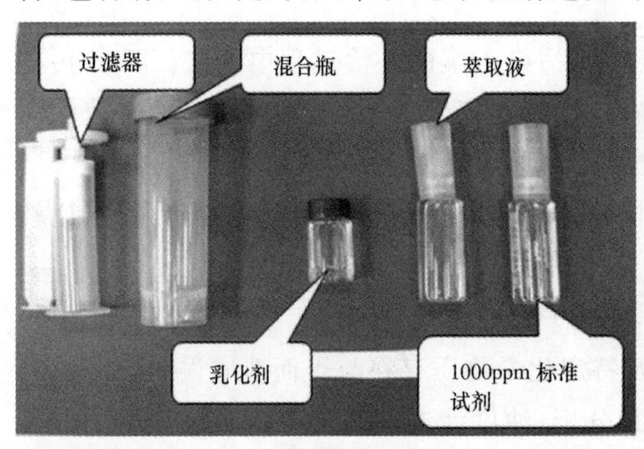

(a) 萃取设备

(b) 定时器

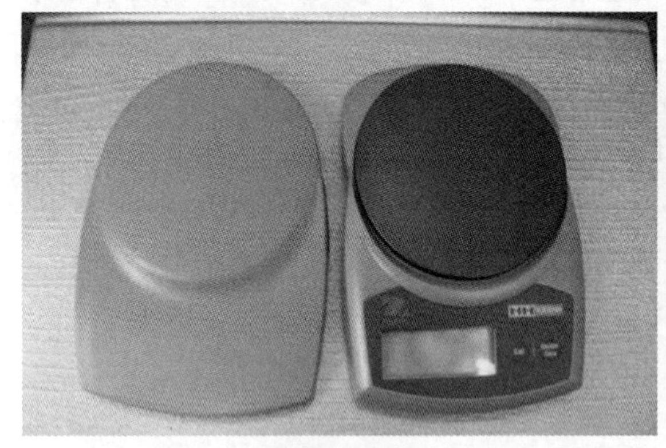

(c) 携带式天秤

(d) 浊度计

图 2　TPH 现场快速筛试设备

3.3 TPH Test Kits 操作方法与流程

本研究分析方法系参考 USEPA SW 846 Method9074 标准方法流程进行分析，主要针对土壤固体样品进行筛测，以评估土壤中总石油碳氢化合物含量，其现场筛试流程如图 3 所示。

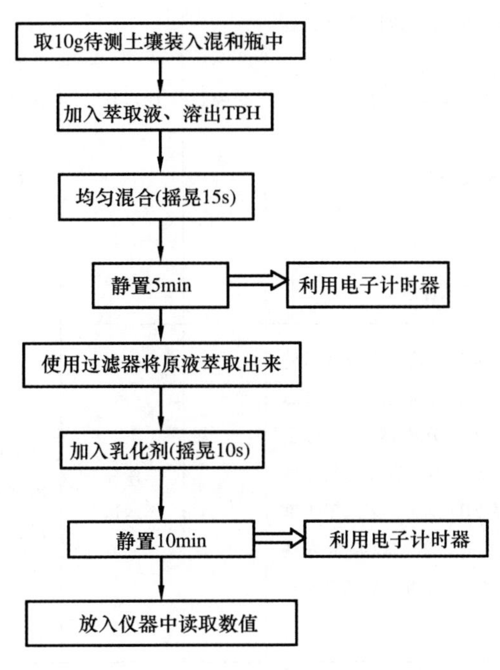

图 3　TPH 现场快速筛试流程

3.4 本研究执行方式

本研究主要针对加油站土壤采样过程中，现场 PID 及 FID 测值明显偏高，或是 PID 及 FID 测值均无明显异常，但于采集土壤中观测到有油花或油气味时，即利用 TPH Test Kits 辅助进行判释，并依据筛测结果选取具高污染潜势土壤样品，送至实验室进行标准方法分析。现场土壤采样与筛试作业流程内容如表 3 所示。

表 3　　土壤采样与 TPH 现场快速筛试流程与内容

步骤	工作项目	内容	步骤	工作项目	内容
步骤 1	选点与铣孔	1. 会同加油站站方人员选取适当采样点。 2. 如确认油槽区设有二次阻隔层(护堤)，则不进行油槽区布点	步骤 5	TPH 现场快速筛试	1. 利用萃取液(甲醇)萃取土壤中的总碳氢化合物(TPH)。 2. 经滤器过滤后将过滤液加入乳化剂。 3. 萃取液中的油品与乳化剂反应后将产生成浊度的变化，之后利用浊度计反映(转化)出其 TPH 浓度大小
步骤 2	试挖	为作业安全考虑，以人工试挖至 1m 左右，确认采样点下方并无管线等设施			

续表

步骤	工作项目	内容	步骤	工作项目	内容
步骤3	将钻杆钻至预定深度采样	双套管(直接贯入)干钻法土壤采样步骤: ①将外套管贯入土壤至取样深度。 ②从外套管中拔出内钻杆及贯入钻头。 ③连接采样管及内钻杆,并放进外套管中。 ④连接打击帽及外套管。 ⑤直接贯入采土样,土样进入取样管(PETG管)。 ⑥拔出内钻杆及采样管	步骤6	样品封存	1. 选择污染潜势较高之土壤样品以石蜡(paraffin)或铁氟龙止泄带密封进行样品保存,并于样品套管上以防水笔标明"上下位置"及"筛试端"后贴上标签。 2. 由现场工程师记录、确认各项数据与注记特殊状况后,请站方人员签认
步骤4	进行待测土壤样品之土壤气体筛试	回拔采样钻杆,并将其内部采样衬管取出,将未填满土壤多余空间切除,并以每50cm为一分段,取出各分段底部约2cm长土柱,放置夹炼袋中搓揉,以PID及FID检测并记录于土壤采样作业纪录表。若难以判定或遇特殊情况需确认时,将进行TPH现场快速筛试	步骤7	保存运送	将采样样品置入运送箱中(进行4℃冷藏),送至实验室进行后续分析比对工作

4 结果与讨论

4.1 检测分析结果

本研究共汇整17处疑似污之加油站场址,于土壤采样调查过程中,除以现场携带式仪器PID及FID进行现场土壤样品的筛测外,并参考美国环保署公告之Method 9074浊度计测试方法,共使用36组总石油碳氢化合物筛试工具组(TPH Test Kits)进行土壤样品筛测,以评估土壤中TPH含量。同时将该组以TPH Test Kits筛测土壤样品送回实验室进行分析,其中BTEX分析方法为环检所公告"土壤及事业废弃物中挥发性有机物检测方法——气相层析质谱仪法(NIEA M711.01C)",TPH则为"土壤中总石油碳氢化合物检测方法——气相层析仪/火焰离子化侦测器法(NIEA S703.61B)"标准方法。17处加油站现场土壤筛测数值及实验室分析结果汇整如表4所示。

由表4信息显示,此17处加油站中分别有汽油及柴油类污染,由检测资料结果分析,编号1,2,4,10及11这5处加油站应为汽油污染;编号3,6,7,8,9,12,15及17这8处加油站应为柴油类污染;而编号13,14及16这3处加油站可能同时含有汽、柴油类污染。

表 4　　外加油站土壤现场筛试及实验室分析结果

采样点编号	项目	现场筛试测值			实验室分析结果					
		PID 测值/ppmV	FID 测值/ppmV	TPH 节测浓度/(mg·kg^{-1})	苯/(mg·kg^{-1})	甲苯/(mg·kg^{-1})	乙苯/(mg·kg^{-1})	二甲苯/(mg·kg^{-1})	TPH(C6－C9)/(mg·kg^{-1})	TPH(C10－C40)/(mg·kg^{-1})
采样深度/m	QL	—	—	—	0.1	0.1	0.1	0.3	10	50
	管制标准	—	—	—	5	500	250	500	1000	
1-S01	2.20～2.80	693	92100	44130	67.5	1560	337	2030	13600	3330
1-S02	2.20～2.80	1296	96500	2885	13.0	235	80.5	348	3860	3280
1-S03	1.00～1.60	736	6491	6785	0.18	0.45	18.4	73.7	1460	3510
2-S01	3.40～4.00	857	29300	635	3.03	123	85.9	445	3000	1110
3-S01	1.60～2.20	6.72	7.91	909	<0.10	<0.10	<0.10	<0.30	<10.0	1900
4-S03	2.20～3.40	569	2737	1410	0.81	4.52	36.1	1.38	1470	568
4-S04	4.20～4.60	475	3451	4795	<0.40	<0.10	<0.10	<1.20	289	1660
5-S01	2.00～4.60	47.15	251	483	<0.10	<0.10	3.42	23.0	48.2	<50.0
6-S01	1.90～3.00	31.75	90.63	10395	<0.10	<0.10	<0.10	<0.30	58.6	2400
6-S02	1.90～3.00	2.18	5.93	980	<0.10	<0.10	<0.10	<0.30	<10.0	<50.0
7-S01	1.00～1.40	12.19	536	24665	<0.10	<0.10	11.3	<0.30	155	3060
8-S03	0.70～1.20	2.42	13.94	21680	<0.20	<0.20	<0.20	<0.60	23.3	36500
9-S01	1.00～1.60	7.96	426	9670	<0.10	<0.10	<0.10	<0.30	76.7	385
9-S03	1.00～1.60	36.91	526	13990	<0.10	<0.10	<0.10	<0.30	71.7	18600
10-S03	1.60～2.20	836	5093	508	1.07	74.9	26.2	160	918	<50.0
11-S01	2.20～3.20	716	151600	12875	19.3	239	115	680	5140	1590
11-S04	3.00～3.40	643	71300	8830	3.39	1.48	14.1	44.4	726	925
12-S03	3.40～4.60	42.63	84.19	8770	<0.10	<0.10	<0.10	<0.30	128	10200
13-S01	1.6～2.0	3.1	17.04	20	<0.10	<0.10	<0.10	<0.30	17.2	983.2
13-S04	3.5～4.0	577	1357	6854	<0.10	<0.10	<0.10	<0.30	306.1	1087.4
13-S06	3.5～3.9	104	115	20	0.23	<0.10	<0.10	<0.30	22.3	<50.0
13-S07	2.5～3.0	0	5.97	20	<0.10	<0.10	<0.10	<0.30	<10.0	<50.0
14-S01	1.0～1.2	98.07	209	794	<0.10	<0.10	0.58	0.96	260.3	5479
14-S04	1.5～2.0	225	663	530	<0.10	<0.10	0.15	<0.30	16.5	<50.0
15-S01	2.6～3.0	146	94.17	1458	<0.10	<0.10	<0.10	0.75	230.6	18031.9

续表

采样点编号	项目		现场筛试测值			实验室分析结果					
			PID测值/ppmV	FID测值/ppmV	TPH节测浓度/(mg·kg⁻¹)	苯/(mg·kg⁻¹)	甲苯/(mg·kg⁻¹)	乙苯/(mg·kg⁻¹)	二甲苯/(mg·kg⁻¹)	TPH(C6—C9)/(mg·kg⁻¹)	TPH(C10—C40)/(mg·kg⁻¹)
	采样深度/m	QL	—	—	—	0.1	0.1	0.1	0.3	10	50
		管制标准	—	—	—	5	500	250	500	1000	
15-S03	1.6～2.0		76.2	28.17	20	<0.10	<0.10	<0.10	<0.30	109.9	3720.2
15-S04	1.0～1.3		67.71	32.5	2560	<0.10	<0.10	<0.10	<0.30	96.6	10435.3
15-S08	4.5～5.0		244	141	20	<0.10	<0.10	0.17	1.41	32.6	135.9
16-S02	2.3～2.6		151	44.11	383	<0.10	<0.10	<0.10	<0.30	<10	<50
16-S04	5.5～6.0		1078	2%	440	<0.40	<0.40	<0.40	<1.20	1674.2	165
16-S07	4.0～4.5		914	6377	2980	<0.40	<0.40	<0.40	<1.20	1578.7	417.8
16-S09	3.3～3.6		87.75	450	1803	<0.10	<0.10	<0.10	<0.30	77.7	1323.9
17-S01	2.0～3.0		65.18	103	20000	<0.10	<0.10	<0.10	<0.30	545.8	16688
17-S03	1.5～2.0		1.44	2.68	197	<0.10	<0.10	<0.10	<0.30	<10	<50
17-S07	2.0～2.5		77.91	174	959	<0.10	<0.10	<0.10	<0.30	36.8	776.6
17-S08	2.0～3.0		16.88	19.25	880	<0.10	<0.10	<0.10	<0.30	<10	<50

由表4资料可知，编号1及11两处加油站现场PID及FID测值相对偏高，其中FID值最高分别达96500ppmV及151600 ppmV，透过仪器筛试明显得知此二站具高污染潜势，加上现场利用TPH筛测印证此站污染明确，将此站土壤样品送回实验室分析，土壤中亦检测出苯、甲苯、乙苯、二甲苯及TPH等污染物，其浓度均达土壤污染管制标准，由前述信息分析此二站已遭到汽油类污染，且污染程度较为严重。编号2及4两处加油站大致上与上述两站呈相同结果，亦为汽油类污染，但污染程度相对较为轻微。

由编号1,2,4及11这4处加油站资料可看出，当PID与FID测值高，相对的TPH快筛数值也相对高；而由实验室分析结果显示，苯、甲苯、乙苯、二甲苯与TPH(C_6-C_9)等污染物也有较高趋势，显示不管是以现场携带式PID与FID，或是以TPH Test Kits，均可以快速筛检得知加油站具高污染潜势。但TPH Test Kits筛测结果与最后实验室TPH的检测分析结果并未呈显著相关性，此也间接印证浊度计法仅较适合应用于中高碳数碳氢化合物污染场址，而不适合用于低碳数如汽油类之污染筛试(USEPA，1998)。另外，由上述4处加油站现场PID与FID筛试测值偏高的数值即可以反映出加油站具有污染潜势；意即，如果在现场没有应用TPH Test Kits辅助进行快速筛检，仅利用现场PID与FID筛测，仍可以发现并掌握此4处加油站汽油类污染情形。

另外，编号 2 加油站 S01 土壤样品虽然现场 TPH 快筛测值为 635mg/kg，送回实验室仍检验出有微量 BTEX 及 TPH 超限；编号 10 加油站 S03 土壤，现场 TPH 快筛测值为 508mg/kg，送回实验室验出的 TPH 浓度为 918mg/kg，接近 TPH 污染物管制标准；编号 5 加油站亦是现场 TPH 快筛测值为 483mg/kg，实验室并未检验出污染物超过管制标准情形。上述现象推测可能是土样样品污染范围呈现不均质性，道致现场及实验室取样分析时产生数据的差异性。

由表 4 数据显示，编号 6 加油站其采样点 S01 土壤样品现场快筛测值为10 395mg/kg，送回实验室分析亦检验出 TPH 超过土壤污染管制标准，且 C10—C40 浓度为2 400mg/kg，明显高于 C6—C9 之浓度，由此得知该站为柴油泄漏污染；编号 7 加油站其采样点 S01 土壤样品现场快筛测值为 24 665mg/kg，实验室分析数据同样检验出 TPH 超过标准，且 C10—C40 浓度亦高于 C6—C9 之浓度，亦为柴油泄漏污染；编号 3，8，9，12，15 及 17 等处加油站也呈现同样的情形而分析均属于柴油泄漏。由前述 8 处加油站实验室分析结果显示，苯、甲苯、乙苯与二甲苯等浓度多为未检测出(<定量极限值)，而土壤中 TPH(C10—C40)数值均明显较 TPH(C6—C9)之数值要来得高，显示加油站内应属于柴油类污染，此也证实美国环保署公告的现场筛试方法(Method 9074)所提到，此方法适用中碳数(12 个碳至 30 个碳)的碳氢化合物筛测。因此，TPH Test Kits 应用于柴油类污染场址调查应具有其应用性。

另外此 8 处加油站现场 PID 与 FID 的筛测数值均相对偏低，除编号 9 加油站外，PID 与 FID 筛测数值多小于 100ppmV，由此检测数值并无法反映出这些加油站的污染潜势，但在增加了 TPH Test Kits 的筛测之后，则可以大幅提高对该加油站污染潜势的掌握。以编号 3-S01 为例，其现场 PID 与 FID 的筛测值分别为 6.72pmV 及 7.91 ppmV，明显远低于其他的加油站 PID 与 FID 筛测值，若非 TPH Test Kits 筛测出数值为 909mg/kg(实验室 TPH 分析结果为 1 900mg/kg)，很有可能会误判该站的污染潜势。

4.2 TPH Test Kits 筛测与实验室分析结果关系性

如进一步将 36 组 TPH Test Kits 现场快速筛测结果，与实验室 TPH 检验分析结果(包括 TPHC6—C9 以及 TPHC10—C40 总和)做一回归分析，以了解其相关性。36 组 TPH Test Kits 筛测结果与实验室 TPH 分析结果，两者间若以线性关系进行回归，可以发现两者的关系性并不佳，其相关性 R^2 值仅有 0.327；但若仅将柴油类污染加油站的资料筛选出来，总计 26 组样品之筛试及实验室分析资料，经统计分析估算离异值(Outlier)，删除 3 组离异数据后，再将 23 组筛试值与实验室分析值绘制其线性关系(如图 4 所示)，则可以发现其相关性 R^2 值大幅提高至 0.744，由此可见，以浊度计法进行 TPH 浓度快速筛检确实较适用于高碳数石油碳氢化合物污染(如柴油类污染)，此结果亦再次印证 USEPA Method 907 确实较适用中碳数(C12—C30)之碳氢化合物筛测。

前述浊度计法与 TPH 分析结果若扣除掉偏离值后，其线性相关系数 R^2 值为 0.744，此结果与前人研究所得到的结果，其两者之间的相关性 R^2 值为 0.7745[3] 非常接近。在该研究文献中指出，两者间相关性会随着样品含水率及挥发性固体物含量增加而降低，因本研究并未检测土壤样品含水率，故无法做进一步分析。

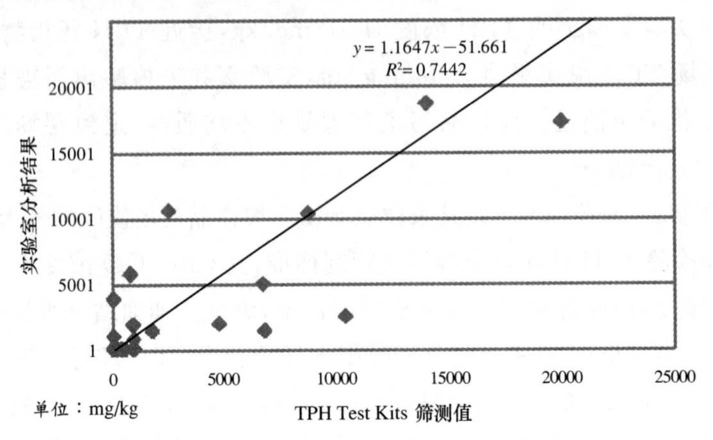

图 4　TPH Test Kits 筛测值与实验室分析结果回归图

除了含水率以外，浊度计法与 TPH 分析结果的差异性有可能来自于在设定浊度计适当参数因子(表 2)，以推算出 TPH 浓度大小时产生差异。最主要的原因在于现场进行 TPH Test Kits 快速筛检时，并无法准确预知该加油站可能的污染物种类，而可能在设定浊度计参数因子时选择了不适当的参数因子进行转换计算，而产生了误差。以 3-S01、4-S04 及 7-S01 等 3 个采样点为例，由实验室分析数据显示，该 3 个采样点所采集之污染土壤样品应为柴油类之污染，但在现场的工作记录表中，该 3 处加油站所选择的参数因子均设定为“汽油 2”而非“柴油 5”，因此可能产生了转换上的误差。

除了适当的参数因子设定外，由于现场土壤样品采集后，先暂以采样衬管作为保存容器，并于采样衬管一端刮取少量样品于现场进行 PID、FID 及 TPH Test Kits 筛测。而由于土壤质地的不均质性，影响污染物在土壤中的分布，也间接影响取样的代表性，而可能造成现场所筛测的样品浓度与实验室实际分析的结果，两者间产生差异性。

4.3　TPH Test Kits 筛测与实验室分析结果一致性分析

若将 TPH Test Kits 筛测与实验室分析结果做一致性分析，并以 TPH 土壤污染管制标准 1000mg/kg 作为判定基准，即以 TPH Test Kits 筛测土壤中 TPH 浓度是否会超过土壤污染管制标准作为其准确性判定，分析比较结果如表 5 所示。TPH Test Kits 筛试值与实验室分析结果共 26 组进行比对，其呈现伪阴性者共有 4 组，比率约为 15.3%；呈现伪阳性仅有 1 组，比率约为 3.8%。由此分析结果显示，以 TPH Test Kits 筛测得到较为低估的结果，此结论与文献[3]的研究结论一致。整体而言，若以浊度计法应用 TPH Test Kits 筛试工具组判断加油站场址是否有柴油类污染的准确性达八成以上，对于加油站污染调查应有相当高的应用性。

表 5　　**TPH Test Kits 筛测与实验室分析结果一致性分析结果**

样品编号	TPH Test Kits 筛测值	实验室分析数值 TPH(C6—C40)	伪性判识	
			伪阴性	伪阳性
1-S03	6785	4970		
3-S01	909	1900	√	
4-S04	4795	1949		
6-S01	10395	2459		
6-S02	980	50		
7-S01	24665	3215		
8-S03	21680	36523		
9-S01	9670	462		√
9-S03	13990	18672		
12-S03	8770	10328		
13-S01	20	1000	√	
13-S04	6854	1394		
13-S06	20	22		
13-S07	20	50		
14-S01	794	5739	√	
14-S04	530	17		
15-S01	1458	18263		
15-S03	20	3830	√	
15-S04	2560	10532		
15-S08	20	169		
16-S02	383	50		
16-S09	1803	1402		
17-S01	20000	17234		
17-S03	197	50		
17-S07	959	813		
17-S08	880	50		
—		数量/个	4	1
		比率/%	15.4	3.8

注:①单位为 mg/kg;

② 以 TPH 土壤污染管制标准 1000mg/kg 作为伪阴/阳性判断依据。

4.4　应用 TPH Test Kits 筛测案例介绍

TPH Test Kits 可以辅助现场进行采样调查时,仅以携带式检测仪器(如 PID 与 FID)进行筛测时不足,尤其是针对高碳数石油碳氢化合物的污染情形,以浊度计法应用 TPH

Test Kits 辅助进行快速筛测，可大幅提高对柴油类或是润滑油类污染场址的掌握度。以编号8加油站调查为例，该场址为码头的自用储油槽设施，且存放柴油供码头的重型机具使用，现场发现泵岛区地表残留有各机具使用后的润滑油，并发现该场址以收集沟渠汇集地表废水后，再利用回收设备回收沟渠中的废润滑油，因此分析此加油站可能具有柴油或是润滑油的污染潜势。

依据现场配置情形初步分析该场址有润滑油污染的可能，因此在具污染潜势的收集沟渠附近进行采样布点，而在进行采样点位土壤试挖时，发现试挖出的土壤中含有油气味，因此针对土壤采样过程中的部分样品，同时以PID、FID及TPH Test Kits进行现场筛测，其中8-S03采样点筛测结果汇整如表6所示。由表6信息显示，现场深度在0.7～1.2m处土壤样品利用PID与FID筛试时，其测值并不高(仅分别测得2.42ppmV及13.94ppmV)，然而该土壤样品中却有油花且具有油气味，经利用TPH快筛工具组检测显示其浓度为21680mg/kg；而在深度1.8～2.4m处的土壤样品，其PID与FID的筛测值分别为3.97ppmV与346 ppmV，但TPH Test Kits的筛测值仅为254mg/kg，故最后选择0.7～1.2m处土壤样品送至实验室进行检测分析。实验室检测分析结果TPH浓度为36523mg/kg，且主要为高碳数污染，其结果与现场筛试结果相当吻合。因受采样调查经费限制，于同一个土壤采样点中仅能够选取组土壤样品送室实验室进行分析，如依据传统采样调查方式，仅以PID与FID筛试测值作为是否选取该样品之判断依据，则可能会选取1.8～2.4m处土壤样品，而非0.7～1.2m处的土壤样品，最后的结果显示可能会错失对该加油站污染潜势的掌握。

在编号3加油站亦有相同情形，其编号3-S01土壤样品于深度2.20～2.60m之PID与FID筛测值仅分别测得4.51ppmV及18.73ppmV；而于深度1.80～2.20m处土壤样品，PID与FID筛测值则分别为22.71ppmV及5.91ppmV。同样的，若依据传统的采样方式，在同一个采样点位将选取现场筛测仪器测值较高土样样品送回实验室进行分析，但现场发现2.20～2.60m处土壤样品具油气味，而以TPH Test Kits筛测结果，2.20～2.60m与1.80～2.20m处土壤样品筛测值分别为909mg/kg及40mg/kg，故选择深度2.20～2.60m土壤样品送回实验室分析，实验室检测结果TPH浓度为1900mg/kg，且主要为高碳数之污染(表6)，其结果与现场筛试结果相当吻合，再次凸显TPH现场辅助筛测的效益。

前述编号3及编号8两处加油站均为高碳数油品污染(柴油或润滑油)，需搭配TPH Test Kits的使用，才能弥补PID与FID筛测不足，并确实掌握污染潜势。但对于较低碳数的汽油类污染，则仅以PID及FID筛测即能够反映出污染情形，以表6中编号2-S01与16-S04两处加油站为例，其PID筛测值接近1000ppmV，FID筛测值更高达20000ppmV以上，检测结果在低碳数(C6—C9)的浓度亦超过土壤污染管制标准，且高于高碳数(C10—C40)的检测结果，分析该2处加油站应确实为汽油类污染。而其TPH Test Kits的筛测结果仅分别测得635mg/kg及440mg/kg，显示，若仅以PID与FID进行筛测而没有应用TPH Test Kits的话，仍然可以确实掌握该站汽油类污染情形。

另外在表 6 中编号 1 及 16 两处加油站，由其采样点位检测结果发现(包括 1-S02、1-S03、16-S07 及 16-S09)，不论是 PID、FID 或是 TPH Test Kits 的筛测结果均显示出有高浓度污染情形，而由实验室分析结果，包括低碳数(C6—C9)及高碳数(C10—C40)的部分，多有超过土壤污染管制标准。显示在这两处加油站中，可能同时具有汽油及柴油类的污染。意即，在现场必须同时使用 PID、FID 及 TPH Test Kits，才能够充分掌握加油站的污染潜势。

由于在一般情况下，在进行加油站现场调查工作前，并无法预知该加油站可能的污染情形或污染种类，故建议现场应用 PID、FID 及 TPH Test Kits 筛测的流程如图 5 所示。依据建议流程进行现场的筛测调查，应该可以确实掌握加油站污染潜势。

表 6　TPH 筛试与实验室分析结果比较

采样点编号	采样深度 /m	PID 浓度/ppmV	FID 浓度 /ppmV	TPH 快筛浓度 /(mg·kg^{-1})	实验室 TPH (C6—C9)浓度 /(mg·kg^{-1})	实验室 TPH (C10—C40)浓度 /(mg·kg^{-1})
8-S03-1	0.7～1.2	2.42	13.94	21680	23.3	36500
8-S03-2	1.8～2.4	3.97	346	254	-	-
3-S01-1	1.8～2.2	22.71	5.91	40	-	-
3-S01-2	2.2～2.6	18.73	4.51	909	-	1900
2-S01	3.40～4.00	857	29300	635	3000	1110
16-S04	5.5～6.0	1078	20000	440	1674.2	165
1-S02	2.20～2.80	1296	96500	2885	3860	3280
1-S03	1.00～1.60	736	6491	6785	1460	3510
16-S07	4.0～4.5	914	6377	2980	1578.7	417.8
16-S09	3.3～3.6	87.75	450	1803	77.7	1323.9

5　结论与建议

由本研究测试结果显示，针对柴油类或润滑油类污染场址，以浊度计法应用 TPH Test Kits 筛测结果与实验室 TPH 分析结果，两者间关系式 R^2 值为 0.744，明显较汽油类污染场址的关系性来的显著，显示以浊度计法应用 TPH Test Kits 筛测方式较适合应用在柴油类或润滑油类污染场址之土壤采样调查。

在现场以浊度计法应用 TPH Test Kits 进行筛测时，应依据加油站可能储放的油品种类，或是参考该加油站过去历史检测调查数据，选择适当的参数因子进行设定。若未能事先掌握该加油站的污染历史或是背景信息，于现场进行筛测时，建议可以先设定“汽油 2”参数，再设定“柴油 5”之参数，并依据实验室检测分析结果做综合分析，以得到更为符合实际情况的筛测结果。

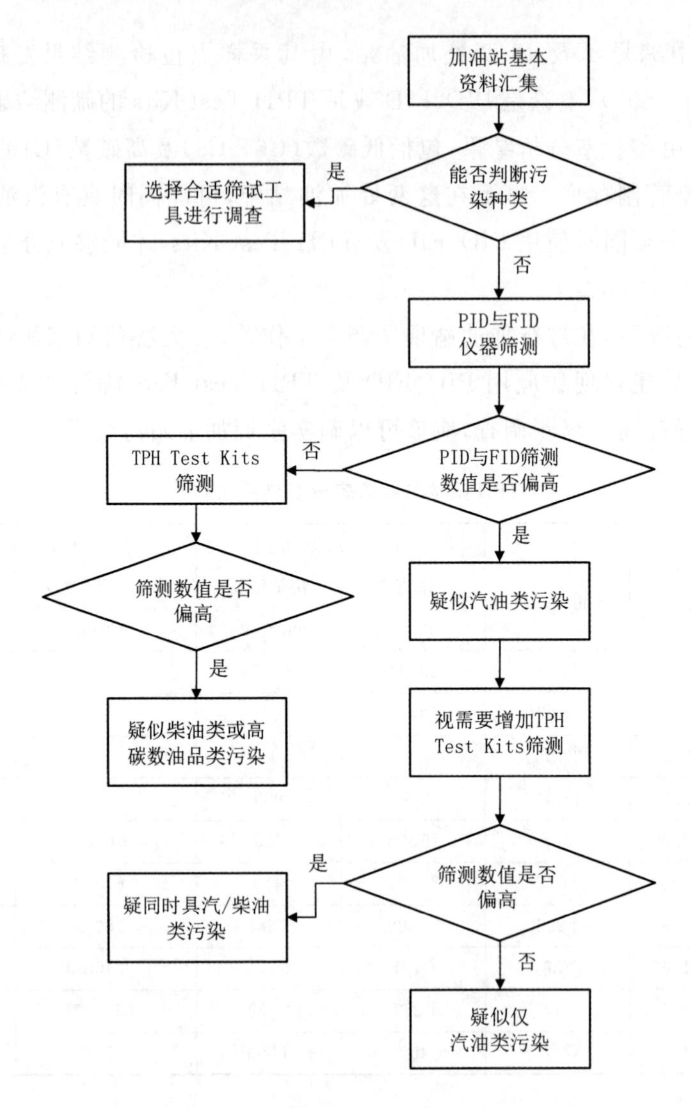

图 5　现场筛测调查与判断流程图

以浊度计法应用 TPH Test Kits 进行筛测会得到较为低估的结果。若以 TPH 土壤污染管制标准 1000mg/kg 作为筛测测值与实验室分析结果一致性分析，则以浊度计法应用 TPH Test Kits 筛试工具组判断加油站场址是否具有高碳数石油碳氢化合物污染（如柴油），其准确率达 80%以上，对于加油站污染调查应有相当高的应用性。

以浊度计法应用 TPH Test Kits 筛试工具组辅助 PID 与 FID 等现场筛试仪器，将可有效提高查证的效率。因此，建议未来的加油站调查工作可以应用浊度计法筛试技术，以确实掌握柴油或润滑油类污染场址污染潜势。

参考文献

[1] Lambert P, Fingas M, Goldthorp M. An evaluation of field total petroleum hydrocarbon (TPH) systems [J]. Journal of Hazardous Materials, 2001, 83: 65-81.

[2] 行政院环境保护署.油品类储槽系统快速场址调查及评估技术参考手册[M].2006.

[3] 李净如.土壤特性对 TPH 污染场址现场快速筛选方式之影响[D].台湾高雄海洋科技大学海洋环境工程研究所论文,2007.

[4] 彭瑜钫,王凯中.受石油类碳氢化合物污染场址应用 SW846 Method 4030 及 Method 9074 方式辅助调查分析污染范围及程度[J].环境工程会刊,2006,17(3):1-8.

[5] 林启灿.USEPA 9074 浊度快速检验法应用于土壤中 TPH 污染筛检之探讨[J].台湾土壤及地下水环境保护协会简讯,2006(19):18-22.

[6] 林启灿,邱炳华,张丰藤,等.利用浊度快速检验法筛检土壤中总石油碳氢化合物污染//2003 年环境分析化学研讨会论文摘要.中坜市,环境检验所,2003,9.

[7] 蔡国圣,王梦熊,朱振坤,等.以生物方法处理受 TPH 污染土壤之效率评估分析[R].基隆市环境保护局,2009.

应用生物酵素免疫分析法于戴奥辛污染场址之调查与整治工程验证

刘文尧[1]　董上铭[1]　黄俊颖[2]　龚佩怡[2]

(1. 美商杰明工程顾问(股)台湾分公司　台北,106;2. 台湾成功大学资源工程研究所　台南,701)

摘　要　一个场址由初步调查发现污染开始,须进一步搜集场址相关信息并进行污染细密调查,确认污染范围及数量后,再据以评估、筛选适合的整治技术并进行污染整治工作,将污染完全改善为止。因此若调查得越详细,则不确定性风险就越低,场址整治成功的概率也越高,但从污染细密调查、整治改善成效评估,至改善后的验证等过程,均需要进行许多的采样与检测分析。如果因污染物本身特性、污染物组成复杂,且场址区域范围广大的情形下,则前述检测分析所需要的费用与时间成本亦是不小的负担,且将影响整体整治工作进程的进行。因此若要快速且有效率地完成细密调查,以及搭配自主品管在短时间内完成整治工作,依据污染物特性选择合适的筛试工具辅助相关工作的执行,实为影响整治工作成败与否关键议题。

ELISA 酵素连结免疫分析法为应用生物免疫分析法进行戴奥辛污染物筛试工具之一,其具有设备建置成本与分析费用低、技术门槛较低、分析流程简易及检测时间短等特性。本文所介绍的戴奥辛污染案例场址,因为污染范围广大,细密调查所需之数量庞大,再加上整治时程短,故其应用 ELISA 筛试法于场址的污染补充调查及污染整治改善过程,并顺利完成各项工作执行,本场址案例经验可作为将来类似污染案例的整治参考。

关键词　酵素连结免疫分析法,戴奥辛,污染整治

1　引言

2009 年各大媒体皆大幅报道,台湾某养鸭场检验出含剧毒戴奥辛且含量高出标准限值近 6 倍,而养鸭场附近周围土地地表遍布一块块带着铁锈的黑色物质,这些都是所谓的“电弧炉渣”。由于台湾地区大部分钢铁厂皆以废铁为材料,使用电弧炉炼钢,但废铁常带有油漆或塑料等物质,倘若未经有效处理即高温燃烧,便会产生戴奥辛次产物。而这些戴奥辛往上排就会污染排放系统中搜集悬浮微粒而形成“集尘灰”,残留在电弧炉中的就是电弧炉渣,其中含有各种重金属及戴奥辛污染物[1]。早期电弧炉渣的产生与去除政府并没有整治措施,厂商可随意掩埋。加上台湾省经济部在 2002 年起实施《资源回收再利用法》,业者可将钢铁炉渣填土掩埋于非农业用地,但有少部分不法从业者非法任意弃置,道

致许多土地受戴奥辛污染，且此类事件层出不穷。

像检验出含戴奥辛的某养鸭场，虽然“台湾省”政府紧急进行周围土壤采样检验，但因现行戴奥辛的检测方式是依据环保署公告《戴奥辛及呋喃检测方法》(NIEA M801.12B)，以气相层析仪/高分辨率质谱仪(GC-HRMS)进行分析，其分析时程较长(需要14-～21天以上)，无法在短时间内确认环境是否遭受污染并解除鸭农与一般民众的恐慌，经平面或电子媒体的不断报道或渲染，间接衍生消费经济的重大损失与社会成本支出[2,3]。有鉴于台湾地区受到戴奥辛污染土地以及需整治的场址越来越多，且污染面积及检测数量也相当庞大，倘若均采用传统以GC-HRMS分析方法，除了分析成本昂贵与检验时间费时较长外，亦无法解决因突发事件于短期内所激增的大量检体的检测[4-9]。因此，欲快速而有效地完成场址的调查、整治期间自主品管等作业，或是在面对紧急突发事件的处理，则应选择合适的快速筛试工具，这样才能使污染的确认与厘清工作达到事半功倍的效果。

2 文献回顾

2.1 戴奥辛定义与毒性

戴奥辛一般是指多氯二联苯戴奥辛(polychlorinated dibenzo-p-dioxins, PCDDs)和多氯二联苯呋喃(polychlorinated dibenzofurans, PCDFs)的通称，为平面状的三环芳香族化合物，其具有相似的物性、化性及生化反应机制，结构如图1所示。依氯结合的位置不同，共有75种戴奥辛及135种呋喃的同分异构物存在，其中有17种具有生物毒性，而毒性最强的则是2,3,7,8-TCDD (IARC, 1997)。

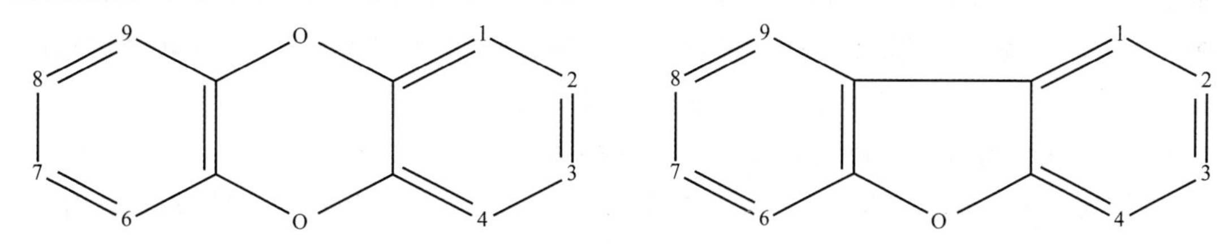

图1 多氯二联苯戴奥辛(左)与多氯二联苯呋喃(右)结构式

戴奥辛在水中溶解度与挥发性极低，在常温状态下非常稳定不易分解，仅极少数微生物对其有分解能力，属于持久性污染物(persistent organic pollutants, POPs)。戴奥辛生物浓缩性高，因其亲脂性很容易透过肉乳类食物链转移而累积于人体的脂肪中。例如台湾南部某污染场址，早期因生产五氯酚农药，生产过程中衍生的戴奥辛随着废水被排入蓄水池中，戴奥辛于土壤的半衰期估计为超过10年，而在底泥中可能需时更久[10]，因而逐渐累积于蓄水池底泥。底栖鱼贝类因觅食习性间接摄入底泥中的戴奥辛，附近居民捕捞该蓄水池的水产生物食用，因戴奥辛进入人体后不易分解或代谢(Pirkle et al., 1989)，因此事件虽已经过数十年，但居民血液中仍检测出高于一般平均值的戴奥辛浓度。此为戴奥辛污染物经食物链的转移而累积于人体内的著名案例,亦显示出戴奥辛不易代谢的特性。

戴奥辛对动物性器官症状包括有肝脏毒害引起的组织变化、肝炎、集存脂肪、坏死、脂肪病变,以及神经毒性造成手脚无力感、协调失控、运动失调等。皮肤伤害包括工业暴露造成的氯痤疮(chloracne),储集油脂的脂肪酸,造成角化现象(keratosis)。除此之外,长期低浓度暴露则会引起神经、内分泌及生殖系统的伤害,动物暴露试验亦显示戴奥辛会引发癌症等症状。由于戴奥辛对于自然环境的毒害逐渐被重视,自1970－1993年以来,投入戴奥辛与呋喃毒性研究的经费,预估已超过10亿美金[11],显见戴奥辛造成的毒性危害是目前国际上相当重视的议题。

2.2 戴奥辛分析方法类别及生物筛试原理

现今国际上戴奥辛的分析方法可分为化学分析与生物筛检两大类。化学分析传统上是采用高解析气相层析质谱仪(HRGC/MS),其分析数据准确性高,但价格昂贵,分析时间至少14～21天以上,无法在短期内处理环境突发事件所产生的大量样品。生物筛检测是近年来所发展的技术,成本相对较低廉,可运用于大量样本检验,与化学法最大的差异在于生物筛检其分析时间大多能在5～7天内完成,此优势对于紧急污染案件的调查有相当大的帮助。

因戴奥辛属于芳香烃基碳水化合物 (aryl hydrocarbon)。细胞内的芳香烃受体(Aryl Hydrocarbon Receptor,AhR)对戴奥辛及与戴奥辛结构相似的物质亲和力特强。戴奥辛类化合物一旦进入细胞后,会与细胞内的芳香烃受体接合,接合后进入细胞核内,然后与细胞核内的芳香烃核转位蛋白(aryl hydrocarbon nuclear translocator protein)形成复合体,此复合体会接合在DNA的一段称为戴奥辛反应元素基因(dioxin responsive elements) 片段上,促使此基因启动而进行转录作用形成mRNA,之后mRNA经转译作用产生细胞色素p450(Cytochrome p450)等蛋白质,对细胞产生毒性(图2)。

近年来,在生物科技领域已发展出一系列的 in vitro bioassays 与 ligand binding assays,以检测戴奥辛及其类似物,更有欧美等国已公布戴奥辛生物侦测标准方法,例如美国环保署的 Method 4025(Immunoassay,即 ELISA 法)与 Method 4425(Report gene assay)及 Method 4435 (CALUX bioassay)等。目前在台湾地区已有应用三种戴奥辛生物筛检法,包括冷光法(CALUX)、Procept 法及酵素免疫法(ELISA),其原理分别叙述如下。

2.2.1 冷光法

冷光法(chemical-activated luciferase gene expression,CALUX) 是利用戴奥辛类化合物毒性机制而设计出的细胞检测方法,属报道基因法(reporter gene assay)的一种,环保署因应时势所趋于2004年由环检所引进荷兰 BioDetection Systems(BDS)公司的戴奥辛生物冷光筛选技术(DR-CALUX),并于该年11月通过BDS测试取得该公司认证。此细胞属于基因改造的产品,其将老鼠肝癌H4IIE细胞株(rat-hepatoma H4IIE)中接上人工改造过的具萤火虫冷光基因(luciferase gene)的质体(plasmid)作为报告基因(reporter)。一旦

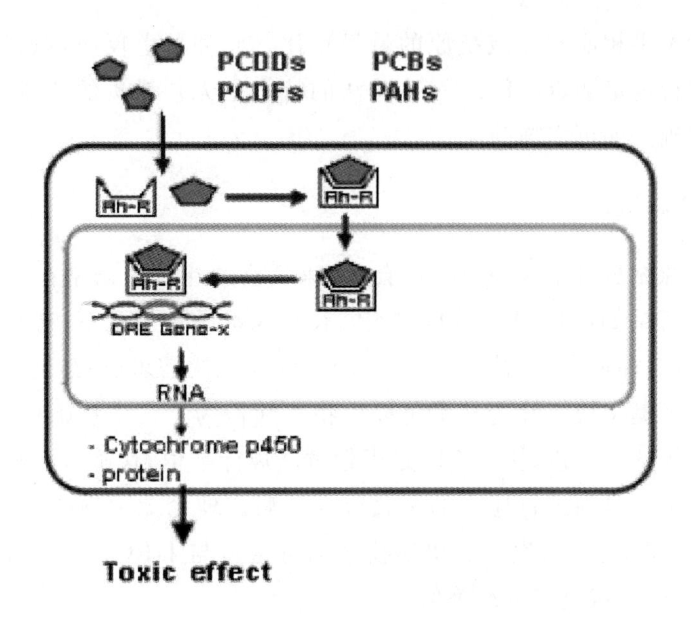

数据来源:http://www.biodetectionsystems.com/

图 2　戴奥辛类化合物对细胞产生毒性之机制示意图

戴奥辛类化合物启动 DREs(dioxin responsive elements)时,同时也启动冷光基因,使细胞产生冷光酵素,而冷光酵素催化冷光素发出冷光,最后由冷光的强弱与 TCDD 毒性产生的冷光强度比较即可推算出戴奥辛含量。市面上商品化的冷光法技术除荷兰 DR-CALUX,美国 XDS 公司亦有类似 CALUX 的产品。目前各国都积极发展 CALUX 法,部分国家已将其列入国家标准方法中(欧盟 2002 年、日本 2005 年、美国 2007 年、台湾 2010 年),与其他生物筛检法比较,冷光法的其最大优点是适用基质较广,但建置费用较高。

2.2.2　Procept 分生筛检法

Procept 分生筛检法为美国环保署于 2007 年所公告的戴奥辛筛选法(US EPA Method 4430),是由美国 McAlister 及法国的 Cariou 等人开发的新生物筛检法。其原理是将 PCR(polymerase chain reaction)技术应用在戴奥辛的分析上。此项技术灵敏度上虽不及 CALUX 法,但建置及操作费用低于 CALUX 法,不过仍需要购置分生仪器。台湾环境检验所于 2008 完成美国 eichrom 公司 Procept 戴奥辛筛检技术的认证。

2.2.3　酵素免疫法(ELISA)

酵素免疫分析法,或称酵素连结免疫分析法(Enzyme-linked immunoassay,EIA;Enzyme-Linked Immunosorbent Assay,ELISA),此原理是酶分子与抗体或抗抗体分子共价结合,且不会改变抗体的免疫学特性,也不影响酶的生物学活性;意即利用抗原与抗体之间所拥有的专一键结的特性,配合酵素连结进行显色反应,而达到快速筛检的目的(Roda et al.,2006)。此种酶标记抗体可与吸附在固相载体上的抗原或抗体发生特异性结合。滴加底物溶液后(呈色剂),底物在酶作用下使其所含的供氢体由无色的还原型变成有色的氧化型,出现颜色反应。因此,可通过底物的颜色呈色来判定有无相应的免疫反应,颜色反应的深浅与标本中相应抗体或抗原的量呈正比。此种显色反应可通过 ELISA 检测仪(分光光度计)进行定量测定。ELISA 检验法的特点是无须昂贵的仪器设备,一般实验室在现有的设备基础上即可实施筛测。

2.3 戴奥辛生物筛试评估

面对信息来源充足且反应快速的社会,快速筛检的建置为未来在环境调查应用上的发展趋势。尤其面对 HRGC/MS 分析时程冗长且成本昂贵情况下,有必要建立并推广快速的筛检法,以应对环境资源、社会大众、厂商及政府机构需求(徐慈鸿等,2008)。而目前在台湾所应用的戴奥辛快速筛选技术仍以生物法筛检为主。生物筛检因其准确度较差,通常用于半定量的基质筛检,快速判断是否超过法规标准值,快筛分析法的初步结果可以让有关单位能于第一时间进行应有的紧急应变策略。理论上生物法筛检无法像 HRGC/MS 能得到较准确的数值,但生物法快筛技术仍可透过与 HRGC/MS 的回归式比对求得特性参数,以推得样品戴奥辛的准确值。

戴奥辛生物筛检法与化学分析法比较如表 1[1] 所示。实际场址调查或污染改善执行者可依现场情形与检测目地,选择或搭配合适的检测方法。

表 1 戴奥辛分析方法的比较

分析方法	HRGC/MS	DR-CALUX®	Procept®	ELISA
方法型态	化学分析	生物筛检	生物筛检	生物筛检
分析时程	14 天以上	5~7 天	3~5 天	3~5 天
适用基质	所有样品基质	所有样品基质	土壤及底泥	土壤及底泥
优　点	方法准确高 可测同源物	基质适用度广泛 与化学法相关性好	建置成本低 可大量分析样品	建置成本低 操作简易
缺　点	分析成本高 分析时程长 设备昂贵	无法测同源物 人员须备细胞技术 专利费用高	无法测同源物 Kit 较贵	无法测同源物 灵敏度低

3 研究方法

ELISA 方法根据待测样品与键结机制的不同,又可分成几种不同的检测方式,包括三明治法(sandwich)、直接法(direct)、间接法(indirect)、竞争法(Competitive)及多目标法(multiplex)等。而本研究计划所使用的方法为三明治法(sandwich),其操作步骤如表 2 所示。

表 2　　ELISA 三明治法的操作执行步骤

顺序	程序	方法内容
1		将具有专一性的抗体固着(coating)于塑料孔盘上,完成后洗去多余抗体
2	Antibody-coated well	加入待测检体,检体中若含有待测抗原,则其会与塑料孔盘上的抗体进行专一性键结
3	Add antigen to be measured	洗去多余待测检体,加入另一种对抗原专一的一次抗体,与待测抗原进行键结
4	Add enzyme-conjugated secondary antibody	洗去多余未键结一次抗体,加入带有酵素的二次抗体,与一次抗体键结
5	Add substrate and measure color	洗去多余未键结二次抗体,加入酵素受质使酵素呈色,以肉眼或仪器读取呈色结果

操作过程首先将具有专一性的抗体固着(coating)于塑料孔盘上,完成后洗去多余抗体,再加入待测检体。检体中若含有待测抗原,则会与塑料孔盘上的抗体进行专一性键结。接着洗去多余待测检体,加入另一种对抗原专一的一次抗体,与待测抗原进行键结,再洗去多余未键结一次抗体,加入带有酵素的二次抗体,与一次抗体键结,最后洗去多余未键结二次抗体,并加入酵素受质使酵素呈色,以分光光度计取呈色结果予以定量。筛试后选取部分样品同时进行实验室标准化学分析,并比对两者测值间的差异性,并依据两者回归关系式推估其他筛试值对应的数值。

4 案例经验探讨

由于 ELISA 筛试分析法具有极高敏感性、分析快速、分析费用低、处理量大等特性，近来已逐渐成为使用传统化学法外的另一选择，尤其适用于大范围、分析数量多、整治时程短的调查及整治场址，可使用 ELISA 进行快速筛测，再辅以 GC-HRMS 进行确认，以节省分析费用、缩短时程、快速掌握污染分布，并运用于或整治工作开始前的调查，或工程中自主品管较密集的布点。本文将以台湾南部某场址为例，说明 ELISA 筛试法由整治前补充调查开始，直至开挖整治过程中自主品管的应用及效益。

4.1 补充调查结果

1）过去调查结果

依据过去历史数据显示，本场址区域早期为鱼塘或洼地，经堆放工厂生产过程污染物后掩埋而成现在的地貌。环保署曾于 2005 年度执行委办调查计划，针对该场址共进行 62 处土壤开挖，并配合开挖结果，以主观判断方式，将其分为表土、原生土及废弃物三类，并选择适当样品以 HRGC/MS 进行检测分析，共计 32 组样品。检测分析显示戴奥辛浓度在 4.84～36，100ng-TEQ/kg 之间。

2）补充调查数量规划

因环保署委办调查计划检测深度多在地表下 90cm 以内，为了能够更充分掌握污染范围，包括平面污染范围以及垂直污染分布，以利后续整治开挖工程规划，故需进行本场址污染补充调查。补充调查工作规划流程如图 3 所示，主要执行内容包含：

(1) 搜集过去历史调查资料。

(2) 将历史资料进行统计估算，推算所需采样点数及其网格间距。

(3) 利用图层信息套迭辅助数据分析，以从集采样法主观调整分布及深度。

(4) 进行现场采样工作。

(5) 将分析资料汇总、整理分析，并再次进行统计分析。

(6) 确认污染范围并估算污染总量作为开挖整治的参考。

在补充调查采样点的布设规划上，依据环保署 2001 年 7 月 26 日公告《土壤采样方法，NIEA S102.60B》与《环检所洪文宗组长——土壤采样规划与检测技术评析》，将过去调查资料代入式(1)进行统计分析，可计算得采样点数 n 值，再依据场址面积大小，即可推导求出网格间距。

$$n \geqslant \frac{S^2}{[d/z_{(1-\alpha/2)}]^2} + 0.5(z_{1-\alpha/2})^2 \tag{1}$$

式中 n——采样数；

S——样品浓度值的标准偏差，计算值，代表精密度；

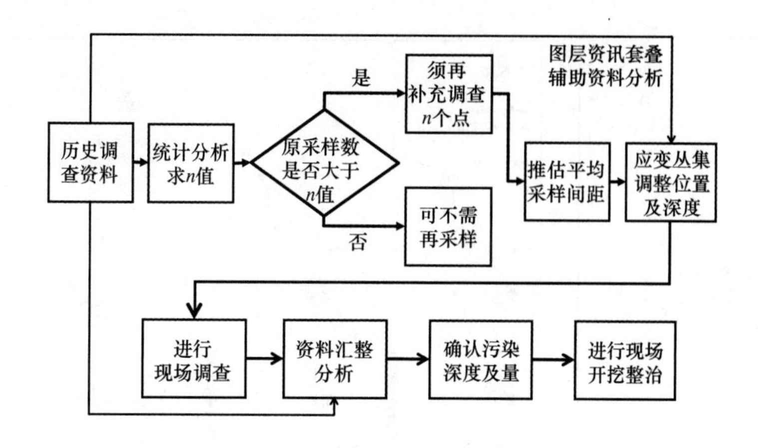

图 3　补充调查计划工作规划流程

d——样品浓度平均与族群平均的差异值，为设定值，代表准确度；族群平均为场址实际浓度平均值，可设定为管制标准；

$Z_{(1-\alpha/2)}$——信赖区间，于自由度无限大时 t 值，此为设定值，假设 95%。

$$L=\sqrt{\frac{A}{n}} \tag{2}$$

式中　L——网格间距；

A——预定调查的场址面积。

依据式(1)及式(2)计算结果得到采样点数与网格间距后，在各区实际布点时再依据从集采样观念，在过去调查资料超过管制标准的点位与高污染潜势区域，采集较密的网格布点，而在污染潜势较低的区域则采较大的网格间距，同时考虑污染物可能污染深度，规划垂直方向的布点，以充分运用采样资源并掌握整体污染范围。

以本场址为例，因过去场址南侧堆置废弃物故污染较为严重，因此北侧网格以较宽的 50m×50m，南侧网格则以较密之 25m×25m 进行布点，总点数为 26 点（采样点位示意如图 4 所示）。另参考过去采样数据显示，在地表下 2m 处仍有污染，因此规划在垂直方向上，以每 1m 采集 1 个样品为原则进行规划，共计采集 78 组土壤样品。

3）补充调查结果

本场址补充调查共进行 26 个点位的土壤采样工作，每个点位均采样至地表下 3m 处，并分别选取 50～100cm、150～200cm 及 250～300cm 处的样品，以 ELISA 方法进行戴奥辛浓度筛测，共计 78 组样品。戴奥辛筛测结果浓度在 100～42 600ng-TEQ/kg 间，其场址推估之等浓度图如图 5(左)所示。

本研究计划调查结果与环保署调查结果所推估的等浓度图如图 5 所示，由图中信息显示，在污染平面分布范围与 2005 年环保署计划调查结果趋势一致，主要的高污染区分布在场址南侧；在垂直方向的污染分布，高浓度主要分布在浅层土壤（地表下 50cm 以内），部分区域至地表下 1m 仍有较高的浓度值，但全场址区域至地表下 2～3m，其浓度值则均降低至土壤污染管制标准以下。

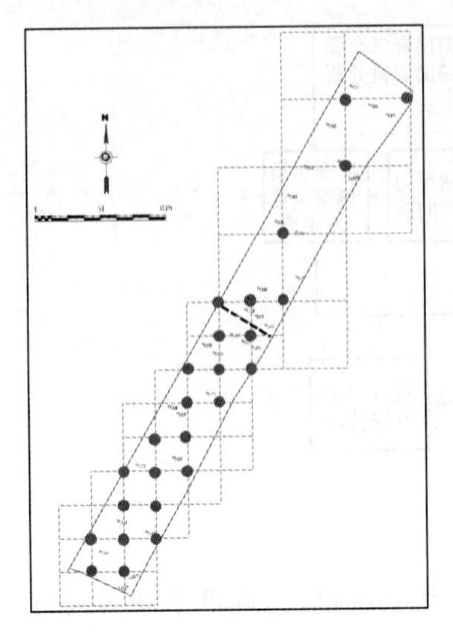

图 4　调查点位分布图

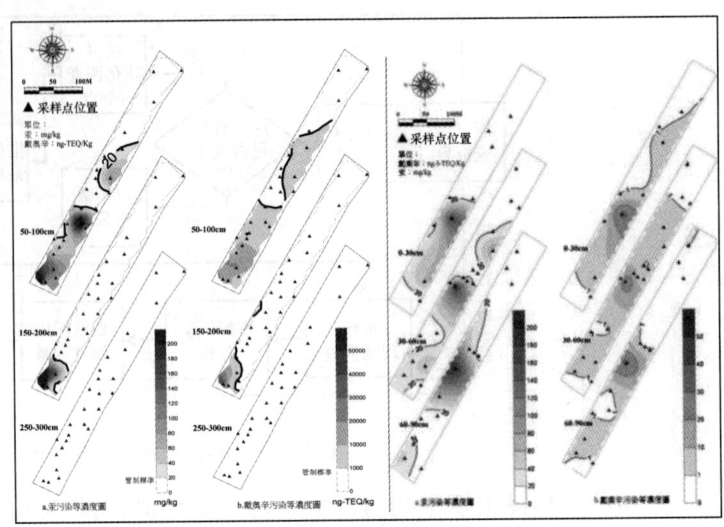

图 5　本计划与环保署调查计划等浓度分布比较图

将本计划与历次调查数据汇整后，共有 137 组数据，重新再带入式(1)中计算，得到 n 值为 51.5 已小于实际的采样点数 137，故针对此一场址区域所进行的采样点数应足以代表该区域的污染情形，而不需要再进行采样调查。

4) 数据回归及比对探讨

由环检所数据显示，ELISA 法与实验室测值存在特定倍数的关系，且倍数应非定值，依样品基质特性可能会有不同的筛试结果；国外原厂建议先将 ELISA 筛试原始值在＜100，或 100～300，或＜300ng-TEQ/kg 的范围，分别乘上 10 倍、20 倍、40 倍，作为筛试推估值，并再依数据回归结果进行筛试校正。因此，本研究计划将现场采集的 78 组土壤样品，选取其中 15％样品(共 12 组)送至实验室用 HRGC/MS 进行分析，将 HRGC/MS 分析结果与 ELISA 筛测结果进行回归分析得其关系式后，再重新计算 ELISA 筛试的校正值。

将 12 组筛试及实验室分析资料结果，先以统计分析方法评估是否有离异值存在(Outlier)，评估发现在筛试原始值中有 1 组资料属离异值(ES022-100)，实验室分析结果则无离异值出现(图 6)。因此，再删除此组离异值，取双对数后进行回归。回归结果如图

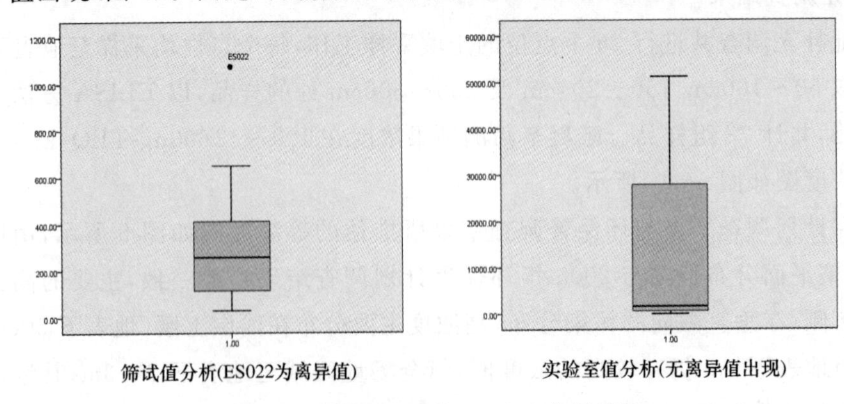

图 6　个别资料离异值(Outlier)分析结果

7 所示，其相关性 R^2 值为 0.7394，显示两者存在正相关性。

进一步分析此 12 组筛试值校正前后与实验室数值，则有 2 组数据呈现伪阳性，且无伪阴性情形发生(表 3)。显示以 ELISA 筛试方法进行戴奥辛污染物浓度筛测时是属于较保守评估方式，不会有筛试合格但实验室分析结果却超过管制标准值的窘境。

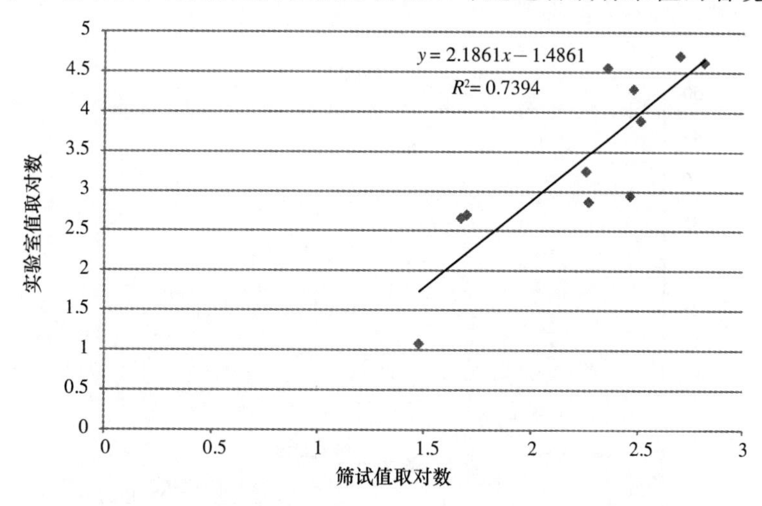

图 7　ELISA 筛试与 HRGC/MS 分析数值回归图

表 3　　ELISA 筛试校正前后与 GC-HRMS 数值比较　　单位：ng-TEQ/kg

样品编号	筛试原始值	实验室结果	筛试推估值（校正前）	校正前伪性		筛试校正值（校正后）	校正后伪性	
				伪阴	伪阳		伪阴	伪阳
ES002-100	47	464	470			147		
ES003-100	50	511	500			169		
ES007-100	185	744	3700		√	2948		√
ES009-100	225	36200	4500			4522		
ES019-100	300	19600	6000			8481		
ES022-100	1075	1490	21000			28824		
ES023-100	650	42200	26000			45976		
ES023-200	290	890	5800		√	7875		√
ES023-300	30	12	300			55		
ES024-100	500	51200	20000			25908		
ES025-100	325	7850	13000			10103		
ES026-100	180	1800	3600			2776		
—			数量/个	0	2	数量/个	0	2
			比率/%	0	17	比率/%	0	17

5）ELISA法质量管理

在ELISA法质量管理方面，筛测过程从每一送样批次共选取8组样品进行精密度检测(RSD)，检测结果均符合美国环保署公告(Performance of the CAPE Technologies DF1 Dioxin/Furan Immunoassay Kit for Soil and Sediment Samples)的标准值25%，其结果如图8所示。

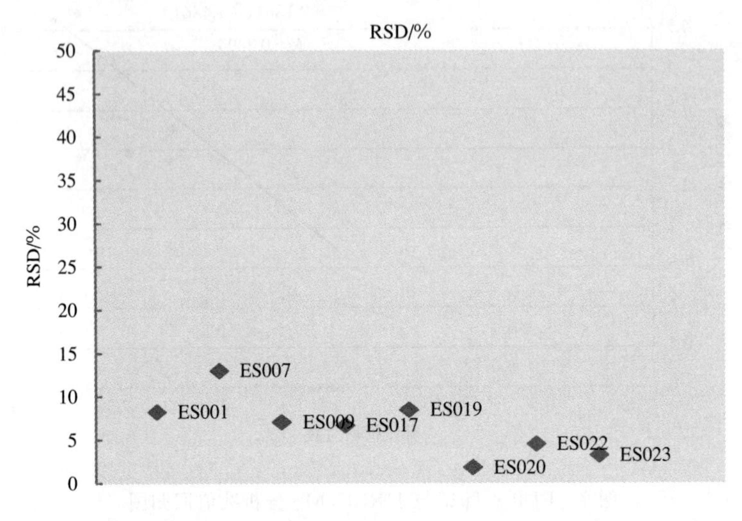

图8　ELISA法精密度检测(RSD)结果

4.2　整治工程施工应用

4.2.1　开挖分区规划与污染土方量估算

由本计划执行补充调查结果并汇整过去历次调查资料，将整治场址分成12个开挖施工区域，由戴奥辛污染分层等浓度分布图估算污染面积，并乘上垂直深度后，求得估算的污染土壤数量，总计约为28764 m^3。

4.2.2　开挖深度基准面规划与筛测应用

依据场址测量结果，北侧及南侧高程有明显落差(图9)，于开挖施工过程需设定一开挖基准面以便利施工作业进行。除针对已完成的开挖面进行ELISA筛测外，亦可针对开挖面与基准面间的土壤进行ELISA筛测，确认其无污染的后，可作为未来开挖完成进行整地时的回填土，亦避免在施工过程中有大量超挖的情形。

4.2.3　施工区域自主管理与筛测进度搭配

配合每一个施工分区完成污染土壤开挖移除之后，针对开挖面进行自主管理，于该分区内以10m×10m网格区域内，以十字交叉取样方式，采集5点混合成1个代表性样品，以ELISA法进行戴奥辛浓度筛测，以确认开挖面均已将污染完全移除。

为了配合工程施工进度与质量管理，并在主管机关的监督下，如期完成场址的污染开挖移除，如何有效应用ELISA筛测技术则是相当重要的关键因素。在本计划中，ELISA筛测每一批次可以分析25组样品，扣除质量管理样品数后，则可分析18～20组数据，每

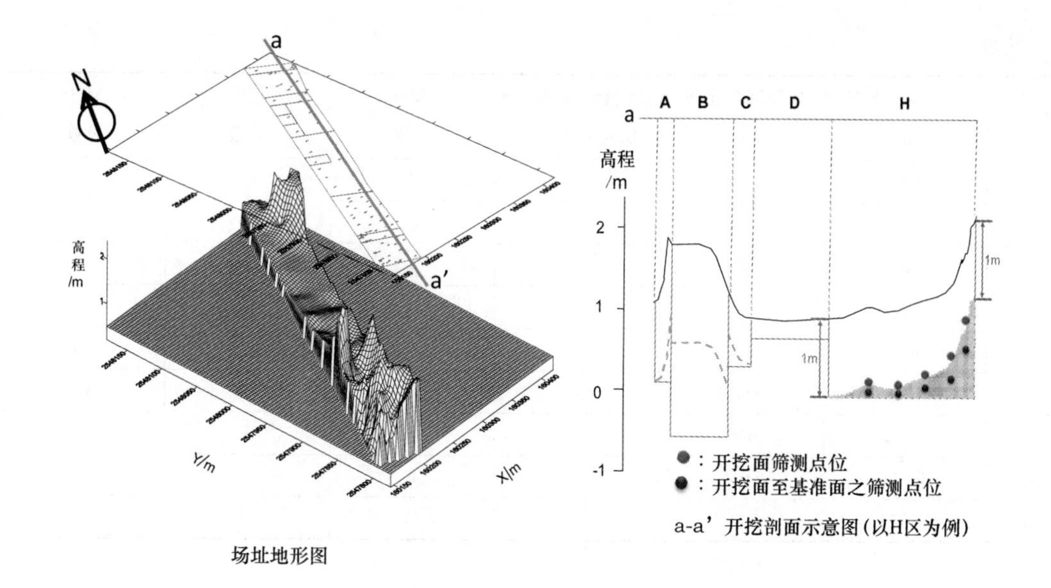

图 9　开挖基准面规划与筛测点分布示意图

分析一批次则需要 3 天时间。据此可以依据每一分区开挖施工所需要的天数，规划 ELISA 的筛测期程，以配合施工进度（图 10）。各分区实际开挖天数与 ELISA 筛测天数汇整如表 4 所列。由表中信息显示，应用 ELISA 筛测技术不但可以在施工期内（61 天）完成相关筛试作业（51 天），而且因 ELISA 筛测结果能够实时提供给工程管理者是否已将污染清除的详细信息，除有效控管施工进度外，亦可精确掌握每一个施工分区的开挖土壤数量，不致于大量超挖，而最后实际开挖的污染土壤数量为 27 867 m^3，亦较原先规划减少 897 m^3 土方的开挖。

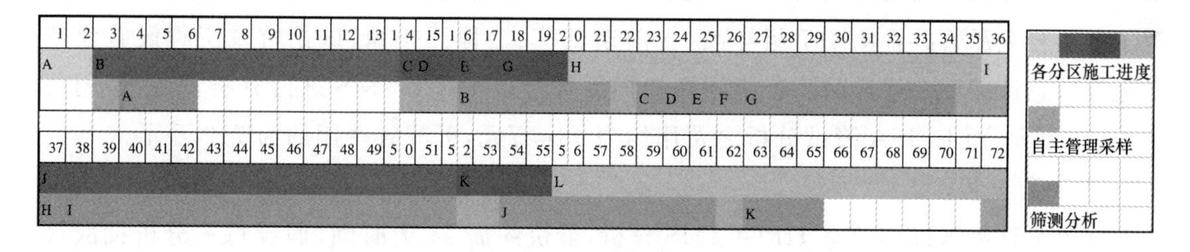

图 10　ELISA 筛测与分区开挖施工期程规划示意图

表 4　预定施工、筛测天数与实际进度比较表

分区	预定移除土方 /m^3	实际移除土方 /m^3	自主管理点数(开挖完成面)/个	筛测天数	实际施工天数	累计天数
A	778	2 205	9	3	5	5
B	4 598	2 040	25	6	4	9
C	523	1 225	10	3	2	11
D	445	1 665	21	6	3	14

续表

分区	预定移除土方/m^3	实际移除土方/m^3	自主管理点数(开挖完成面)/个	筛测天数	实际施工天数	累计天数
E	550	459	4	3	1	15
F	345		4	0		
G	427	513	6	3	1	16
H	5965	6881	61	12	16	32
I	626		4	0	1	33
J	6268	5557	30	6	14	47
K	1456	616	5	3	1	48
L	6783	6616	25	6	13	61
合计	28764	27867	204	51	—	—

4.3 应用效益评估

相较于实验室HRGC/MS化学分析方法，ELISA筛测法具有设备建置成本与分析费用低、技术门槛较低、分析流程简易及检测时间短等特性。除可以作为污染场址调查的应用工具外，对于在开挖施工的过程中，判定是否符合土壤污染管制标准的判定亦有一定的可信度。下面以检测费用及时程等两个项目的效益进行说明。

1）检测费用

戴奥辛样品若以实验室HRGC/MS分析，每一样品检测费用约为20000元；ELISA筛测法每一样品检测费用约为7500元。本计划于补充调查阶段共筛测78组样品，开挖施工过程自主品管共筛测497组样品（含前期试挖、工程开挖面、试挖坑及工程设施建造整地等），总计共575组样品。若将同样的样品数全以HRGC/MS进行分析，所需费用约为1150万元，而ELISA筛试分析之费用约为431万元，可减省费用约为719万元。

2）工程期程

戴奥辛样品若以实验室HRGC/MS分析，最快约需14天时间，假设每一分析批次最多可分析40组样品；ELISA筛测法约需3天时间，每一分析批次可分析20组样品。若将开挖施工过程中的自主品管样品（共497组样品），依实际分区采样的期程则需分成13个批次进样，最快需要182天才能完成分析；而ELISA筛测总计25个批次，则需要75天的分析时间。在此条件下，ELISA筛试法相较以HRGC/MS的分析方法，至少可减省107个工作天。意即，如以每个月25个工作日计算，已超过4个月的工程施工等待期，将大幅延长施工工期并增加工程费用成本。但应用ELISA筛测法之后，对于工程调整与应变策略上，将因待测时间大幅缩短而增加了工程效率，且配合工程执行自主品管样品可依分区分批送样检测，再依据筛测结果动态调整工程开挖策略，筛试方法与工程弹性搭配的效益更为明显。

5 结论与建议

本研究计划共计完成 575 组 ELISA 筛试法的戴奥辛筛测，以及 12 组实验室 HRGC/MS 戴奥辛样品分析比对。由补充调查 78 组 ELISA 戴奥辛筛测，并与实验室 HRGC/MS 分析结果进行比对，若以戴奥辛土壤污染管制标准值为 1 000 ng-TEQ/kg 作为判定基准，12 组与实验室分析比对数据结果显示，有 2 组呈现伪阳性结果，显示以 ELISA 生物筛试方法呈现较为保守的筛测结果。而此 2 组伪阳性数据，其实验室 HRGC/MS 的检测结果分别为 744 ng-TEQ/kg 与 890 ng-TEQ/kg，也已经非常接近管制标准值。ELISA 与 HRGC/MS 分析资料的对数回归结果显示两者关系性尚可($R^2=0.739$)，但此次分析仅有 12 组实验室 HRGC/MS 戴奥辛样品检测数据，未来仍需要有更多的数据加以验证。

为了能够掌握本场址戴奥辛污染土壤开挖移除过程中，对于所开挖污染土壤数量的控制，配合工程分区施工过程，总计进行 497 组 ELISA 筛试法的戴奥辛筛测。因 ELISA 筛试法分析时间仅需 3 天，可以充分配合工程分区施工，除有效掌握污染区域开挖施工进度外，更可以节省为数可观的检测分析费用。本场址在应用 ELISA 筛试法进行开挖面的戴奥辛筛测，在两个月左右的日历天即完成污染全数开挖移除，在经过自行验证，向环保局申请验证，并已获得环保局验证通过，即将解除场址公告列管。

相较于其他戴奥辛生物免疫分析筛测方法，ELISA 具有设备建置成本与分析费用低、技术门槛较低、分析流程简易及检测时间短等特性。针对受戴奥辛污染场址的调查上，以及在污染开挖施工的过程中，均可以有效筛测戴奥辛污染物浓度是否超过管制标准，并可以配合工程施工，在有限的期程与费用内，完成污染开挖改善工作，实为未来可以进一步研究并值得推广的筛测技术。

参考文献

[1] 陈元武.开发本土戴奥辛生物快速筛选法的重要性[R].生物化学酵素冷光基因表现法技术研讨会，2010.

[2] 徐慈鸿，李贻华，高清文.戴奥辛生物快速筛检法在农、畜及水产品的应用[DP].行政院农委会药毒所技术专刊 167 号，208.

[3] 张简国平.环境介质戴奥辛生物检验方法建立与评估[J].工程技术通讯，2008(97).

[4] Jeanette M. Van Emon，Jane C. Chuang，Robert A. Lordo，et al. An enzyme-linked immunosorbent assay for the determination of dioxin in contaminated sediment and soil samples[J]. Chemosphere，2008，72，95-103.

[5] IARC (International Agency for Research on Cancer). IARC Monographs programme on the evaluation of carcinogenic risks to humans: polychlorinated-p-dibenzodioxins and polychlorinated furans，1997，69，1-631.

[6] Roda A，Mirasoli M，Michelini E，et al. Analytical approach for monitoring endocrine-disrupting compounds in urban waste water treatment plants[J]. Anal. Bioanal. Cnem. ，2006，385：742-752.

[7] US EPA. Method for Toxic Equivalents (TEQs) Determinations for Dioxin-Like Chemical Activity with the CALUX? Bioassay[R]. SW-846 Method 4435,2008.

[8] US EPA. Screening Extracts of Environmental Samples for Planar Organic Compounds (PAHs,PCBs, PCDDs/PCDFs) by a Reporter Gene on a Human Cell Line[R]. SW-846 Method 4425,2007.

[9] Behnisch P A,Hosoe K, Sakai S I. Bioanalytical screening methods for dioxins and dioxin-like compounds — a review of bioassay/biomarker technology[J]. Environment International,2007,27,413-439.

[10] Fiedler H,Hutzinger O,Timms C. Dioxins:Sources of environmental load and human exposure[J]. Toxicol Environ Chem,1990,29:157-234.

[11] Vanden Heuvel J P, Lucier G. Environmental toxicology of polychlorinated dibenzo-p-dioxins and polychlorinated dibenzofurans[J]. Environ Health Perspect,1993,100:189-200.

多样累加采样法应用于土壤污染场址调查与案例研究

张元馨　赖宣婷

（美商杰明工程顾问（股）台湾分公司　台北，106）

摘　要　汇整了国内外有关 MIS 的文献资料，简单介绍了其采样作业流程、应用案例，并以假设情境探讨其与国内常用的系统网格采样法的差异（包括人力、时间及效益），以期能作为国内未来规划采样布点的参考，特别是污染物在空间分布极端零散的土壤污染场址。

关键词　MIS，爆炸物，采样布点，土壤污染调查

1　引言

土壤污染调查采样布点方式对于分析结果和污染评估至关重要，因此，采集的样品必须具有代表性。由于土壤自然条件、类型和污染状况不同，采样的方法也不相同。依据场址特性、污染情况，常见的土壤污染调查采样方式包含主观判断采样、简单随机采样、分区采样、系统网格采样、应变丛集采样与混合采样等。

现阶段国内土壤污染调查作业，大多利用系统网格采样法，以虚拟网格方法规划布点，在网格内或交叉处采样，借此找寻高污染区。然而土壤不均质性颇高，加上重金属污染物于土壤中之传输性不大，易呈现局部性的高污染点位。若网格间距过大、采样点数过少，“Hit or Miss”的情况则为可预期的结果；若网格间距过于密集、采样点数大量增加，则污染调查经费亦随之上升，全落入土壤污染调查两难窘境。

多样累加采样法（Multi-Increment Sampling，以下简称 MIS 采样法）是一种较为新颖的采样方式，最早是由美国陆军工程兵部队所属 ERDC-CERREL 实验室于 2003 年所发展出，随后美国环保署（United States Environmental Protection Agency）于 2006 年公告爆炸物及火药残留物检验方法 8330B，并于附录 A 提供 MIS 采样作业流程，用于采集军事演训场址内的固态基质（如土壤、固体废弃物或底泥）中具代表性样品。此土壤调查策略用以降低数据的可变动性并提高样品的场址代表性，其主要目标是借由多重样本聚集而成的单一样品得知具场址污染代表性的污染物浓度。由场址多处所采集的土壤进行充分混合后成为一组样品，因此土壤样品是超越空间具有场址代表性的。本研究简述 MIS 采样流程与特性，并探讨其与系统网格采样法调查成本差异，以期能作为未来相关调查采样方式的参考。

2 系统网格采样法概述

系统网格采样法，是所有土壤调查中使用最为广泛的方法，当污染趋势或分布范围过大且不明确时，可利用虚拟网格方法，在网格内或交叉处采样以找寻高污染区。在常用的系统网格方法中，若无特殊考量，以瓶架网格(bottle rack grid method)、平行网格(parallel grid method)及矩形网格(rectangular grid method)采得高浓度点的概率较高，采样方法示意如图 1 所示[1]。

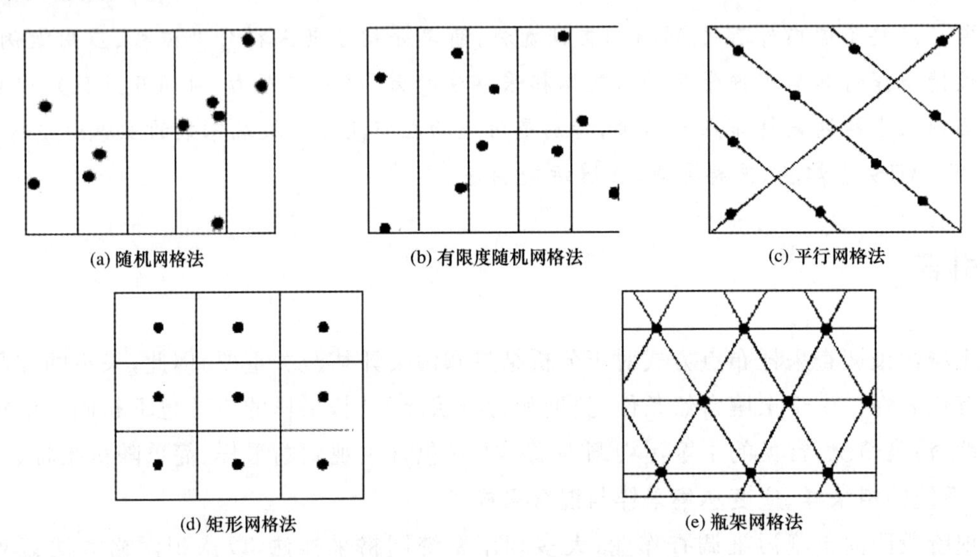

图 1 土壤采样方法－系统网格采样示意图

系统网格采样设计在田间的使用相当实际且方便，通常可以提供较好的精确度，例如较小的信赖区间及族群估计标准偏差值，而且比逢机采样设计更能涵盖整个采样区域。当目的是估算空间或时间关联性，或确认污染浓度分布方式时，以规则的间距采集样品为有效工具。

系统网格采样设计的优点：

(1) 均匀、已知、完全地将采样点在空间上覆盖于整个目标族群，在一定采样数目下，网格采样比简单随机采样与分层随机采样能提供土壤调查区域的较大覆盖样区范围。

(2) 网格采样的设计及执行相当直接，只需要一个计算机及测量仪器，田间布点步骤的描写很简单，因一旦决定了起始点后，根据规则的空间或时间排列，使采样人员能够简单的确认其他采样地点。

(3) 规则的空间或时间所采得的样品，可以计算空间或时间上的关联性，如果无法假设为独立的族群及发现族群内样品具有明显特征时，规则的空间采样是估计及预测尚未采样面积的唯一选择。

(4) 在没有样区先前资讯的情况下，可以使用网格采样。

(5) 可以用来寻找高浓度热点(Hot spot)及推论平均值、百分比或其他参数,也可用来评估污染物浓度空间或时间的分布方式。

系统网格采样的局限性:

(1) 若知道族群的先前资讯时,这些先前的资讯可以作为分区或确认发现高浓度区的讯息,采用系统网格采样并不会如其他采样设计般的有效率。

(2) 若族群性质沿网格成线性排列,可能会造成高估或低估族群特征的机率。

3 MIS 采样法概述

系统网格采样法可用于寻找调查区域高浓度热点,MIS 采样法则主要是运用结构式采样方式有效降低样品数据变异性并增加其代表性,较适用于寻找调查区块之代表平均浓度值。依据美国环保署检验方法 8330B 附录 A 之叙述,MIS 采样法是有系统性运用多种行动准则,逐步规划出最后的采样计划及评估方式。首先是选用适当的规划作业来研拟计划目标,接着计划执行单位就可依循决定出合适的样品采样量及样品累加数量,并且正确选定及使用采样器具来采集样品,而品管作业是从采样计划规划阶段以至最终数据品质,结合上述行动准则流程,MIS 采样法便可采集到一个具代表性样品,提供符合计划目标的数据[2]。

3.1 适用性

MIS 采样法适用在各项调查分析项目(包括有机物及无机物等)及样品介质(土壤、底泥、废弃物等),其作业过程主要可降低非均质的受测介质或调查区块(decision unit)所造成测定随机性误差,目前美国已用于军事训练场址内残留爆炸性物质污染调查。

3.2 MIS 采样法作业程序

依据美国环保署检验方法 8330B 附录 A 的建议,MIS 采样法作业流程主要分为调查计划规划作业、现场样品收集以及实验室前处理及分样三个阶段,各阶段作业程序分述如下。

1) 调查计划规划作业

(1) 参考美国环保署所发展的数据品质目标化流程(DQO,Data Quality Objectives Process,简称 G-4)七大步骤有系统规划检测数据收集方式,主要步骤如图 2 所示。

(2) 由数据品质目标化流程中,可决策出调查对象、调查区块及期程,确认数据的型态(溶出量或总量)、品保目标值(精密度、准确度、代表性、完整性、比较性)、行动基准值(Action level,例如整治基准值),最后再以经济有效运用经费原则下,决定出采样方式、分析方法及样品数量。

2) 现场样品收集

(1) 选定调查区块大小,建议是正方形或长方形,面积可以在 25～10 000km^2 之间。

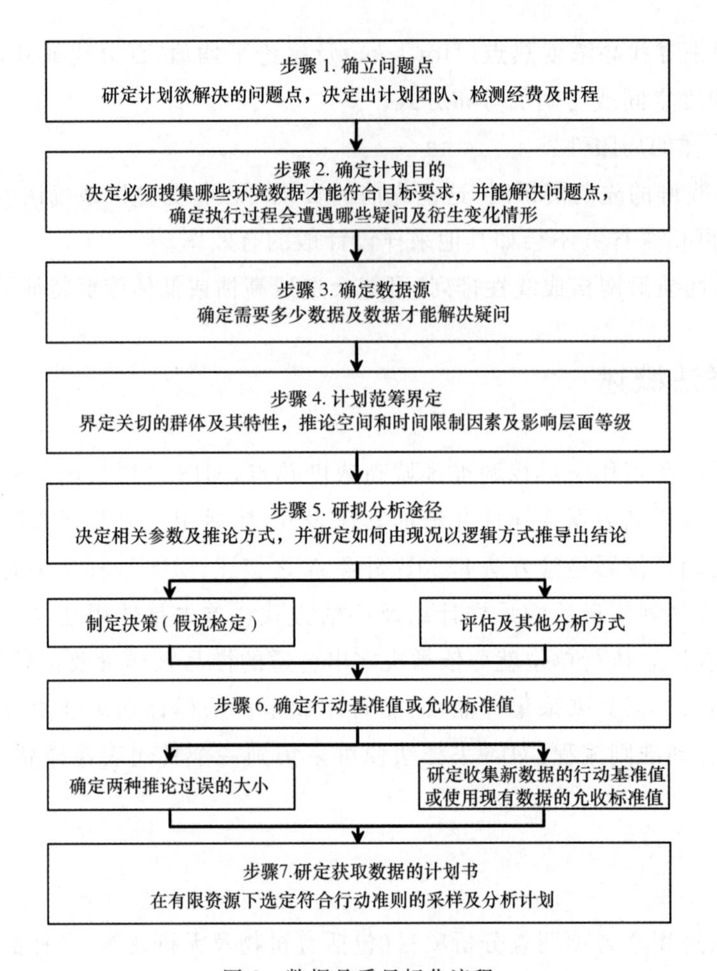

图 2　数据品质目标化流程

(2)调查区块内以等距方式标定 30～100 个采样点(图 3)。

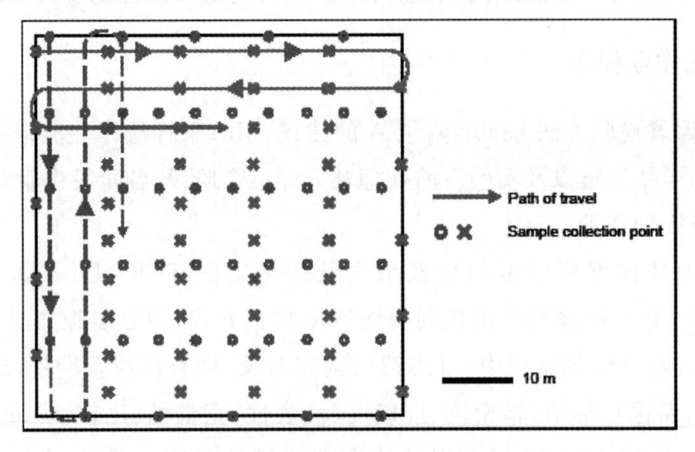

图 3　MIS 采样法布点采样路径示意图

(3) 以迂回采样方式等量采取各标定点(30～100 个)的表土(2.5～5.0cm)，并使累加样品重量为 1kg(或 1kg 以上适当采样量)。

(4) 同一调查区块需重复进行三次 MIS 采样，并得到三组受测样品，但各组采样起始点必须互不相同。

3) 实验室前处理及二次采样(图 4)

图 4　MIS 采样法实验室再取样作业示意图

(1) 所有样品进行风干(25℃以下)。

(2) 研磨所有样品并过筛缩小样品颗粒大小(＜2 mm)。

(3) 必要时再取 200～500g 研磨后样品，再次研磨至更小颗粒(＜75μm)。

(4) 将二度研磨后样品平铺于干净表面，以随机多样累加取样方式(至少 30 个累加量)，使分析样品量为 10g，进行样品萃取及分析(参用美国环保署公告 8330B 或 8095 检测方法)。

3.3　MIS 采样法的特性

MIS 采样法主要是借由少量样品的分析结果即可代表调查区块的分析浓度值，经证实相对于系统网格采样法，MIS 采样法不但可降低样品数据变异性且可信度不受质疑。以统计学理论来看，MIS 采样法重复样品分析数据是呈常态分布，而系统网格采样法分析数据则呈正向偏斜(positively skewed distribution)之分布(平均值、中位数皆在众数右侧)；使用 MIS 采样法所得到的分析结果多半高于侦测极限，因此不会因为缩减分析数据数量，而错失发现重大污染事件。此外，传统系统网格采样法必须要有大量分析数据才能提升统计学上信赖区间(confidence level)及降低决策不确定性(decision uncertainty)，MIS 采样法却只需要少量样品量即可办到。综合上述 MIS 采样法特性，可汇整 MIS 采样法之优缺点如下：

1) 优点

(1) 提升数据可信度，真实呈现场址特性。

(2) 以少量的分析数据即可符合风险评估的需求。

(3) 有效减少实验室分析样品数。

(4) 不易错失发现污染事件机会。

(5) 降低现场采样及实验室分样所造成的误差。

(6) 以较少的经费获取高品质的数据。

2) 缺点

(1) 现场作业需增加采样点标定作业时间。

(2) 增加现场采样人员所经路线及采样时间,不但增加采样经费,同时也使人员暴露在危险性环境时间增加。

(3) MIS 采样法检测结果相当于代表调查区块内污染物平均浓度,并不能显示调查区块内最大污染浓度值。

3.4 MIS 采样法发展与应用

MIS 采样法为一新颖的采样方式,国际正陆续建立 MIS 采样法的调查作业流程,目前 MIS 采样法的作业流程多参考美国环保署于 2006 年公告爆炸物及火药残留物检验方法 8330B 附录 A 的建议,而阿拉斯加州环保部于 2009 年亦公布《多样累加土壤采样指引初稿》(Draft Guidance on MULTI INCREMENT Soil Sampling),内容包含 MIS 采样理论、决策单元、采样位置、采样流程(包含挥发性物质、非挥发性物质等)及数据品保品管等[3]。由于 MIS 采样法先前主要针对爆炸性物质、挥发性物质与非挥发性物质建立调查作业流程,美国陆军工程兵研究与发展中心于 2012 年评估 MIS 采样法是否适用于土壤重金属污染调查,研究结果显示 MIS 采样法再现性佳,且获得的土壤重金属浓度较传统离散抓样法更具代表性,此外,研究中也提到因 MIS 采样法的样品量较多,需修改实验室中样品制备流程以减少样品异质性,包含以适当的设备研磨增加土壤样品均质性、修改消化流程等[4]。

随着 MIS 采样作业方法陆续建立,国际亦陆续出现许多应用案例,目前 MIS 采样法较常运用于军事训练场址残留之爆炸性物质污染调查,美国多个军事场址曾利用 MIS 采样法进行土壤污染调查[5-7],其中,T. F. Jenkins 等于 2006 年收集汇整美国及加拿大 23 个军事实弹射击靶场区的调查资料(利用离散采样法或 MIS 采样法),评估手榴弹、反坦克火箭、火炮等武器射程影响范围内主要污染物类型、分布及沉降机制[8]。此外,A. D. Hewitt 等[9]在 2008 年曾于某场址收集超过 200 个样本,利用 MIS 采样策略和离散采样策略估算场址三氯乙烯(Trichloroethylene,TCE)的平均浓度,结果显示 MIS 采样法较离散采样策略可明确找出高浓度 TCE 移动的地方,MIS 采样法也较为经济,并提供了较佳的数据品质。

4 MIS 采样法与系统网格采样法调查成本比较

本研究设定案例 A、B、C,比较在这三种案例种 MIS 采样法与系统网格采样法所需的人力、时间与调查成本,结果如表 1 所示。调查区块面积从 25～10 000km^2 为设定范围,分析项目为爆炸性物质,调查成本单价参考环保署补助计划补助原则之补助费用估算表进行估算。MIS 采样法主要参考美国环保署检验方法 8330B 附录 A 的建议,系统网格采样法则是参考环保署公告的 NIEA S102.61《土壤采样方法》,以及《土壤污染检测资料备查作业要点》附件三"以网格法办理事业用地土壤污染检测指引"相关规定。

案例A中以MIS采样法进行现场作业时，需以两位采样人员进行约5h作业，方可采集完成3个分析样品，调查成本总计为新台币45000元；以系统网格采样法进行时，仅需1位采样人员进行约11min作业，即可采集完成2个分析样品，调查成本总计为新台币30000元。

案例B中以MIS采样法进行现场作业时，需以两位采样人员进行约11h作业，方可采集完成3个分析样品，调查成本总计为新台币45000元；以系统网格采样法进行时，仍需两位采样人员进行约2.25h作业，可采集完成25个分析样品，调查成本总计为新台币375000元。

案例C中以MIS采样法进行现场作业时，若以2位采样人员进行约18h作业，方可采集完成3个分析样品，调查成本总计为新台币45000元；以系统网格采样法进行时，以两位采样人员进行约8h作业，可采集完成100个分析样品，调查成本总计为新台币1500000元。

由上述三种案例可比较出当调查区块较小时，系统网格采样法不论在现场作业人力时间、分析样品量及调查成本都较MIS采样法更具经济效益。当调查区块在中型面积时，MIS采样法在现场作业所需人力时间仍较系统网格采样法为高，但采集的分析样品量就相对少了许多，因此若要比较两者采样法经济效益优劣，就要考虑分析项目多寡与收费。案例C则是当调查区块达到MIS采样法建议最大适合调查面积时，MIS采样法在现场作业所需人力时间约为系统网格采样法2倍，但MIS采样法仍维持采集3个样品，系统网格采样法则必须采集100个样品，就整体经济效益评估时，MIS采样法明显优于系统网格采样法。

表1　　系统网格采样法与MIS采样法比较表

案例	A		B		C	
调查区块特性	属高污染潜势区，长宽各为5m的正方形，面积为25m^2		属高污染潜势区，长宽各为50m之正方形，面积为2500m^2		属高污染潜势区，长宽各为100m之正方形，面积为10000m^2	
采样方式	MIS采样法	系统网格采样法	MIS采样法	系统网格采样法	MIS采样法	系统网格采样法
采样点数	30	2	60	25	100	100
采样人力规划	2人	1人	2人	2人	2人	2人
采样点标定时间	0.5h	5min	2h	1h	3h	3h
样品数	3	2	3	25	3	100
采样次数	90	2	180	25	300	100
采样时间①	4.5h	6min	9h	1.25h	15h	5h
总计现场作业时间	5h	11min	11h	2.25h	18h	8h
调查成本②	45000	30000	45000	375000	45000	1500000

注：① 每样品(表土2.5～5.0cm)采样时间预估3min。

② 单价参考来源为环保署补助原则补助费用估算表，土壤采样(利用人工采样)每样品为新台币5000元，土壤爆炸性物质分析每样品为新台币10000元。

③ 数据来源：行政院环境保护署，2011。

5 结论与建议

5.1 结论

由本研究汇整文献资料显示，MIS采样法理论上适用于各项计划目标、样品介质及分析项目，亦可应用于现场及实验室分样。使用MIS采样法，必须遵守数据品质目标化流程，以避免所采集到之样品代表性受到质疑。此外，系统网格法调查结果可初步掌握污染物空间分布，但须透过大量采样点分析结果方可取得场址之平均浓度，较适用于寻找调查区域内高浓度热点；MIS采样法则可有效减少实验室分析样品数，并可透过少量样品的分析结果，取得较低变异性的场址代表性浓度，且可以较少的经费获取较高品质的数据。相对而言，MIS采样法检测结果仅可代表调查区块内污染物平均浓度，无法显示调查区块内的最高浓度，此为MIS采样法的一大特性。

5.2 建议

由本研究汇整资料显示MIS可在较低经费内取得较高品质的场址污染物代表性浓度，然而各场址特性及污染物状况不尽相同，且本研究汇整的案例均为国外案例，因此期望能借由本研究达到抛砖引玉的效果，作为我国土壤污染调查策略的参考。

参考文献

[1] 行政院环境保护署环境检验所. 土壤采样方法(NIEA S102.61B)[R]. 台北：行政院环境保护署，2005.

[2] 行政院环境保护署. 军事储槽、保修厂及兵工厂场址土壤及地下水污染预防调查计划[R]. EPA-98-GA102-03-A072，2011.

[3] Alaska Department of Environmental Conservation. Guidance on Multi-increment Soil Sampling，Draft [R]. Contaminated Site Program，2009

[4] Clausen J L，Georgian T，Richardson J，et al. Evaluation of Sampling and Sample Preparation Modifications for Soil Containing Metallic Residues[R]. ERDC TR-12-1，2012.

[5] Hawaii Department of Health/Use of Decision Unit and Multi-increment Soil Sample Investigation Approaches to Characterize a Subsurface Solvent Plume[M]. Hazard Evaluation and Emergency Response Office，2011.

[6] Walsh M R，Walsh M E，Collins C M，et al. Energetic Residues from Live-Fire Detonations of 120-mm Mortar Rounds[R]. ERDC/CRREL TR-05-15，2005.

[7] Jenkins T F，Hewitt A D，Ramsey C A，et al. Sampling Studies at an Air Force Live-Fire Bombing Range Impact Area[R]. ERDC/CRREL TR-06-2，2006.

[8] Jenkins T F，Hewitt A D，Grant C L，et al. Identity and distribution of residues of energetic compounds at army live-fire training ranges[J]. Chemosphere，2006，63：1280-1290.

[9] Hewitt A D，Charles Ramsey，Susan Bigl. MULTI INCREMENT® TCE Vadose-Zone Investigation[J]. Remediation，2008，19：125-140.

生态环境保护

海洋重金属生态风险评价方法比较研究

曾淦宁[1,2]　陈　委[2]

（1. 卫星海洋环境动力学国家重点实验室，杭州　310012；

2. 浙江工业大学化学工程与材料学院海洋系，杭州　310014）

摘　要　通过对象山港典型站位表层沉积物中 Hg、Cu、Pb、Cd 和 As 5 种重金属的测定，应用 Hakanson 指数法、地累积指数法和三角模糊数法，对象山港典型站位表层沉积物生态风险进行评价。评价结果表明：象山港重金属潜在生态危害为中等生态危害，主要潜在生态风险因子是 Hg、Pb 和 Cd 元素；象山港重金属潜在生态危害有逐年上升趋势，从 2004 年的轻微生态危害上升到了 2009 年的中等生态危害。还对 Hakanson 指数法、地累积指数法和三角模糊数法 3 种评价方法做了比较，结果表明：地累积指数法是基于重金属总量只能够反映出研究区域大致的污染强度，不能够满足对生态环境影响进行合理评价的要求。

关键词　Hakanson 指数法，地累积指数法，三角模糊数法，潜在生态风险评价

1　引言

重金属是具有潜在危害的重要污染物，与其他污染物类不同，它对环境危害的持久性、地球化学循环性和生态风险性应引起特别关注。重金属污染已成为水环境污染评价的重要内容。

沉积物中的重金属污染物是长期累积的结果，浓度较为稳定。因此，对沉积物中污染物进行分析和评价较水质分析而言更具有代表性。目前国内外常用的水体沉积物重金属污染的评价方法有污染指数法、地累积指数(Igeo)法、污染负荷指数(PLI) 法、回归过量分析(ERA)法、Hakanson 潜在生态风险指数法及脸谱图法等[1-5]，近年来，三角模糊数法[6-8]、生物效应数据库法[9-10]、盲数法[11]也陆续被用于实际工作中。

在实际工作中，最常采用的方法主要是瑞典学者 Hakanson[12] 于 1980 年提出的潜在生态危害指数法(Potential ecological risk index) 来评价重金属污染。Hakanson 指数法的理论比较完备，由国内外的研究和实践来看，Hakanson 指数法是定量评价重金属生态风险有效方法，为环境监测等提拱了可靠的手段。

本文通过对象山港典型站位表层沉积物中 Hg、Cu、Pb、Cd 和 As 这 5 种重金属的测定，结合历史数据，应用 Hakanson 指数法、地累积指数法和三角模糊数法，对象山港典型站位表层沉积物生态风险进行评价，并对 Hakanson 指数法、地累积指数法和三角模糊数

法这3种评价方法做了比较。

2 实验测定

2.1 实验前处理

2009年10月,采集象山港表层沉积物样品,采集地点为29°11′56.75″N,121°56′37.77″E。

样品在实验室自然风干后,用玛瑙研钵研磨至80目,用烘箱100℃烘至恒量,放入干燥器内密封保存备用。

称取0.1g样品于聚四氟乙烯烧杯中,加入5ml硝酸、10ml氢氟酸和12ml高氯酸,加热至白烟挥发完并冷却后,加入10ml 50%硝酸,低温加热至溶解后,转移至容量瓶中定容,不同重金属按照不同要求稀释一定倍数后用ICP-MS测定。

2.2 实验条件

采用Elan DRC-e ICP-MS,RF功率为1100W,冷却气流量为15L/min,辅助气流量为12L/min。

2.3 实验数据

用ICP-MS测定的2009年象山港沉积物中重金属含量如表1所示。

表1 2009年象山港沉积物中重金属含量 单位:mg/kg

样品	Hg	Cu	Cd	Pb	As
象山港表层沉积物	0.55	17.70	0.57	185.00	26.60

参考海洋二所历年来各航次所得象山港表层沉积物中重金属含量数据,结合2009年从象山港采集测得的象山港表层沉积物中重金属含量数据,所得结果如表2所示。由表可知,Pb、Cd、As和Hg含量呈逐年上升趋势,且上升趋势逐步增强,其中,Pb的上升幅度最大,而Cu含量呈逐年下降趋势。初步分析表明,Pb、Cd、As和Hg的危害在逐年增加,Cu的危害在逐年减弱。数据在2009年出现了较为明显的升高,其成因可能包括海区取样位置的差异、调查和分析手段的不同等,具体原因本文不作详细探讨,以下仅以象山港为例,重点讨论Hakanson指数法、地累积指数法和三角模糊数法的应用情况。

表2 象山港沉积物中重金属含量变化 单位:mg/kg

重金属种类 \ 年份	2005	2006	2007	2009
Hg	0.026	0.029	0.035	0.55
Cu	47.06	43.67	35.91	17.70
Cd	0.076	0.156	0.168	0.57
Pb	26.21	37.28	51.81	185.00
As	2.49	2.91	2.80	26.60

3 结果与讨论

3.1 Hakanson 指数法评价沉积物的重金属污染

3.1.1 Hakanson 指数法的背景值和毒性系数的选取

瑞典学者 Hakanson 提出的潜在生态危害指数法是评价重金属生态危害的常用方法。依此法，某区域底泥中第 i 种重金属的潜在危害指数：

$$E_r^i = T_r^i \cdot C_f^i = T_r^i \cdot (C_s^i / C_n^i)$$

底泥中多种重金属的生态危害指数为单种重金属危害指数之和：

$$RI = \sum E_r^i$$

式中，C_f^i 为底泥中重金属 i 的富积系数；C_s^i 为底泥中重金属 i 含量实测值；C_n^i 为其参照值（背景值）；T_r^i 为毒性响应系数。

毒性系数反映了重金属的毒性水平和生物对重金属污染的敏感程度，揭示了重金属对人体和水生生态系统的危害。Hakanson 的评价模型中重金属的主要危害途径是水—沉积物—生物—鱼—人体，重金属元素的毒性水平顺序为 Hg＞Cd＞As＞Pb≈Cu。该方法只需要沉积物中重金属总量分析数据，方法的实用性大大提高。

沉积物背景值的地区性强，采用不同的背景值对计算潜在生态危害指数有较大的影响。为了增强与其他评价结果的可比性，本文中重金属的背景值选用国际上常用的工业化以前沉积物中重金属的全球最高背景值，如表 3 所示。

表 3　沉积物中重金属的参照值(C_r^i)及毒性系数(T_r^i)[15]

金属元素	Cu	Pb	Cd	Hg	As
$C_n^i/10^{-6}$	30	25	0.5	0.2	15
T_r^i	5	5	30	40	10

3.1.2 Hakanson 指数法评价

1) 表层沉积物中重金属的富积特征

把象山港采集的表层沉积物样品中各重金属含量数据代入 Hakanson 指数法公式中，计算各重金属指标的富积系数，所得结果如表 4 所示。

表 4　象山港沉积物中重金属富积系数(C_f^i)

重金属元素	Cu	Pb	Cd	Hg	As
重金属富积系数(C_f^i)	0.59	7.40	1.14	2.75	1.77

象山港典型站位表层沉积物中重金属Pb和Hg的富积程度相对最大，其中Pb元素的富积系数达到7.40；Hg元素的富积系数为2.75；As元素次之，富积系数为1.77；富积程度相对较低的重金属元素依次为Cd元素和Cu元素，其富积系数分别为1.14和0.59。因此，象山港典型站位表层沉积物中各种重金属元素的富积程度由大到小依次为：Pb＞Hg＞As＞Cd＞Cu。

2）表层沉积物中重金属的潜在生态危害评价

依据重金属的潜在生态危害系数 E_r^i 可将沉积物中重金属污染状况划分为5个等级；重金属的潜在生态危害系数 E_r^i 与污染程度的具体关系如表5[16]所示。

表5　重金属潜在生态危害系数（E_r^i 和 RI）与污染程度的关系

系数类型	项目	污染程度的等级划分				
E_r^i	系数范围	$E_r^i<40$	$40\leqslant E_r^i<80$	$80\leqslant E_r^i<160$	$160\leqslant E_r^i<320$	$E_r^i\geqslant 320$
RI		$RI<150$	$150\leqslant RI<300$	$300\leqslant RI<600$	$RI>600$	
	污染程度	轻微生态危害	中等生态危害	强生态危害	很强生态危害	极强生态危害

把表4中所得象山港沉积物中各重金属元素的富积系数 C_f^i 和表3中各种重金属的毒性系数代入Hakanson公式中，将计算得到的象山港沉积物中各重金属的潜在生态危害系数 E_r^i 结果列于表6。

表6　象山港沉积物中各重金属的生态危害指数（E_r^i）

重金属元素	Cu	Pb	Cd	Hg	As
潜在生态危害指数（E_r^i）	2.95	37.00	34.20	110.00	17.73

从表6结果可知，仅有Hg元素潜在生态危害指数 $E_r^i\geqslant 80$，潜在生态危害程度为强生态危害，其他金属元素都小于40，潜在生态危害程度为轻微生态危害。象山港重金属元素潜在生态危害程度大小依次为Hg＞Pb＞Cd＞As＞Cu。

重金属总的潜在生态危害指数 $RI=274.15$，因此象山港潜在生态危害程度为中等生态危害。

从上述分析结果可知，以单个重金属的潜在生态危害系数 E_r^i 来评价，仅有Hg元素对海洋生态系统的潜在生态造成强危害，其他重金属对海洋生态系统的潜在生态危害非常轻微，均属于轻微潜在生态危害的范畴。轻微潜在生态危害程度相对较重的是Pb和Cd元素，As和Cu元素的轻微生态危害程度较轻。重金属元素潜在生态危害程度的大小与重金属元素的富积程度的大小有较大差异，这可能是因为有些重金属元素虽然富积程度较高，但其具有亲颗粒性，容易被悬浮物迁移进入沉积物中矿化埋藏使它们对生物的毒性降低，最具有代表性的如Pb。因此只有把重金属在沉积环境中的富积程度与其对海洋生态系统的潜在生态危害程度相结合，才能全面反映沉积物中重金属的污染状况。

3.1.3 不同年份 Hakanson 指数法评价结果的比较

结合国家海洋局海洋二所测得的往年象山港表层沉积物中重金属的含量，计算出几年内象山港沉积物中重金属的富积系数，见表 7。由表 7 可知，Pb、Cd、As 和 Hg 的富积系数呈逐年上升趋势，且上升趋势逐步增强，其中 Pb 的上升幅度最大，Hg 次之；而 Cu 的富积系数呈逐年下降趋势。由表 8 可知，Pb、Cd、As 和 Hg 的潜在生态危害程度呈逐年上升趋势，且上升趋势逐步增强，其中，Hg 的上升幅度最大，Pb 次之；而 Cu 的潜在生态危害程度一直处于较低水平。

表 7　　象山港沉积物中重金属富积系数(C_f^i)变化

年份 重金属种类	2005	2006	2007	2009
Hg	0.130	0.145	0.175	2.750
Cu	1.569	1.459	1.197	0.590
Cd	0.152	0.312	0.336	1.140
Pb	1.048	1.491	2.072	7.400
As	0.166	0.194	0.187	1.773

根据重金属富积系数(C_f^i)，计算出 5 种金属的潜在危害指数，结果如表 8 所示。

表 8　　象山港沉积物中重金属潜在危害程度(E_r^i)变化

年份 重金属种类	2005	2006	2007	2009
Hg	5.200	5.800	0.175	110
Cu	7.845	7.295	1.197	2.95
Cd	4.560	7.360	0.336	34.20
Pb	5.240	7.455	2.072	37.00
As	1.660	1.940	0.187	17.73

3.2 地累积指数法评价沉积物的重金属污染

3.2.1 地累积指数法的背景值选取

地累积指数法是德国海德堡大学沉积物研究所科学家 Muller 在 1969 年提出的，其计算公式如下：

$$I_{geo}=\log_2\left|\frac{C_n}{1.5\cdot BE_n}\right| \tag{1}$$

式中，C_n为样品中元素 n 的浓度；BE_n为黏质沉积岩（普通页岩）中该元素的地球化学背景值，为了增强与其他评价结果的可比性，本文中重金属的背景值选用国际上常用的工业化以前沉积物中重金属的全球最高背景值（表 9）。

表 9　　沉积物中重金属的参照值（BE_n）

金属元素	Cu	Pb	Cd	Hg	As
$BE_n/10^{-6}$	30	25	0.5	0.2	15

3.2.2　地累积指数法的评价

把象山港采集的表层沉积物样品中各重金属含量数据代入地累积指数法公式中，计算各重金属指标的地累积指数，所得结果如表 10 所示。

表 10　　象山港沉积物中重金属地累积指数（I_{geo}）

重金属元素	Cu	Pb	Cd	Hg	As
重金属地累积指数 I_{geo}	−1.35	5.62	−0.40	0.87	0.24

从表 10 可知，Pb 元素地累积指数大于 5，属于极重污染范畴；Hg 和 As 地累积指数在 0～1 之间，属于轻微污染范畴；Cd 和 Cu 地累积指数均小于 0，属于无污染范畴。地累积指数从大到小依次为 Pb＞Hg＞As＞Cd＞Cu。其排序与 Hakanson 指数法评价中重金属元素的富积程度排序相一致，但与 Hakanson 指数法中潜在生态危害指数排序有较大差异，这与未考虑毒性系数有关，不能够满足对生态环境影响进行合理评价的要求。

3.2.3　不同年份地累积指数法评价结果比较

结合国家海洋局海洋二所历年测得的象山港表层沉积物中重金属的含量，计算出几年内象山港沉积物中重金属的富积系数地累积指数（I_{geo}），见表 11。由表 11 可知，Hg、Cd 和 Asp 这 3 种重金属元素年均地累积指数均小于或微大于 1，污染程度为无污染-轻污染范畴，但其地累积指数呈逐年上升趋势；Cu 元素地累积指数有明显下降趋势，污染程度从 2004 年的轻微污染下降到无污染程度；Pb 元素的地累积指数呈逐年上升趋势，且近几年地累积指数上升明显，从 2004 年的无污染程度上升到 2009 年的极重污染。

表 11　　象山港沉积物中重金属地累积指数（I_{geo}）的变化

重金属种类 \ 年份	2005	2006	2007	2009
Hg	−3.53	−3.37	−3.11	0.87
Cu	0.06	−0.04	−0.33	−1.35
Cd	−3.30	−2.27	−2.17	−0.40
Pb	−0.52	−0.008	0.47	5.62
As	−3.18	−2.95	−3.02	0.24

3.3 三角模糊数法评价沉积物的重金属污染

3.3.1 评价模型

某一特定环境中多种污染物的综合影响，但污染物浓度和背景值的选择均存在不确定性，若将模型参数表示为三角模糊数[17]，就能够较好地反映出沉积物污染的变化特征。这是因为每个三角模糊数实际上都是一个定义了隶属函数的区间数，它较确定性实数能够更好地描述或表征沉积物系统的波动性、不确定性特征。

将三角函数代入 Hakanson 指数数学表达式中，可以得到带有模糊参数的沉积物污染的潜在生态风险的模糊评价模型。

$$RI = \sum T_r^i \otimes [(c_1^i, c_2^i, c_3^i) \Delta (c_{1n}^i, c_{2n}^i, c_{3n}^i)] \tag{2}$$

式中，RI 指代污染指数，$T_r^i \in [0,1]$；$\otimes$、Δ 分别表示乘、除；(c_1^i, c_2^i, c_3^i) 表示一个三角模糊数；$(c_{1n}^i, c_{2n}^i, c_{3n}^i)$ 表示由背景值所对应的三角模糊数。

3.3.2 三角函数法背景值选取

考虑取样地点和取样方式，参考相近区域的污染情况，通过统计分析得到象山港沉积物中重金属的背景值，见表 12。

表 12　象山港沉积物中污染要素背景值　单位:mg/kg

项目	Hg	Cd	As	Pb	Cu	文献
平均值	0.06	0.59	13	18.2	12.9	[18-26]
范围	0.01～0.20	0.045～0.69	8.89～15	10.53～23.2	5.97～30	[18-26]

3.3.3 三角模糊数法评价

把象山港采集的表层沉积物样品中各重金属含量数据代入三角模糊数法公式(2)中，计算各重金属指标的潜在风险模糊数。

由于隶属函数是以平均值为最可能值(隶属度 $\mu=1$)，其他数据的隶属度或可信也都是相对于平均值而言的，因此这里的可信度水平是相对值。实际应用中，选取 $\alpha \geqslant 0.90$ 对应的风险指数作为评价水环境沉积物质量的参考值，并据此确定研究区域的生态风险水平。象山港生态风险评价结果见表 13。

表 13　象山港潜在生态风险的模糊数和区间值

区域	三角模糊数	$\alpha=1$	风险程度	$\alpha=0.9$	风险程度
象山港	(189.95,429.75,2106.70)	429.75	很高风险	[405.77,597.45]	很高风险

3.3.4 污染状况分析

沉积物中各重金属的污染指数(C_f^i)分布见表 14。结果表明：象山港水域表层沉积物中 Cd 的单个污染物的污染指数 C_f^i 基本都小于 1，所指示的污染程度为“低”，这表明象山港水域表层沉积物目前基本未被 Cd 污染；Cu、As 和 Pb 的单个污染物的污染指数 C_f^i 基本都大于 1，而小于 3，属于中污染；Hg 的单个污染物的污染指数 C_f^i 基本都大于 6，属于很高污染。沉积物的综合生态环境质量状况不容乐观。

表 14　　象山港沉积物中单个污染指数的分布

金属元素		Cu	Pb	Cd	Hg	As
污染指数(C_f^i)	平均值	1.37	1.02	0.99	9.17	2.13
	范围	0.71～2.37	0.96～1.41	0.97～10.13	3.30～44.00	2.05～2.39

3.3.5　生态风险分析

沉积物中各重金属的风险指数(E_r^i)分布见表 15。

表 15　　沉积物潜在生态风险评价结果

金属元素		Cu	Pb	Cd	Hg	As	RI
生态风险(E_r^i)	平均值	6.85	5.10	29.70	366.80	21.30	428.75
	范围	3.55～11.85	4.80～7.05	29.10～303.90	132.00～1760.00	20.50～23.90	189.95～2106.70

由表 15 给出的单个重金属的潜在生态风险指数和多个重金属的潜在生态风险指数表明：象山港表层沉积物中的重金属对海洋生态系统的潜在生态风险为中到很高风险，*RI* 在 189.95～2106.70，平均为 428.75，其潜在生态危害程度顺序为 Hg＞Cd＞As＞Cu＞Pb。其中，Hg、Cd 和 As 是主要潜在生态风险因子。

象山港表层沉积物中大多重金属元素的污染程度与其潜在生态危害程度顺序存在明显的不一致性，表明只有把重金属在沉积环境中的背景值、污染程度与其对海洋生态系统的潜在生态危害程度相结合，才能全面和准确地反映沉积物中重金属的污染状况。

3.4　三种评价方法的比较分析

3.4.1　Hakanson 指数法和地累积指数法的差异比较

Hakanson 指数法显示象山港沉积物中 Hg 元素潜在生态危害程度为强生态危害，Cu、Cd、As 和 Pb 元素潜在生态危害程度为轻微生态危害。而地累积指数法则显示象山港沉积物中 Pb 元素污染程度为极重污染，Hg 和 As 元素污染程度为轻微污染，Cu 和 Cd 元素污染程度为无污染。

这两者之间差异的存在，主要是因为地累积指数法是基于重金属总量只能够反映出研究区域大致的污染强度，不能够满足对生态环境影响进行合理评价的要求；而 Hakanson 指数法则在考虑重金属的生物毒性系数的基础上，把重金属在沉积环境中的富积程度与其对海洋生态系统的潜在生态危害程度相结合来全面反映沉积物中重金属的污染状况。

3.4.2　Hakanson 指数法和三角模糊数法的比较分析

分别运用 Hakanson 指数法和三角模糊数法，求出象山港潜在生态风险值(RI)，比较结果见图 1。其中，Hakanson 指数法用的是全球工业化前沉积物背景值，三角模糊数法用的是象山港沉积物背景值。

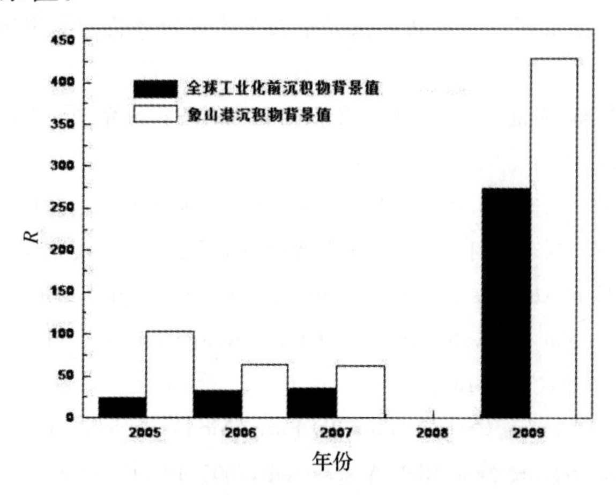

图 1　Hakanson 指数法和三角模糊数法评价象山港沉积物污染的生态风险比较

从图 1 可以看出，两种方法评价的生态风险变化趋势相近，但风险差别大，如 2009 年的潜在生态风险等级差一个等级。这是因为不同背景值下所得出的生态风险评价有很大差异。考虑背景值和浓度值的不确定性(三角模糊数法)，能更准确地反映研究区象山港沉积物生态环境质量，这将直接影响港口生态环境的管理决策。

4　结论与展望

基于沉积物重金属污染的生态风险评价不仅是建立沉积物质量控制基准的必要条件，而且是环境管理信息系统及专家鉴定系统的重要构件，具有规划、指导和预警功能，为相关主管部门决策提供一定的学术性建议。

本文主要通过测定象山港表层沉积物中重金属含量，运用 3 种方法对象山港重金属危害作出评价，得到如下结论：

(1) 地累积指数法、Hakanson 指数法和三角模糊数法均能在一定程度上评价象山港重金属污染强度。但地累积指数法是基于重金属总量只能够反映出研究区域大致的污染强度，不能够满足对生态环境影响进行合理评价的要求。相较而言，Hakanson 指数法和三角模糊数法则能全面反映沉积物中重金属的污染状况和生态危害。

(2) 象山港生态环境受到重金属潜在生态危害影响，主要潜在生态风险因子是 Hg、Pb 和 Cd 元素。

(3) 象山港重金属潜在生态危害从 2004 年的轻微生态危害上升到 2009 年的中等生

态危害,危害程度有逐年上升趋势,应该引起足够重视。

参考文献

[1] 曹红英,梁涛,王立军,等.近海潮间带水体及沉积物中重金属的含量及分布特征[J].环境科学,2006,27(1):126-131.

[2] 马德毅,王菊英.中国主要河口沉积物污染及潜在生态风险评价[J].中国环境科学,2003,23(5):521-525.

[3] 贾振邦,梁涛,林健枝,等.香港河流重金属污染及潜在生态危害研究[J].北京大学学报(自然科学版),1997,33(4):485-492.

[4] 何孟常,王子健,汤鸿霄.乐安江沉积物重金属污染及生态风险性评价[J].环境科学,1999,20(1):7-10.

[5] 周秀艳,王恩德,朱恩静.辽东湾河口底泥中重金属的污染评价[J].环境化学,2004,23(3):233-237.

[6] Ronald E G,Robert E Y. Analysis of the Error in the Standard Approximation Used for Multiplication of Triangular and Trapezoidal Fuzzy Numbers and the Development of a New Approximation [J]. Fuzzy Sets and Systems,1997,91(1):1-13.

[7] Kentel E,Aral MM. 2D Monte Carlo Versus 2D Fuzzy Monte Carlo Health Risk Assessment [J]. Stochastic Environmental Research and Risk Assessment,2005,19 (1):86-96.

[8] 周晓蔚,王丽萍,郑丙辉.基于三角模糊数的沉积物污染生态风险评价[J].环境科学,2008,29(11):3206-3212.

[9] Chapmsn P M. Development of sediment quality values for Hong Kong Special Administrative Region: a possible model for other jurisdictions [J]. Marine Pollution Bulletion,1999,38(3):161-169.

[10] 匡俊,顾凤祥.京杭运河苏州段沉积物重金属污染现状及评价[J].海洋地质动态,2008,24(9):8-12.

[11] 李如忠,钱家忠,汪家权.河流水质未确知风险评价的理论模式研究[J].地理科学,2004,24(2):183-187.

[12] Hakanson L. An ecological risk index for aquatic pollution control. a sediment to logical approach Water Research,1980,14(8): 975-1001.

[13] 尚英男,倪师军,张成江,等.成都市河流表层沉积物重金属污染及潜在生态风险评价[J].生态环境,2005,14(6): 827-829.

[14] 李如忠,洪天求,金菊良.河流水质模糊风险评价模型研究[J].武汉理工大学学报,2007,29(2):43-47.

[15] 陈静生,陶澍,邓宝山,等.水环境化学[M].重庆: 高等教育出版社,1987.

[16] Hercules M,Petro A,Jacques G. Modelling of Water Pollution in the Thermaios Gulf with Fuzzy Parameters [J]. Ecological Modelling,2001,142(122):91-104.

[17] Chen C T. Extensions of the TOPSIS for Group Decision-making Under Fuzzy Environment [J]. Fuzzy Sets and Systems,2000,114(1):129.

[18] 兰士侯,乔献芬.长江口铜、铅、镉、铀、硒等元素的沉积通量及其人为影响的初步评价[J].海洋通报,1986,5(4):1-8.

[19] 陈敏仪,朱旭.长江口、杭州湾表层沉积物中汞的地球化学行为[J].海洋与湖沼,1988,19(6):602-606.

[20] 戚建人.近海底质环境质量评价标准初探[J].海洋环境科学,1990,9(2):69-77.

[21] 王正方,张碧珍,杨晓兰,等.长江口海域表层沉积物中Cu、Pb、Cd、Zn的行为[J].海洋环境科学,1983,2(3):1-13.

[22] 许世远,陶静,陈振楼,等.上海潮滩沉积物重金属的动力学累积特征[J].海洋与湖沼,1997,28(5):509-516.

[23] 许昆灿,黄水龙,吴丽卿.长江口沉积物中重金属的含量分布及其与环境因素的关系[J].海洋学报,1982,4(4):440-449.

[24] 陈松,许爱玉,骆炳坤,等.长江口表层沉积物中 Fe、Mn、Zn、Co、Ni 的地球化学特征[J].台湾海峡,1987,6(1):13-19.

[25] 吴景阳,李云飞.渤海湾沉积物中若干重金属的环境地球化学Ⅰ:沉积物中重金属的分布模式及其背景值[J].海洋与湖沼,1985,16(2):92-101.

[26] 何云峰,朱广伟,陈英旭,等.运河(杭州段)沉积物中重金属的潜在生态风险研究[J].浙江大学学报(农业与生命科学版),2002,28(6):669-674.

饮用水源保护区生态补偿机制研究

杜　英　王文初

（浙江省台州市环境保护局，台州　318000）

摘　要　以饮用水源保护区为对象，对于开展生态补偿的理论基础做了梳理，系统分析了补偿机制的构建，重点探讨补偿的途径和额度计算，并做出必要的评述。最后提出具体实施饮用水源保护区生态补偿工作的策略与建议。

关键词　饮用水源，保护区，生态补偿，机制

1　引言

饮用水源保护区对于居民的健康安全，以及区域经济与社会的稳定发展具有十分重要的影响作用，历来为各地政府所高度重视和关注。在我国，饮用水源保护区大多处于流域上游的社会经济欠发达甚至贫困区域，存在着加快经济开发活动来改变落后现状的强烈需求，这就容易导致对保护区域内生态环境的客观破坏，同时由于地区经济实力孱弱而无法保障生态保护的充足投入，更加重了破坏的后果。李丽娟等[1]统计分析了我国从1986年以来饮用水污染事故的报告，发现最近10年属于事故高发阶段，从区域上看华东地区是高发区。近两三年以来，全国范围内饮用水源受影响的事件屡见报道，如2007年太湖蓝藻爆发导致无锡城区供水危机，2007年江苏沭阳水危机，2009年江苏盐城水质遭污染等。

为了将区域内不同主体的利益协调一致，从而形成合理的经济开发格局和良性的生态环保投入机制，发展比传统的计划命令手段更加有效灵敏的控制工具成为亟需考虑的问题。生态补偿正是在此背景下产生和发展起来的一种重要手段，目前已成为了理论研究和实践探索的热点问题。本文以饮用水源保护区为研究对象，通过对相关研究成果的综述分析，系统地梳理了饮用水源保护区生态补偿的机理，进一步探讨在具体实施过程中的合理途径和方式。

2　饮用水源保护区生态补偿的理论基础

生态补偿旨在通过经济、政策和市场等手段的制度安排，解决区域内生态环境资源的存量、增量问题以及改善区域间的非均衡发展问题，逐步达到和体现区域内和区域间的平

衡协调发展,从而激励人们从事生态保护和建设的积极性,促进生态资本增值、资源环境持续利用[2]。生态补偿的理论基础一般可以归纳为三个来源:外部性理论、公共产品理论和环境资源价值理论[3]。

2.1 外部性理论

外部性可称为溢出效应、外部影响或外差效应,指的是一个人或一群人的行动和决策对另一个人或一群人赋予利益或强加了成本的情况,具体又可分为外部经济性和外部不经济性,新古典经济学理论对此已有非常深入的解释和探讨。具体到本文的研究背景下,可以发现:饮用水源保护区内生态环境资源的开发、利用,容易导致水质恶化的外部不经济性;而开展生态环境资源的保护和投入,又会带来提供优质水源的外部经济性。

在有关的经济学理论中,解决外部性的方法主要是两类:一是庇古手段,即通过政府的干预手段来矫正外部性,对外部经济性可予以补贴,对外部不经济性处以惩罚,如生态公益林补助、排污收费制度等就是具体的应用形式;二是科斯手段,即通过界定产权,依靠市场力量来解决外部性问题,应该说科斯手段是更有效率的方法,但前提是产权能够明晰和交易成本较低。

2.2 公共产品理论

依据微观经济学经典理论,社会产品实际分为公共产品和私人产品。一般认为,纯粹的公共产品具有非竞争性和非排他性的基本特征。由于这两个特征,往往导致了"公地的悲剧"[4]——资源的过度使用,以及普遍"搭便车"心理——资源的供给不足。政府管制和政府买单是有效解决公共产品的机制之一,但并不是唯一的机制。在本文的研究背景里,可以考虑通过制度创新,让优质水源的受益者付费,使生态环境资源的供给者获得合理的经济回报,生态保护行为就能够得到持续有效的激励。

2.3 环境资源价值理论

环境资源是有价值的,人类为了更合理地利用自然资源,开展大量的科研、勘探、维护、改造等活动,所投入的人力物力已凝结在环境资源中,构成了其中的价值成分。环境资源也是有使用价值的,随着资源耗竭、生态破坏的日益加剧,作为人类生存发展必不可缺的自然环境资源表现出强烈的稀缺性。这种供需之间的矛盾更突出了其使用价值。整个社会已经愈来愈认识到,不能只考虑自然资源的无度索取,而更要加大投资于环境资源,但是如果随着资源价值的增加而生态投资者无法获得合理的回报,那么从事这种"纯公益事业"的长期积极性就很难坚持下去了。

同时,博弈论方法也成了分析生态补偿机制动态均衡的科学工具。李镜等[5]以岷江上游的生态保护为例,运用博弈论模型分析得出生态补偿政策的实施效果不完全在于补偿金额的大小,需要考虑不同主体之间利益博弈的动态过程,这为全面分析和科学构建生态补偿机制提供了新的视角。

3 饮用水源保护区生态补偿的机制构建

3.1 补偿的主、客体的确立

根据“谁受益，谁补偿”的原则，饮用水源的受水地区是生态补偿的主体，具体可涉及受水地区的政府、社会组织及居民。其中社会组织（主要指企业组织）和居民是水资源的直接享用者，应该成为补偿的主体，而政府作为地区社会经济的组织者，也有职责和权力去实施生态补偿。

保护区内的政府、组织与居民为了保证水资源的安全，投入社会经济资源开展生态环境保护建设工作，牺牲了发展经济的部分机会，因此他们都是明确的补偿客体。

3.2 补偿的形式和途径

归纳现有理论和实践经验，可以发现有经济补偿、政策补偿、生态移民等多种不同形式。其中生态移民可以视为控制区域内居民规模，从而控制对生态环境造成影响的总量，属于一种补充方式；政策补偿则是利用政策制定中的优惠待遇和优先权，进行制度资源的补偿，很大程度上属于间接性的经济补偿。因此本文的分析讨论主要以经济补偿为主。

经济补偿本质上可分为“输血型”补偿和“造血型”补偿两类。“输血型”补偿是指生态补偿主体将筹集的补偿资金以奖励的方式定期转移给补偿客体，其优点是被补偿方自行支配补偿金，使用的效率高；缺点是补偿资金可能转化为消费性支出，没有真正用于自然资源的补偿。“造血型”补偿是补偿主体运用项目支持的形式，将补偿资金以专项资金的形式，在保护区域内发展符合可持续性要求的经济产业，补充生态环境资源投入，逐步形成造血功能与自我发展机制。在实践操作中，大多运用“输血型”和“造血型”相结合的方法补偿，例如青岛崂山水库库区生态补偿机制建设中，以此为思路形成了良好的经验做法[6]。

在具体的补偿途径上，实际可细分为以下几种：

(1) 财政转移支付。财政转移支付分为横向转移支付和纵向转移支付两种。横向转移支付是在受水地区和水源保护区同级政府之间直接支付，其运作形式是首先双方依据特定的标准就补偿总量达成协定，并通过财政的转移支付实现资金划拨，最终通过改变地区间既得利益格局来实现地区间水资源服务水平的均衡。纵向转移支付是上一级政府对下级政府的财政补贴，从而达到整体地区之间的利益均衡。纵向转移支付常见的是作为国家级或大型生态补偿工程的主要手段，在地区级的饮用水源保护区生态补偿机制中，更多的还是需要依靠横向转移支付来实施。

(2) 征收水资源费。相对其他的生态资源，水资源的受益对象较为明确，可以在受水地区的供水价格中附加水资源费作为补偿基金。按照组织、居民的用水量提取等比例的水资源费,直接体现了"谁受益,谁补偿"的原则,也能更好地促进合理利用水资源。目前,我国一些地区的供水企业逐步采取了企业化经营模式,也需要在他们的收益中提取一定比例的水资源费。

(3) 开展优惠信贷。优惠信贷是"造血型"补偿的重要形式,它是由政府向银行等金融机构提供政策性担保或者政府直接提供政策性资金,向水资源保护区内有利于生态保护环境、符合可持续发展政策的经济活动提供低息或无息的小额贷款。这样可以激励借贷人有效使用资金,提高行为的生态保护导向,能够实现比单纯的"输血型"补偿更加高的生态补偿效率。

(4) 鼓励公益性资金投入。随着我国社会经济实力的整体提升,社会公益性捐赠的规模在不断增加。政府可以引导公益资金进入生态补偿领域,将该部分资金与生态建设项目对接,由于捐赠组织或个人本身可能就是水资源的直接受益者,所以能够很好地激励这类捐赠行为,扩大了补偿资金的广泛来源。

以上补偿途径均是受水地区和水源保护区之间的补偿关系,其实还有一类是存在于保护区内部之间的补偿途径,如正在实践探索中的排污权交易制度。可以通过限定保护区排污总量,促进区域内污染源之间排污量的合理分配,达到鼓励环保行为、增加消耗环境资源成本的目的,从而与来自保护区域以外的补偿资源相配合,实现更加良性的生态环保互动格局。

在我国的一些水源保护区,已经积累了大量关于生态补偿途径具体实践的丰富经验,可供广泛的借鉴和交流。如石家庄岗黄集水区生态补偿基金的设计思想是:在水资源费中加入一定比例(10%)的资金作为补偿基金,通过一定数额的人均生态补助以及集水区绿色经济发展项目补助这两种措施进行发放,以后者为主,主要是鼓励集水区居民进行绿色经济发展。同时小部分资金用来直接治理水环境,计划将生态补偿基金和扶贫基金以及农业补助合并进行使用[7]。

3.3 补偿的额度计算

补偿额度的计算其实是补偿机制设计中常有争议的关键问题。生态环境资源是一个内涵十分丰富的概念,其总额的计算很难有一个全面客观的标准,虽然在机制的设计中能部分引入市场化运作的方式,但应该承认生态环境资源不可能有充分的替代者,无法建立一个真正意义上的市场体制来体现其价值。假如主观的确定一个补偿额度,太低将无法实现生态资源改善的根本目的,而过高的话可能会超过补偿主体的支付能力和意愿,使得补偿机制无法持续运行。归纳来看,目前对于补偿额度的核算方法有以下一些思路。

1) 从生态效益角度计算

生态系统服务功能是指生态系统及其物种所提供的能够满足和维持人类生活需要的条件和过程[8]。水源保护区生态补偿的最终目的是通过激励保护区内生态环境保护的行为来维持其生态系统服务功能的正常发挥，可以将这一功能看作是“产出”或“效益”，因此可以以它为标准进行补偿。陈源泉等[9]以生态系统服务和生态足迹的理论方法为基础，在全国宏观的层面确立了生态补偿的判断标准、量化模型和计算方法。具体就水源地生态系统服务功能而言，其价值可分为自然价值(水源涵养、生物多样性等)、社会价值(居住、就业等)、经济价值(林、果、旅游等)。徐琳瑜等[10]以厦门市莲花水库工程生态补偿为例，测算其运行期生态服务功能价值为12858.27万元，由此确定生态补偿费额度，并通过政府补贴和征收附加水费两种方式获得。

这种方法的操作难点在于生态系统服务功能价值的计算很难精确，容易形成争议。而且生态系统服务功能价值并不是全部外溢，如果需要外部补偿又产生了如何确定划分比例的新问题。

2) 从生态建设成本角度计算

另一种思路是计算保护区域对于生态环保的综合投入，这相对于效益角度更加容易被各方接受。周大杰等[11]应用了影子工程法、市场价值法等环境经济学的方法，将张家口地区为保持官厅水库水资源的质量所做的贡献用货币的形式加以量化，其中计算了上游地区在控制农业面源污染、林地的建设与维护、污水处理厂运行等方面的投入总量。

有学者将生态建设成本与生态效益相结合，提出更合理的生态补偿额度的计算方式。如蔡邦成等[12]以南水北调东线水源地保护区生态建设一期工程的生态补偿为例，首先对工程建设成本、机会成本、发展成本等内容做了成本分析；然后通过生态系统服务价值评价并结合专家咨询赋权，计算了生态建设工程所增加的生态服务效益；最后将两部分结合，按照生态服务价值的受益比例确定不同区域分担生态建设成本比例的补偿核算标准，得出了最终的补偿额度值。

3) 从补偿主客体的参与意愿及支付能力角度测算

生态补偿工程的实施应具有可行性，在补偿额度的测算中需要充分考虑利益相关者的参与意愿以及补偿主体的实际支付能力。李镜等[5]就是从这一思路出发，借助博弈论模型，动态分析了在补偿政策实施过程中不同主体之间的决策和行为过程。综合来讲，博弈论、条件价值评估法(CVM)[14]等很多工具都能够为制定更加合理可行的补偿标准提供支持，而且这些方法往往具有更好的可操作性。

4 饮用水源保护区实施生态补偿的建议

将生态补偿理论转化为系统的实践操作方案仍然有许多问题需要解决，同时一些地区受限于各种资源的约束，不可能按照理想的情况全面展开实施，这就要求各地必须结合自身的实际情况，有重点的、策略性地逐步深入推进。现以笔者所处的台州地区为例，简要介绍在实施饮用水源保护区生态补偿这一系统工程的主要策略和工作思路。

(1) 建立责任协议制度。补偿机制能否成为长效制度，首先要考虑各利益相关方的权责相匹配的问题。补偿的主体愿意提供充分的资金补偿，就有权获得优质的水资源；而客体接受了补偿资源，就必须保证必要的生态环境建设投入。因此建立一套环境责任协议制度，采用流域水质水量保证合约的模式，受水者在水源地达到规定的水质和水量目标的情况下进行合理的补偿；如果水源地没有达到相应的目标，则需要对水源使用者进行赔偿。

（2）多方筹措，扩大生态补偿资金规模。生态补偿工程要想顺利启动，充足的资金规模保障是重要条件。现阶段是以政府为主导，市场为辅。正逐步加大区域之间财政支付的转移力度，由于台州地区经济基础较好，政府已安排较大规模的专项资金用于主要水库饮用水源的保护，专门投入建设库区内的各种生态保护的基础设施，并对在库区推广循环经济的生产方式给予一定的资金支持。今后将考虑政府、市场两条腿走路的方式，形成“市场不足政府补充，政府不足社会弥补”的格局，让市场更好地发挥资源分配的高效率。

首先是在供水价格中提取恰当比例的水资源费，直接用于充实补偿资金；建立公益性基金，鼓励社会组织和居民捐赠资金、设备、人力等各类经济资源，将捐赠者的慈善投入需求和获得优质环境资源的追求相统一，也有助于实现“先富带动后富”的局面。

（3）资金的使用采取“输血型”和“造血型”相结合。“输血型”补偿能够直接投入于水资源保护、污染治理和生态建设的针对性工程，目前各地区普遍处于生态资源投入欠账的特定阶段，它作为治标手段是非常有效的。随着投入的加大，必须从源头上控制污染，避免环境资源的不合理消费方式，应采取“输血型”和“造血型”相结合，逐步实现“减少输血型投入、加大造血型投入、控制住总投入”的要求。主要还是通过项目补偿，对于开展符合可持续发展原则的生产、生活活动予以支持，树立正确的行为导向。

（4）重视统一各方的利益导向，形成共同创建可持续社会的合力。探索对水源保护区的各级政府实行“绿色 GDP”的考核方式，引导基层各级组织、居民的利益导向趋于一致，确保生态保护建设工作落到实处。目前，在台州地区流域上游如天台县等地，许多乡镇领导已经确实树立了发展绿色经济的新理念，希望以生态农业、生态旅游来创特色，避免走“先经济后环境”的旧路，获得了经济和生态环境的共收益。

参考文献

[1] 李丽娟，梁丽乔，刘昌明，等. 近 20 年我国饮用水污染事故分析及防治对策[J]. 地理学报，2007，62(9)：917-924.

[2] 贺思源，郭继. 主体功能区划背景下生态补偿制度的构建和完善[J]. 特区经济，2006，(11)：194-195.

[3] 程颐. 饮用水源保护区生态补偿机制构建初探[D]. 厦门：厦门大学，2008.

[4] Hardin G. Extensions of “The Tragedy of the Commons” [J]. Science，1998，280(5)：682-683.

[5] 李镜，张丹丹，陈秀兰，等. 岷江上游生态补偿的博弈论[J]. 生态学报，2008，28(6)：2792-2798.

[6] 周燕，王军，岳思羽. 崂山水库库区生态补偿机制的探讨[J]. 青岛理工大学学报，2006，27(3)：77-81.

[7] 徐振辞，潘增辉，樊雅丽，等. 城市供水水源地集水区生态补偿研究——以岗南、黄壁庄水库集水区为例[J]. 南水北调与水利科技，2009，7(1)：22-25.

[8] 欧阳志云，王如松，赵景柱. 生态系统服务功能及其生态经济价值评价[J]. 应用生态学报，1999，10(5)：635-640.

[9] 陈源泉，高旺盛. 基于生态经济学理论与方法的生态补偿量化研究[J]. 系统工程理论与实践，2007，(4)：165-170.

[10] 徐琳瑜，杨志峰，帅磊，等. 基于生态服务功能价值的水库工程生态补偿研究[J]. 中国人口、资源与环境，2006，16(4)：125-128.

[11] 周大杰，桑燕鸿，李惠民，等. 流域水资源生态补偿标准初探——以官厅水库流域为例[J]. 河北农业大学学报，2009，32(1)：10-14.

[12] 蔡邦成，陆根法，宋莉娟，等. 生态建设补偿的定量标准——以南水北调东线水源地保护区一期生态建设工程为例[J]. 生态学报，2008，28(5)：2413-2416.

[13] 郑海霞，张陆彪. 流域生态服务补偿定量标准研究[J]. 环境保护，2006，(1)：42-45.

[14] 杨光梅，闵庆文，李文华，等. 基于CVM方法分析牧民对禁牧政策的受偿意愿：以锡林郭勒草原为例[J]. 生态环境，2006，15(4)：747-751.

节能减排

基于GIS的产业集聚区节能减排综合系统研究

高峰莲[1]　吴静文[1]　周立凡[2]　童黎犇[1]　胡煜恒[1]

（1. 浙江省环境保护科学设计研究院，杭州　310007；2. 杭州师范大学，杭州　310012）

摘　要　产业集聚区引领经济发展作用明显，但产业集聚带来的资源过度浪费和环境污染等问题也很突出。在分析国内外产业集聚区生态工业建设和运用GIS开展集聚区管理基础上，开展了基于GIS的集聚区节能减排需求分析、关键技术分析，开发了GIS节能减排集成软件系统，并在国家级袍江经济开发区典型应用。

关键词　节能减排，集聚区，GIS软件系统

1　产业集聚区节能减排形势分析

1.1　我国政府高度重视节能减排工作

党的十七届五中全会从加快转变经济发展方式、开创科学发展新局面的战略高度，提出把建设资源节约型、环境友好型社会作为重要着力点，把保障和改善民生作为根本出发点和落脚点，环境保护和节能减排将成为现代化建设的一项重大任务，摆在了更加突出的战略位置。我国“十一五”、“十二五”国民经济和社会发展规划提出了单位国内生产总值能耗、主要污染物排放总量等约束性指标，指出只有坚持节约发展、清洁发展、安全发展，才能实现经济又快又好发展。

1.2　产业集聚区节能减排形势严峻

随着工业化、城市化深入推进和经济持续增长，区域环境容量有限、环境承载力不足的问题不断凸显，资源环境对发展的瓶颈制约进一步强化，污染减排压力加大。常规污染与新型污染并存，各种污染因子叠加复合，环境问题将变得更为复杂，改善环境质量的难度持续增加与人民群众的环境需求不断提高之间的矛盾将更加突出，产业集聚区节能减排工作面临更大的挑战。

1.3　GIS软件强大的网络分析、优化功能可强力助推节能减排

地理信息系统(Geographic Information System，GIS)是在计算机硬件、软件系统支持下，对整个或部分地球表面、空间中与地理分布有关的数据进行采集、存储、管理、运算、分

析、显示和描述的综合技术系统。基于GIS构建节能减排综合分析系统，不仅满足研究自身的数据管理需要，而且可以将产业集聚区视为一个有机整体，从网络优化的新角度提出循环经济体系设计和节能减排的最佳方案。不仅如此，GIS还提供了数据存储、可视化显示、处理、查询、分析以及制图输出的功能，可用于表现和分析空间数据，并使数据可视化成为现实，同时可为决策者提供有效的辅助决策功能，能为区域优化和科学管理提供科学依据。

2 国内外产业集聚区生态工业建设和利用GIS开展管理现状和趋势

2.1 国际研究现状

2.1.1 国外开发区(园区)开展循环经济和生态工业概况

开发区能源、环境问题的综合解决研究雏形可以追溯到丹麦在20世纪70年代所建立的卡伦堡(Kalundborg)工业园区，该园区以降低成本和达到环保法规的要求为目标，开辟了一条革新性的废弃物管理利用途径——工业共生，即将甲厂产生的废料和副产物作为乙厂的生产原料，使资源得到有效利用，已成为世界生态工业园区的典范。1993年，在卡伦堡的启发下，美国商人保罗·霍克思在《商业生态学》一书中提出了关于生态系统和生态工业园区的问题。1994年，加拿大达尔湖西大学的一研究小组提出了生态工业园区的构想。至此，生态工业园区的相关研究开始在世界上大规模展开。美国是当今世界上最为积极投身于生态工业园区规划和建设的国家之一。从1993年开始，美国已有2个城市的市政当局与大公司合作规划建立生态工业园区，1994年美国可持续发展总统委员会(PCSD)资助进行4个生态工业园区示范项目的建设，美国环境保护署(EPIA)也于1999年资助2个生态工业园区计划。加拿大、法国、日本等发达国家也积极开展类似的项目。一些发展中国家如泰国、印度尼西亚、菲律宾、纳米比亚和南非等也开始进行生态工业园区的建设。

2.1.2 国外利用GIS对开发区(园区)管理的现状及趋势

加拿大地质调查局于20世纪70年代开发了城市地质自动化系统(GAIS)并投入使用。在渥太华、温哥华、圣约翰和多伦多地区，岩土数据已经综合到GIS系统。

英国在伦敦地区实施了“伦敦计算机化地下与地表地质”项目，以支持伦敦城市地区的土地利用规划、环境管理和工程及土工建设。英国地质调查局地质工作小组还在泰晤士河口地区开展了地球科学数据信息系统建设项目。

香港从1991年起就一直在开发地学数据库(GSDB)，用于对辖区的地质、地球物理和地球化学数据进行储存、综合、解译和展示。包括1∶20000的辖区地质和航空图调查以及在基础设施建设之前进行的1∶5000地质填图、工程地质和地形分类填图。

随着全球经济的飞速发展，信息化、网络化已成为区域管理的发展趋势。

2.2 国内研究现状

2.2.1 国内开发区(园区)生态工业研究概况

国家有关部门较早已经注意到发展生态工业、建立区域性产业共生系统对于解决国内众多工业园区的污染问题具有重要意义。我国从 1999 年开始启动生态工业园示范区建设试点工作，在国家环保部支持下，广西贵港开始建设以甘蔗制糖企业为核心的生态工业示范园区。2001 年开始广东南海、内蒙古包头、长沙黄兴等地纷纷开始了各自的生态工业园区规划与建设项目。2003 年 12 月国家环保总局还颁布了《生态工业示范园区规划指南(试行)》。截至 2011 年 11 月底国家环保部共批准建设了 60 个包括贵港在内的国家生态工业示范园区。

清华大学较早就开始了对生态工业和生态工业园区的理论研究。2001 年清华大学成立了生态工业研究中心，积极推进我国工业生态学的理论研究和生态工业的建设实践工作，取得了一定的研究成果。此后中国环境科学研究院和中科院生态研究中心等不少科研单位均相继开展了生态工业园区的规划和工业生态学的研究工作，对于促进我国生态工业的发展起到了重要作用。

2.2.2 国内开发区(园区)管理中 GIS 等信息技术的应用情况

常熟农业科技园区采用互联网数据发布系统 ArcIMS 9.0 提供的 HTML Viewer 定制开发基于网络的园区信息系统。该系统通过网络不仅可以获取园区土壤专题图、土地利用专题图、园区项目资料、园区统计数据等信息，还可通过网页向用户提供园区的大量图片与媒体文件，既增强了园区的科学性，又增强了园区的示范性，同时为 WebGIS 的建立与开发提供了一条可行、便捷的方法。

广西柳州市阳和工业园区结合新兴 GIS 技术、网络技术和 OA 技术，采用 Geodatabase 空间数据模型建立空间数据库，通过 ArcSDE(空间数据引擎)在 Oracle 关系数据库平台上对数据库的数据进行访问，利用双机集群、Oracle 热备份实现对空间数据和属性数据的有效管理，运用 ArcEngine 组件和 Visual c++技术实现企业安全监管与应急救援系统的建设。

重庆李渡工业园区以 GIS 和 RS 技术为辅助，在土地利用现状调查、土地利用数据库构建和评价工作底图制备的基础上，结合数理统计方法，对土地利用集约度和土地集约利用潜力进行评价和测算，进而剖析了潜力实现的可能性及其途径。

福建省明溪县农业科技园区管理信息系统开展了基于“GIS”的农业科技园区管理信息系统建设研究，介绍了管理信息系统中的数据处理、项目库管理、图件管理、文档库管理等主要功能模块，对基于“GIS”农业科技园区管理信息系统的构建进行了探讨。

从文献调研情况看，目前国内已在节能系统、中水利用系统、城市水资源管理等方面进行了研究和应用，但尚未见到利用 GIS 软件对产业集聚区进行节能减排综合解决方案设计的正式报道。

3 节能减排综合系统需求分析

3.1 节能减排数据管理功能需求

产业集聚区环保部门在日常管理业务中，需要采集和处理大量的、种类繁多的节能减排信息，而这些节能减排信息 85% 以上与空间位置有关。GIS 的强大功能之一是它的空间数据的采集、编辑、处理功能和对空间数据的管理以及可视化能力，因此使用 GIS 来建立产业集聚区节能减排空间数据库和进行可视化是十分必要的[1]。

为此，本次研究建立产业集聚区节能减排空间数据库，对企业能耗数据和污染物排放数据进行管理。

3.2 节能减排潜力评价模型建立功能需求

在产业集聚区内，为了推进企业层次的清洁生产措施而构建一个生态工业园，需要筛选评价企业节能减排的优先顺序，根据它们之间的节能减排的优先顺序，找出最先进行节能减排的试点企业，确定园区下一步进行节能减排的重点企业。

为此，本次研究建立产业集聚区企业节能减排潜力评价模型，通过计算模型可以比较企业之间的节能减排先进程度，找出具备节能减排潜力的试点企业。

3.3 节能减排模型建立功能需求

在生态工业园建设过程中，清洁生产是园区建设的前提和生态工业系统中构建必不可少的环节，通过实施清洁生产，最大限度减少现有企业废物的排放量，有利于提高园区资源利用率，减少污染物的产生，以实现园区的可持续发展。

为此，本次研究通过对每个企业的清洁生产措施进行分析研究来建立节能减排模型，根据各企业的能源消耗和排污数据，为企业提供可采用的清洁生产措施，通过比较实施措施前后各企业节能减排水平，反映出可达的节能减排效果。具体指标包括：水消耗、电消耗、煤消耗、蒸汽消耗、废水排放、化学需氧量排放、氨氮排放、二氧化硫排放。

3.4 节能减排辅助决策功能需求

(1) 企业节能减排数据查询。对大量的、种类繁多的企业信息和节能减排信息进行可视化查询，包括：企业名称、企业规模、所属行业、工业总产值以及水消耗、电消耗、煤消耗、蒸汽消耗、废水排放、化学需氧量排放、氨氮排放、二氧化硫排放等信息。

(2) 企业节能减排诊断书。根据开发区企业的清洁生产水平，为企业节能减排提供相应的清洁生产措施，并计算出实施清洁生产措施后节能减排量化效果，为企业节能减排提供诊断书。

4 节能减排综合分析系统关键技术分析

4.1 基于 ArcGIS 的工业园区节能减排数据库研究

ArcGIS 作为相当成熟的 GIS 软件，具有强大和完善的数据编辑、处理、投影转换、地理分析、空间处理等多种功能，而且利用以地图为核心的 ArcMap、ArcCatalog 模块进行工业园区节能减排数据库的建立具有速度快、操作简单、制图效果好、可编辑性强等优势[2]。

在本研究中，产业集聚区节能减排数据库的建立主要使用 ArcGIS 软件中的 ArcMap 和 ArcCatalog 应用程序模块。ArcMap 用于地图制图、分析、编辑及图面设置。ArcCatalog 用于定义和建立 geodatabase。根据 ArcGIS 软件的特点及工业园区节能减排数据库建设的要求，结合工作实践，编制建库的技术路线如图 1 所示。

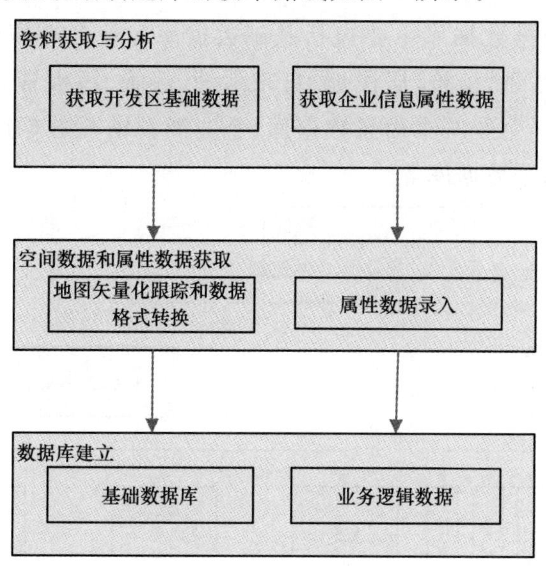

图 1　节能减排数据库建设技术路线

4.1.1　资料收集与分析

收集的资料包括：(1)产业集聚区基础图件，如区位图、企业分布图、功能分区图、管网图等；(2)产业集聚区企业的空间点位数据信息；(3)产业集聚区企业的基本信息数据、耗数据和污染物排放数据；(4)产业集聚区企业的清洁生产数据，包括企业清洁生产措施分类效果和清洁生产节能减排实施情况。

4.1.2　空间数据和属性数据获取

1) 空间数据获取

空间数据的获取方式有三中 ：一是地图跟踪数字化；二是地图扫描数字化；三是数据格式转换。本研究中，园区基础数据是通过数据格式转换建立起来的，将 DWG 格式图件通过分层、格式转化、投影与空间校准等处理，使之转化为 Geodatabase 格式的空间数据；

园区企业点位数据是通过地图跟踪数字化的方式建立起来的，将外业采集到的企业空间点位信息以矢量化的方式转化为 ArcGIS 软件中的 Geodatabase 格式的空间数据。

2）属性数据获取

属性表是数据分析的基础，构建属性表是数据库建库过程中一项非常重要的工作。属性表构建方法很多，也较为灵活：其一是人工输入法；其二是字段计算器（field calculator）法；其三是数据表连接（join）法；其四是空间分析法。在本研究的数据库属性数据建立的过程中，企业基本信息、企业能源消耗信息以及企业污染物排放信息的数据源是存放在 Excel 数据表文件中，可以通过数据表连接法将属性数据连接到空间数据中去；企业能源消耗和污染物排放的强度信息（指标除以工业总产值）可采用字段计算器实现批量输入；企业清洁生产水平信息不存在数据源，因此需要逐个输入。属性数据库的建立方法并不是唯一的，根据数据源的不同，需要多种方法相互配合。

4.1.3 建立产业集聚区节能减排数据库

产业集聚区节能减排数据库主要包括基础数据库和业务逻辑数据库，如图 2 所示。基础数据库包括道路、水系、植被、居民地、自来水管、热管、污水管、企业和功能分析等要素，业务逻辑数据库包括企业基本信息数据库、企业能源消耗数据库、企业污染物排放数据库和企业清洁生产水平数据库等。

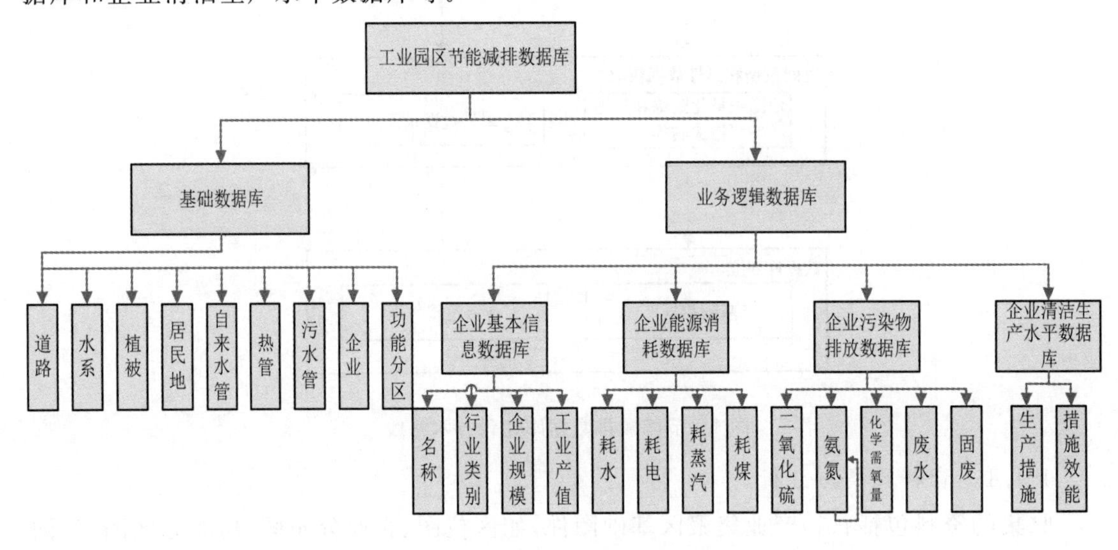

图 2 节能减排数据库内容

4.2 基于灰色关联分析的企业节能减排潜力评价研究

灰色关联分析可以根据产业集聚区内某个行业的多个企业的实际情况，构造产业集聚区节能减排的最优准则，即最优值构成的参考数据列，适合于多个企业节能减排水平的评价[3]。本次研究就是利用灰色关联分析法，计算各个企业的关联度，比较它们之间的节能减排程度，找出最具潜力的节能减排试点企业，确定产业集聚区下一步进行实施节能减排的重点企业。

4.2.1 基本原理

灰色关联分析方法是根据序列曲线几何形状的相似程度来判断其联系是否紧密。曲线几何形状越相似,对应关联度将越大;反之,越小。对于产业集聚区同行业多个企业的比较性评价,其中关键是确定评价的最优序列,最优序列包括两种:其一是参考数据列是多个企业各个指标目前的最佳水平,实际上是特定区域现有企业节能减排程度的"理想模式";其二是该产业集聚区内企业清洁生产的准入标准,把它作为关联度评价的标准。用各企业与该模式对比做出定量评价,关联度越小,说明企业推行节能减排的潜力越大,是关联分析方法评价的依据。相对整个产业集聚区来说,关联度越小的企业为产业集聚区推行节能减排的重点。

4.2.2 评价模型

对于 m 个企业,它们的评价指标体系由 n 个指标组成。每个企业的所有指标值就构成1个数据列,称为被比较数据列,计作 X_i。参考数据列由参评的 m 个企业中各单项指标值的最优值组成,计作 X_0。于是得到如下数据列:

$$X_i = (x_i(1), x_i(2), \cdots, x_i(n))\ (i = 1, 2, \cdots, m)$$

$$X_0 = (x_0(1), x_0(2), \cdots, x_0(n))$$

在无量纲化处理后,就可以计算 m 个企业与评价标准的关联系数:

$$e_{ik} = (\Delta_{\min} + R * \Delta_{\max}) / (\Delta_{i(k)} + R * \Delta_{\max})\ (i = 1, 2, \cdots, m, k = 1, 2, \cdots, n)$$

式中,$\Delta i(k) = | x_i(k) - x_0(k) |$;$\Delta_{\min} = \text{mini}(\text{min}k\Delta i(k))$;$\Delta_{\max} = \text{maxi}(\text{max}k\Delta i(k))$;$R$ 为分辨系数(取 $R = 0.5$)

在所有指标权重相同时关联度为

$$r_i = (e_{i1} + e_{i2} + \cdots + e_{in}) / n$$

4.2.3 技术流程

(1) 指标体系的建立。选取最能体现生产规模、经济实力、能源消耗和污染物排放在行业中具有代表性的指标。具体指标分为定性指标和定量指标。其中,定性指标包括企业规模和生产工艺设备。企业规模根据大小赋值1～3分;生产工艺设备可参照清洁生产行业标准进行赋值。定量指标包括企业工业产值,单位产值耗水量、耗电量、耗煤量、耗蒸汽量,单位产值二氧化硫排放量、废水排放量、固废排放量、化学需氧量排放量和氨氮排放量。

(2) 节能减排潜力评价标准的建立。首先,确定评价的最优序列,其参考数据列是多个企业各个指标目前的最佳水平,实际上是特定区域现有企业节能减排程度的"理想模式",或者产业集聚区企业清洁生产准入标准。其次,根据关联度对各企业与标准模式进行对比做出定量评价,关联度越小,说明企业推行节能减排的潜力越大。

4.3 基于清洁生产的节能减排模型研究

在生态工业园建设过程中,清洁生产是产业集聚区生态工业体系构建必不可少的环节。通过实施清洁生产,最大限度减少污染物排放量,有利于提高集聚区资源利用率,构建集聚区生态链,实现可持续发展[4]。本研究通过对每个企业的清洁生产措施进行分析研究来建立节能减排模型。在充分收集集聚区企业采取的清洁生产措施基础上,根据各清洁生产措施产生的节能减排效果,建立节能减排模型。

(1) 产业集聚区节水模型的计算公式,如下:

$$water_i = ((val01_i \times val01_{节水}) + (val02_i \times val02_{节水}) + \cdots + (val20_i \times val20_{节水})) * \times old\_water_i$$

式中,$water_i$为第i个企业的节水量(万吨);old_water_i为第i个企业的耗水量(万吨);$val01_i$为第i个企业是否执行第1个清洁生产措施;$val01_{节水}$为第一个清洁生产措施产生的节水量(万吨)。

$$water = (water_1 + water_2 + \cdots + water_n)/n \times s\%$$

式中,water为产业集聚区所有企业的节水量(万吨);n为企业数;$s\%$为执行这些清洁生产措施的一个百分比。

(2) 产业集聚区节电模型的计算公式,如下:

$$electricity_i = ((val01_i \times val01_{节电}) + (val02_i \times val02_{节电}) + \cdots + (val20_i \times val20_{节电})) \times old\_electricity_i$$

式中,$electricity_i$为第i个企业的节电量(万度);$old_electricity_i$为第i个企业的耗电量(万度);$val01_i$为第i个企业是否执行第1个清洁生产措施;$val01_{节电}$为第一个清洁生产措施产生的节电量(万度)。

$$electricity = (electricity_1 + electricity_2 + \cdots + electricity_n)/n \times s\%$$

式中,electricity为产业集聚区所有企业的节电量(万度);n为企业数;$s\%$为执行这些清洁生产措施的一个百分比。

(3) 产业集聚区节煤模型的计算公式,如下:

$$coal_i = ((val01_i \times val01_{节煤}) + (val02_i \times val02_{节煤}) + \cdots + (val20_i \times val20_{节煤})) \times old\_coal_i$$

式中,$coal_i$为第i个企业的节煤量(吨);old_coal_i为第i个企业的耗煤量(吨);$val01_i$为第i个企业是否执行第1个清洁生产措施;$val01_{节煤}$为第一个清洁生产措施产生的节煤量(吨)。

$$coal = (coal_1 + coal_2 + \cdots + coal_n)/n \times s\%$$

式中,coal为产业集聚区所有企业的节煤量;n为企业数;$s\%$为执行这些清洁生产措施的一个百分比。

(4) 产业集聚区节蒸汽模型的计算公式,如下:

$$steam_i = ((val01_i \times val01_{节蒸汽}) + (val02_i \times val02_{节蒸汽}) + \cdots + (val20_i \times val20_{节蒸汽})) \times old\_steam_i$$

式中,$steam_i$为第i个企业的节蒸汽量(吨);old_steam_i为第i个企业的耗蒸汽量(吨);

$val01_i$为第 i 个企业是否执行第 1 个清洁生产措施；$val01_{节蒸汽}$为第一个清洁生产措施产生的节蒸汽量(吨)。

$$steam=(steam_1+steam_2+\cdots+steam_n)/n\times s\%$$

式中，steam 为产业集聚区所有企业的节蒸汽量(吨)；n 为企业数；$s\%$为执行这些清洁生产措施的一个百分比。

(5) 产业集聚区废水减排模型的计算公式，如下：

$$wasterwater_i=water_i$$

式中，$wasterwater_i$为第 i 个企业的废水减排量(万吨)：

$$wasterwater=(wasterwater_1+wasterwater_2+\cdots+wasterwater_n)/n\times s\%$$

式中，wasterwater 为产业集聚区所有企业的废水减排量(万吨)；n 为企业数；$s\%$为执行这些清洁生产措施的一个百分比。

(6) 产业集聚区二氧化硫减排模型的计算公式，如下：

$$sulfur\_dioxide_i=(coal_i\times 8)/1000+(electricity_i\times 3.9)/1000+(steam_i\times 0.13)/1000$$

式中，$sulfur_dioxide_i$为第 i 个企业的二氧化硫减排量(吨)。

$$sulfur\_dioxide=(sulfur\_dioxide_1+sulfur\_dioxide_2+\cdots+sulfur\_dioxide_n)/n\times s\%$$

式中，sulfur_dioxide 为产业集聚区所有企业的二氧化硫减排量(吨)；n 为企业数；$s\%$为执行这些清洁生产措施的一个百分比。

(7) 产业集聚区化学需氧量减排模型的计算公式，如下：

$$chemical\_oxygen\_demand_i=wasterwater_i/10$$

式中，$chemical_oxygen_demand_i$为第 i 个企业的化学需氧量减排量(吨)。

$$chemical\_oxygen\_demand=(chemical\_oxygen\_demand_1+chemical\_oxygen\_demand_2+\cdots+chemical\_oxygen\_demand_n)/n\times s\%$$

式中，chemical_oxygen_demand 为产业集聚区所有企业的化学需氧量减排量(吨)；n 为企业数；$s\%$为执行这些清洁生产措施的一个百分比。

(8) 产业集聚区氨氮减排模型的计算公式，如下：

$$ammonia_i=ammonia_i/1000\times 25$$

式中，$ammonia_i$为第 i 个企业的氨氮减排量(吨)。

$$ammonia=(ammonia_1+ammonia_2+\cdots+ammonia_n)/n\times s\%$$

式中，ammonia 为产业集聚区所有企业的氨氮减排量(吨)；n 为企业数；$s\%$为执行这些清洁生产措施的一个百分比。

5 基于 GIS 的节能减排软件系统开发

本次研究采用了 Visual Studio 2008 作为集成开发环境，采用 ArcGIS Engine 作为系统的基础GIS平台软件。

5.1 系统架构设计

该系统基于传统的winform开发理念，采用ArcEngine 9.3软件开发模式搭建了一个C/S架构的业务运行系统。整个系统自下而上可分为数据层、逻辑层和用户层三个部分。数据层主要包括基础数据库和业务逻辑数据库，基础数据库通过数据格式转换和企业点位信息采集建立，业务逻辑数据库通过录入环保相关部门提供的数据建立。[5-7]逻辑层的作用是利用ArcEngine的组件框架和控件框架以及ADO.net数据库组件，在Visual Studio.NET编程环境下实现组件开发，其中包括：企业信息查询、企业能耗排放数据可视化、企业节能减排潜力评价、企业节能减排模型计算、热电厂选址节能优化计算等功能。用户层的主要内容就是定制一个友好的用户界面，来实现基于GIS的产业集聚区节能减排的业务需求。系统架构图如图3所示。

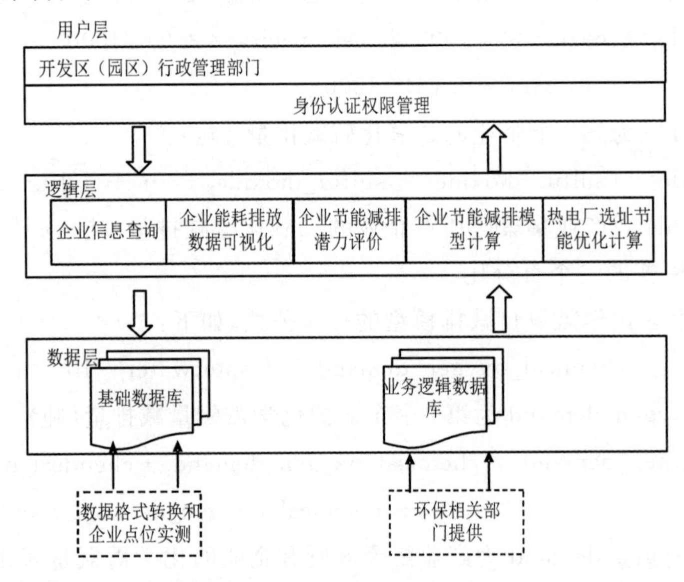

图3 系统架构图

5.2 系统模块开发

基于GIS的产业集聚区节能减排综合分析系统利用获取的企业基本信息数据和能耗、污染物排放数据，进行信息查询和可视化显示，通过节能减排潜力评价找出最具有推行清洁生产的潜力的企业，然后进行节能减排模型计算和热电厂选址节能优化计算，获得整个园区和各个企业节能减排的结果。

系统主要分为企业信息查询、企业能耗排放数据可视化、企业节能减排潜力评价、企业节能减排模型计算以及热电厂选址节能优化计算五大模块(图4)。

(1) 地图浏览操作模块。该模块能使用户对开发区的地图进行浏览和操作，包括地图放大缩小、漫游、前一视图、后一视图、地图打印、地图输出和地图量算。

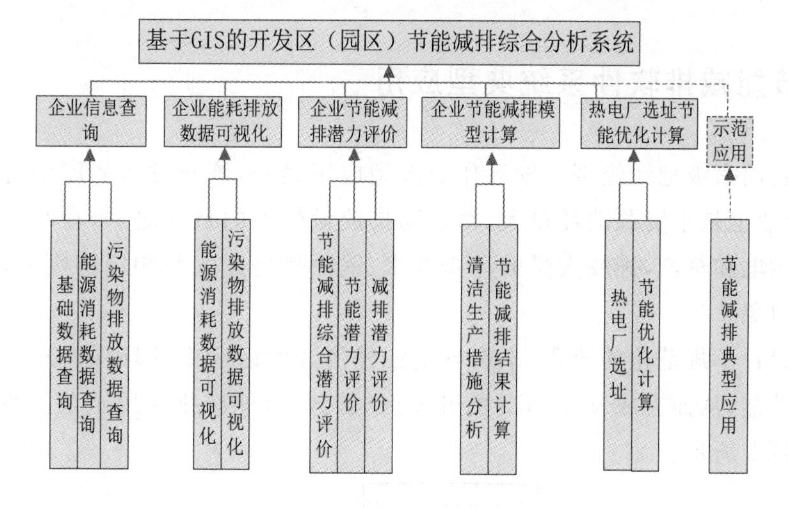

图 4　系统模块图

（2）企业信息查询模块。该模块能使用户对企业信息数据进行空间查询和属性查询，空间查询包括点查询、线查询、圆形查询、矩形查询和多边形查询；属性查询的功能是通过设置查询条件对企业信息进行查询。其中企业信息数据包括基础数据（即企业名称、行业类别、企业规模、工业总产值和企业污染程度）、能源消耗数据（即水、电、蒸汽、煤）和污染物排放数据（即二氧化硫、氨氮、化学需氧量、废水固废）。

（3）企业能耗排放数据可视化模块。该模块能使用户对企业信息数据进行可视化，生成不同类型的专题图，包括产业集聚区耗水分布图、产业集聚区耗电分布图、产业集聚区耗蒸汽分布图、产业集聚区耗煤分布图、产业集聚区二氧化硫排放分布图、产业集聚区氨氮排放分布图、产业集聚区化学需氧量排放分布图、产业集聚区废水排放分布图、产业集聚区固废排放分布图。

（4）企业节能减排潜力评价模块。该模块利用灰色关联分析法，计算产业集聚区内各个企业的关联度，比较它们之间的清洁生产程度，找出最先进行清洁生产的试点企业，确定产业集聚区下一步进行清洁生产的重点企业和产业集聚区清洁生产推进的远期方案。

（5）企业节能减排模型计算模块。该模块利用节能减排模型，列出适合产业集聚区内每个企业的清洁生产措施，根据不同的清洁生产措施，模型可以计算出不同的节能减排结果，同时可计算出整个开发区节能减排的结果，包括水、电、蒸汽、煤的节能量和废水、氨氮、二氧化硫、化学需氧量的减排量。

（6）热电厂选址节能优化计算。该模块利用 ArcGIS 空间分析方法，同时考虑每个企业与热电厂的远近和每个企业热能消耗的因素，得出理想热电厂在产业集聚区内最佳位置。并且计算和比较出开发区内每个企业在理想热电厂布局前后的耗能情况以及整个园区的耗能情况，得到通过热电厂的重新布局能到达节能的效果。

6 GIS节能减排软件系统典型应用

本研究将国家级袍江经济开发区作为典型应用案例，该开发区的印染行业是主导产业，但印染行业也是水资源消耗量大、污染物排放量较大的行业之一，在纺织印染生产过程中消耗大量电和蒸汽，排放大量的印染废水、锅炉燃烧废气及相应的废渣，是开展节能减排的重点对象。

本研究设计了规范化的流程，来引导袍江经济开发区区内的环保管理者正确地使用系统提供的功能，从而完成基于GIS的开发区(园区)节能减排应用示范。系统示范应用逻辑关系如图5所示。

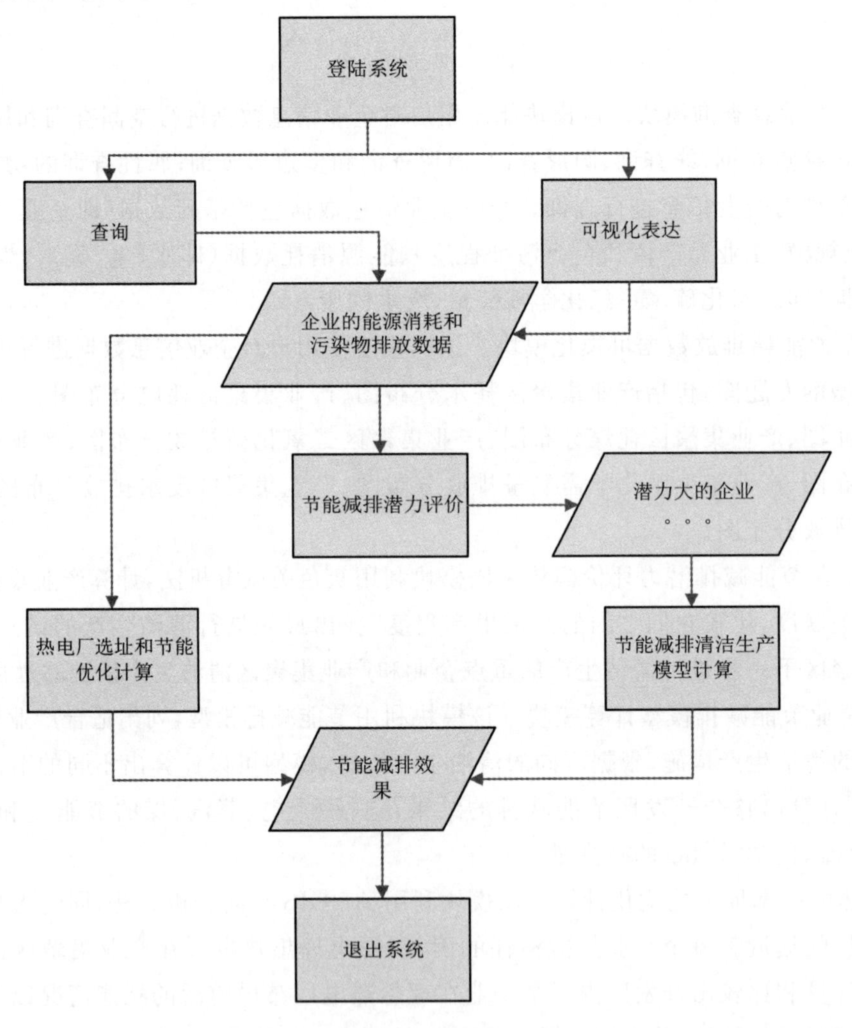

图5 系统示范应用逻辑关系图

参考文献

[1] 李岫军,徐效波.基于 GIS 技术的环保信息系统设计[J].测绘与空间地理信息,2011:1672-5867.

[2] 黄琦,蔡振翔.构建以 GIS 为基础支撑的数字环保体系[J].污染防治技术,2010,3(23):56-58.

[3] 林积泉,王伯铎,马俊杰,等.灰色关联分析在生态工业园清洁生产推进中的应用[J].环境工程,2005,23(5).

[4] 王汝贤,黄儒林.GIS 技术在节能系统中的功能与应用[J].江西能源,2003(2):33-34.

[5] 崔铁军.地理空间数据库原理[M].北京:科学出版社,2007.

[6] 韦玉春,陈锁忠.地理建模原理与方法[M].北京:科学出版社,2006.

[7] 张宏,温永宁,刘爱利.地理信息系统算法基础[M].北京:科学出版社,2006.

丽水经济开发区污染源现状与节能减排的关系研究

王黎瑾[1]　蔡　瑢[2]

（1. 丽水学院化学与生命科学学院，丽水　323000）；2. 丽水市环保局，丽水　323000）

摘　要　主要分析了丽水的自然环境、主要的能源结构和丽水经济开发区的环境污染情况，通过对各二级行业废气和废水排放量的特征分析，得出目前丽水经济开发区存在的能源问题和环境问题，进而提出节能减排的具体措施。

关键词　能源结构，污染，节能减排，措施

1　丽水的自然环境

1.1　地理位置

丽水市地处浙江省西南浙闽两省结合部，在东经 118°41′～120°26′和北纬 27°25′～28°57′之间。东南与温州市接壤，西南与福建省宁德市、南平市毗邻，西北与衢州市相接，北部与金华市交界，东北与台州市相连。市政府驻莲都区，位于丽水中部，大溪和好溪的交汇处，辖区面积 28.89km^2。

丽水经济开发区水阁工业区位于丽水市区西南的水阁镇辖区，南北以大溪为界，东至远期快速干道，西至进城连接线。

1.2　地形、地貌情况

丽水市区域地质构造属华南褶皱系，浙南褶皱带。构造活动以褶皱带为主，伴有断裂，从而形成一系列凹陷盆地和沟谷。市域内先后受白垩纪、侏罗纪多次构造活动的影响，其中受燕山运动火山喷发影响最大。丽水境内低山主要含角砾凝灰岩、流纹岩和英安质凝灰岩组成，属晚侏罗纪上统地层。盆地周边的丘陵地带及中心基底部分为火山喷发间隙期间沉积物，即白垩纪下统的紫色粉砂岩。盆地中心及河谷地带由第三纪和第四纪的洪积冲积物组成，主要土质为粉质黏土、黏土、卵石、砾石、沙土等。

丽水的地形四周高山环绕，中间低，不利于废气的扩散，和伦敦地形非常相似，伦敦多次发生的烟雾事件给我们一个警示：必须在发展经济的同时把节能减排放到第 1 位。

2　丽水经济开发区的能源消费情况

从第一次全国污染源普查数据统计分析可以得知，目前丽水经济开发区还是主要以原煤为主要能源消费，占综合能源消费量的 89.1%，其他如液化天然气等污染程度较低的能源用得很少，因此能源结构不合理。

3　丽水经济开发区环境污染状况

在短短的 20 年时间，我国环境问题集中表现出来，这是一种“压缩式”的急风暴雨样的“爆发”[1]，环境问题非常严重。目前，我国城市总体上空气质量较差，在检测的 500 个城市中，只有 38.6%的城市达到国家环境空气质量二级标准[2]。

第一次全国污染源普查中，笔者对丽水经济开发区各个行业的废气和废水的排放量进行分析，丽水经济开发区的废气和废水的排放量较多。由各个行业统计数据表明，纺织业和塑料制品业产生的废气排放量和废水排放量最多，这两个行业的废水排放量占排放总量的 80.93%；废气的排放几乎来自塑料制品业，排放量占总排放量的比例为 84.63%。相比之下，其他行业的废水和废气排放量很少。

丽水经济开发区有 27 家的塑料制品业，对丽水经济发展有着巨大的贡献。因此，环保因素是丽水经济开发区发展壮大最主要的限制因素[3]。主要体现在以下三个方面：

(1) 地处城区上游，废水排放条件差。地形为小盆地，大气扩散条件差，环境容量小。环保基础设施存在一定不足。

(2) 丽水是全国生态示范区，群众对生态环境要求高，对于塑料制品业和纺织业这些具有一定的污染的行业，抱有较大的抵触情绪。

(3) 规模过度集中，规划存在一定不合理因素。

尽管丽水经济开发区在园区环境污染整治方面做了大量的工作，但是目前仍然存在一些问题。

3.1　环保基础设施建设相对薄弱

(1) 水阁区块内没有独立的污水处理厂，园区的污水通过污水管网送到丽水中岸圩城市污水厂处理，丽水市经济开发区水阁工业区污水收集系统分为水阁北片、水阁中片南片，其中，水阁中片南片污水向南汇集至水阁 1 号泵站；水阁北片污水汇集至水阁 2 号泵站，后经 13km 压力管线输送到中岸圩污水处理厂，与来自丽水中心城区的城市污水一并处理。根据目前的进水量和浓度，丽水中岸圩污水处理厂已满负荷运行，在实际运行中出现了水阁污水泵站的污水量超出泵站的最大容量时通过应急口直接排入大溪的情况，对大溪的水质造成一定的影响。

(2) 丽水经济开发区水阁区块现有的 300 多家企业中热用户企业达 70 家，主要以合成革和革基布生产企业为主，采用的锅炉主要有燃煤蒸汽锅炉和燃煤导热油锅炉两种。其中燃煤蒸汽锅炉共有 41 台，锅炉总安装容量为 200t/h；燃煤导热油锅炉共有 96 台，总安装容量为 34405 万大卡。所有企业年总耗煤量约为 62 万 t；分散在各企业的自备小容量锅炉热效率低，煤耗率高，烟尘处理仅采用了水膜除尘器设施，除烟尘和除二氧化硫效率低，而且对氮氧化物没有去除效率，因此对大气环境造成了比较大的污染。

中国目前 85%的 CO_2、74%的 SO_2、60%的氮氧化物以及 70%的烟尘是由燃煤造成的[4]，而丽水经济开发区用的能源主要是原煤，绝大多数的烟尘和二氧化硫是由原煤量使用相当大的塑料制品业产生。从对普查数据的分析显示，丽水经济开发区主要使用的能源是原煤，大量的燃煤导致二氧化硫、烟尘和氮氧化物的产生量非常多，但是丽水经济开发区的废气处理设施相对薄弱，综合以上原因，丽水空气质量污染还是比较严重。

丽水经济开发区的各二级行业中，塑料制品业排放 SO_2 最多，为 6609.050t，第二位的是纺织业。塑料制品业烟尘的排放量为 1556.350t，位列第一位，第二位也是纺织业。同样，氮氧化物的排放量也是塑料制品业和纺织业位列前两位，所以这两个行业也是丽水经济开发区的主要污染行业。

3.2 开发区企业的废水问题

3.2.1 企业纳管废水水质不稳

为了保证污水处理厂的进水水质，园区内要求合成革、革基布企业建设污水预处理设施，废水经过企业预处理后达到纳管标准后，通过园区污水泵站输送到丽水市中岸圩城市污水处理厂集中处理达标后排放。各合成革企业虽然已建立了污水预处理装置，但是由于刚建成投入运行不久，部分企业不能稳定达标排放，对进管水质产生一定影响。

(1) 化学需氧量(COD)。开发区工业源废水 COD 产生量为 6 698.46t，排放量 2186.41t，而塑料制品业的 COD 排放量为 1 138.97t，占总量 49.40%。而纺织业为 1011.35t，占总量 43.87%。这两行业 COD 排放的累计百分比达到 93.27%。

(2) 生化需氧量(BOD)。开发区工业源生化需氧量产生量 653.80t，排放量 498.93t。开发区工业源 BOD 产生量和排放量最大的行业为塑料制品业，占总排放量的 48.83%，第二位的是纺织业，2 个行业排放量合计达到工业源 BOD 排放总量的 88.49%以上。

(3) 氨氮。开发区工业源氨氮产生量 264.08t，排放量 170.31t，在所有的行业中氨氮排放量最大的行业是纺织业排放量 94.75t，占总量的 55.63%。其次为塑料制品业，排放量为 74.66t 占总量比的 43.84%，两个行业的氨氮排放量占了总量的 99.47%。

从以上对丽水经济开发区废水中各项指标的调查分析，发现在各二级行业中塑料制品业和纺织业对废水的污染最严重，要想节能减排取得成功，重点整治的行业就是塑料制品业。

3.2.2 合成革企业废水回用率低

合成革废水属于人造革制造废水，具有水量大、有机污染物浓度高、碱性大、水质变化大、成分复杂等特点，属较难处理的工业废水之一。目前丽水经济开发区合成革企业中印染废水虽然经过处理后可以达标纳管，但基本没有实现循环利用，回用率较低。

3.3 开发区企业废气问题

3.3.1 合成革企业的废气超标

合成革干法生产线排放的废气比较复杂，其中含有 DMF、甲苯、丁酮等其他有机废气，等污染物，为了防止 DMF 对生物处理单元产生抑制作用[5,6]，将出水回流至调节池稀释进水，降低进水中的污染物浓度。现有干法废气处理系统对甲苯和丁酮的处理效果不明显，甲苯和丁酮存在超标排放情况。DMF 基本达标排放，偶尔也会出现超标情况。DMF 湿法、干法配料车间、后整理车间的无组织排放严重，存在废气超标的情况。

3.3.2 合成革企业恶臭污染问题

园区内恶臭污染是一个主要环境问题，在合成革生产大量使用 DMF 的过程中，部分 DMF 分解产生二甲胺。二甲胺在常温常压下是无色气体，高浓度时有氨的臭味。低浓度时有鱼腥恶臭，其嗅阈值在水中为 23.2ppm，空气中仅为 0.047ppm，属于恶臭物质，由于其嗅阈值很低，因此只要少量扩散到大气环境中就会造成恶臭污染。

合成革企业产生恶臭的主要环节有：

(1) DMF 精馏回收系统。在 DMF 废水精馏过程中部分 DMF 分解产生甲酸和二甲胺，在精馏尾气和脱胺塔尾气中含有二甲胺。

(2) 回用的塔顶水。精馏的塔顶水经过脱胺处理后回用，这部分塔顶水中含有微量的二甲胺在循环使用的过程中挥发出来也会形成恶臭。

(3) 精馏釜残的排放过程。精馏釜残的成分比较复杂，含有二甲胺及其他分解杂质，也具有恶臭，在釜残放料的过程中，会排放到大气中去，形成恶臭污染。

3.4 其他环境问题

由于合成革企业用到了大量的 DMF 等溶剂，溶剂一般采用储罐储存，而且 DMF、废水、有机溶剂的储存量非常大，特别是 DMF 以及 DMF 废水罐的储存量大，存在较大的环境风险。在企业调查中发现部分企业的储罐围堰不规范，雨污分流系统的改造不彻底等情况，车间冲洗水等超标废水和事故废水可能通过雨水系统直接进入大溪，造成大溪的污染。

4 节能减排的措施

4.1 全面推进环保基础设施建设

4.1.1 建设污水处理厂，实现集中治污

(1) 建设丽水水阁污水处理厂。水阁污水处理厂的服务范围包括丽水市经济开发区

水阁工业区、七百秧南片、四都片区和联城花街片区，其中一期工程服务范围主要为水阁工业区。水阁污水处理厂总规模 10 万吨/日，分期实施，一期规模 5 万吨/日。根据水阁污水处理厂进水水质和出水要求，采用预处理＋生物脱氮除磷的处理工艺。丽水水阁污水处理厂的一期工程建设已经于 2008 年 12 月土建进场开工，2009 年将建成投产。

(2) 加快污水管网建设，做好企业纳管衔接工作。污水管网建设严格实行雨污分流制，污水管网沿工业区的主要道路敷设，对污水管网建设进行统一规划设计，透明施工，严格监理。

4.1.2 建设南城热电厂，实现集中供热

为落实节能减排目标，改善开发区的环境状况，建设南城热电厂，园区内企业实施集中供热。热电厂建成投产后，将改变目前各个企业小型锅炉的使用现状，能够极大地减少能源的消耗量，进而降低由于燃煤而造成的大气污染，减少大气污染物的排放，从而改善大气环境质量。

4.2 积极推行清洁生产，发展循环经济

全面开展革基布合成革行业清洁生产审核和 ISO 14001 体系认证工作，使排污企业由被动地进行污染治理和接受环境监督，转变为企业积极的环境保护自律行为。促进企业通过改进设计、使用清洁的能源和原料、采取先进的工艺技术与设备、改善管理及提高综合利用率等措施，从源头消减污染，走循环经济道路。

推进工业行业清洁生产、技术进步工作，不断采取改进设计、使用清洁的能源和原料、采用先进的工艺技术与设备、改善管理、综合利用等措施，在保证稳定达标的基础上进一步消减污染物的排放量。进一步推行节能降耗减排相关技改项目，包括 DMF 精馏装置二塔改三塔、生产线烘道余热利用、锅炉余热利用、革基布热水余热利用、合成革和革基布废水循环利用的推广等。

4.3 提高能源利用效率

与发达城市相比，丽水经济开发区由于处于经济欠发达地区，经济比较落后，企业的设备相对落后，能源利用率低，并且丽水的产业结构程度比较低，高耗能的产业比重过高，而低耗能、高附加值产业如电子信息、精密制造和第三产业比重过低。高能耗产品产量的高速扩张，并不是建立在充分提高技术和效率的基础之上，而是以牺牲能源为前提[7]。

4.4 大力做好合成革行业科技研发工作

开发区需要做好与此项目一脉相承的省重大科技专项——合成革绿色生产工艺及品质提升关键技术开发与示范项目。此项目以合成革后整理水性树脂及助剂的研发与应用、集中供热替代合成革企业导热油热载体项目研究与改造、革基布印染废水循环利用研发与推广和环保超纤合成革研发与示范为主要内容。该项目不仅对园区绿色环保工作具

有实际意义，还将对整个产业升级产生极大推动作用。项目完成后，若在合成革的后整理阶段全部推广水性材料，以水阁工业区年需 5 万吨后整理浆料计算，年可增产值 7.5 亿元。根据测算，使用水性材料生产合成革，每万米合成革可节约标煤 0.4 吨、节约有机溶剂 0.7 吨、减排有机废气 0.7 吨。按水阁工业区年产合成革 4 亿米计算，每年可节约标煤 1.6 万吨、有机溶剂 2.8 万吨、减排有机废气 2.8 万吨。同时由于水性材料的应用，大幅度地降低了有机溶剂的使用量，使企业火灾的隐患大幅度消除，安全生产指数大大提升[8]。

4.5 强化管理，长效监督

严厉查处环境违法行为，深化有奖举报制度，加大对违法案件的执行力度，定期或不定期公开曝光典型违法案件。组织开展污染整治专项执法检查，建立部门联动执法机制。进一步完善环境执法程序，提高环境管理法制化水平[9]。加大巡查处罚力度，充分利用污染源在线监控和在线监测系统，从严从重处罚环保违法企业。

4.6 加大宣传，增加节能减排意识

开展环境生态警示教育活动，增强各级各部门和企业界的环境守法意识、可持续发展意识、循环经济理念。进一步完善污染整治的综合决策机制、公众参与机制，强化社会、公众、媒体对污染整治工作的监督与支持。

参考文献

[1] 解振华.为什么要强调加快转变经济增长方式[EB/OL].2004-12-14. http://www.ce.cn/new.

[2] 刘锋.环保总局公布我国十大空气污染城市名单[EB/OL].2005-06-03. http://politics.people.com.cn.

[3] 齐建国.中国经济高速增长与节能减排目标分析[J].财贸经济，2007(10):3-9.

[4] 张德义.关于中国能源形势的思考[J].当代石油化工，2007，16(2):1-9.

[5] 王为，谢凯娜.DMF 对制革废水处理的影响及处理方法[J].中国皮革，2005，34(19): 36-37.

[6] 宋珊珊，张林生.N，N-二甲基甲酰胺(DMF)废水处理研究进展[J].江苏环境科技，2007，20(3): 67-70.

[7] 宋雅琴."十一五规划"开局节能、减排指标"失灵"的制度分析[J].中国软科学，2007，(9):25-32.

[8] Kareeva V M, Kvasha V B, Svitka N I. Removal of dimethyl-formamide from gases[M]. U. S. S. R Pat., 587978, 1978.

浅谈清洁生产审核对企业发展的意义

刘　斌

（上海顺茂环境影响评价技术服务有限公司，上海　201199）

摘　要　随着工业发展，清洁生产思想逐步形成，并且通过清洁生产审核工作逐渐推广到各生产型企业，但在此过程中会遇到各类障碍。对障碍解决办法进行汇总，并分析清洁生产审核对企业的重要性，让更多的企业能够主动开展清洁生产审核，并从中获益。

关键词　清洁生产，清洁生产审核，审核障碍，环保合规

1　清洁生产思想的由来

进入21世纪后，我国生产制造类型企业数量迅速增长，该现状带动经济高速发展的同时，给环境也带来了严重的威胁。这种情况发达国家曾经有所经历，在经过一段时期的末端治理后，他们开始重新审视环境保护历程，这时清洁生产思想应运而生。经过多年的实践验证，清洁生产思想的推广已产生良好的环境效益，我们在今后的发展过程中应予以借鉴。

清洁生产思想是环境保护战略由被动反应向主动预防的一种转变。联合国环境规划署与环境规划中心概括其定义为：清洁生产是一种新的创造性思想，该思想将整体预防的环境战略持续应用于生产过程、产品和服务中，以增加资源、生态效率和减少人类及环境的风险。对生产过程，要求节约原材料和能源，淘汰有毒原材料，降低所有废弃物的数量和毒性；对产品，要求减少从原材料提炼到产品最终处置的全生命周期的不利影响；对服务，要求将环境因素纳入设计和所提供的服务中[1]。

2　清洁生产审核障碍及解决办法

清洁生产彻底改变了过去被动、滞后的污染控制手段，强调在污染产生之前就予以削减[3]，既减少污染物的产生，同时能够相应减少污染治理的费用，一举多得。清洁生产是一个系统工程，它一方面提倡通过工艺改造、设备更新、废物回收利用等途径，实现“节能、降耗、减污、增效”，降低生产成本，提高综合效益；另一方面强调提高组织管理水平，提高包括管理人员、工程技术人员、操作员工在内的所有员工在经济观念、环境意识、参与管理意识、技术水平、职业道德等方面的素质[4]。清洁生产思想的方法、要求及目的已明确，如

何更好地在企业中推广该思想，经实际经验证明，对企业进行清洁生产审核效果最为明显。清洁生产审核是对生产或提供服务全过程的重点或优先环节、工序产生的污染进行定量监测，找出高物耗、高能耗、高污染的原因，然后有的放矢提出对策、制定方案，减少和防止污染物的产生[2]。目前，国家以及各地方政府正在大力推广清洁生产审核，部分省市更是采用财政补贴的方式鼓励企业开展该项工作。但在实际的审核过程中，并不总是一帆风顺，往往会遇到一些审核障碍。结合近几年清洁生产审核案例，现将主要几类障碍以及解决办法归纳汇总如表 1 所示。

表 1　　清洁生产审核障碍及解决办法

障碍类型	障碍表现	解决办法
思想方面	员工中普遍存在不愿意改变现状的心态，认为清洁生产是只有投入、没有经济效益的工作，会加重企业的负担，对清洁生产究竟会带来哪些环境和经济效益不了解	通过对企业领导和员工宣传和沟通，使全体员工真正认识和了解企业清洁生产的内涵。用国内外及本公司具体实例和数据证明，改善方案实施得到的经济效益，同样会给企业带来可观的经济和环境效益
技术方面	企业难以得到国内外最新的环保资讯及原辅材料的技术资料	积极与国内外领先企业沟通合作
管理方面	管理上缺乏对生产人员实施清洁生产的严格要求，没有严格要求生产人员直接参与清洁生产活动；缺乏清洁生产审核技能	建立企业清洁生产的规范化管理，制定清洁生产的规划和目标；派人员参加相关部门举办的审核员培训，掌握清洁生产审核技能
经济障碍	清洁生产资金预算不足；没有清洁生产的奖惩制度	企业内部挖潜，结合节能技改项目和三废处理项目，在公司范围内协调解决部分资金；并争取政府资金和减免税项目

3　清洁生产审核对企业的意义

我国从 2003 年开始实施清洁生产促进法后，已有大批企业开展清洁生产审核，特别在 2008、2009 年之后，清洁生产审核已由重污染、高耗能企业逐渐推广到各类型生产制造企业，同时随着国家各项环保要求的不断提高，清洁生产审核已由重点关注企业节能减排，发展为在环保合规的基础上，从源头削减能资源消耗与污染物排放，清洁生产审核的范围变得更广，要求也更加严格。但国家推广清洁生产审核工作的目的并不是为了加重企业经营负担，而是要使企业从审核过程中获益，同时为生态环境做出贡献。清洁生产审核具体为企业带来的效益如下：

(1) 环保合规。部分企业在生产运营过程中对环境保护不够重视，环保措施不到位，环保制度不健全，尤其是 20 世纪 90 年代之前建厂的老企业与一些民营企业，环境保护工作达不到国家相关要求。通过清洁生产审核工作，可以发现企业存在的环保不合规项，建议企业进行相应整改，使其符合国家法律法规要求，降低企业环境风险。

(2) 成本降低。任何企业生产过程均需要输入能源与原辅料，产生产品与废弃物。清洁生产审核过程则主要针对生产过程中工艺、设备、过程控制、管理、员工五方面效率的提升，减少能源与原辅料的输入，提高产品得率，降低污染物排放，使企业获得更大的经济效益。

(3) 管理规范。在清洁生产审核过程中，需要对企业环保、能源等数据进行收集、分析。但部分企业文件、资料管理混乱，甚至遗失。通过审核，可以将相关资料进行整理、归纳、整合，便于今后查找、翻阅。

(4) 品牌提升。随着清洁生产审核推广力度逐渐增大，越来越多的客户将是否通过清洁生产审核作为评价供应商是否合格的评判标准之一。此外，大型企业在上市过程中需要进行环保核查，通过清洁生产审核作为一个硬性指标，占据非常重要的地位。

4 结语

清洁生产审核对企业发展意义重大，不仅关乎企业自身的利益，还影响整个社会发展。因此，企业应主动将清洁生产审核工作作为日常生产经营过程中的一部分，充分挖掘清洁生产改进方案，使企业获得经济效益，社会获得环境效益。

参考文献

[1] 张凯，崔兆杰. 清洁生产理论与方法[M]. 北京：科学出版社，2002.

[2] 环境保护部清洁生产中心. 国家清洁生产审核师培训教材[G]. 北京，[s. n]2010.

[3] 谭月春，于秀丽. 浅谈企业开展清洁生产审核的必要性[J]. 林业科技情报，2010，42(3)：94.

[4] 郝亚男，李晓东. 清洁生产的意义及审核方法[C]. 吉林省第四届科学技术学术年会，长春，2006.